The Mini Watter Tube Amplifier

真空管アンプの素

木村 哲 著

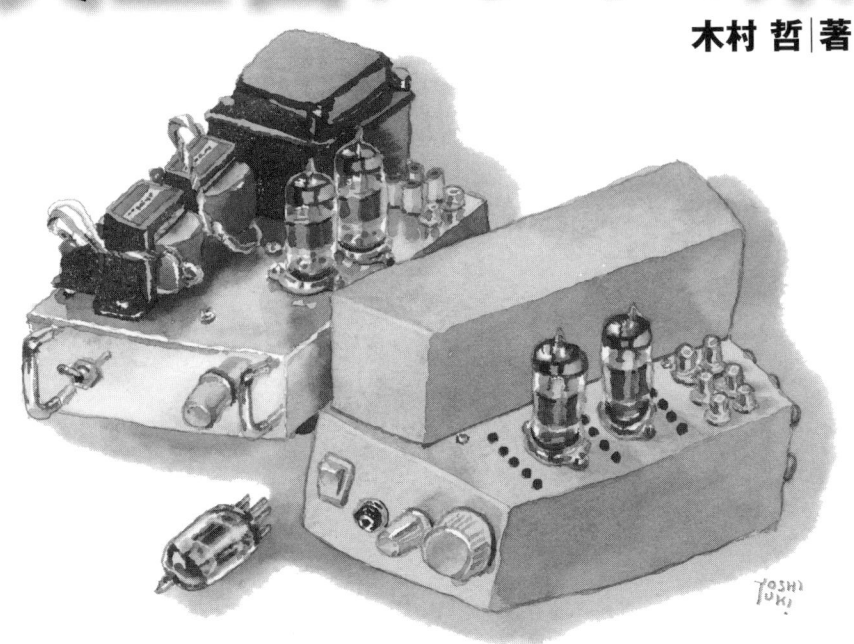

技術評論社

製作に使用した製品、部品に関する情報、URL（Web サイトのアドレス）は、2011 年 8 月現在のものを掲載しています。

まえがき

オーディオアンプ設計・製作ガイドをめざして

　真空管式のオーディオアンプを自分で作りたい、という方が少しずつ増えているように思います。しかし、実際にはじめてみるとたちまち多くの壁にぶつかります。雑誌の記事やインターネットの製作例をたよりに作りはじめてみたものの、わからないことだらけで作業は遅々として進まず、ようやくでき上がって電源スイッチを入れても出てくるのは音楽ではなくてノイズばかりで、そのうち煙まで出てくる始末。それでも、何度か失敗を繰り返しているうちに少しずつそれらしいものができるようになってくるのですが、そこまでたどり着くには相当の時間や投資が必要です。

　なにごとによらずものづくりにはたくさんの知識や経験がいります。オーディオアンプづくりは必要とされる知識や経験の量が非常に多いので、それらを身につけるのに時間と手間がかかるのです。

　私は、これまでインターネット・ホームページや書籍を通じて、オーディオアンプの自作ガイド作りを試みてきましたが、いつもどこかに漏れや不十分さがあって多くの方がそこにぶつかって失敗されたり袋小路にはまってしまう様子を目の当たりにしてきました。

　自分の過去を振り返ってみると、回路のしくみなどよくわからないまま雑誌の記事をそのまま真似て作るということを何年も繰り返しているうちに、徐々に部品の使い方や回路のしくみがわかってきたのであって、一朝一夕に全体を理解したわけではありませんでした。しかも、長い間勘違いをして誤った知識のままでいるということが少なからずありました。

　それを一冊の本を手元に置くことで真空管アンプのしくみがある程度わかって、実際に製作することができ、さらに若干の応用もできるようにしようなどというのが本来無茶なことなのかもしれません。

　しかし、自作オーディオのための良きガイドブックは必要です。これが本書の第一のテーマです。本書は私にとって3度目のチャレンジにあたります。

　オーディオアンプを自由にデザインしたり作ったりできるようになるためにはさまざまな知識やスキル、設備が必要です。

　① オームの法則や熱力学など物理の基礎知識、電子回路に関する一般知識。
　② オーディオ回路特有の知識と設計スキル。
　③ 電子部品の構造や選び方、使い方などの実装技術。
　④ パネルやシャーシの穴開けなどの金属加工技術。
　⑤ 配線技術、ハンダづけの技術。
　⑥ 部品調達のルート。
　⑦ 工具、測定器と作業スペース。
　⑧ ものづくりの段取りや手順のセンス、手先の器用さ。
　⑨ デザイン・センス、音のセンス。
　⑩ お金と時間、そして興味とやる気。

私が小学生の頃に、乾電池を直列にしたり並列にしたりして豆電球を点灯させる授業を受けた記憶があります。60Wの電球と40Wの電球を並列にしたら60Wの方が明るく光るが、この2つを直列にした場合はどうなるか、という問題でクラス中が議論で紛糾したこともありました。この種の知識は電子回路の一般知識そのものですのでこれがわからないとオーディオアンプの設計は不可能です。

　オーディオアンプの設計ではおびただしい量の四則演算をしなければならず、さらに平方根、一次・二次関数、三角関数、対数、複素数がでてきますので、数学が苦手だといずれどこかで壁にぶつかるでしょう。

　暗記ものもたくさんあります。暗記して自由に使えるようにしなければならない公式がいくつもでてきます。小型の抵抗器には数値は記載されておらずカラーの帯でマーキングされていますが、このカラーコードの意味は最終的には暗記していただくことになると思います。

　シャーシやパネルに精密な穴を開けたり、部品をネジで固定したり、小さな穴に電線を通してきれいにハンダづけしたりしますから、手先が器用かつかなりの熟練がないと配線の不良が生じたり仕上がりがきたなくなります。

　つまり、いくら興味やお金や時間があっても学習と訓練をしなければ満足できるオーディオアンプは作れません。失敗が続くうちにやる気が放棄に変わってしまうかもしれません。過去に学校の授業をさぼった方は、今になってあの時のつけを払うことになります。手先が不器用な方は訓練をする必要があります。ハンダづけは訓練でどんどん上手になりますからしっかり練習してください。

　オーディオアンプの設計や製作のための基本的な知識やノウハウを身につけるには、必ずしも複雑で大規模なオーディオアンプのことを知る必要はありません。本書では、可能な限りシンプルでコンパクトな真空管式のオーディオアンプを教材として話を進めてゆきますが、そこにはオーディオアンプ作りで必要なエッセンスがたくさん詰まっています。いろいろなページを開いて繰り返し読んでいただくことで、ひとつずつ疑問が解けてゆくと思います。

ミニワッター（Mini Watter）を作る

　さて、生活のさまざまな場面で「いつもいい音で聞きたい」と思った時、そこで鳴らす音楽は必ずしも大出力・大音量ではないと思います。私達の日常生活の場では、体を包み込むような臨場感のある音量で鳴らせる場面はそれほど多くなく、また、時間帯を問わずそのような聞き方ができる専用のリスニング環境を持った方は非常に少ないでしょう。

　家族と談笑して過ごすティータイムであったり、静かに好きな本や雑誌を読んだり、手紙や原稿を書いたり、あるいは家で仕事をする時のBGMに大出力で消費電力の大きなオーディオ装置はなじみません。しかし、小音量であっても良い音で聞けるという贅沢はしたいものです。

　コンパクトでパワーも小さいけれど音のクォリティはちょっといいアンプを作ろう、しかも入手容易な真空管を使って廉価に仕上げてみよう、そして初心者の手に負える真空管アンプを設計して皆で作ってみようというのが本書の第二のテーマです。

　廉価でコンパクトなオーディオアンプというとどうしてもミニパワー特有の小さいサイズの鳴り方になってしまうものです。しかし、私たちの耳は小さな音量の時ほどいろいろな意味で感度が高く、繊細な音を聞き分けることができます。良い音で聞くためには必ずしも大きな音である必要はありません。ミニパワーなりにスケール感、帯域感のある音をめざしたいと思います。

　家庭の日常生活で音楽を聴くのに何ワットくらいあればいいか、という問いはオーディオの世界ではこれまで何度となく繰り返されてきました。この問いに明快な回答はないのですが、あえてここで定義するとすれば1W以下とします。1W以下のパワーアンプのことを「ミニワッター」と呼

ぶことにしましょう。

　1W以下の小出力で一体音になるのか、と思われるかもしれません。インターネットで「ミニワッター」「Mini Watter」を検索してみてください。本書でご紹介するアンプをすでに製作された方々のコメントを見つけることができると思いますので是非読んでみてください。

　真空管アンプはエネルギー効率が低いので長時間鳴らすとなると消費電力がばかにならず、得られるパワーのわりに発熱も多く、決してエコなアンプではありません。最大出力1W以下ならば消費電力はかなり下げられますので、こんなミニワッターを1台持っていてもいいのではないでしょうか。

　本書を執筆するにあたって、何台かの試作機を製作して実験を繰り返しながら回路や部品を選定し、動作条件を詰めてゆきました。実験を繰り返すうちに今まで気がつかなかった発見があったり、当初のもくろみがはずれてやり直しをすることもたびたびありました。そうしたプロセスはオーディオアンプの設計・製作において重要な意味を持ちますので、本書では、結果だけでなくできるだけプロセスもご紹介するように心がけました。

　振り返ってみると、私にとって非常に多くのものをこの企画から得たことに気付きます。その最大のものは、「小音量で聞くことの愉しみ」を知ったことです。今まで何度も聞いてきた私なりのレファレンスCDというのがいくつかあるのですが、本書で製作した試作機で聴いていると、今まで気がつかなかったいろいろな音が聞こえてきたのです。一般に、聴取音量が小さいほど低域や高域が聞き取りにくくなると言われていますが、それとは逆の現象に出会ったといっていいでしょう。

　さまざまな楽器、さまざまな音がマスクされることなく、明瞭に聞き取ることができるのは、ミニワッター (Mini Watter) ならではの楽しみ方ではないかと思います。「耳を澄ます」とはよく言ったもので、ミニワッターは豊かな音量で少々鈍感になったあなたの耳に「澄ます」ことを教えてくれるかもしれません。

木村 哲

目　次

まえがき 3

第1章　基礎知識　　15

1-1	本章の目的 16
1-2	直流と交流 16
1-3	交流の波形と電圧の関係 19
1-4	オーディオ信号の大きさと電圧 20
1-5	オームの法則との出会い 22

- 1-5-1　オームの法則…回路と電流と電圧の関係 23
- 1-5-2　オームの法則…単位の大きさ 25
- 1-5-3　オームの法則…電力の計算 26

1-6	複合した抵抗値の計算 29
1-7	コンデンサの性質 31
1-8	複合したコンデンサ容量値の計算 32
1-9	デシベル算 33
1-10	アッテネータ回路 37
1-11	インピーダンスの話 41
1-12	真空管アンプの基本構成 42
1-13	真空管の歴史と今 44
1-14	真空管の基礎知識…動作原理 45

- 1-14-1　動作原理 45
- 1-14-2　真空管の基礎知識…形と実装 48

1-15　部品の基礎知識（抵抗器）…E系列 51

- 1-15-1　E系列 51
- 1-15-2　抵抗器のカラーコード 52

| 1-16 | アースの基礎 .... 54 |
| 1-17 | シールドとノイズ対策 .... 56 |

- 1-17-1　静電シールド 56
- 1-17-2　磁気シールド 57
- 1-17-3　磁気ノイズに有効な対策 58

| 1-18 | 熱の設計 .... 58 |
| 1-19 | 大切なこと .... 60 |

第2章 真空管増幅回路　61

- 2-1 真空管アンプの設計要素 62
- 2-2 電圧増幅回路と電力増幅回路 67
- 2-3 5687という真空管…データシートの見方 68
  - 2-3-1 5687のデータシート 69
  - 2-3-2 5687の特性 71
- 2-4 電圧増幅回路の基礎…ロードライン 73
- 2-5 電圧増幅回路の基礎…電圧増幅のしくみ 76
- 2-6 電圧増幅回路の基礎…動作ポイントの設定 77
  - 2-6-1 ロードライン上の有効な領域をできる限り広く取った使い方 77
  - 2-6-2 それほど大きな出力電圧が必要ない場合 77
  - 2-6-3 3パターンのプレート負荷抵抗を変化させた場合 78
  - 2-6-4 電源電圧を3パターンで変化させた場合 78
- 2-7 バイアスを与える…固定バイアス方式 79
- 2-8 バイアスを与える…カソードバイアス方式 80
- 2-9 直流負荷と交流負荷 82
- 2-10 交流負荷のロードライン 84
- 2-11 実験回路解説 85
- 2-12 真空管の3定数とは 87
- 2-13 真空管の3定数…増幅率（μ）... 88
- 2-14 真空管の3定数…相互コンダクタンス（g_m）........................ 89
- 2-15 真空管の3定数…内部抵抗（r_p）... 91
- 2-16 「μ」と「g_m」と「r_p」の関係 93
- 2-17 電圧増幅回路の利得の計算 93
- 2-18 電圧増幅回路におけるコンデンサの設計 96
  - 2-18-1 出力コンデンサ 97
  - 2-18-2 ハイ・パス・フィルタ：HPF 98
  - 2-18-3 電源のコンデンサ 99
  - 2-18-4 ロー・パス・フィルタ：LPF 100
  - 2-18-5 カソード・バイパス・コンデンサ 101
- 2-19 電力増幅回路の基礎…事前のチェック 102
- 2-20 電力増幅回路の基礎…ロードライン 103
- 2-21 電力増幅回路の設計の仕上げ 105
- 2-22 電力増幅回路の不思議な現象 106
- 2-23 最大出力を計算する 107

2-24　電力増幅回路のドライブ 108
2-25　電力増幅回路の利得と総合利得の計算 109
2-26　出力トランスのインダクタンスとコンデンサの設計 111
2-27　実験回路の全体 113

第3章　応用・発展回路　115

3-1　2段直結回路 116
　3-1-1　ルーツ 116
　3-1-2　単純な2段直結化 117
　3-1-3　2段直結回路の電圧構成 118
　3-1-4　直結回路のバイアスの決まり方 118
3-2　出力段のA2級化 119
　3-2-1　グリッド電流とA1級／A2級 119
　3-2-2　出力段動作条件の見直し 120
3-3　初段動作条件の見直し 121
3-4　出力段の信号ループ 122
　3-4-1　信号ループのショートカット 122
　3-4-2　出力トランスのインダクタンスとコンデンサの相互関係 124

第4章　電源回路　125

4-1　電源回路の設計要素 126
　4-1-1　電源電圧と電流 126
　4-1-2　ヒーター定格 127
4-2　電源回路の基礎…AC100Vライン 128
　4-2-1　電源スイッチとヒューズ 128
　4-2-2　スパークキラー 129
4-3　電源回路の基礎…電源トランス 130
4-4　電源回路の基礎…整流回路 131
　4-4-1　整流方式 131
　4-4-2　整流ダイオード 132
　4-4-3　整流ダイオードの直列使用と並列使用 134
4-5　電源回路の基礎…整流出力電圧と電流 134
4-6　電源回路の基礎…残留リプルと平滑 136
4-7　電源回路の基礎…CR式リプルフィルタ 137
4-8　電源回路の基礎…残留リプルの影響度 139

4-8-1　ミニワッターの回路の場合 140
4-9　電源回路の基礎…半導体式リプルフィルタ 142
4-10　電源スイッチ ON ／ OFF 時の過渡的な動き 145
　　4-10-1　電源スイッチ ON 時 145
　　4-10-2　電源スイッチ OFF 時 146
4-11　電源回路の基礎…ヒーター回路 147
4-12　電源回路の基礎…ヒーター巻き線の直列と並列 147
4-13　電源回路の基礎…ヒーターハム対策 148
4-14　電源回路の基礎…ヒーター電圧の調整 150
4-15　電源回路の基礎…ヒーターの交流点火／直流点火 151
4-16　LED 点灯回路 152
4-17　決定回路の全体図 154

第5章　負帰還のしくみ　155

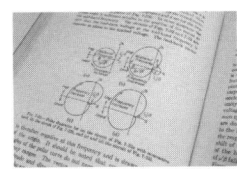

5-1　帰還（フィードバック）とは 156
5-2　オーディオアンプにおける帰還（フィードバック） 156
5-3　入力と出力の形が同じでない 157
　　5-3-1　直線性：3 次高調波 157
　　5-3-2　直線性：2 次高調波 158
　　5-3-3　雑音 159
　　5-3-4　周波数特性 160
　　5-3-5　内部抵抗とダンピングファクタ 161
　　5-3-6　入力と出力の形を同じにする 162
5-4　実測して観察する 163
5-5　無帰還時の測定結果 163
5-6　負帰還時の測定結果 166
5-7　負帰還信号の演算回路 168
5-8　負帰還利得の計算法 169
5-9　負帰還における位相関係 170
5-10　負帰還における安定性 172
　　5-10-1　6N6P を使ったミニワッターの例 172
　　5-10-2　6DJ8 を使ったミニワッターの例 174
5-11　高域ポール（極）とスタガ比 176
5-12　高域ポールとその計算方法 177
5-13　ミニワッターの低域ポール 180

第6章 試作機の製作　181

- **6-1** 試作＆実験計画 ... 182
- **6-2** 試作1号機の回路 ... 183
- **6-3** 試作2号機の回路 ... 185
- **6-4** トランス配置の検討 ... 187
    - 6-4-1　コアの中心軸の関係 ... 187
    - 6-4-2　並行パターン ... 188
    - 6-4-3　直交パターン1 ... 188
    - 6-4-4　直交パターン2 ... 189
    - 6-4-5　直交パターン3 ... 189
    - 6-4-6　トランス配置のまとめ ... 190
- **6-5** 試作機の製作 ... 191
    - 6-5-1　部品のレイアウト ... 191
    - 6-5-2　シャーシ加工 ... 191
    - 6-5-3　ラグ板への部品の取り付け ... 194
    - 6-5-4　試作機の全容 ... 196

第7章 試作機による実験データ　199

- **7-1** 五つの実験レポートの概要 ... 200
- **7-2** レポートその1…ヒーターハム対策 ... 200
- **7-3** レポートその2…左右チャネル間クロストーク ... 201
- **7-4** レポートその3…出力トランス別実測データ ... 203
    - 7-4-1　出力トランスのラインナップ ... 203
    - 7-4-2　測定条件および結果 ... 205
        - ＜T-600（東栄変成器）＞ ... 208
        - ＜T-850（東栄変成器）＞ ... 209
        - ＜T-1200（東栄変成器）＞ ... 209
        - ＜KA7520（春日無線変圧器）＞ ... 210
        - ＜KA5730（春日無線変圧器）＞ ... 210
        - ＜ITS-2.5W（イチカワ）＞ ... 211
        - ＜ITS-2.5WS（イチカワ）＞ ... 211
        - ＜PMF-B7S（ノグチ）＞ ... 212
        - ＜T-600（東栄変成器）＞ ... 212
        - ＜T-850（東栄変成器）＞ ... 213
        - ＜PMF-230（ノグチ）＞ ... 213
    - 7-4-3　小型出力トランスのブランド事情 ... 214

目次

7-5	**レポートその4…実験レポート 7kΩか14kΩか**	**215**
7-5-1	実験の目的	215
7-5-2	動作条件	215
7-5-3	実測結果の比較	216
7-6	**レポートその5…真空管別データ**	**217**
	＜ 5687 ＞	220
	＜ 6N6P（6 Н 6 П）＞	222
	＜ 6350 ＞	224
	＜ 7119 ＞	226
	＜ 6DJ8 ＞	228
	＜ 5670 ＞	230
	＜ 6FQ7 ＞	232
	＜ 12AU7 ＞	234
	＜ 12BH7A ＞	236
	＜ 12AX7…番外編＞	238

第8章 製作ガイド 241

8-1	**自作の三つのポイント**	**242**
8-2	**シャーシ加工**	**242**
8-2-1	シャーシ加工事（こと）始め	242
8-2-2	大きな穴を開けずに済ます方法	243
8-2-3	加工図	244
8-2-4	材質	246
8-2-5	シャーシ加工工具フルコース	246
8-2-6	小さい丸穴	249
8-2-7	大きい丸穴	250
8-2-8	角穴・不定形穴	251
8-2-9	その他の加工	251
8-3	**ミニワッター用汎用シャーシ**	**252**
8-4	**テスターと工具**	**253**
8-4-1	デジタルテスター	253
8-4-2	ハンダごて一式	254
8-4-3	ハンダづけの方法	255
8-4-4	ラジオペンチとニッパ	256
8-4-5	ワイヤーストリッパー	257
8-4-6	両口スパナ、モンキーレンチ	257
8-4-7	プラスドライバーとナットドライバー	257
8-4-8	六角レンチ	258

8-5　構造部品の取り付け **259**

- 8-5-1　部品の取り付けが先か配線が先か 259
- 8-5-2　部品の取り付けと養生 259
- 8-5-3　RCAジャックのアース端子の前処理 260
- 8-5-4　電源スイッチまわり 261
- 8-5-5　電源トランスまわりの配線と初回通電テスト 261
- 8-5-6　出力トランスの配線 263
- 8-5-7　アース母線 263
- 8-5-8　音量調整ボリュームまわりの仕込み配線 264
- 8-5-9　入力信号ラインと真空管ソケットまわりの配線 265
- 8-5-10　20P平ラグユニットの部品実装と配線 266
- 8-5-11　20P平ラグユニットの取り付けと配線 267
- 8-5-12　真空管なし通電試験 269
- 8-5-13　真空管あり通電試験 269
- 8-5-14　スピーカー端子まわりの配線 270

8-6　測定と調整 **271**

- 8-6-1　測定は健康診断 271
- 8-6-2　各部の電圧の測定 271
- 8-6-3　ダミーロード 272
- 8-6-4　テスト信号 272
- 8-6-5　利得の測定 273
- 8-6-6　周波数特性の測定 274
- 8-6-7　ダンピングファクタの測定 274

第9章　部品ガイド　277

9-1　部品リストを作る 278
9-2　部品解説 278

- 9-2-1　真空管 278
- 9-2-2　シリコン整流ダイオード 280
- 9-2-3　シリコン整流ダイオードスタック（ブリッジダイオード） 280
- 9-2-4　MOS-FET 281
- 9-2-5　抵抗器 282
- 9-2-6　可変抵抗器（ボリューム） 282
- 9-2-7　アルミ電解コンデンサ 283
- 9-2-8　フィルムコンデンサ 284
- 9-2-9　コンデンサ定格の表記法 285
- 9-2-10　スパークキラー 286
- 9-2-11　入力端子…RCAジャック 286

	9-2-12 ステレオ・ヘッドホン・ジャック	287
	9-2-13 スピーカー端子	288
	9-2-14 AC コネクタとケーブル	288
	9-2-15 ヒューズとヒューズホルダー	289
	9-2-16 電源スイッチ	289
	9-2-17 ロータリースイッチ	290
	9-2-18 ツマミ	291
	9-2-19 真空管ソケット	291
	9-2-20 放熱器	291
	9-2-21 ラグ板	292
	9-2-22 ゴム足	292
	9-2-23 スペーサ	293
	9-2-24 ビス、ナット、ワッシャ類	293
	9-2-25 配線材	294
9-3	**部品データと販売サイト**	**295**
	9-3-1 真空管	295
	9-3-2 電源トランス	295
	9-3-3 出力トランス	296
	9-3-4 その他部品	296
9-4	**ミニワッター汎用シャーシおよび部品の頒布**	**297**

第10章 製作例　　299

10-1	**入出力機能を充実させた 6N6P ミニワッター**	**300**
	10-1-1 概要	300
	10-1-2 6N6P について	300
	10-1-3 全回路と動作条件	301
	10-1-4 入力まわりの配線	302
	10-1-5 スピーカー出力とヘッドホンジャック	304
	10-1-6 汎用シャーシの追加工	305
	10-1-7 総合特性	306
10-2	**ヒーター DC 点火 6DJ8 ミニワッター**	**307**
	10-2-1 概要	307
	10-2-2 全回路と動作条件	307
	10-2-3 ヒーター DC 電源	309
	10-2-4 ヒーター電源ユニット	309
	10-2-5 総合特性	310
10-3	**14GW8 ミニワッター**	**311**
	10-3-1 14GW8 について	311

10-3-2　全回路と動作条件 312
10-3-3　入出力回路 314
10-3-4　ヒーター回路 314
10-3-5　高域特性問題 315
10-3-6　総合特性（初期版）...... 317
10-3-7　高域設計の見直し 318
10-3-8　総合特性（改良版）...... 319

第11章　トラブルシューティング　321

11-1　トラブルにおけるベテランと初心者 **322**
11-2　トラブルをつくらない製作手順 **322**
11-3　私が犯したミス **323**
11-4　トラブル TOP10 ...... **325**
11-5　トラブルシューティングの方法 **327**
　　11-5-1　自力解決のポイント 327
　　11-5-2　インターネットヘルプによる解決のポイント 328

あとがき **330**
索引 **332**

第 1 章

基礎知識

　これは好奇心と探究心と遊び心を持った人のための本です。
　急がば回れ、その方が面白いことがたくさん発見できて、得るものも多いと思います。
　初心者だからこそ、学ばなければならないことがとてもたくさんあります。
　大きく美しい山ほど裾野は広く、登山口までの行程は長いのです。

第1章 基礎知識

1-1 本章の目的

　オーディオアンプを自作できるようになるためには、非常に広範にわたる基礎知識が必要です。オーディオアンプの設計ではさまざまな計算式を使います。その代表的なものの一つにオームの法則があります。しかし、オームの法則の式が自由に使えるためにはそもそも電圧、電流、抵抗の単位に慣れていなければなりません。

　オーディオ回路の設計では、それ以外にもさまざまな種類の単位がでてきます。dB（デシベル）という単位はオーディオアンプのカタログのS/N比のところで見たことがあると思いますが、そのdB（デシベル）という単位も自由に使えないと本書の解説そのものを理解できないと思います。

　市販されている抵抗器の値は、39kΩ、43kΩ、47kΩ、51kΩ…というふうに中途半端な値が出てきて、40kΩとか50kΩといったきりのいい値は出てきません。そして、この中途半端な値は暗記事項です。しかも小型抵抗器には数字では印字されておらず、カラーコードで識別することになっています。ということは、カラーコードを暗記していないとその抵抗器が何kΩであるかはいちいちテスターで測定してみるまでわからない、という大変なことになります。

　こういったオーディオ回路にまつわるさまざまな基礎知識については、各章で必要に応じてその場で説明するのには限界がありますので、重要な事項については本章でまとめて扱うことにします。

　すでにご存知のことも多いと思いますが、復習のつもりでひととおり目を通してみてください。一つや二つくらいは新しい発見があるかもしれません。

1-2 直流と交流

　私達が電気と呼んでいるものには直流と交流の2種類があります。電子回路の世界では、直流のことをDC、交流のことをACと呼びます。家庭用のコンセントに来ているのは交流100Vですので、AC100Vというふうにいいます。単三乾電池は直流ですのでDC1.5Vです。携帯電話やパソコンの電源アダプタは、AC100Vを入力として、これを低圧の直流に変換しDC5V〜DC24Vくらいを出力します。

　オーディオアンプの増幅回路は基本的に直流電源で動作します。オーディオ用真空管の主なものは、DC200V〜300Vくらいの電源電圧でうまく動作するように作られています。真空管アンプは、数V程度の電池で動作させるのは無理で高圧の直流電源が必要です。どうやってAC100VからDC200V〜400Vを作り出すのかについてはアンプの設計のところで詳しく説明します。

　直流にはプラス／マイナスの区別があって、プラス側からマイナス側に常に一方向に電流が流れます。乾電池では、出っ張りのある側がプラスで、平らになった側がマイナスでしたね。市販の電源アダプタの場合は、中央の穴とまわりの筒状になった側のどちらがプ

1-2 ◆ 直流と交流

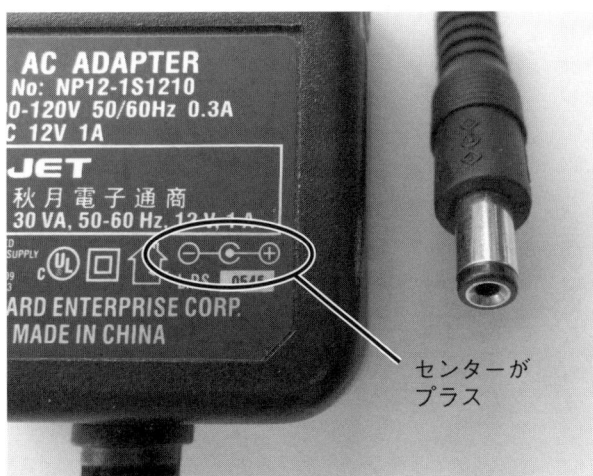

◆ 写真 1.2.1　AC アダプタの定格の表示とプラグの形状（この AC アダプタのプラグは内側がプラス（＋）で外側がマイナス（－））

ラスでどちらがマイナスなのか明示されています（写真 1.2.1）。

　家庭用のコンセントにきているのは交流（AC100V）です。交流は、常時プラスとマイナスが入れ替わっていると学校で習ったと思います。プラスとマイナスが入れ替わるたびに電流が流れる方向も入れ替わります。AC100V は、静岡県の富士川を境にしてそこよりも東日本側では 1 秒間に 50 回、西日本側では 1 秒間に 60 回、プラスとマイナスが入れ替わっています。1 秒間あたり入れ替わる回数のことを**周波数**といい、**Hz**（ヘルツ）という単位で表します。ヘルツは電磁気学者のハインリヒ・ヘルツからきています。AC100V は東日本側では 50Hz、西日本側では 60Hz ということくらいはどなたもご存知だと思います。

　図 1.2.1 は、我が家に供給されている AC100V 波形と WaveGene[※1]いう有名なフリーソフトを使って生成した 50Hz の歪みのない正弦波形です。

　ピアノの鍵盤でいうと左端の最低音の「ラ」の音が 27.5Hz、その 1 オクターブ上の「ラ」の音が 55Hz ですから、50Hz とか 60Hz というのは相当に低い低音です。調子の悪いラジオやアンプからブーンというノイズが聞こえることがありますが、これは AC100V の 50Hz あるいは 60Hz に由来す

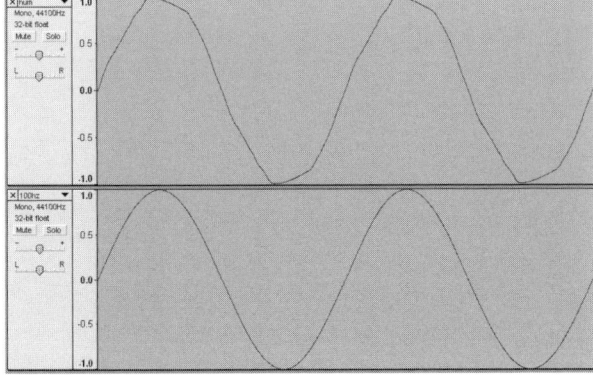

◆ 図 1.2.1　AC100V 波形（上）と 50Hz の正弦波（AC100V の波形はきれいな正弦波ではないので濁った音に聞こえる）

→図 1.2.2

るノイズが漏れてきてスピーカーから鳴っているのです。このブーンというノイズのことを**ハム**と呼びます。電源回路の設計が悪かったり、ケーブルの接続がおかしかったり、オーディオアンプのノイズ対策が悪いとこのハムが出ます。

　オーケストラのチューニングで使う「ラ」の音は 440 ～ 444Hz で、人間ドックの聴力検査で使うポーという音は 1,000Hz、ピーという音は 4,000Hz です。1,000Hz のことを 1kHz、4,000Hz のことを 4kHz というふうに高い周波数になると kHz（キロヘルツ）を使って表記します。

　CD のサンプリング周波数は 44.1kHz ですから 44,100Hz ということであり、アナログ信号を 1 秒間に 44,100 回切り刻んでデジタル信号に変換しているわけです。

　FM 放送は日本では 76MHz ～ 90MHz ですが、この MHz は**メガヘルツ**と読み、1MHz は 1,000,000Hz にあたります。キロがあってメガがあるならその 1,000 倍の**ギガ**もあります。携帯電話やレーダーは、ギガヘルツ級のものすごく高い周波数を使っています。

※ 1：WaveSpectra と WaveGene はオーディオ測定では欠かすことができない。
　　http://www.ne.jp/asahi/fa/efu/index.html

17

第1章 基礎知識

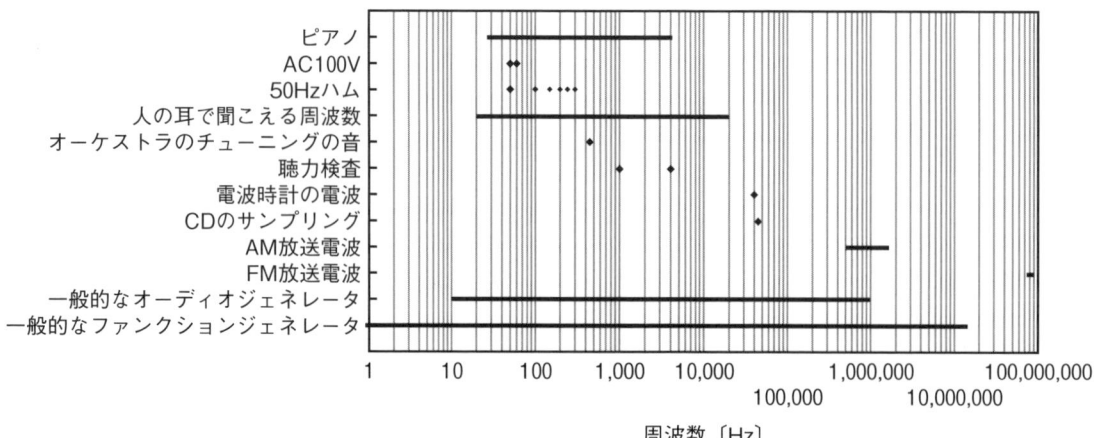

◆図 1.2.2　身近にあるまざまな周波数

〔図で使ったデータ〕

- ピアノの鍵盤：27.5Hz（左端）〜 4,186Hz（右端）
- AC100V：50Hz（東日本）、60Hz（西日本）
- ハム：東日本では 50Hz、100Hz、150Hz、200Hz … が混ざったもの
- 人の耳で聞こえる周波数：20Hz 〜 20kHz（ただし、個人差、年齢差、性別差が顕著）
- オーケストラのチューニングの音：440 〜 444Hz
- 聴力検査：1kHz および 4kHz
- 電波時計の電波：40kHz
- CD のサンプリング：44.1kHz
- AM 放送電波：526.5kHz 〜 1606.5kHz（日本）
- FM 放送電波：76MHz 〜 90MHz
- 一般的なオーディオジェネレータ（測定器）の発振周波数：10Hz 〜 1MHz
- 一般的なファンクションジェネレータ（測定器）の発振周波数：0.01Hz 〜十数 MHz

さて、AC100V は 50Hz または 60Hz の交流ですが、オーディオ信号も交流です（図 1.2.3）。私達の耳で聞こえる周波数は 20Hz 〜 20,000Hz（20kHz）と言われていますが、オーディオアンプはこの帯域は十分にカバーしなければなりません。また、耳には聞こえなくても 20kHz 以上の高い周波数帯域の特性が音に影響を与えますので、オーディオアンプの設計では 100kHz 以上 MHz 帯くらいまでの特性も考慮しなければなりません。20Hz 以下の低い周波数帯域についても同様です。

直流と交流は混ざって同時に存在することが珍しくありません。真空管アンプの 200V 〜 300V の電源は、電圧が一定でなめらかな直流かというと必ずしもそうではありません。50Hz の AC100V を使った電源回路の場合、整流回路によって得られた直

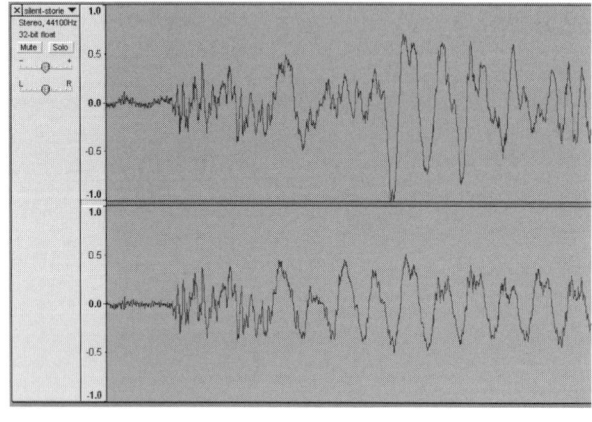

◆図 1.2.3　ステレオオーディオ音楽信号の波形

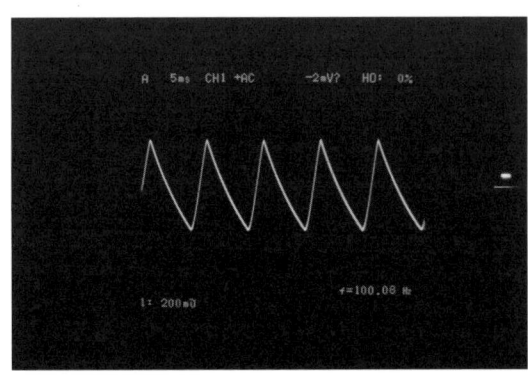

◆ 図1.2.4　交流を整流した直後の直流に乗った交流波形
（リプル波形）
（DC280Vに乗った100Hz、0.5Vの波形）

後の直流にはかなりの大きさの100Hzやその2倍、3倍の200Hzや300Hzの交流が混ざっています。デジタルテスターのDCレンジで測定すると250Vと表示している時、ACレンジに切り替えて測定してみたら1Vが表示されたりします。この場合は、250Vを中心として±1Vくらいの範囲で電圧が振動しているわけで、これを**リプル**と呼びオーディオアンプのハムの原因のひとつになっています。この振動だけに着目すると交流であることがわかります（図1.2.4）。

また、オーディオアンプを大出力で鳴らしている時に電源の状態を調べてみると、鳴らしているオーディオ信号に応じた交流が電源に重なって生じていることもわかります。

このようにオーディオアンプの回路の中では、直流と交流が同居しているのだということをよく理解しておく必要があります。そして、オーディオ回路の設計では、同居している直流と交流を分けて考える、という方法をとります。このことはとても重要なので設計や測定のところで何度も説明します。

1-3　交流の波形と電圧の関係

これまでいくつかの交流波形を見ていただきましたが、交流というのは実にさまざまな形の波形をしています。テスターのACVレンジで測定すると交流電圧が表示されますが、これは一体何を測っているのでしょうか。

電圧計はエネルギーの大きさを測定しています。正弦波の交流の場合、波形のピークが141.4Vになる時に直流100Vの時と同じエネルギーになります。正弦波の時に直流と同じエネルギーになる交流の大きさのことを**実効値**（root mean square value、**RMS**）といいます。アナログテスターのACVレンジは実効値（RMS）を表示します。

家庭のコンセントにきているAC100Vは、実効値で100V、波形のピークは±141.4Vということになっています。プラス・マイナスの最大幅では282.8Vピーク～ピーク値（P-P値）になります。この関係は交流電源だけでなく、オーディオ信号においても全く同じです。

ところで、さきほどから頻繁に正弦波という文言が出てくるのは、実効値（RMS）というのは正弦波の場合に限る、という条件付きだからです。手元にあるアナログテスターの取扱説

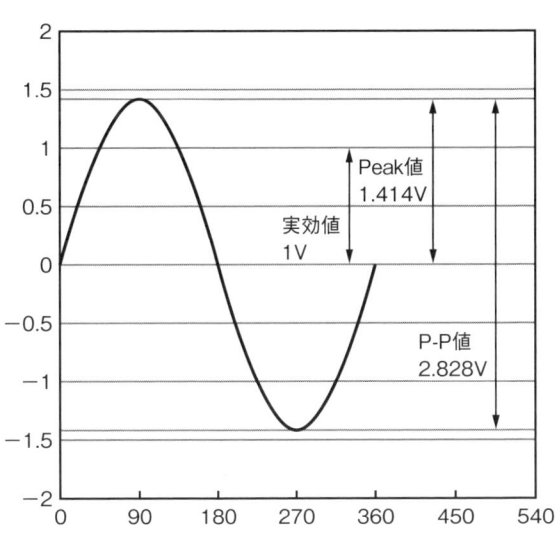

◆ 図1.3.1　直流と交流の実効値、ピーク値の関係

明書のACVのところを見ると「正弦波交流以外の測定では誤差を生じます」という注意書きがあります。

正弦波でない場合でも正しく表示される交流電圧のことを**真の実効値**（True RMS）といいます。真の実効値が測定できるテスターや電圧計は少々高価で、カタログや取扱説明書の目立つところに明記されているのですぐにわかります。

もっとも、オーディオアンプの利得などの測定では正弦波を使いますし、そのような目的では極端に変形した波形を使うことはしませんので、真の実効値表示でなくても同じ測定器を使う限り実質的な問題は生じません。しかし、実効値表示の測定器と真の実効値表示の測定器を混在して使う場合は注意が必要です。

1-4 オーディオ信号の大きさと電圧

聞き分けることができる最小の信号レベルから最大の信号レベルの幅のことを**ダイナミックレンジ**といいます。音の大きさは、ほとんど無音から爆音まで幅広いレンジがあり、人の耳が検知できるいちばん小さい音から耳がおかしくなるくらいの爆音までの幅は1,000,000倍くらいの開きがあります。CDに記録可能な音の大きさのレンジの理論値は2の16乗すなわち約65,000倍ですが、実質的には30,000倍以下にすぎず、人の耳がいかに高性能かがわかります。カセットテープは小さな音がテープのヒスノイズに埋もれてしまうため、ダイナミックレンジはあらゆる手を尽くしてもせいぜい1,000倍どまりです。

CDなどデジタル・オーディオ・フォーマットで記録可能ないちばん大きな振幅を、**フルビット**あるいは**0dBFS**（ゼロデシベル・フル・スケール）と呼びます。図1.2.1の50Hzの正弦波は、上下のピークのところで0dBFSに達しています。CDプレーヤなどのカタログに表記されている出力レベルの項目を見ると、たいがいは2Vくらいの値が書かれていますが、この2VというのはCDに記録された0dBFSの信号を再生した時の値です。言い換えるとこのCDプレーヤの場合、理論上2Vを超えるオーディオ信号は出てこないということです。

iPodなどのポータブル・オーディオ・プレーヤの場合は、電池を使っているため電源電圧が低く0dBFSでの出力信号電圧は0.7V～1Vくらいに抑えているものが多いようです。パソコンのヘッドホン端子の出力信号レベルも、ポータブル・オーディオ・プレーヤと同じくらいですが、オーディオインターフェースのライン出力はCDプレーヤと同じくらいです。

多少の違いはあってもこれくらいの大きさのオーディオ信号のことを**ラインレベル**と呼びます。ラインに対する言葉はマイクロフォンやフォノ（アナログ・レコード・プレーヤのこと）です。これらマイクロフォンやフォノの出力信号レベルは、ラインレベルの1/100程度しかありません。このような小さいオーディオ信号を増幅するために専用アンプが必要です[※]。テープデッキやFMチューナ、テレビの音声出力端子もラインレベルです。これらをオーディオアンプにつなぐと、若干の音量の違いはありますが大体揃って聞こえるのは、ラインレベルとしてオーディオ信号出力電圧を揃えるというオーディオメーカー間での暗黙の了解があるからです。

用語解説

・オーディオインターフェース
PCで音楽再生する時に高品位な音質でアナログ出力を得るためのDAコンバーター。

アドバイス

※：レコードに刻まれた音は高い周波数を強調してあるのでこれを補正するイコライザ機能も必要。

音楽は大きな音から小さな音、ほとんど無音といえる瞬間もありますので、オーディオ信号電圧は一定ではありません。出力レベルが 2V の CD プレーヤの場合、いつも 2V が出ているわけではありません。

図 1.4.1 はモーツァルトの交響曲とポップスの 2 種類の音楽ソースの波形の様子を示したもので、曲は左端から始まって右端で終わります。上下の最大の高さが 0dBFS にあたります。クラシックでは 0dBFS に達するのはほんの一瞬だけですが、ポップスでは最初から最後まで頻繁に 0dBFS の瞬間がでてきます。この 2 曲を続けて再生すると、明らかにポップスの方が大きな音で聞こえます。

CD の制作では、アルバム全体を通して最も大きな音になる瞬間がぴったりデジタルフォーマットの 0dBFS になるように調整されます。このような処理のことを**ノーマライズ**といいます。ノーマライズすることで CD が持っている有限のダイナミックレンジを 100% 生かそうとしているわけです。

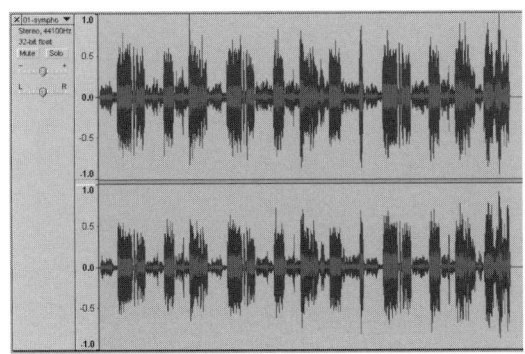 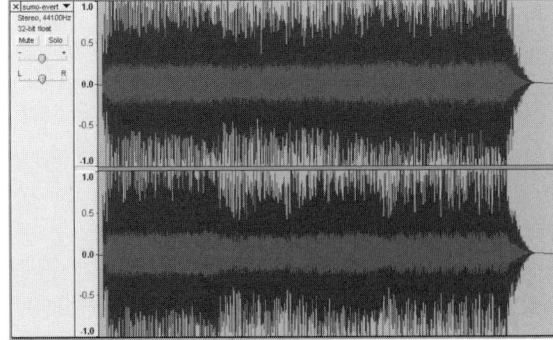

◆ 図 1.4.1　音量変化の差が大きいクラシック（左）とずっと大きな音で鳴りっぱなしのポップス（右）

ポップスの制作でも、演奏時の生音はクラシックほどではありませんが、やはり強弱の差があります。しかし、音にガッツや厚みをつけるために意図的に常時曲全体がデジタルデータのダイナミックレンジを使いきるように、コンプレッサやリミッタを使って音圧を上げる操作をすることが多いのでこのように密集した状態になります。音圧制御の最も極端な例が CM のサウンドで、ボリュームを上げていないのにやたらとうるさく聞こえるのはこのような処理をしているためです。

CD プレーヤや PC につないだオーディオインターフェースなどのオーディオソース機材が、0dBFS でどれくらいのオーディオ信号出力があるかを知っておくことは、オーディオアンプの設計では必要なことです。

なお、フォノやテープデッキなどアナログ機材には 0dBFS という考え方はありません。そのかわり基準レベルというのを決めて管理されています。フォノの場合、JIS 規格ではカートリッジの針先の振動の振幅が 1kHz においてピーク値で 3.54cm/秒（ステレオ）のときの出力電圧を基準としています。レコードには基準レベルを超える大きな音も刻まれていますが、デジタルオーディオにおける 0dBFS のように「これ以上大きな音はない、これが上限」というはっきりした線はありません。そのため、針先が飛んでいってしまうようなとんでもない振幅の溝を刻んだレコードまで出現したこともあります。レコードの場合は基準レベルの 3 〜 4 倍くらいの音が出てくることがあります。

テープデッキの場合は 0VU（VU メータの 0dB のところ）が基準レベルになりますが、

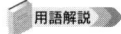

用語解説

・**カートリッジ**
アナログレコード
プレーヤのトーンアームの先端のレコード針がついたユニット。

第1章 基礎知識

テープの性能によってどれくらいまで基準レベルを超えても歪まないかは異なります。手元にある Nakamichi のカセットデッキの場合、0VU におけるライン出力は 1V ですが、最大 6dB くらいまでは無理なく出ますのでライン出力は 2V ～ 2.5V あたりが上限のようです。0VU を超えてどれくらいまで大きな音が扱えるかの余裕のことを**ヘッドルーム**（= 頭の上のすきま）と呼びます。スタジオ用のプロ機のオープンリールテープデッキは、通常 4 ～ 5 倍（= 12dB ～ 14dB）のヘッドルームを持ちます。

基準レベルの考え方のデジタルとアナログの違いを図 1.4.2 にまとめました。デジタルオーディオが最大レベルの上限（0dBFS）を基準に考えるのに対して、アナログでは基準レベルを超えるレベルの信号が普通に存在し、その程度は機材ごとにまちまちで一定ではないわけです。デジタルオーディオにおける 0dBFS とアナログオーディオにおける基準レベルとの間には 3 ～ 5 倍（10 ～ 14dB）くらいのずれがあるとみていいでしょう。

このことは本書のテーマの守備範囲ではありませんが、テープやレコードに録音されたソースをデジタルデータに変換する場合にはとても重要です。オーディオアンプの自作でも、自分ですべてを設計するとなるとこのような基礎知識が役に立ちます。

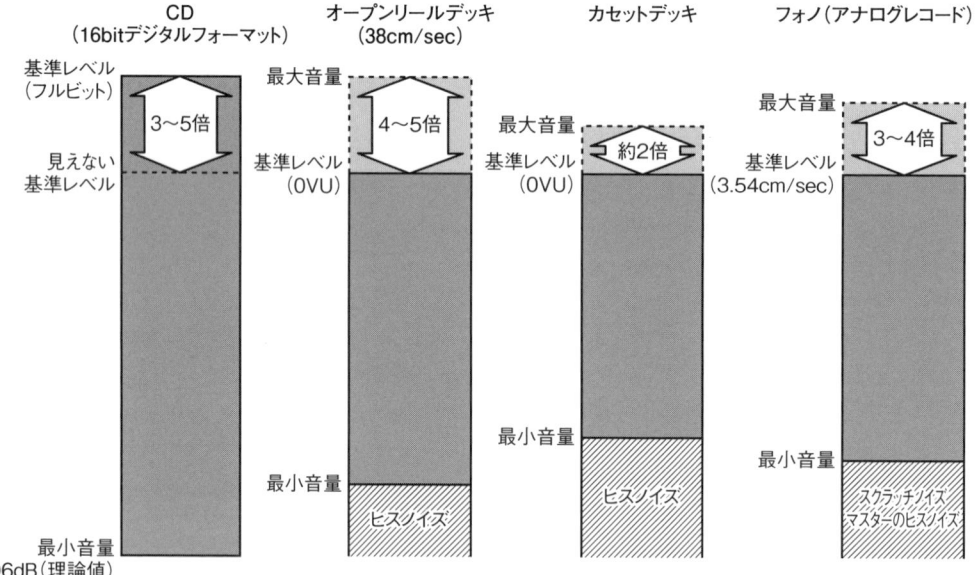

◆ 図 1.4.2　さまざまな基準レベル

1-5 オームの法則との出会い

オーディオアンプをはじめとする電子回路を自力で設計するには**オームの法則**を暗記することが必須で、加えていつでも式を便利な形に変形して暗算ができるようにならなければなりません。

私が中学校 1 年生の時、学校の図書室でラジオの作り方の本を借りてきて回路図を見ていた時のことです。電源電圧が 250V で、電源から 3kΩ（キロ・オーム）と書かれた抵抗器を経てラジオ受信機の回路につながっており、ラジオ受信機の部分の電圧は 235V

と書かれていました。そのとき私は、回路に抵抗器を入れると電圧が下がるのだということを知ったのでした。しかし、「そうか、3kΩで15Vなのだから1kΩなら5V、10kΩなら50Vなんだ」というところまでは見当がついたのですが、どうしてそうなるのかがわかりませんでした。

少し経って、家にあるラジオのふたを開けて動作中の回路にテスターを当ててみました。ちょうどそこに3kΩと書かれた抵抗器があったのでテスターを当ててみたところ、15Vあるはずのところが5Vしかありません。私はわけがわからなくなりました。3kΩを入れたらいつも15Vになると思っていたからです。

理科の先生のところに行ってそのことを話したところ、先生は「それじゃ、オームの法則というのを教えなくちゃいけないな」と言って黒板に、

$$E = IR$$

と書いたのでした。それが私のオームの法則とのはじめての出会いでした。

それまで私は、何故そういう抵抗値であるかは考えず本の回路図に書いてあるとおりの抵抗器を買ってきて配線するだけでした。しかし、オームの法則を知ることで、回路の抵抗値は自分で考えて決めることができるのだ、という中学生の私にとっては衝撃的な変化が起きたのでした。

回路に流れる電流がどれくらいなのかを測定する場合は、回路を切断してそこに電流計にしたテスターを入れなければならないのがとても面倒でした。ところが、オームの法則が自由に使えると、動作中の回路の抵抗器にテスターを当てただけでそこにどれくらいの電流が流れているのかがわかってしまうということも知りました。

オームの法則をまだ暗記していない方、身についていない方はこの機会にしっかりとマスターしてください。

1-5-1 | オームの法則…回路と電流と電圧の関係

オームの法則で最初に覚える式としては、

$$E = IR$$

がいいでしょう。「イー・イコール・アイ・アール」と読みます。ついでにこれを変形した以下の2つの式も覚えてください。

$$I = \frac{E}{R}$$
$$R = \frac{E}{I}$$

「E」とは**電圧**のことです。電圧はV(ボルト)という単位で表します。ボルトというのは、電池を発明したアレッサンドロ・ジュゼッペ・アントニオ・アナスタージオ・ボルタ伯爵を記念して1881年に決められたものです。

第1章 基礎知識

　乾電池は DC1.1V 〜 1.5V、ボタン型のリチウム電池は DC 約 3V、パソコンの USB 端子から供給される電源は DC 約 5V、普通乗用車のバッテリーは DC 約 12V、家庭用のコンセントは AC100V、山手線は DC1,500V、新幹線は AC25,000V です。真空管アンプの電源は 2 種類必要で、回路の電圧は DC200V 〜 400V くらい、ヒーターの電圧は AC（DC でもよい）6.3V が標準です。

　「I」は**電流**のことで、単位は **A（アンペア）**です。アンペアという単位はフランスの物理学者アンドレ＝マリ・アンペールにちなんでつけられました。携帯電話機の電源アダプタをよく見ると、「5.4V 0.5A」というふうに電圧と電流が書かれていますが、この場合、『電圧は 5.4V ほぼ一定で電流は最大 0.5A まで取れますよ』という意味です。

　本書で使った 6FQ7（6CG7 と同じ）という真空管のデータシートには、「ヒーター電圧 = 6.3V、ヒーター電流 = 0.6A」と書かれていますが、これは『ヒーターに 6.3V をかけてください、その時にはヒーターには 0.6A の電流が流れます』という意味です。同じく 6FQ7 の動作データを見ると「プレート電圧 = 250V、プレート電流 = 9.0mA…」といった記述が目に止まりますが、これは『プレートに 250V の電圧をかけて 9mA のプレート電流を流した時の特性は』という意味です（図 1.5.1）。

6CG7
8CG7
ET-T941B
Page 2
11-56

MAXIMUM RATINGS

DESIGN-CENTER VALUES, EACH SECTION

	Class A₁ Amplifier	
DC Plate Voltage	300	Volts
Positive DC Grid Voltage	0	Volts
Plate Dissipation, Each Plate	3.5	Watts
Total Plate Dissipation, Both Plates	5.0	Watts
DC Cathode Current	20	Milliamperes
Heater-Cathode Voltage		
Heater Positive with Respect to Cathode		
DC Component	100	Volts
Total DC and Peak	200	Volts
Heater Negative with Respect to Cathode		
Total DC and Peak	200	Volts
Grid Circuit Resistance		
With Fixed Bias	1.0	Megohms

GENERAL

ELECTRICAL

	6CG7	8CG7	
Cathode—Coated Unipotential			
Heater Voltage, AC or DC	6.3	8.4	Volts
Heater Current	0.6	0.45	Amperes
Heater Warm-up Time*	11	11	Seconds

CHARACTERISTICS AND TYPICAL OPERATION

CLASS A₁ AMPLIFIER, EACH SECTION

Plate Voltage	90	250	250	Volts
Grid Voltage	0	−12.5	−8.0	Volts
Amplification Factor	20	……	20	
Plate Resistance, approximate	6700	……	7700	Ohms
Transconductance	3000	……	2600	Micromhos
Plate Current	10	1.3	9.0	Milliamperes
Grid Voltage, approximate				
Ib = 10 Microamperes	−7	……	−18	Volts

◆ 図 1.5.1　6FQ7/6CG7 の特性（6FQ7 のデータシート（GE）より）

「R」は**抵抗**（レジスター）のことです。抵抗はΩ（**オーム**）という単位で表します。これも学者の名前からとられていて、ドイツの物理学者ゲオルク・ジーモン・オームがその人です。オーディオアンプの製作ではいくつもの抵抗器を使いますが、「R」は抵抗器そのものをさしています。スピーカーには「8Ω」とか「6Ω」と書いてありますがこれも抵抗の一種です。

上記の3つの式をわかりやすく書き直すと以下のようになります。

$$\text{電圧}[V] = \text{電流}[A] \times \text{抵抗}[\Omega] \quad \cdots \text{式1}$$

$$\text{電流}[A] = \frac{\text{電圧}[V]}{\text{抵抗}[\Omega]} \quad \cdots \text{式2}$$

$$\text{抵抗}[\Omega] = \frac{\text{電圧}[V]}{\text{電流}[A]} \quad \cdots \text{式3}$$

式1：流れている電流とそこにある抵抗値がわかれば、それらを掛けることで抵抗器の両端に生じる電圧が計算でわかるという意味です。

式2：電圧がわかっているところに抵抗器をつなぐと電流が流れ、その電流の大きさが計算でわかるという意味です。

式3：そこに流れている電流値がわかっていて、電圧を何Vかドロップさせたい時、どれくらいの抵抗器を入れたらいいかが計算でわかります。

これら3つの式も暗記していつでも使えるようにしてください。

1-5-2 オームの法則…単位の大きさ

電子回路で扱う電圧はいつも1V以上であるとは限りません。オーディオ回路では、0.1Vとか0.01Vとか0.001Vといった非常に低い電圧も扱います。通常、0.001Vとは書かないで**1mV**（ミリボルト）と表現します。ミリはミリメートルと同じ使い方で1／1,000のことです。さらに小さい**μV**（マイクロボルト、百万分の1V）という単位も使います。

大きい方では、1,000Vのことを**1kV**（キロボルト）と表現します。オーディオアンプでkVを扱うことはまずありませんが、部品の耐圧を表すのにkVが出てくることがあります。同様に電流も1Aよりも小さい値を扱う場合は**mA**（ミリアンペア）や**μA**（マイクロアンペア）という単位を使います。オーディオ回路では、AよりもmAやμAを使うことの方が多いです。kA（キロアンペア）という単位もありますが、こんな大電流はオーディオ回路では出てきません。

抵抗値にも**mΩ**（ミリオーム）や**kΩ**（キロオーム）があり、さらに**MΩ**（メガオーム）もときどき使います。

オームの法則を使う時は、常に

$$\text{電圧}[V] = \text{電流}[A] \times \text{抵抗}[\Omega]$$

という単位だけでなく、スケールを変えた

電圧〔V〕=電流〔mA〕×抵抗〔kΩ〕

も頻繁にでてきますので、できるだけ早く慣れるようにしてください。

> **練習問題 1**
>
> 　真空管アンプが完成して動作試験を行いたい。回路電流は 80mA くらいが正常なのですが、その 80mA が電源回路にある 100Ωの抵抗を流れるので、100Ωの両端にテスターを当てて電圧を観測することで正しく 80mA であるか確認したい。何 V であれば正常といえるでしょうか。

> 解答
> 　E=IR を使う。
> 　　0.08A × 100Ω = 8V

> **練習問題 2**
>
> 　オーディオアンプを製作したら電源電圧が 10V ほど高すぎたので回路に修正を加えて電源電圧を低くしたい。アンプ部の回路電流は 50mA です。何Ωを追加したらいいでしょうか。

> 解答
> 　R=E／I を使う。
> 　　10V ÷ 0.05A = 200Ω

1-5-3 オームの法則…電力の計算

　オーディオ回路の設計で重要なのは電力の設計、すなわち熱の設計です。電力はほとんどすべて熱になります。熱の設計が重要なわけは、あらゆる部品にとって熱は寿命を縮め信頼性を損ねる天敵だからです。
　電力は W（**ワット**）という単位を使います。ワットとは、もちろんみなさんよくご存知の蒸気機関で知られるジェームズ・ワットからきています。電力を求める基本式は次のとおりです。

電力〔W〕=電圧〔V〕×電流〔A〕　…式4

　100V の電圧で 8A の電流が流れるセラミックヒーターの消費電力は、

　　100V × 8A = 800W

です。いいかえると 800W のセラミックヒーターの電源コードには 8A もの電流が流れま

すから、定格 7A クラスの細いものを使うと定格オーバーで火災の危険がありますので、やや太い定格 15A クラスかそれ以上のものを使う必要があります。

　50mA の電流が流れているところに 10V ほど電圧をドロップさせるために入れた抵抗器（200Ω、さきほどの［練習問題 2］）が消費する電力は、

$$10V \times 50mA = 500mW = 0.5W$$

です。0.5W というと、小型の抵抗器だったら表面温度が 100℃ くらいになってしまってもおかしくないくらいの発熱になります。

　発熱するのは抵抗器だけではありません。真空管も発熱しますが、どれくらいまでの電力に耐えられるかは真空管ごとに厳密に規定されています。本書の製作で使用した 6FQ7 という真空管のプレート電力に関する最大定格（**プレート損失**という）は 3.5W ですが、これを超えるような動作は禁止されています（図 1.5.1）。6FQ7 では動作電圧（**プレート電圧**という）と動作電流（**プレート電流**）をかけた値が 3.5W を超えないように設計しなければなりません。

　図 1.5.1 の動作例でいうと、プレート電圧 = 250V、プレート電流 = 9.0mA ですから、この動作時のプレート損失は、

$$250V \times 9mA = 2.25W$$

となって最大定格に対してやや余裕がある動作条件となっています。これよりも高い電圧で動作させたり、より多くのプレート電流を流す動作にする場合は注意がいります。

　さて、式 4 と式 1 〜 3 を組み合わせると以下の式が得られます。

電力〔W〕= 電流〔A〕^{2} × 抵抗〔Ω〕　　…式 5

電力〔W〕= $\dfrac{\text{電圧〔V〕}^2}{\text{抵抗〔Ω〕}}$　　…式 6

　式 5 は、抵抗器とそこに流れる電流からその抵抗器の消費電力を求める式です。26 ページの［練習問題 2］の場合に式 5 を適用してみましょう。

$$0.05A^2 \times 200Ω = 0.5W$$

　式 6 は抵抗器とそこにかかる電圧からその抵抗器の消費電力を求める式です。同じく 26 ページの［練習問題 2］の場合に式 6 を適用してみると、以下のようになって同じ結果が得られます。

$$10V^2 \div 200Ω = 0.5W$$

　オーディオアンプの設計ではいたるところで抵抗器を使いますが、抵抗器には 1/4W 型、1/2W 型、1W 型…というふうに消費電力に応じたサイズと耐熱性能のものがあって、設計段階で何 W 型を選ぶか決めなければなりません。通常は 3 〜 4 倍の安全率をみますので、

0.5Wの電力を消費する抵抗器の場合は2W型を使います。抵抗器の設計ではこの計算を行いますので式5や式6はとても重要なのです。

スピーカーを鳴らす出力も電力です。パワーアンプの性能をいう時「8Ω負荷、1kHzにおいて最大出力8W」といった言い方をしますが、この8Wというのは電力そのものです。この値を式5および式6に当てはめてみると以下のようになります。

$$\boxed{?}A^2 \times 8\Omega = 8W \quad \rightarrow \quad 電流〔A〕=\sqrt{電力〔W〕\div 抵抗〔\Omega〕} \quad \cdots 式7$$

$$\boxed{?}V^2 \div 8\Omega = 8W \quad \rightarrow \quad 電圧〔V〕=\sqrt{出力〔W〕\times 抵抗〔\Omega〕} \quad \cdots 式8$$

これを解くと、電流は1A、電圧は8Vであることがわかります。8Ωのスピーカーを8Wのパワーで鳴らしている時、パワーアンプのスピーカー端子からは8Vの信号電圧が出力されていて、スピーカーには1Aの信号電流が流れているわけです。スピーカーのかわりに6V〜9Vくらいで点灯する豆電球をつないだら音楽に合わせて光ることでしょう。

練習問題3

本書で製作するミニワッターの最大出力が0.5Wだとします。試験測定用にスピーカーの代わりに8Ωの抵抗器で代用(**ダミーロードという**)をしたいのですが、その抵抗器には何W型を使ったらいいでしょうか。

解答

消費電力はそのものずばり0.5W。
安全率を見込んで2W型以上のものが適切です。

練習問題4

〔練習問題3〕のパワーアンプの測定で、テスト信号を使って0.5Wのパワーが出ていることを確認するにはどうしたらいいでしょうか。フリーソフトWaveGeneを使って1kHzのテスト信号をパソコンで作れるものとします。

解答

ACVレンジにしたテスターでダミーロードの両端の電圧を測定します。
8Ω負荷で0.5Wの時のオーディオ信号電圧は式8で求めます。

$$\sqrt{0.5W \times 8\Omega} = 2V$$

1-6 複合した抵抗値の計算

　150Ω 1W 型の抵抗器が必要なのにそれがない場合、75Ω 1/2W 型の抵抗器を 2 個直列にして 150Ω 1W 型の代わりをさせることができます。150Ω 1W 型の抵抗器が必要なのにそれがない場合、300Ω 1/2W 型の抵抗器を 2 個並列にして 150Ω 1W 型の代わりをさせることができます。

　増幅回路の設計では、回路中にある複数の抵抗器や真空管が持つ見えない抵抗などを組み合わせた計算もたくさんでてきます。

　2 個またはそれ以上の抵抗器を直列にしたり並列にした場合の計算はオーディオアンプの設計のさまざまな場面で必要になります。

　R1 と R2 の 2 つの抵抗器を直列にした場合の抵抗値は単純な足し算です。

$$\text{R1 と R2 を直列} = R1 + R2$$

　R1 と R2 の 2 つの抵抗器を並列にした場合の抵抗値は、半分でもなければいわゆる平均（**相加平均**）でもありません。以下のような式になります。

$$\text{R1 と R2 を並列} = \frac{R1 \times R2}{R1 + R2}$$

　この式は電子回路設計ではきわめて重要なので式を覚えるだけでなく、無理なく暗算ができるくらいまで習熟してください。

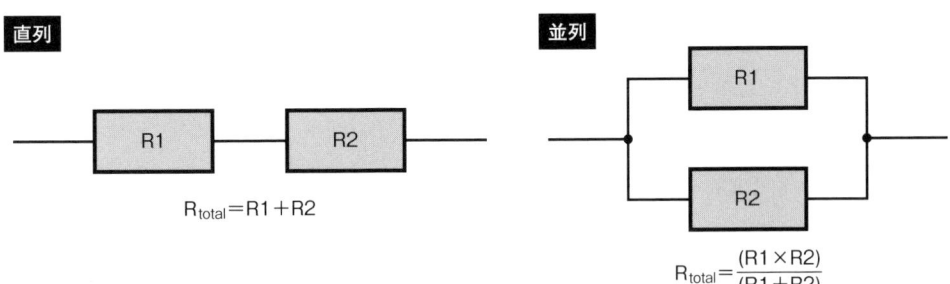

◆ 図 1.6.1　抵抗器の直列と並列の計算法

　この式と同じ考え方をしているのが**調和平均**です。興味のある方は平均について調べてみたらいいでしょう。いろいろな平均が見つかりますよ。

　抵抗値は、直流の場合も交流の場合も同じです。直流で 10kΩ の抵抗器は交流でも 10kΩ です。また、交流の場合、周波数が 100Hz でも、1kHz でも、10kHz でも 10kΩ であることに変わりはありません。

　さて、2 個またはそれ以上の抵抗を直列にしたり並列にした場合、抵抗器の消費電力の計算はどうしたらいいでしょうか。R1 = 100Ω、R2 = 150Ω としてこれらを直列にした場合と並列にした場合のそれぞれのケースについて考えてみましょう。

まず、直列にして 20V をかけた場合がどうなるかです。合成抵抗値は R1 + R2 ですから 250Ω になります。そこに 20V をかけるわけですから、2 本の抵抗器に流れる電流はともに、

  20V ÷ 250Ω = 0.08A

となり、それぞれの抵抗器の消費電力は式 5 が使えます。

  R1 の消費電力 = $0.08A^2$ × 100Ω = 0.64W
  R2 の消費電力 = $0.08A^2$ × 150Ω = 0.96W

こんどは並列にして 20V をかけた場合がどうなるかです。R1、R2 それぞれに同じ 20V をかけるわけですから、消費電力は式 6 が使えます。

  R1 の消費電力 = $20V^2$ ÷ 100Ω = 4W
  R2 の消費電力 = $20V^2$ ÷ 150Ω = 2.67W

直列にした時は抵抗値が高い R2 の方が消費電力が大きくなるのに、並列にすると関係が逆転して抵抗値が低い R1 の方が消費電力が大きくなりました。この現象は、本書の「はじめに」に書いた 60W の電球と 40W の電球を並列にしたら 60W の方が明るく光るが、この 2 つを直列にした場合はどうなるか、という問題のことをさしています。この結果をみて「あたりまえじゃない」と思った人は理科の授業をしっかりやっていた人、「へえ、そうなんだ」と思った人は授業をさぼっていた人です。

練習問題 5

100kΩ と 150kΩ と 240kΩ の 3 本の抵抗器を並列にした場合の合成抵抗値を求めてください。

> **解答**
> まず、計算しやすい任意の 2 本の並列合成抵抗値を求め、その結果と残った 1 本との並列合成抵抗値を求めます。4 本以上の場合はこの計算を繰り返します。
>   (100kΩ × 150kΩ) ÷ (100kΩ + 150kΩ) = 60kΩ
>   (60kΩ × 240kΩ) ÷ (60kΩ + 240kΩ) = 48kΩ

1-7 コンデンサの性質

抵抗器と並んでオーディオ回路の定番部品といえばコンデンサです。

抵抗器の定格値を表す単位が抵抗値（Ω）と電力容量（W）であるのに対して、コンデンサの定格値を表す単位は**容量**（F、ファラッド）と**耐圧**（V）です。コンデンサは蓄電器と訳されているとおり、電気を溜める働きがある部品です。電気を溜めるといっても、充電池のように長時間にわたって一定の電圧を維持して放電できるわけではなく、比較的短い時間あるいはほとんど瞬間的に蓄めたり放出したりする働きをします。

1回に溜められる量のことを**容量**と呼び、**ファラッド**（F）という単位で表します。ファラッドとは、電気分解の法則や電磁誘導の法則で知られるロンドン生まれの化学者・物理学者のマイケル・ファラデーからついた単位です。

1ファラッドというのは非常に大きな値で、そのままでは扱いにくいので、電子回路では1ファラッドの1／1,000,000にあたる**μF**（マイクロ・ファラッド）、さらにその1／1,000,000にあたる**pF**（ピコ・ファラッド）を使います。

抵抗器は直流も交流もその抵抗値に応じて同じように通しますが、コンデンサは直流を全く通しません。交流だけを通します。交流をどの程度通すかは、抵抗器のように一定ではなく周波数によって異なります。周波数が高いほどよく通し、周波数が低くなるほど通しにくくなります。周波数によって抵抗値が変わる部品というふうに考えることができます。

コンデンサにおける抵抗値にあたるものを**リアクタンス**と呼びます。リアクタンスはコンデンサやコイルにおける交流電圧と交流電流の比です。電圧と電流の比ですからオームの法則がそのまま当てはまります。

$$R = \frac{E}{I} \quad \cdots E と I の比$$

しかし抵抗とは性質が違います。抵抗は電流が流れると電力が消費されて熱が出ますが、リアクタンスは電力を消費しない抵抗（のようなもの）です。擬似的な抵抗なので、**誘導抵抗**とか**感応抵抗**などと呼ばれます。

コンデンサにおけるリアクタンスは以下の式で求めることができます。

$$リアクタンス \,[\Omega] = \frac{1}{2\pi fC}$$

fは周波数〔Hz〕で、Cはコンデンサ容量〔F〕です。しかし、このままでは使いにくいので変形してみます。

$$リアクタンス \,[\Omega] = \frac{159000}{容量〔\mu F〕\times 周波数〔Hz〕}$$

$$リアクタンス \,[k\Omega] = \frac{159}{容量〔\mu F〕\times 周波数〔Hz〕}$$

この式は回路設計ではよく使いますので、できるだけ覚えるようにしてください。オーディオアンプで使用するコンデンサ容量のリアクタンスは、表1.7.1のようになります。

◆表1.7.1　コンデンサのリアクタンス

	10Hz	100Hz	1kHz	10kHz	100kHz
10000μF	1.59Ω	0.159Ω	-	-	-
1000μF	15.9Ω	1.59Ω	0.159Ω	-	-
100μF	159Ω	15.9Ω	1.59Ω	0.159Ω	-
10μF	1.59kΩ	159Ω	15.9Ω	1.59Ω	0.159Ω
1μF	15.9kΩ	1.59kΩ	159Ω	15.9Ω	1.59Ω
0.1μF	159kΩ	15.9kΩ	1.59kΩ	159Ω	15.9Ω
0.01μF	1.59MΩ	159kΩ	15.9kΩ	1.59kΩ	159Ω
0.001μF	15.9MΩ	1.59MΩ	159kΩ	15.9kΩ	1.59kΩ
100pF	-	15.9MΩ	1.59MΩ	159kΩ	15.9kΩ
10pF	-	-	15.9MΩ	1.59MΩ	159kΩ

1-8 複合したコンデンサ容量値の計算

2つ以上のコンデンサを組み合わせたときの容量の計算法は、計算式は抵抗器の場合と同じですが、式の形が直列と並列で入れ替わっています（図1.8.1）。

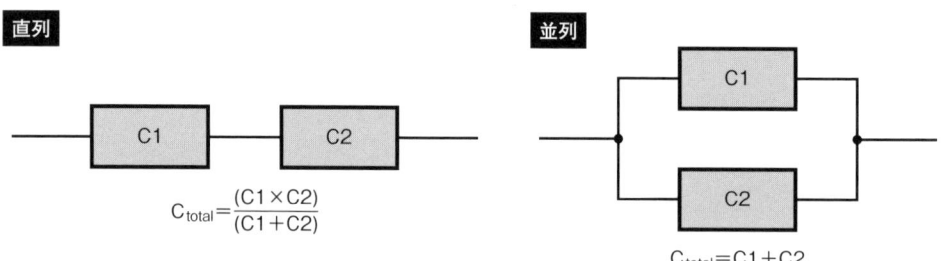

◆図1.8.1　コンデンサの直列と並列の計算法

抵抗器を2つまたはそれ以上の抵抗器を直列あるいは並列にして使うと、電力定格を2倍、3倍にすることができました。コンデンサの場合は、直列にして使うと耐圧を高くすることができます。たとえば、容量が100μFで耐圧が250Vのコンデンサを2個直列にすると、容量は半減して50μFになってしまいますが耐圧は500Vになります。

しかし、コンデンサには微量ながら不規則な漏れ電流があるため、2個のコンデンサに均一に同じ電圧がかかるとは限らず、多くの場合偏りが生じて一方のコンデンサが耐圧オーバーになってしまいます。このような問題を回避するために、図1.8.2のように各コンデンサと並列に高抵抗を入れて意図的に電流を流してやり、個々のコンデンサにかかる電圧が安定するようにしなければなりません。しかし、このようなことをしてしまうと回路に余計な電流が流れてしまうので、どんな回路にも適用できるわけではなくなります。

コンデンサの並列使用は、耐圧は変わりませんが容量を増やすことができるので非常に

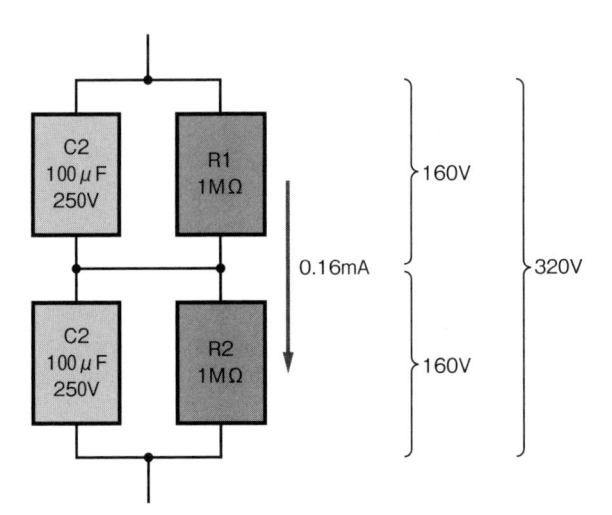

よく使われます。たとえば、高さに制限があって大型のコンデンサが使えない場合は、小型のコンデンサを多数並列にすることで同じ容量で高さの低い実装が可能になります。

◆ 図 1.8.2　コンデンサの直列使用

1-9 デシベル算

　オーディオの世界では、レコーディングの現場からリスニングオーディオまでさまざまな場面で**デシベル**（**dB**）という単位が登場します。ベルとはあのグラハム・ベルのことで、デシとはデシリットルのデシと同じで 1 ／ 10 という意味です。しかし、ベルという単位で使われることはなく、もっぱらデシベルが使われています。

　デシベルとは、比率を表す単位です。実際に例を挙げてみましょう。

　　1 倍 = 0dB
　　2 倍 = 6dB
　　4 倍 = 12dB
　　8 倍 = 18dB
　　10 倍 = 20dB
　　100 倍 = 40dB
　　1,000 倍 = 60dB

　まず覚えていただきたいのは、2 倍 = 6dB という関係です。レコーディングの現場などで「ピアノ、6 デシ上げてもらえますか」などと言ったりするのは『ピアノの音量だけ 2 倍に上げてください』という意味です。では、これはいかがでしょう。

　　0.5 倍 = － 6dB
　　0.25 倍 = － 12dB
　　0.125 倍 = － 18dB
　　0.1 倍 = － 20dB
　　0.01 倍 = － 40dB

0.001 倍 = － 60dB

　6dB が 2 倍なら、－ 6dB は 1 ／ 2 倍です。そして、20dB が 10 倍なら、－ 20dB は 1 ／ 10 倍です。－ 20dB のアッテネータというと、オーディオ信号を 1 ／ 10 倍にする減衰器になります。デシベルは、増幅率や減衰率を表す単位としてオーディオアンプの設計では非常によく出てきます。

　さて、その計算法ですが、増幅率の時は「掛け算」を使いますが、同じことをデシベルを使うと「足し算」になります。それはデシベルが対数を使ったしくみだからです。

　私が中学生の時、放課後友人と受験問題を解いていたら、そこに数学の先生がやってきて「2 の 30 乗はいくつか？　大体でいいから 30 秒で求めてごらん」という問題を出しました。「そんなの無理だ」というと、丸善の 7 桁対数表という面白い本を出してきて「これを使えば足し算でできる」とおっしゃったのです。対数を使うと掛け算が足し算になってしまう。2 を 30 回掛けるということは、2 の常用対数を 30 回足せばいいということをその時知ったのです。デシベル算はこのしくみを使っています。

　今、ここに増幅率が 2 倍のアンプ A と、増幅率が 4 倍のアンプ B があります。この 2 台のアンプをつなげて使うと、増幅率は

　2 倍× 4 倍 = 8 倍

になります。アンプ A に 1V のオーディオ信号を入力するとアンプ A の出力からは 2 倍の 2V が得られます。この 2V のオーディオ信号をアンプ B に入力すると出力からは 4 倍の 8V が得られます。1V を入力して 8V 得られますから 8 倍です。

　デシベルは以下の式で求めます。

$$\text{倍率〔dB〕} = 20 \times \log_{10} \text{倍率〔倍〕}$$

　2 の常用対数は約 0.30103 ですから、上記の式に従ってこれに 20 を掛けると 6.0206 すなわち約 6 になります。2 倍 = 6dB です。同様にして 4 倍 = 12dB です。そこでこの 2 つを足してみます。

　6dB ＋ 12dB ＝ 18dB

　18dB というのは 8 倍でしたから最初の計算と同じ結果が得られました。図 1.9.1 のアンプ A やアンプ B の増幅率が 10 倍や 100 倍になっても計算法は同じです。

　このように、デシベルを使って足し算で増幅率や減衰率を計算する方法を**デシベル算**と呼びます。

```
入力信号電圧         中間              出力信号電圧
   1V    →  アンプA   2V   アンプB  →    8V

          増幅率           増幅率          全体の増幅率
           2倍     ×       4倍    =        8倍
           6dB    +       12dB   =       18dB


入力信号電圧         中間              出力信号電圧
  10mV   →  アンプA  100mV  アンプB  →    10V

          増幅率           増幅率          全体の増幅率
           10倍    ×      100倍   =      1000倍
          20dB    +       40dB   =       60dB
```

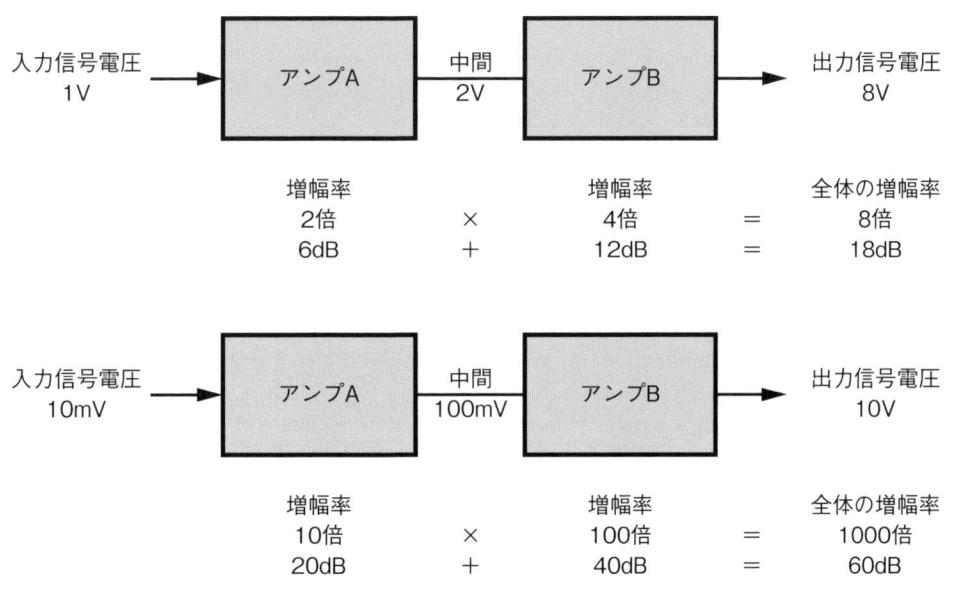

◆ 図 1.9.1　デシベル算

　ところで、オーディオアンプのカタログを見ると、S/N 比やクロストークのところにも以下のような表記で dB が出てきます。

S/N 比　　　：80dB
クロストーク：66dB

　S/N 比とは、Signal/Noise 比の略で、オーディオ信号とノイズとの比率を表した指標です。80dB というのは 10,000 倍のことですから、オーディオ信号電圧をノイズの電圧で割った値が 10,000 倍だということです。たとえば、最大出力が 8W のパワーアンプの場合、最大出力時の信号電圧は 8V（8Ω負荷時）でしたから、S/N 比が 80dB ということは残留ノイズはその 1 ／ 10,000 である 0.8mV になり、雑音性能としては月並みということになります。

　クロストークは正式には**チャネル間クロストーク**（Inter Channel Crosstalk）といい、ステレオアンプの場合は左右チャネル間でのオーディオ信号の漏れの度合いを表す指標です。クロストークが 66dB ということは、左チャネルに 1V の出力電圧が得られている時に右チャネルにはその 1 ／ 2,000 である 0.5mV の漏れ信号が現れることを意味します。

　周波数特性の表示では、X 軸は周波数で Y 軸にデシベルが登場します。特別な事情がない限り、X 軸で周波数が 10 倍になる長さと、Y 軸でレスポンスが 20dB 落ちる（1 ／ 10 になる）長さが同じになるようにグラフの縦横を揃えるという約束があります（図 1.9.2）。

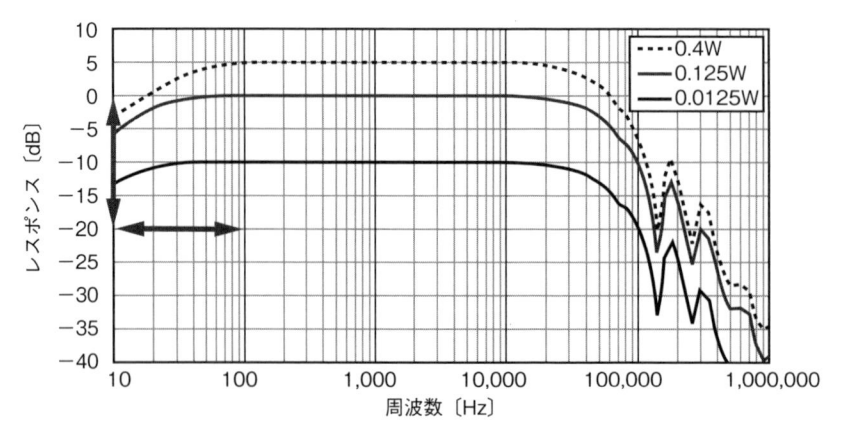

◆ 図1.9.2　周波数特性図におけるdB表示（縦軸の20dB（×10）と横軸の10倍との長さを同じにするのが標準）

このように、デシベルは増幅率（利得）だけでなくさまざまな比率を表すときにも使います。表1.9.1中のdBを組み合わせると、0.1dB単位であらゆるデシベルの値を簡単に知ることができます。

◆ 表1.9.1　デシベル簡易計算表

dB	倍	dB	倍	dB	倍	dB	倍
0	1	1	1.122	11	3.548	40	100
0.1	1.012	2	1.259	12	3.981	60	1,000
0.2	1.023	3	1.413	13	4.467	80	10,000
0.3	1.035	4	1.585	14	5.012	100	100,000
0.4	1.047	5	1.778	15	5.623		
0.5	1.059	6	1.995	16	6.310		
0.6	1.072	7	2.239	17	7.079		
0.7	1.084	8	2.512	18	7.943		
0.8	1.096	9	2.818	19	8.913		
0.9	1.109	10	3.162	20	10		

dB	倍	dB	倍	dB	倍	dB	倍
0	1	−1	0.891	−11	0.282	−40	0.01
−0.1	0.989	−2	0.794	−12	0.251	−60	0.001
−0.2	0.977	−3	0.708	−13	0.224	−80	0.0001
−0.3	0.966	−4	0.631	−14	0.200	−100	0.00001
−0.4	0.955	−5	0.562	−15	0.178		
−0.5	0.944	−6	0.501	−16	0.158		
−0.6	0.933	−7	0.447	−17	0.141		
−0.7	0.923	−8	0.398	−18	0.126		
−0.8	0.912	−9	0.355	−19	0.112		
−0.9	0.902	−10	0.316	−20	0.1		

> **練習問題 6**
>
> 表 1.9.1 を使って「43.5dB」が何倍かを求めてください。
>
> [解答]
> 43.5dB を、40dB + 3dB + 0.5dB に分解して掛け算をします。
> 　　100 倍 × 1.413 倍 × 1.059 倍 = 149.6 倍

　デシベルは、比率ではなく電圧の大きさを表す時にも使います。その場合には、基準として 0dB が何 V であるかを明記するようにします。たとえば、0dB = 1V とした場合、6dB は 2V になりますし − 20dB は 0.1V にあたります。

　毎回「0dB = いくら」と記述するのは面倒なので、dB の後ろに記号をつけて表現する標準的なルールがあります。0dB = 1V の場合は dBV と表記します。− 12dBV と書いてあったら 0.25V のことです。dBm、dBu、dBv いずれも 0dB = 0.775V です※。

> **アドバイス**
>
> ※：dBm は 600Ω インピーダンスマッチングという意味合いを含む。600Ω 系でない場合は dBu あるいは dBv を使う。

1-10　アッテネータ回路

　オーディオアンプ設計の基礎知識のひとつとして是非書いておきたかったのが、これから説明する**アッテネータ回路**のしくみです。アッテネータ（attenuator）は**減衰器**ともいい、電波やオーディオなどの信号を適当な量だけ減衰させる働きがあります。オーディオアンプについている音量調整ボリュームがその代表ですが、テスターなどの測定器のレンジ切り替えスイッチもアッテネータですし、マイクロフォンやマイクアンプについているパッド（Pad）というスイッチもアッテネータです。

　音量調整ボリュームは減衰の程度が連続可変ですが、測定器のレンジ切り替えは 1V の次が 3V というふうに段階的になっています。マイクロフォン内蔵のパッドの場合も一気に − 10dB あるいは − 20dB 落とします。それは使いやすさを考えてのことで、信号を減衰させるという基本的な機能においては同じものです。

　オーディオアンプの増幅回路の中には見えないアッテネータも存在し、それらの働きによって利得が決まります。したがって、増幅回路の設計においてもアッテネータのしくみや性質についてよく理解しておく必要があります。

　本章では基本に立ち返ってやや丁寧に解説しますので、読むのに少々骨が折れると思いますが、ここに書かれたことをマスターすることによってオーディオ回路設計の腕が格段にアップしますので頑張って理解するようにしてください。

　さて、最も基本的な減衰回路は抵抗器を 2 本使ったものです（図 1.10.1(a)）。2 本の 25kΩ の抵抗器（R1、R2）によって構成されており、合計の抵抗値は 50kΩ です。入力側には 1V のオーディオ信号が入力されています。50kΩ に対して 1V がかかっていますから、この回路に流れる電流はオームの法則から、

　　1V ÷ 50kΩ = 0.02mA

になります。R1 = R2 ですからそれぞれの抵抗器の両端に生じる電圧は、

  0.02mA × 25kΩ = 0.5V

です。この回路の出力は R2 の両端から取り出していますから、出力電圧は 0.5V になります。このアッテネータの利得は、

  0.5V ÷ 1V = 0.5 倍 = − 6dB

です。抵抗値の組み合わせを変えてみたのが図 1.10.1(b) です。この場合の出力電圧は以下のように計算できます。

  0.02mA × 10kΩ = 0.2V

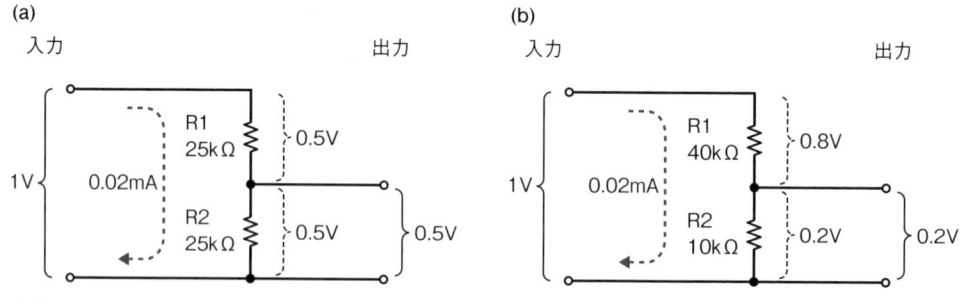

◆ 図 1.10.1　アッテネータの基本回路

この場合の利得は 0.2 倍（− 14dB）になります。R1 + R2 = 50kΩ という関係を維持したまま、R1 と R2 の割合を自在に変化できるようにした部品が**可変抵抗器**(通称ボリューム)です。可変抵抗器は、抵抗体が円を描くように塗布した上を接点がすべって移動できるように作られており、軸を回転させることで R1 と R2 の割合を可変にした抵抗器です（図 1.10.2）。

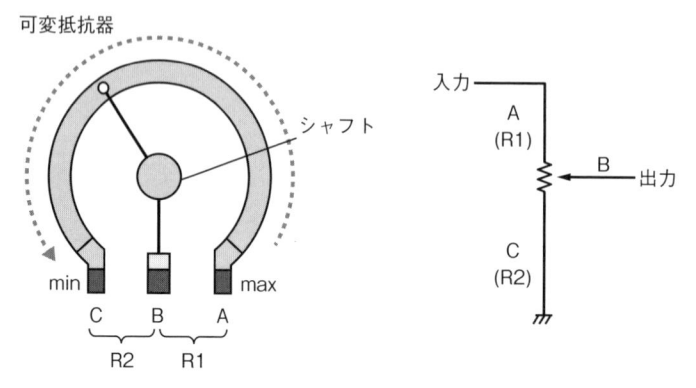

◆ 図 1.10.2　可変抵抗器の構造（パネル側から見た図）

アッテネータの利得（減衰率）は次の式で計算できます。

1-10 ◆ アッテネータ回路

$$\text{利得（減衰率）} = \frac{R2}{R1 + R2}$$

> **アドバイス**
> 式中の「//」は、並列にした合成抵抗を表しています。

しかし、このアッテネータを実際の回路に組み込んでみると必ずしも計算どおりの結果になりません。たとえば、このアッテネータの出力側に負荷として50kΩの抵抗があったとします。回路は図1.10.3(a)のようになります。

この場合、出力側のR3（50kΩ）の存在は無視できません。R2とR3は並列になっていますから、この2つの抵抗の合成値を求めます。求め方はすでに説明したとおりです。

$$R2 // R3 = \frac{25\text{k}\Omega \times 50\text{k}\Omega}{25\text{k}\Omega + 50\text{k}\Omega} = 16.7\text{k}\Omega$$

アッテネータ全体の抵抗値は50kΩではなく41.7kΩになります。出力電圧は0.4Vとなり、このアッテネータの利得は、

$$\frac{16.7\text{k}\Omega}{25\text{k}\Omega + 16.7\text{k}\Omega} = 0.4 \text{倍} = -8\text{dB}$$

になります。

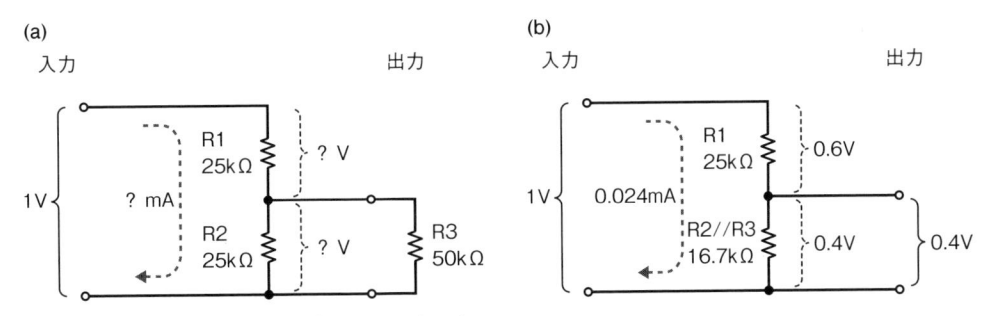

◆ 図1.10.3　後続回路がある場合のアッテネータ

実際の回路では、このようにアッテネータに続いてなんらかの抵抗が存在するのが普通です。このような場合、アッテネータと後続する回路の抵抗の存在はどんな関係にあるのかについてですが、アッテネータのポジションを変化させてみると何が起きているのかがよくわかります。

図1.10.4は、R1 + R2の合計値が常に50kΩとなるようなアッテネータのR2の値を0Ωから50kΩまで変化させた時の利得のカーブです。R3がない場合（図1.10.1の回路）とR3 = 50kΩの場合（図1.10.3の回路）の違いがわかるようにしてあります。また、R3がない場合の利得を1とした時とR3 = 50kΩの場合の対比も書き加えてあります。

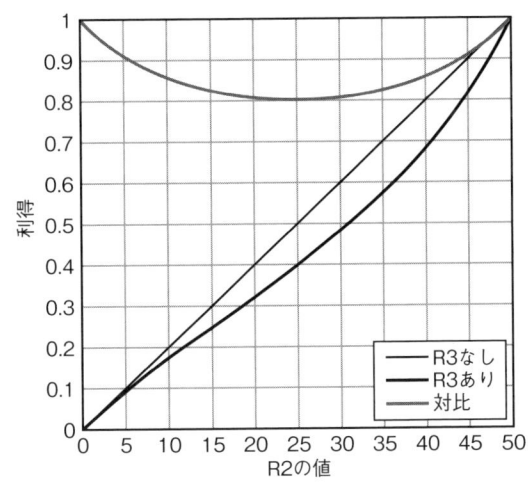

◆ 図1.10.4　R3の有無の違い

$R_{out} = R1 // R2 = \dfrac{R1 \times R2}{R1 + R2}$

$V_{in} \times \dfrac{R2}{R1 + R2}$ … R_{LOAD} V_{out}

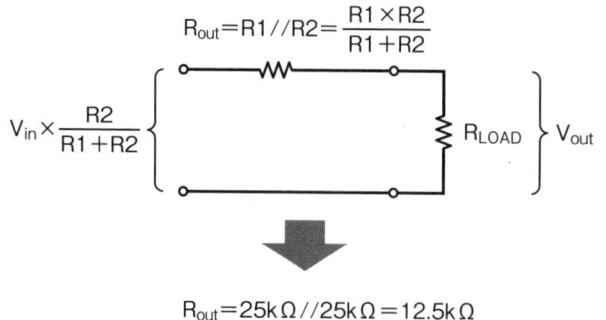

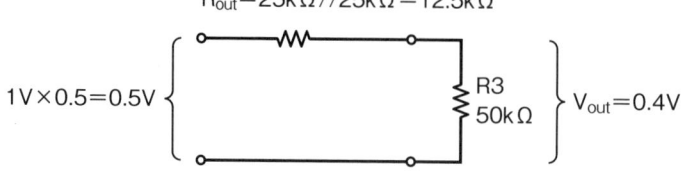

$R_{out} = 25k\Omega // 25k\Omega = 12.5k\Omega$

$1V \times 0.5 = 0.5V$ … R3 $50k\Omega$ $V_{out} = 0.4V$

◆図 1.10.5　アッテネータの等価図

R3 があると、ない場合に比べて利得が下がっています。利得が下がる程度は R2 = 25kΩ の時が最大で、両側に近づくにつれて利得が下がる程度が少なくなり、両端すなわちアッテネータの min と max ポジションでは R3 があってもなくても同じになっています（図 1.10.4）。

2 本の抵抗器で構成されるアッテネータ回路と、後続の負荷となる抵抗との関係を表したのが図 1.10.5 です。このアッテネータ回路は負荷側からみると一定の抵抗が存在するように見えます。この抵抗のことを**内部抵抗**あるいは**出力インピーダンス**といいます。オーディオをやっているとこの言葉は時々目にすると思います。

2 本の抵抗器で構成されるアッテネータ回路の内部抵抗（R_{out}）は以下の式で求めることができます。

$$\text{内部抵抗 }(R_{out}) = \dfrac{R1 \times R2}{R1 + R2}$$

R1 + R2 = 50kΩ 一定という条件の場合は、内部抵抗は R1 = R2 の時に最大になりその値は 12.5kΩ です。そのため、R3 が存在すると、R_{out} と R3 とによってもう一つのアッテネータができているわけです。

このメカニズムは以下のように考えたらわかりやすいでしょう。まず、R3 の存在は忘れて R1 と R2 によるアッテネータのことだけ考えて利得を計算します。R1 = R2 = 25kΩ の時の利得は 0.5 倍（− 6dB）でしたね。

利得 1 = 0.5 倍（− 6dB）

次にこのアッテネータの内部抵抗（R_{out}）と R3 についてだけ考えて利得を計算します。

利得 2 = $\dfrac{R3}{R_{out} + R3}$ = $\dfrac{50k\Omega}{12.5k\Omega + 50k\Omega}$ = 0.8 倍（− 2dB）

最後に利得 1 と利得 2 を足します。

合計利得 = 0.5 倍 × 0.8 倍 = 0.4 倍
合計利得 =（− 6dB）+（− 2dB）= − 8dB

R1 と R2 の値を固定のアッテネータで説明しましたが、抵抗値が連続可変の音量調整ボリュームでも全く同じことが起きています。100kΩ の音量調整ボリュームの場合、内部抵抗は音量をほぼ半分に絞った時に最大となってその値は 25kΩ となり、それ以外のポジションでは 25kΩ よりも低くなって、min と max ではゼロΩ になります。

　アッテネータだけでなく、増幅回路にも必ず内部抵抗（出力インピーダンス）が存在します。真空管には固有の内部抵抗（r_p という）があり、増幅回路の利得計算では内部抵抗がわからないと利得の計算ができません。

　今行ったような計算は、オーディオアンプの設計では頻繁に出てきますのでよく理解して自分のものにしてください。

1-11　インピーダンスの話

　アッテネータの解説のところで、出力インピーダンスという言葉が出てきました。内部抵抗とも言うということは、どうやら抵抗の一種らしい、しかし純粋な抵抗器とはちょっと違うもののようです。

　インピーダンスとは、直流ではなく交流（オーディオ信号）の場合の抵抗のようなもの、といったらいいでしょうか。抵抗のようなものなのでΩとかkΩという単位で表記し、オームの法則が適用できます。オーディオアンプにおいてインピーダンスという言葉が出てきたら、オーディオ信号に関することなのだな、と思ってください。

　インピーダンスは複素数なので、実数部分と虚数部分の2つの顔があります。実数部分についてだけいえば抵抗と同じと考えていいのですが、虚数部分はリアクタンスといって抵抗とは別物です。ただし、複素数が苦手な方は非常に多いと思いますので、本書では複素数のことをよく理解できていなくてもわかるように工夫して説明します。

　コンデンサの性質（31ページ）のところでリアクタンスという言葉が出てきたのを覚えていますか。コンデンサのリアクタンスは、周波数によって値が変化するのでした。インピーダンスも同様で、回路が抵抗器だけで構成されているのであれば周波数によって値が変わることはありませんが、コンデンサやコイルが関係した回路の場合は周波数によって値は変化します。

入力インピーダンス

　オーディオアンプやその他オーディオ装置の入力端子をソース側（外部）からみた抵抗値です。38ページの図 1.10.1 の回路の入力インピーダンスは 50kΩ です。入力インピーダンスは、ソース側の装置からみたら負荷になるので、十分に高い値であることが望ましいです。

　オーディオアンプのライン入力の入力インピーダンスは、古い真空管アンプで 100kΩ 以上、通常のプリアンプでは 20kΩ～50kΩ くらい、プロ機材では 10kΩ 前後が一般的です。

出力インピーダンス

オーディオアンプやその他オーディオ装置の出力端子を受ける側からみた抵抗値です。40ページの図1.10.5の回路の出力インピーダンスは12.5kΩです。出力インピーダンスは、受ける側の装置の入力インピーダンスと組み合わせてアッテネータになるので、十分に低い値であることが望ましいです。

プリアンプの出力インピーダンスは、古い真空管アンプで数kΩ～数十kΩ、通常のプリアンプやCDプレーヤなどのライン出力では50Ω～5kΩくらい、プロ機材では50Ω～100Ωが一般的です。

回路インピーダンス

2つの回路をつないでいるラインを外から見たインピーダンスで、送り出し側の回路の出力インピーダンスをR_{out}、受け側の回路の入力インピーダンスをR_{in}とした場合の回路インピーダンスは、以下の式で求められます。

$$回路インピーダンス = \frac{R_{out} \times R_{in}}{R_{out} + R_{in}}$$

たとえば、出力インピーダンス1kΩのCDプレーヤを入力インピーダンス30kΩのプリアンプにつないだ時の回路インピーダンスは、

$$\frac{1k\Omega \times 30k\Omega}{1k\Omega + 30k\Omega} = 0.968k\Omega = 968\Omega$$

> **アドバイス**
> ※：ロー出し、ハイ受けという。

になります。一般に、出力インピーダンス≪入力インピーダンスですので※、回路インピーダンスはほとんど出力インピーダンスで決定されます。回路インピーダンスが高いと外部からのノイズを拾いやすくなったり、他チャネルの信号が漏れやすくなります。

増幅回路の入力インピーダンスは高い周波数で低い値になりやすいため、前段の出力インピーダンスが高いと高域で減衰しやすくなります。オーディオアンプの周波数特性で高域側が劣化する原因のほとんどはこれです。

1-12 真空管アンプの基本構成

もっともシンプルかつベーシックな真空管アンプの構成は、増幅素子（真空管）を2個使った「**2段シングルアンプ**」です。

CDプレーヤやPCから出力されたオーディオ信号を1本目の真空管（**初段**という）で増幅し、増幅されたその信号を2本目の真空管（**出力段**という）でさらにスピーカーを鳴らせるところまで増幅します。1本の真空管だけでは十分な増幅はできませんので、最低でも2本の真空管が必要だと思ってください。このことはトランジスタなどを使った半導体アンプでも同様で、半導体アンプの場合は現実的にはもっとたくさんの増幅素子が必要です。

ステレオアンプではこれが左右2チャネル分いりますから、真空管は全部で4本必要になります。もっとも、本書で扱う小型真空管は1つのガラス管の中に2本分のユニットを入れたものなので、見た目の真空管の数は2本です。

トランジスタなどの半導体は直接スピーカーを駆動することができますが、真空管は直接スピーカーを駆動することはできません※。何故なら、真空管は高い電圧、少ない電流で動作するのに対して、スピーカーは低い電圧、多い電流で駆動しないとうまく鳴らないからです。そのギャップを埋めるのが**出力トランス**です。出力トランスは高電圧・小電流の真空管回路と、低電圧・大電流のスピーカーとをつなぐ役割があります。トランスの一種ですので重い鉄芯にコイルを巻いた構造をしており、これがあるがために真空管アンプは重くかさばるので小型化ができないのです。

CDプレーヤなどをつなぐための入力端子や音量調整ボリューム、そしてスピーカーをつなぐためのスピーカー端子も必要です。

真空管アンプを動作させるには、少なくとも2種類の電源が必要です。アンプ部そのものを動作させるための200V～400Vくらいの高圧の直流電源と、真空管のヒーターを熱するための低圧の交流電源※の2つです。これらを供給するために、半導体アンプに比べてやや大掛かりな電源回路が必要で、AC100Vから高圧直流電源と低圧交流電源を得るために大型の**電源トランス**が必要です。

直流を得るためには**整流回路**が必要です。整流回路にはかつては真空管を使っていましたが、ダイオードの出現によって真空管アンプといえども整流回路は半導体に置き換わっているものが過半数を占めます。

AC100Vの電源を使いますので、AC100Vプラグ付の電源ケーブルや電源スイッチ、そしてヒューズも必要です。

> **アドバイス**
> ※：OTLと呼ばれる方式ならば真空管でも可能ですが、回路が複雑かつ全くエコでないので対象外です。

> **アドバイス**
> ※：ヒーターは通常は交流で点火しますがハムを減らすために直流で点火することもあります。

さて、これらを整理すると、もっともシンプルかつベーシックな真空管アンプはおおむね以下のような構成によって成り立っていることになります（図1.12.1）。

アンプ部（ステレオ）
- ・入力端子
- ・音量調整ボリューム
- ・初段用真空管×2本
- ・出力段用真空管×2本
- ・出力トランス×2個
- ・出力（スピーカー）端子

電源部
- ・AC100Vプラグ付ケーブル
- ・電源スイッチ
- ・ヒューズ
- ・電源トランス
- ・高圧電源…整流回路（真空管式または半導体式）
- ・低圧ヒーター電源…通常は交流

第 1 章　基礎知識

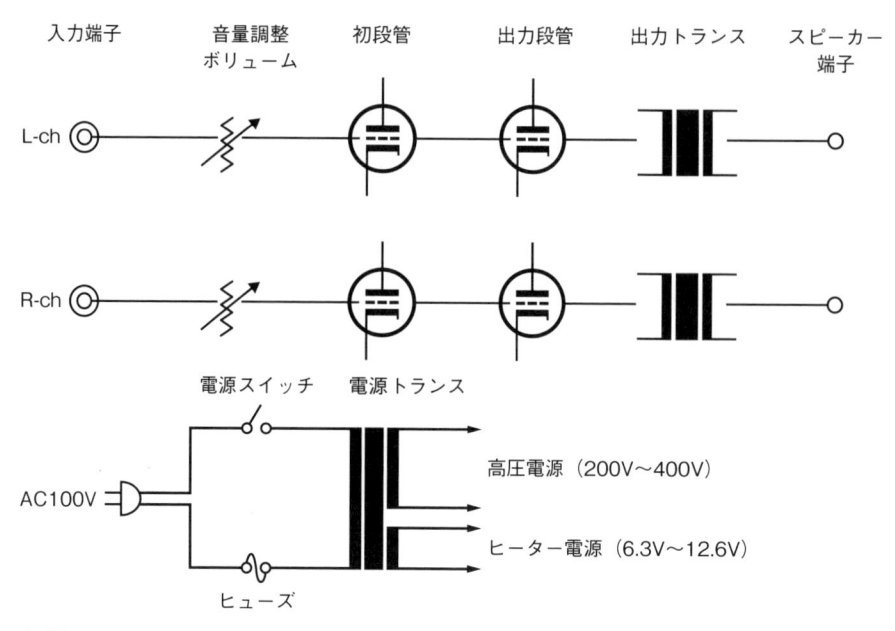

◆ 図 1.12.1　ベーシックな真空管アンプの構成

1-13　真空管の歴史と今

　真空管は、文字通り中が真空のガラス管で、無線機や電話、レーダー、テレビ、ラジオ、オーディオなどの主役を担いました。

　1900 年代初頭に発明され、1930 年代にほぼ確立されて著名なオーディオ用真空管が出揃い、1945 年あたりを境に小型化と大量生産がはじまり、1970 年代にトランジスタとの交代劇を行い、1980 年代に主たる生産が終了しました。

　真空管が最も大きく発展したのは第二次大戦および冷戦時代における通信分野で、今でも当時製造された真空管を入手することができます。戦後のラジオやテレビの普及に最も貢献したのも真空管です。

　真空管は製造に大変なコストがかかること、半導体に比べて巨大であること、不良率が高く品質が安定しないこと、ヒーターという電力の大飯食らいが必要なことなどが理由で圧倒的に廉価・小型・高効率な半導体によって産業界から完全に駆逐されてしまいました。そんな真空管を 21 世紀の今日でも好んでオーディオアンプに使おう

◆ 写真 1.13.1　1930 年代に作られた真空管（音がよく今でも人気が衰えない 245（左）と 171A（右））

という人がたくさんいるというのはなんとも不思議なことだと思います。

　蒸気機関車は、火を焚いて湯を沸かしその蒸気の力で動力を得ますが、そのために手間がかかり大がかりな仕掛けが必要です。真空管は蒸気機関車に非常によく似ています。ヒーターを焚き、カソードと呼ばれる電極を赤熱させてようやく電子の流れを得ているからです。蒸気機関車も真空管も、その大袈裟な仕掛けがメカ好きな人々を魅了するのでしょう。

　真空管がオーディオ用途で生きながらえているもうひとつの理由は、音が良いということです。何故、真空管を使ったオーディオ装置の音が良いのかについては諸説ありますが、いまだに真の理由はわかっていません。プロオーディオという趣味とは異なる世界において、真空管は今でも確たる地位を持ち続けています。今もレコーディングの現場では、当たり前のように真空管式のコンデンサマイクロフォンやマイクプリアンプが使われていますし、真空管を使ったプロ機材の新製品も続々と登場しています。真空管の音をシミュレーションしたソフトまで出てくる始末ですが、本物の真空管には遠く及ばないようです。

　今日、真空管は国内外のネット通販で容易に入手が可能です。もちろん、東京の秋葉原や大阪の日本橋に行けば真空管を扱っている店を見つけることができます。オークションにも多数が出品されています。

　ただ、ひとつ言えるのは、真空管の数は有限であるということです。一部の真空管が中国などで再生産されてはいますが、大半は過去に生産された遺産を使っているという事実です。毎年、少しずつですが絶滅する品種があり、全般的に流通価格が上昇傾向にあります。数年前に入手できた真空管がもう手に入らなくなってしまったりします。

　朗報もあります。冷戦時代、旧ソビエト連邦で独自に開発・製造された真空管が今頃になって多数流通しはじめたことです。本書の製作で扱っている 6N6P はその代表例で、私はオーディオ用として高く評価していますが、6N6P に該当する真空管は米国や欧州には存在しません。このような球がロシアのあちこちにかなり眠っているのだそうです。

　本書で製作するオーディオアンプの回路は、わずかな修正で 10 種類以上の真空管が使えるように設計してあります。それは、みなさんの手元に眠っている真空管やネット通販で安く買える真空管が使えるようにしたいからです。多くの方が特定の真空管ばかり購入すると、あっという間にその真空管だけ市場在庫が尽きてしまい、価格が高騰する上に入手困難になってしまうのを回避したいからでもあります。

1-14 真空管の基礎知識…動作原理

1-14-1 動作原理

　真空管はオーディオ用に限定しても多種多様で、その形状だけでも図鑑ができてしまうくらいの種類があり、用途も微小信号を扱うプリアンプ用から数十Wのパワーが出せる大型管まであり、それとは別に電源回路で使う整流管があります。ここでは本書の製作で使用するタイプの真空管に限定して説明します。

　本書の製作で使う真空管は**写真 1.14.1** のような、比較的コンパクトなサイズで1つのガラス管の中に2個分の真空管ユニットが封入されています。この種の真空管は、プリ

第1章 基礎知識

アンプでよく使われます。パワーアンプでは、出力段以外のパワーを扱わないところで使われます。本来、スピーカーを大音量で鳴らすようなパワーを扱うための真空管ではありませんが、そこそこ力持ちであるためミニワッターにはちょうどいいのです。

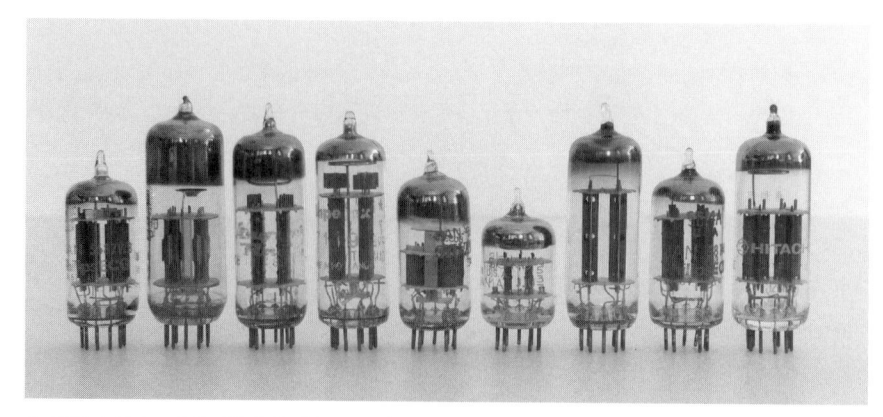

◆写真1.14.1　本書で取り上げたオーディオ用小型真空管（左から、5687、6N6P、6350、7119、6DJ8、5670、6FQ7、12AU7、12BH7A）

真空管の中央にはヒーター、すなわち電熱器があって赤熱します。金属中の電子は常温でもその中を自由に動くことができますが（**自由電子**という）、金属を数百℃以上に熱すると電子の動きが活発になって激しく運動しはじめ、金属の表面から外に飛び出そうとします。こういう状態になった電子のことを**熱電子**といいます。

熱電子が飛び出そうとしても行き先が必要です。そこで少し離れたところに金属板を立ててやります。そこに空気があると熱電子の動きを邪魔するのであたりを真空にしてやります。これで簡単な真空管が完成です。

この真空管は、1つのヒーターと対面する金属板とでできています。ヒーター側を**カソード**（Cathode 英、Kathode 独）と呼び、対面する金属板側を**プレート**（Plate、まさに「板」）と呼びます。

ところで、電子が流れる方向と電流の方向は逆である、というのを学校で習ったのを覚えていますか。電子はマイナスからプラスに向って移動しますが、わたしたちは電流はプラスからマイナスに流れるというふうに考えます。これは、電気が発見された当時、「電流はプラスからマイナスに流れる」と定義してしまったためです。

さて、真空管の中では電子はカソードからプレートに向って移動しますので、電流はプレートからカソードに向って流れるというふうに説明するわけです。カソードのことを**陰極**といい、それに対する**陽極**のことを**アノード**（Anode）ともいいます。アノードとプレートは同じものです。真空管のテクニカルドキュメントではプレートのことをアノードと記述しているものも多数あります。

熱電子は、カソードを飛び出してプレートに飛び込みますが、その逆方向には移動しません。したがって、電流はプレートからカソードに向って流れますが、その逆方向には流れません。このプレートからカソードに向って流れる電流のことを**プレート電流**（I_p）と呼びます（図1.14.1）。

こういった2つの電極を持った真空管のことを**ダイオード**(Diode)と呼びます。ダイオードのダイ（di）はラテン語で「2」という意味で、ダイオードとは**2極管**のことをさします。

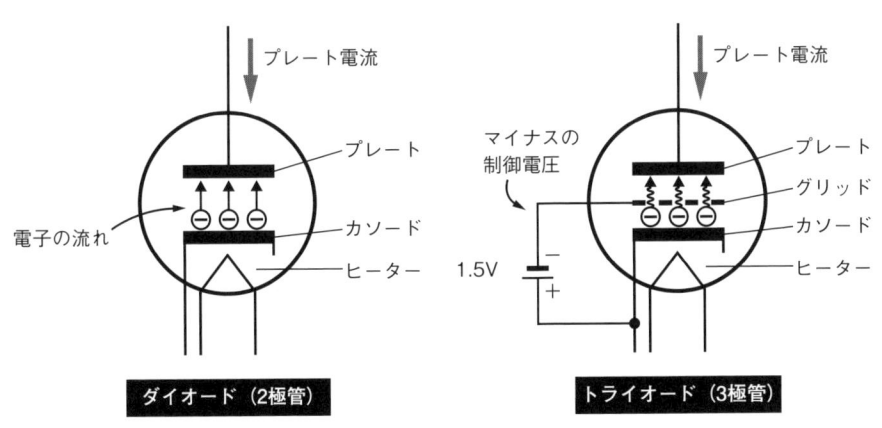

1-14 ◆ 真空管の基礎知識…動作原理

◆ 図 1.14.1　真空管の動作原理

ダイオードというと、今では半導体のことだと思ってしまいますが、言葉のルーツは真空管なのです。真空管のダイオードも、半導体のダイオードも電流を一方向にしか流さない性質があるという点では同じです。

ダイオードのままでは、ひたすらプレートからカソードに向って電流が流れるだけでこれでは増幅はできません。増幅するためには、この電流を制御して変化させるしくみが必要です。そこで、カソードとプレートの間に網のようなものを置いてやります。この網のようなもののことを**グリッド**（格子）と呼びます。

1.5Vの乾電池を持ってきて、乾電池のプラスをカソードにつなぎ、マイナスをグリッドにつないでみます。こうするとグリッドはカソードから見て－1.5Vの電圧がかかった状態になります。カソードから熱電子が飛び出そうとした時、目の前にマイナスの電圧がかかったグリッドが現れると、電子のマイナスとグリッドのマイナスが反発しあって電流が流れにくくなります。グリッドにかけるマイナスの電圧を変化させると、流れる電流の量が変化するようになります。

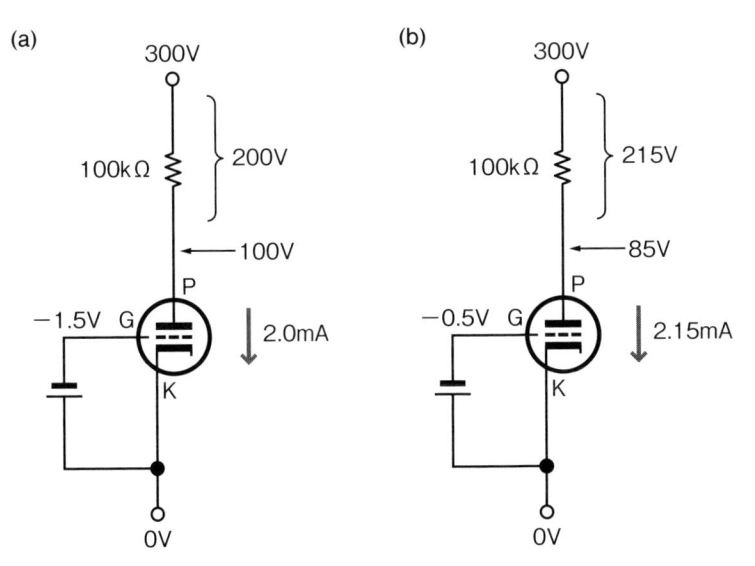

さあ、ここからが本題です。図1.14.2の回路では300Vの電源を用意し、電源とプレート（P）との間に100kΩの抵抗を割り込ませてあります。ぎざぎざの記号が抵抗器です。グリッド（G）に－1.5Vをかけた時のプレート電流が2.0mAだとします。100kΩに2mAが流れていますから、オームの法則のE = IRの式から、

◆ 図 1.14.2　3極管の増幅作用のしくみ

$$2mA \times 100k\Omega = 200V$$

が得られます。100kΩによって電圧が200V落ちますので、プレートのところの電圧は、

$$300V - 200V = 100V$$

です。グリッドにかける電圧を－0.5Vに減らした時のプレート電流が2.15mAに増えたとしましょう。100kΩでドロップする電圧は200Vから215Vに増えますから、プレートのところの電圧は85Vになります。

グリッドにおける変化：－1.5V → －0.5V … 1Vの変化
プレートにおける変化：100V → 85V … －15Vの変化

　グリッドに与えた1Vの変化が15Vの変化となってプレート側で得られたのです。つまり、15倍の電圧増幅ができたというわけです。今計算したのとほとんど同じことが、本書のミニワッターアンプの初段管で起きます。

　もっと具体的で詳しい説明は後述しますが、ここではグリッドを持った真空管の場合、グリッドとカソードの間にかけるマイナスの電圧を変化させると、プレートからカソードに向って流れる電流が変化するのだということ、その変化はプレート側に適切な抵抗を入れることで電圧の変化として得られるのだ、ということのイメージをつかんでいただければ十分です。

　グリッド側をプラスに振るとプレート側はマイナスに振れ、グリッド側をマイナスに振るとプレート側はプラスに振れます。グリッド側の電圧の変化とプレート側の電圧の変化のプラス・マイナスが逆であるということは、頭のどこかにしまっておいてください。このような逆向きの動きをするということは設計段階で必要になります。

　カソードとプレートにグリッドが加わって電極が3つになった真空管のことを**トライオード（Triode）**と呼びます。トライオードのトライ（tri）はラテン語で「3」という意味です。本書では登場しませんが、4極管を**テトロード（Tetrode）**、5極管を**ペントード（Pentode）**と呼びます。テトロはテトラポッドの4、ペンタはペンタゴンの5です。

1-14-2 | 真空管の基礎知識…形と実装

　写真1.14.2のような形をした真空管を**ミニアチュア（ミニチュア）管**あるいは**mT管**と呼びます。頭が尖っているのは、ここから細い管で排気して中を真空にした時の名残りです。足（ピン）は7本のものと9本のものがあり、略して**7pin-mT**とか**9pin-mT**というふうに呼ぶこともあります。本書の製作では、もっぱら**9pin-mT**を使います。

　真空管はソケットに挿してその足の力だけで体を支えます。足は案外柔らかいので、ちょっといじっただけで曲がってしまいま

◆写真1.14.2　mT管とmT用ソケット（7本足（左）と9本足（右））

す。曲がってしまったら、やさしく扱いつつ指などで押したり引いたりして元に戻してやります。矯正用の器具もありますが、そこまで投資しなくても実用上問題はありません。

ソケットに立てた状態で下側から見て、時計まわりに1pinから9pinまで番号がついています。真空管ソケットによっては、端子のところに親切に番号が印字されているものもあります。

真空管を実装するには、ピン配列がどうなっているかを調べなければなりません。真空管データはインターネット上で検索ができます。おそらく世界でもっとも使われているのが1951年オランダのハーグ生まれのFrank Philipse氏のサイトです。

http://www.tubedata.org/　… Frank's Electron tube Pages

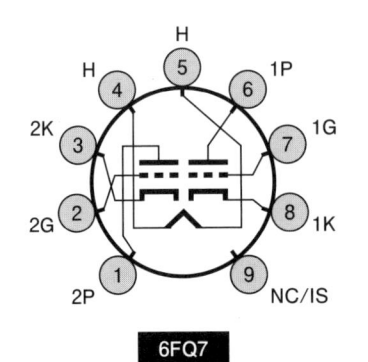

◆ 図1.14.3　代表的なピン接続のパターン2種
（ピン接続は下から見た配列で表記されている）

図1.14.3は代表的なピン接続のパターンです。例外もたくさんありますが、この2パターンが標準ともいえるものですので、ベテランになるとこの2種類の配列は暗記しています。

どちらも1つのガラス管の中に2つの3極管が入っています。Pはプレート、Gはグリッド、Kがカソードです。第1ユニットが6～8pinに対応し、第2ユニットが1～3pinに対応します。

9pinのmT管では、ヒーター（H）が4pinと5pinであるというのが標準的な配置です。ただし、6FQ7は4～5pin間に6.3Vをかけますが、12AU7では4～5pin間に12.6Vをかけるという点が異なっています。

そのわけは12AU7のHCTと書かれた9pinにしかけがあります。12AU7の9pinは4～5pinのセンタータップ（CT）なので、4～9pin間と5～9pin間はどちらも6.3Vなのです。12AU7のヒーターを12.6Vで点火する時は4～5pinを使い、6.3Vで点火する時は4pinと5pinとをつないで9pinとの間に6.3Vをかけて使います。

では、6FQ7の9pinはどうなっているかというと、NC/ISと書かれています。**NC**は**無接続**（Non Connection）のことで、『このピンはどこにもつながっていませんよ』という意味です。**IS**は**内部シールド**（Internal Shield）のことで、『管内にあるシールド板につながっている』という意味です。NC/ISとあるのは、製造上の都合などでNCのこともあればISのこともあることをさしています。ずいぶんいい加減な、と思ってしまいますが、真空管は同じ名称のものでもメーカー各社が結構勝手に仕様を決めて製造していたという事実を物語っています。NCあるいはISと書かれたピンの場合は、アースにつなぐようにします。

ICと表記されたピンもあります。ICは**内部接続**（Internal Connection）のことで、『どこだかは明確でないけれども内部のどこかにつながっていますから、ピンが空いているからといって流用しないで遊ばせておいてください』という意味です。

第 1 章　基礎知識

　真空管のガラス管の内側には必ずといっていいほど、どこかに黒光りする場所があります。多くの場合は頭頂部ですが、側面やまれに底部のこともあります。これは**ゲッター**と言って主にバリウムの塗膜で、ガラス管内に発生したガスを吸着して真空度を保つ役割があります。長期間使用した真空管のゲッターは疲れてきて次第に薄くなってきます。また、ガラスにクラックが入るなどして一気に空気が侵入してしまうとゲッターは白濁します。ゲッターが白濁した真空管はもう使えません。

　動作中の真空管は高温になりますので、使っているうちに徐々に焼けてきます。焼けた真空管はプレート部分が赤茶けてきたり、足の周囲のガラスの内側が黒くすすけてきます。

　真空管ソケットにもいろいろな材質、形状のものがあります。白いのは**ステアタイト製**で、ステアタイトは絶縁性、耐熱性において特に優れています。茶色や黒色は**ベークライト（フェノール樹脂）製**で、樹脂の中では絶縁性、耐熱性に優れています。本書の製作ではどちらを使ってもかまいません。

　真空管ソケットには、シャーシの外側から取り付けるタイプと内側から取り付けるタイプとがあります。取り付け穴の加工が下手できれいに開けられなかった場合、内側から取り付けるタイプですと見苦しい穴がまる見えになるのでご注意ください。

　真空管ソケットには、シールドケース付のものもあります。筒型の金属ケースを上からかぶせてから少しひねって固定します。低雑音性能が要求されるプリアンプなどで重宝しますが、これをかぶせると熱の逃げ場がなくなって球の温度が上昇しますので扱いに注意がいります。ミニワッターアンプでは、小型球とはいえ最大定格に近い動作をさせるためかなり発熱しますから、シールドケースの使用は適しません。また、シールドケースなしでも十分に低雑音性能が得られるような設計にしてあります。

　mT 管用の真空管ソケットには、中央に金属製のセンターピンがついているものが一般的です。センターピンは真空管のどこにもつながってはいませんが、この存在は回路の電気的特性に影響を与えます。元々は無線機など高周波回路で使った時に、アースにつないで対向するピン相互の干渉を防ぐためのピンです。オーディオ回路では、どこにもつながっていない金属をつくるとノイズや動作不安定の原因になるので、このセンターピンは必ずアースにつなぐようにします。

◆ 写真 1.14.3　真空管ソケット（mT 管）のセンターピン（中央に金属製のセンターピンがついている）

> **練習問題 7**
>
> 　手元にある真空管について、Web サイト（http://www.tubedata.org/）からテクニカルデータをダウンロードしてください。そして、ピン接続図を見ながら内部構造を調べて、どれがプレートなのか、どれがグリッドなのか、どれがカソードなのか、ヒーターの内部配線はどうなっているのか確認してください。

1-15 部品の基礎知識（抵抗器）…E系列

1-15-1 | E系列

抵抗器やコンデンサなどの部品の実際の値には一定の誤差があります。手元にある2種類の100kΩの抵抗器の値を精密に測定してみたのが図1.15.1です。グループAは5%級のカーボン抵抗器で、グループBは1%級の金属皮膜抵抗器です。どちらもかなり良い成績で許容誤差内に入っています。

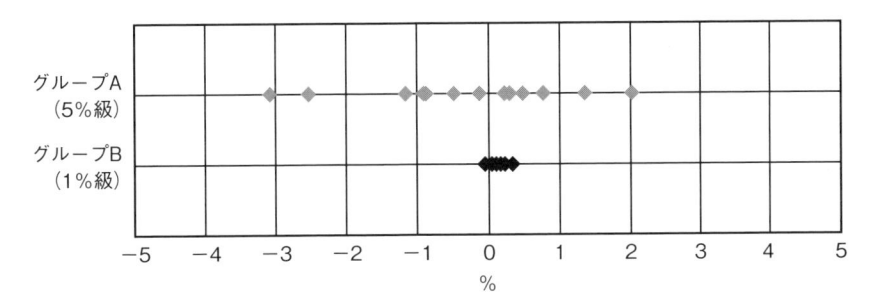

◆ 図1.15.1　100kΩ抵抗器の実測ばらつきデータ

出荷されている抵抗器の誤差は許容値よりもかなり小さいですが、10%級の100kΩの抵抗器を買ってきた場合、109kΩや92kΩが混ざっていても違反ではないわけです。もし、10%級で90kΩという値の抵抗器も作ったとすると、97kΩという値も許されることになりますが、100kΩだと思って買ってきたものが実際には92kΩで、90kΩだと思って買ってみたものが実際には97kΩだったりするのははなはだ矛盾するわけです。そこで互いに矛盾する値がぶつかり合わないように値の配分を決めたのが**E系列**という考え方です。

以下の12個の数字の関係をよく見てください。

10、12、15、18、22、27、33、39、47、56、68、82

それぞれの値が±10%の誤差が生じたとしても、互いにぶつかり合わないような値に設定されています。この12個の数字のことを**E12系列**と呼びます。そして、10%級の精度を持った抵抗器やコンデンサの値はこの12種類の値で製造されています。同様にして5%級の場合は、

10、11、12、13、15、16、18、20、22、24、27、30、33、…

というふうになります。きりのいい2桁の数字にするために各数字の間隔には若干のばらつきはありますが、無駄のないなかなか合理的な考え方です。5%級に対応した数字は全部で24個ありますので**E24系列**と呼びます。そして、この考え方でE6系列やE48系列というのも存在します。

51

◆ 表 1.15.1　E 系列一覧

	E3	E6	E12	E24
1.0	○	○	○	○
1.1	−	−	−	○
1.2	−	−	○	○
1.3	−	−	−	○
1.5	−	○	○	○
1.6	−	−	−	○
1.8	−	−	○	○
2.0	−	−	−	○
2.2	○	○	○	○
2.4	−	−	−	○
2.7	−	−	○	○
3.0	−	−	−	○
3.3	−	○	○	○
3.6	−	−	−	○
3.9	−	−	○	○
4.3	−	−	−	○
4.7	○	○	○	○
5.1	−	−	−	○
5.6	−	−	○	○
6.2	−	−	−	○
6.8	−	○	○	○
7.5	−	−	−	○
8.2	−	−	○	○
9.1	−	−	−	○

アルミ電解コンデンサは容量誤差が大きいので以下のような E6 系列のものが一般的です。

$10\mu\mathrm{F}$、$15\mu\mathrm{F}$、$22\mu\mathrm{F}$、$33\mu\mathrm{F}$、$47\mu\mathrm{F}$、$68\mu\mathrm{F}$

オーディオアンプで使用する抵抗の値は、5% 級すなわち E24 系列が一般的です。自在に設計ができるためには、E24 系列の 24 個の数字は暗記する必要があります。設計値を計算で求めてからその値に最も近いものを E24 系列の表から探せばいいので暗記しなくてもよさそうに思えますが、次に説明する抵抗器のカラーコードに慣れなければならないことを考えると、結局 E24 系列は暗記しないとお話にならないことがわかると思います。

練習問題 8

E24 系列の 1% 級の抵抗器を 2 本組み合わせてぴったり 90kΩ にしたいが、どんな方法があるか洗い出してください。

解答

この問題は E24 系列を暗記していないとすぐには答えがでてきません。
- 直列：8.2kΩ + 82kΩ = 90.2kΩ
  15kΩ + 75kΩ = 90kΩ
  22kΩ + 68kΩ = 90kΩ
  39kΩ + 51kΩ = 90kΩ
  43kΩ + 47kΩ = 90kΩ
- 並列：180kΩ //180kΩ = 90kΩ
  120kΩ //360kΩ = 90kΩ
  100kΩ //910kΩ = 90.1kΩ

1-15-2　抵抗器のカラーコード

小型抵抗器のほとんどは文字による抵抗値の印字がなく、**カラーコード**で表示されています（写真 1.15.1）。そのためカラーコードが読めないといちいちテスターで測定しなけ

ればわからない、一度測定した抵抗値を覚えておかないとまた測定する羽目になる、というトランプの神経衰弱のようなことになります。

カラーコードには、上2桁の値をベースにした4桁表示の5%級および10%級と、上3桁の値をベースにした5桁（温度計数付きは6桁）表示の1%級があります（図1.15.2）。重要なのは、上2桁と乗数桁です。この3つのカラーコードさえ押さえてしまえば後は無視していただいてかまいません。

たとえば、470Ωも4.7kΩも47kΩも470kΩもすべて共通してカラーコードは「黄紫」ではじまります（表1.15.2）。

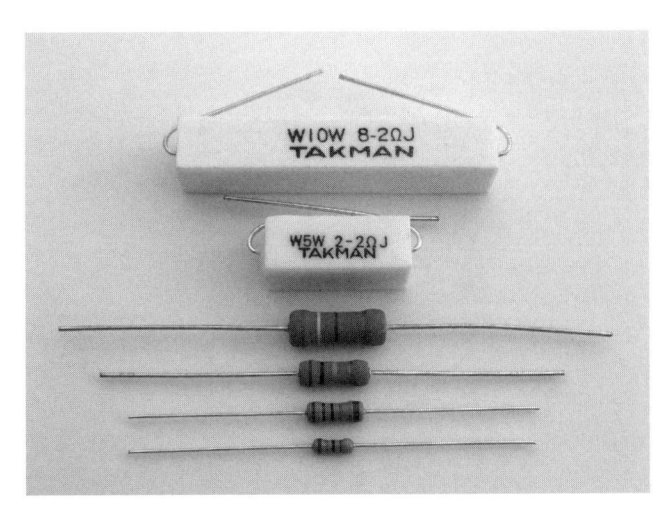

◆ 写真1.15.1 いろいろな抵抗器
（上からセメント抵抗（上の2つ）、酸化金属皮膜抵抗（5%級）（真ん中の2つ）、金属皮膜抵抗（1%級）（下の2つ））

異なるのは乗数桁だけです。覚え方はみなさんそれぞれの流儀にお任せします。文字で覚えるのは難しいので、抵抗器の実物を見ながら色で覚えるのが近道だと思います。

慣れてしまえばそれほど苦労することなく覚えられるでしょう。設計のプロやベテランは例外なくこのカラーコードを暗記しています。

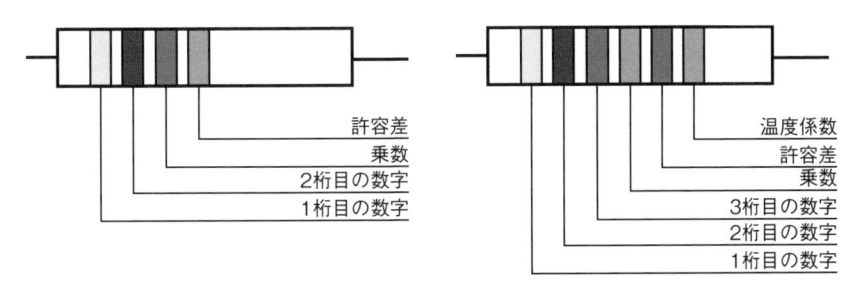

◆ 図1.15.2 抵抗器のカラーコード

◆ 表1.15.2 カラーコードと値の関係

黒色	茶色	赤色	橙色	黄色	緑色	青色	紫色	灰色	白色
0	1	2	3	4	5	6	7	8	9

◆ 表1.15.3 カラーコードの表示例

3色表示（5%級、10%級）

1桁目		2桁目		乗数桁		抵抗値
-	-	-	-	-	-	-
黄	4	紫	7	金	$\times 10^{-1}$	4.7Ω
黄	4	紫	7	黒	$\times 10^{0}$	47Ω
黄	4	紫	7	茶	$\times 10^{1}$	470Ω
黄	4	紫	7	赤	$\times 10^{2}$	4.7kΩ
黄	4	紫	7	橙	$\times 10^{3}$	47kΩ
黄	4	紫	7	黄	$\times 10^{4}$	470kΩ
黄	4	紫	7	緑	$\times 10^{5}$	4.7MΩ

4色表示（1%級）

1桁目		2桁目		3桁目		乗数桁		抵抗値
黄	4	紫	7	黒	0	銀	$\times 10^{-2}$	4.7Ω
黄	4	紫	7	黒	0	金	$\times 10^{-1}$	47Ω
黄	4	紫	7	黒	0	黒	$\times 10^{0}$	470Ω
黄	4	紫	7	黒	0	茶	$\times 10^{1}$	4.7kΩ
黄	4	紫	7	黒	0	赤	$\times 10^{2}$	47kΩ
黄	4	紫	7	黒	0	橙	$\times 10^{3}$	470kΩ
黄	4	紫	7	黒	0	黄	$\times 10^{4}$	4.7MΩ
-	-	-	-	-	-	-	-	-

第1章 基礎知識

◆ 表 1.15.4　E24 系列のカラーコードの組み合わせ

	上2桁	カラーコード		上2桁	カラーコード		上2桁	カラーコード
1.	10	茶黒	11.	27	赤紫	21.	68	青灰
2.	11	茶茶	12.	30	橙黒	22.	75	紫緑
3.	12	茶赤	13.	33	橙橙	23.	82	灰赤
4.	13	茶橙	14.	36	橙青	24.	91	白茶
5.	15	茶緑	15.	39	橙白			
6.	16	茶青	16.	43	黄橙			
7.	18	茶灰	17.	47	黄紫			
8.	20	赤黒	18.	51	緑茶			
9.	22	赤赤	19.	56	緑青			
10.	24	赤黄	20.	62	青赤			

1-16 アースの基礎

　電子回路に**アース**は欠くことのできない概念です。アースというのは earth すなわち地球（大地）のことで、ground とも呼びます。回路図では、略して **E** と表記したり **GND** とも表記します。昔のラジオは本当にここを大地につなぎましたし、AC100V の一端は電柱のところで大地に接続されています。

　オーディオ回路のような電子回路のアースはもはや大地とは関係ありませんし、大地につなぐ必要もありません。むしろオーディオ装置のアースを無闇に大地につなぐとトラブルを引き起こすことがあります。私のところでは大地アースは使用していません。

　航空機に搭載された電子回路にもアースは存在しますが、つなぎたくてもそこに大地はありませんね。遠い宇宙の彼方に向って長い旅をする宇宙船に積まれた電子機器にもアースはあるわけですが、いつかどこかでそれを回収した異星人たちはその基板に印字されたアース（earth）の文字を見てそれが作られた星の名だと気づくのでしょうか。

　JIS ではアースについていくつかの記号を決めていますが、その代表的なものは、大地アース（接地）、フレームグラウンド（フレーム接地）、シグナルグラウンド（等電位）の 3 つです（図 1.16.1）。

　大地アースはその名のとおり銅製のアース棒を何本も地中に打ち込む工事を行ったものをさします。**フレーム**グラウンドは電子回路のアースラインと金属性筐体をつなぐことをさします。**シグナル**グラウンドがオーディオアンプにおけるアースの配線に該当します。

　私たちは普段これらすべてのアースをひとくくりにして語っていますが、その機能・役割は異なるものです。ここでは回路内における等電位を確保するためのシグナルグラウンドを中心に、フレームグラウンドまでの範囲について説明します。

　アースは電子回路における基準電圧となるポイントとして特別な意味をもちます。電子回路において特段の記述なしに電圧が表記さ

大地アース　　　フレームグラウンド　　シグナルグラウンド
（接地）　　　　（フレーム接地）　　　　（等電位）

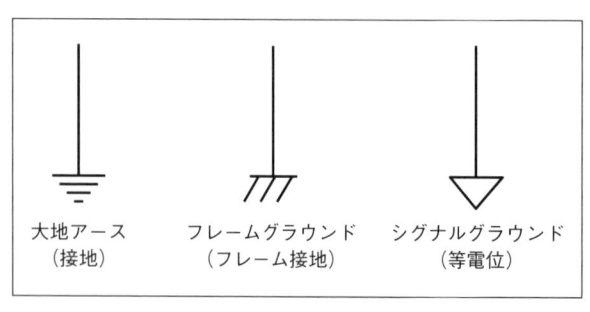

◆ 図 1.16.1　アースとアース記号の種類

れた場合は、アースを基準（0V）とします。アースを基準としない場合は、できるだけ「○〜○間電圧」というふうにどことどこの間の電圧なのかを明記します。

ただし例外もあって、真空管回路における「プレート電圧（E_p）」と「グリッド電圧（E_{g1}）」は、特段の表記がなくてもカソードを基準（0V）とおいた電圧をさしますので覚えておいてください…＜重要＞。メーカー発表の真空管の特性データのほとんどがカソードを基準（0V）として表記されています。

アースは、回路全体の基準電圧であるだけでなく、ケースやパネルや放熱板などオーディオアンプを構成するあらゆる金属部分を、アースと同じ電位に置くことで電気的に安定した状態をつくります。したがって、オーディオアンプの筐体はほとんど例外なくどこかで回路上のアースと接続されています。その接続する場所のことを、**シャーシ・アース・ポイント**あるいは略して**アースポイント**と呼びます（**フレームグラウンド**）。デリケートなオーディオ信号を扱うフォノ・イコライザ・アンプなどでは、アースポイントの選び方によって雑音性能に差が出ることがあります。

例外もあります。測定器は必ずしもアースを基準にして測定するわけではないので、測定器の筐体と回路上のアースとを切り離すスイッチ（FLOATとかGROUND LIFTなどという）がついていたり、最初から一定値の抵抗器によって隔離されていたりします。テスターの筐体が樹脂製なのは回路のどこを基準にしても問題なく測定できるようにするためです。もし、テスターの筐体が金属性でマイナス（COM）端子とつながっていたら、AC100Vを測定しようとした途端に私達は感電してしまうでしょう。

2台のオーディオ装置を接続する場合、接続ケーブルの中には必ずアースが最低1本含まれています。オーディオ装置をつなぐごく一般的なRCAプラグ付オーディオケーブルの場合、プラグの外側の丸くなった金属部分がアースにつながっています。これを使って2台のオーディオ装置を接続すると、アースラインによって両方のオーディオ装置のアースすなわち回路の基準電位が同じになります。

アースは、接続された複数のオーディオ装置のすべてにわたって、アースの電位を揃えるという役割があります。この電子回路の電位を揃えるという働きがアースの本質だといっていいでしょう。電位を揃えるという限りにおいてアースには電流は流れません。

しかし、電線にはかならず抵抗があって決してゼロΩではありませんから、アースに電流を流してしまうと、それだけで異なるアースのポイント間で電位差が生じてしまいます。電子回路では、可能な限りアースには電流は流さないように設計する、もし流す場合は異なる電位が生じてしまうことについての対策を講じるか、どちらか一方は区別して扱うあるいはアースとして扱わないなどの工夫が必要です。

回路図では、アースを1本の線でつないで描く方法と、アース記号を使って描く方法があります。アース記号を使うと、回路図のどこででも気軽にアースにつなぐ（落とすともいう）ことができます。しかし、実際にはアースはすべて配線によってつながなければなりませんが、回路図を描くのと同じ調子で気軽に配線してしまうと雑音性能が出なくなります。それはアースに何らかの電流が流れてしまい、場所によって電位が同じになっていないのに、同じアースだと思って配線してしまうからです。

用語解説

・電位
　電気的なポテンシャルのこと。異なる2つの電位の差のことを電圧という。

第1章 基礎知識

1-17 シールドとノイズ対策

　オーディオアンプでは、オーディオ信号の入出力端子の一端をアースにつないで同じ電位にするのが基本です。そういったことに慣れてしまってなんだか当たり前なことのように思えますが、とても重要なことです。そうすることで、ケースなどアースとつながったすべての金属部分がデリケートなオーディオ信号を護るシールドの役割をするようになるからです。

　シールドとは、宇宙ものの SF に出てくる敵の攻撃を防ぐシールドと同じで、電子回路をノイズの攻撃から護ってくれる壁のようなものです。

　電子回路におけるシールドには何種類かありますが、その代表的なものに**静電シールド**と**磁気シールド**の 2 つがあります。アースと深い関係があるのは静電シールドです。

　オーディオアンプが金属ケースに入っているのは、ケースそのものがシールドになるからで、プラスチックケースや木製ケースに入れるとたちまちノイズを拾います。そのような場合でも、ケースの内側にアルミか銅の板を張ってアースにつないでやるとノイズの影響を受けなくなります。シールド線は**写真 1.17.1** のように、中央の信号ケーブルを護るように周囲をアースの編組で囲む同軸構造になっています。RCA プラグはプラグ自体がシールド効果を持った同軸構造です。

　真空管のシールドケースも同じ働きがありますし、真空管の中にはガラス管内部にシールド板を持ったものも少なくありません。

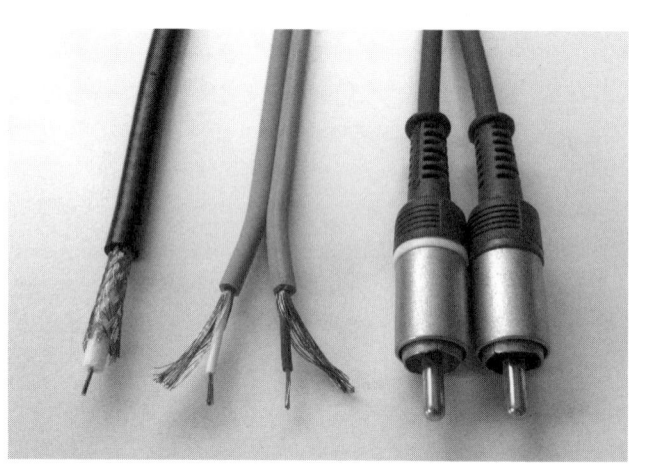

◆写真 1.17.1　シールド線のいろいろ（左から TV アンテナなどで使う同軸ケーブル 3C-2V、市販のオーディオケーブル、RCA プラグ付オーディオケーブル）

1-17-1 静電シールド

　金属ケースや金属板などをアースにつなぐと、外部からやってきたノイズがそこに当たってもオーディオアンプの基準電圧と同じ電位であるために帳消しになってしまい、ノイズの影響を受けなくなります。

　モバイルのポータブル・オーディオ・プレーヤの場合、アースもシールドもすべて地面から離れて空中に浮いているわけですが、シールドがないとたちまちノイズにやられます。外部からやってきたノイズはポータブル・オーディオ・プレーヤ全体に影響を与えるわけですが、シールドされたケースごとノイズの上に乗ってしまうので、中にいるオーディオ回路は自分がノイズの上にいることに気付かないわけです。飛行中の飛行機に落雷しても乗客が感電しないのと同じです。

　プリント基板パターンにもシールドの考え方が応用されます。信号経路をアースパターンで囲むようにして、完全ではないにしろシールド的効果が出るように設計します。ちょっ

としたことですが、こういった工夫の積み重ねが優れたオーディオアンプを作ることになります。

音量調整ボリュームやロータリースイッチのシャフトやケースは通常は金属製ですが、これがパネルやケースに電気的に接触していないと、手をツマミに近づけた時にノイズが出たりしますが、これはシャフトがアースにつながっていないためにシールド効果を発揮できないばかりか、却ってノイズを引き寄せてしまったからです。オーディオ回路では、どこにもつながっていない金属を放置してはいけません。

こういったシールドはすべて**静電シールド**です。静電シールドはどんなに薄くても1枚の金属板があれば十分な効果が得られます。アルミホイルの薄さでも十分です。ただし、静電シールドはこれから述べる磁気ノイズを防ぐことはできません。ほとんど無力といっていいくらいです。

1-17-2 | 磁気シールド

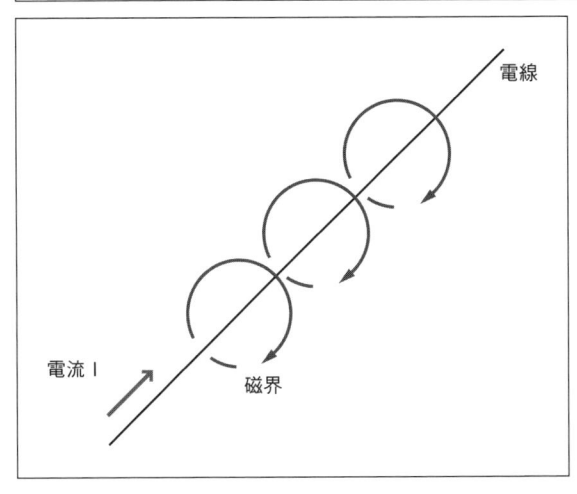

◆ 図 1.17.1　アンペア右ねじの法則（まっすぐな導線でも磁界は生じる）

磁気ノイズ源の最大のものは、電源トランスやチョークなどトランス類です。トランスのような形状をしていない1本の線であっても、無視できないレベルの磁気ノイズが出ることがあります。電流が流れている電線の周囲には図1.17.1のように、電流の進行方向を奥に見ると時計回りの磁界が発生します。これを**電磁誘導**といいます。トランスは電線をコイル状にすることでより強い磁界を発生させていますが、電線でも磁界は生じます。その代表はAC100Vラインや電源トランスの2次巻き線周辺の配線です。

電磁誘導による磁気ノイズを防ぐには、ひとつには**磁気シールド**という方法があります。磁石をスチール缶の中に入れてしまうと、磁石の磁気は外には出てきません。この効果を使えばオーディオ回路を磁気ノイズから護ることができます。

磁気シールド材は、鉄やパーマロイといった透磁性のある金属を使います。銅は鉄と比べるとその効果は1／1000程度しかありませんので、いくらぶ厚い銅板で囲んでも効果はほとんどありません。アルミニウムも磁気シールド効果はありません。

オーディオアンプの多くはアルミケースを使いますので、ケースは静電シールド効果は大きいですが、磁気シールドとしては機能しません。かといってさらにその中にスチール製の箱を入れるわけにもゆきません。磁気シールドはとても面倒なのです。

1-17-3 | 磁気ノイズに有効な対策

オーディオアンプの磁気ノイズ対策で最も有効なのは、逃げる、かわす、捻るの3つです。

磁気の強さは距離の自乗に反比例しますので、離れれば離れるほどその影響はどんどん小さくなります。ノイズ源の巣窟ともいえる電源トランスは、できるだけ微小信号を扱う回路から離して配置するようにします。磁気には方向性がありますので、ノイズ源である電源トランスと、その磁気ノイズを拾いやすい出力トランスと、コアの向きをかわす方向に配置してやるだけで磁気ノイズを激減させることが可能です。この方法については章をあらためて詳しく説明します。

ノイズ・キャンセリング・ヘッドホンという製品がありますね。周囲の騒音が聞こえても、その騒音を打ち消す騒音をヘッドホンで鳴らすことで騒音同士が打ち消されて聞こえなくなってしまうというあのしくみです。磁気ノイズ対策ではこの打消し法がとても有効です。オーディオアンプの配線を見ると、2本の線が捻ってあるのを見かけると思います（写真1.17.2）。AC100Vなどの強い交流が流れる経路では、往路と復路の2本の線それぞれからアンペールの右ねじの法則によって磁界が発生し、それがノイズ源になります。その2本の線は接近して並行させるだけでも若干ですが磁界の打消しが起きますが、捻ることで打消しが並行時の10倍以上効果的に機能するようになります。交流電流が流れる経路では往復の2本は必ず捻りなさい、というくらい重要な方法です。

捻る効果があるのはノイズを出す側だけではありません。ノイズを拾う側も捻ることで非常に効果的に磁気ノイズを回避させることができます。2芯式のマイクロフォンケーブルが中で捻ってあるのも、電話線が捻ってあるのも、みんな同じ理由からです。

◆写真1.17.2 AC100Vラインとヒーター配線（磁界が生じないように往路と復路をセットにして捻っている）

1-18 熱の設計

電子機器一般にいえることですが、最も重要なのが熱の設計、次いで実装の設計、3番目が回路の設計、4番目が部品の選択です。デザインの重要度は人それぞれだと思いますのでお好みに応じて3番目以降のどこかに入れてください。

オーディオアンプの製作では、音が良いといわれている部品のことが気になったり、回路をいじりたくなりますが、そのようなある特定の方向にエネルギーを注いでいっても良いアンプはできません。オーディオアンプづくりは総合力であり、バランス感覚がものをいいます。

電子部品にとって熱は天敵ともいえる存在です。アルミ電解コンデンサは、温度が10℃高くなるごとに寿命が半分になるといわれています（図1.18.1）。これを**10℃2倍則**といいます。85℃で2,000時間の寿命のアルミ電解コンデンサを45℃で使うと寿命は3万時間が得られますが、55℃で使うと1万5千時間になってしまいます。

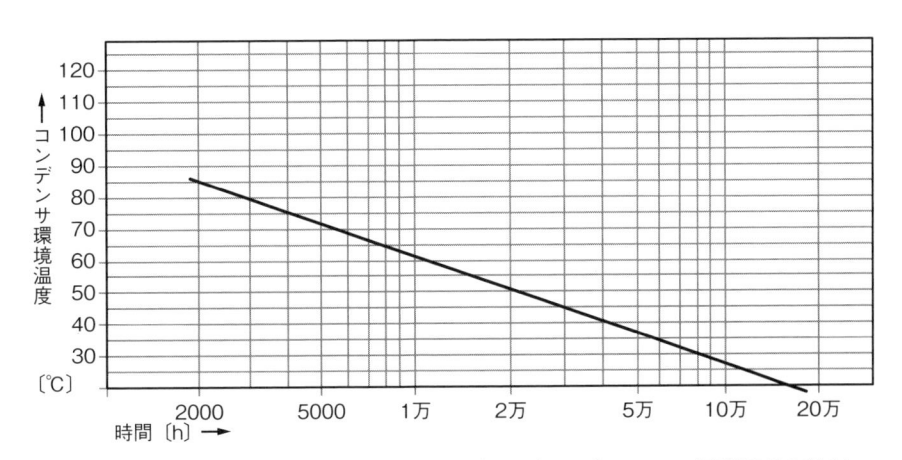

◆ 図1.18.1　アルミ電解コンデンサの寿命の例（標準的な85℃、2000時間保証品の場合）

半導体の故障率は、温度が20℃上昇するごとに10倍に増える（20℃10倍則）といわれています。

ヒートサイクル、すなわち温度の上昇と冷却のサイクルも電子部品にダメージを与えます。電子部品はヒートサイクルによる劣化や故障が起きにくいように、できるだけ膨張率が均一となるような材質を選んで製造されていますが完全ではありません。ヒートサイクルによって部品の内部構造に応力がかかって劣化が進行することを**ストレスマイグレーション**といいます。たとえば、整流ダイオードでストレスマイグレーションが進行すると順電圧が上昇して整流効率が低下するだけでなく、自己発熱によってさらに温度が高くなって劣化が加速します。

電子部品の多くは周囲温度＝25℃が基準となっており、これを**常温**といいます。真空管アンプはそもそも真空管という電熱器を抱え込んでいますから、その熱がシャーシを伝わって筐体内の温度は容易に45℃くらいになり、さらに付近に多くの熱を出す大型抵抗器があったりすると55℃くらいになります。これで常温＋30℃ですから、アルミ電解コンデンサの寿命は1/8になってしまいます。高価なオーディオグレードの部品も、熱の設計が悪ければあっという間にスタンダードグレードの部品に抜かれてしまうのです。

オーディオアンプのケース温度は、機器全体の消費電力とその表面積でほぼ決まります。同じ消費電力ならばサイズが小さいほどケース温度は高くなります。同じ表面積ならば通風が悪いほど温度は高くなります。完全密封のままのケースと、そこに直径8mmの通風孔を数個開けてやったのとではかなりの違いが生じます。

熱源をいかにつくらないか、性能を損ねないでいかに総消費電力を抑えるかも重要です。電源電圧300Vの真空管アンプの場合、消費電流を1mA減らすだけで0.3Wの消費電力

を減らすことができます。

　熱源の場所についても配慮してください。発熱部品を密集させて実装するのは避けたいですし、それらの上方には熱に弱い部品を配置しないようにします。整流ダイオードは案外熱くなるのでリード線による伝導放熱をあてにして太いリード線が使われています。ということは、リード線のハンダ付けのポイントに熱に弱い部品をつなぐとリード線を伝わって熱をもらってしまうので、熱的にワンクッション置くような配線をする必要があります。

1-19 大切なこと

　基礎編はとりあえずこれでおしまいです。

　本章の冒頭で交流について取り上げたのは、オーディオアンプでは音や音楽を交流信号として扱うからです。電源で使うAC100Vラインも交流ですし、ノイズも交流です。オーディオアンプを理解するためには交流の種類や性質に関する理解がとても重要です。

　基礎編にはたくさんの暗記事項が出てきました。なかでもオームの法則が最重要暗記事項であることはもう実感されていると思います。オームの法則に出てきた式は、オーディオアンプの直流的な動作条件の計算だけでなく交流信号でも使います。すぐにすべてを暗記することは難しいと思いますが、最終的には暗記していないとお話になりません。

　本書を読む時は、かたわらにメモ用紙とペンと電卓を用意しておき、本書に出て来たのと同じ計算を実際にやってみてください。そういう作業を繰り返すことで知らず知らずのうちにひとつひとつの式が頭の中に記憶され、いつでも自在に使えるようになります。私のデスクにも、いつもメモ用紙とペンと電卓が置いてあります。急がないときは電卓を使わずに紙とペンで筆算します。計算に慣れてくると、数字の組み合わせによっては計算結果まで暗記できるようになります。

　たとえば、47kΩと100kΩを並列合成すると約32kΩであること、100kΩと10kΩを並列合成すると9.1kΩになり、150kΩと100kΩの場合はぴったり60kΩになることなどです。100μFのリアクタンスは100Hzでは16Ωであり、0.047μFは100Hzでは34kΩであることなども知らず知らずのうちに暗記できます。

アドバイス

覚えなければならないことはたくさんあるように思えますが、これはまだオーディオアンプ作りの第1章にすぎません。これから先、あと10章あります。興味を持って読み進めてゆけば、つらいどころかどんどん面白くなってくるでしょう。

　デシベル算は、オーディオアンプを設計するしないにかかわらず、オーディオ装置を扱う限り主な値は暗記しておく必要があります。最初のうちは、6dB = 2倍や20dB = 10倍からはじめて、40dBは100倍、60dBは1000倍というのが難なく出てくるようになり、やがて10dB = 3.16倍や14dB = 5倍なども自然に覚えてしまうと思います。

　アッテネータの計算も慣れが必要です。アッテネータの計算は利得を求める時の必須事項ですが、これも何度も机上計算を繰り返しているうちに数字の組み合わせが身についてきます。しかし、パソコンのシミュレータを使ってしまったら永久にフィーリングを身につけることはできません。これも紙とペンを使って自分で計算の練習をしてください。

　E系列も暗記事項です。まず、E12系列を暗記します。何故なら、電子回路で使われる抵抗値の80%はE12系列の値から選ばれているからです。E12系列をマスターする近道は、抵抗器のカラーコードと一緒に覚えることです。色の組み合わせは視覚的に覚えやすいので、色と数字の組み合わせを同時に覚えてしまうのが効率的です。

第2章

真空管増幅回路

発明されてから100年でその歴史を閉じてしまった真空管。
20世紀の遺産を大切に使うためのお勉強です。
上手に使えば、最新のデジタルレコーディングソースを最高の音で聞かせてくれます。

2-1 真空管アンプの設計要素

　真空管アンプを一から考えて設計する場合、どんな手順でものごとを考えたらいいのかとよく聞かれます。オーディオアンプの設計要素はたくさんあり、何がどんな順序で決まってゆくのかの組み合わせがあまりに多すぎるため、決まった手順というのはありません。

　現実的には、いろいろな要素について同時並行的な検討や判断が行われていって、やがて納得できるいいところで落ち着くという流れになるのが普通です。それでも、部品を買い集める段階になってから気が変わってしまったり、どうしても手に入らない部品がでてきて路線変更ということもよくあります。

　そこで、ここでは真空管アンプの設計ではどんな要素が関係するのかについて整理しておくことにします。なお、本書では真空管アンプの設計の知識を身につけるという目的のために、あえて説明しやすい順序で記述しています。実際の設計順序とはかならずしも一致しないこと、実際の設計では本書に書かれたさまざまなことを同時に考えながら進むのだということをご了解ください。

(1) 真空管

　真空管は数ある部品の中ではやはり花形でもありますので、使ってみたい真空管が先に決まるというケースは多いと思います。出力管が決まると最大出力の上限がほぼ決まってしまいますが、回路方式もある程度制約が生まれます。その真空管名でネット上の参考になりそうな作例をいくつもあたってみて、どんな構成のアンプがあるのか調べていくうちに「これだ」と思うヒントが得られるでしょう。出力管はそれぞれに特徴的な音が宿る傾向があります。音は回路方式などでかなり変わりはしますが、どうしても越えられない一線というのがあるようです。

　誰にもあこがれた出力管というのがあると思いますが、それを使ってみたいというのを一つの目標にして貯金をしたり、時間をかけて部品集めをするというのが真空管アンプ作りのひとつの楽しみ方であり、真空管がある限りこれは変わることはないでしょう。

(2) 回路方式

　回路のしくみがわかってくると一度は作ってみたい回路方式というのが出てきます。あこがれたアンプと同じ回路を自分の手で再現してみたいという気持ちもあるでしょう。

　どんな回路方式にも長所・短所があって、オールマイティーな回路は存在しません。自分が求める音のアンプを作ろうとすると、それに最も近い音を出してくれる特定の回路方式に収束してゆくようです。

　回路方式や最大出力などが先に決まって、後から使用する真空管などの諸条件が決まることも多いと思います。本書のミニワッターはこのパターンです。

(3) 出力トランス

　出力トランスが先に決まるというケースもあります。すでに手持ちがあったり、オークションで安く手に入ったり、デザインの都合で選べるトランスが限定されていたりします。

出力トランスには1次および2次インピーダンスの規格があり、1次インピーダンスは出力管の選択と密接な関係があるため、出力トランスありきの設計では使える出力管にある程度の制約が生じます。

手元で遊んでいる出力トランスを眺めながら、いろいろな出力管のデータを調べつつあれこれと思案するというのも、自作アンプ作りのひとつの楽しみ方だと思います。

プッシュプル用の出力トランスはシングルアンプに使えるか、またその逆は可能か、という質問を受けることがありますが、一部の例外を除いて基本的にプッシュプル用の出力トランスとシングル用の出力トランスとの間には互換性がありません。絶対に無理、というわけではありませんが、性能が著しく劣化するのでこのような使い方は超ベテランの領域になります。

(4) 電源トランス

オーディオアンプの設計では、常に電源トランスの影がつきまといます。

真空管にはそれぞれに適した電源電圧というのがあります。400V以上の高い電源電圧を与えないとまともに動作しない出力管がある一方で、200V以下の低い電源電圧でないと最適化されない出力管もあります。

市販の電源トランスの種類は限られていますので、どんな電圧でも自由に得られるというわけではありません（写真2.1.1）。ちょうどいい電圧の電源トランスが見つかっても、取り出せる電流が足りなくて計画を変更することもあります。ヒーター巻き線の定格電流が足りなくて、やむをえず使用する真空管を変更することもあります。本書でも登場する5687は小さなサイズに見合わずヒーター電流が0.9Aと格段に大食漢なので、調子に乗って何本も使おうとすると、たちまち電源トランスのヒーターの容量が足りなくなります。

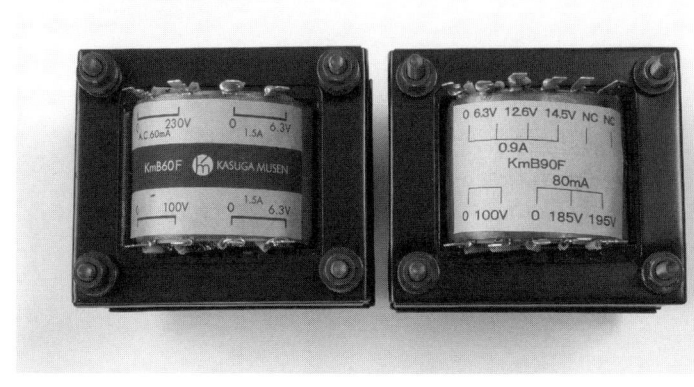

◆ 写真2.1.1 電源トランスの電圧と電流の定格
（やや割高だが特注するという選択肢もある）

電源トランスの制約問題は、アンプ側の回路や電源回路に工夫をすることで、このギャップをある程度埋めることができますがそれにも限度があります。主役ではない電源トランスが真空管アンプの設計を裏で支配しているのです。

(5) 加工済みのシャーシ

私が2004年に発表した全段差動PPベーシックアンプ用には、既成のシャーシが頒布されて流通しています。市販の穴あきシャーシというのも各種売られていますし、手持ちのアンプを解体したシャーシの再利用というのもあるでしょう。

こういった既成の穴あけ加工済みのシャーシありきの設計というのも、決められた制約条件の中でいろいろな工夫ができて結構面白いものです。

本書で製作するミニワッターについても、加工済みの汎用シャーシを頒布します。この

第2章 真空管増幅回路

汎用シャーシは、ミニワッターだけでなくさまざまな回路で使えるように工夫してあります。どなたにも手に入るようにするつもりですので、みなさんのアイデアを生かして面白いアンプを作ってみてください。

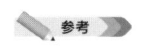

参考
全段差動PPベーシックアンプ用（左）とミニワッター用（右）

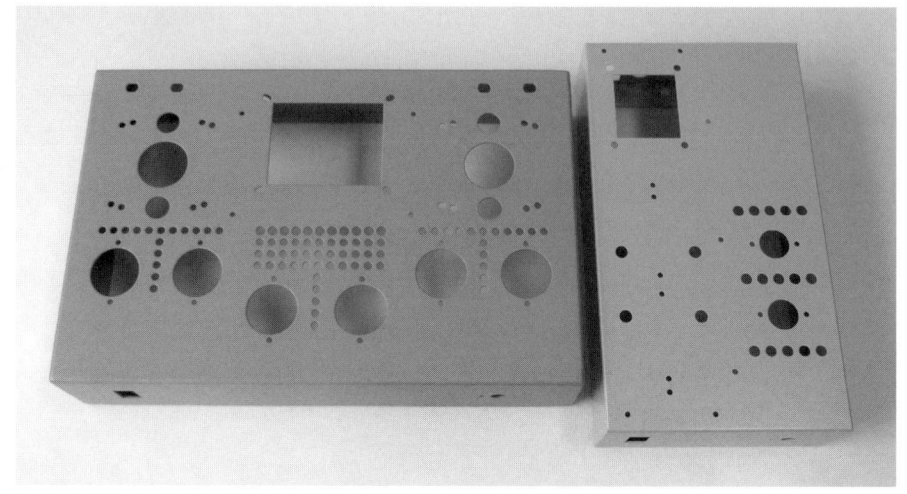

◆写真2.1.2　頒布されている汎用シャーシ

（6）最大出力

今使っている真空管アンプの最大出力に不満足感があって、もっとパワーのあるアンプを作りたいという動機のある方はかなり多いと思います。ハイパワーの真空管アンプの場合、最大出力のボトルネックはほとんど出力管にありますので、設計上の最大出力が決まるとそのパワーが出せる出力管選びになります。最大出力と出力管が決まると、ほぼ自動的に電源電圧（電源トランス）や出力トランスの仕様が決まってしまいます。

逆のケースもあります。本書のミニワッターのように1W以下のアンプを作ろう、というコンセプトもあるわけです。

パワーアンプの出力はどれくらいあればいいか、という命題はオーディオの歴史を通じて尽きることなく繰り返されてきました。5Wあれば十分という人もいれば最低20Wは欲しいという人もいます。5Wも20Wも人が認識し許容するダイナミックレンジの大きさからみたら全く大した差はありません。5Wと20Wの違いは電圧比にしてたったの2倍、すなわち6dBですからボリュームの数クリックほどの違いでしかありません。1Wで足りない場合は10Wくらいは必要で、10Wで足りない場合は100Wくらいは必要ともいうことができます。

逆に考えると、1Wというのはそんなに小さなパワーではありませんし、0.3Wといえどもあなどれない音量を出します。

（7）音質

音質について論じるのは非常に難しいものがあります。

空気のゆらぎまで感じられるような低域を出したいとか、ボーカルや管楽器がぐっと前に出る音が好きだとか、耳に心地よい聴き疲れしない音が好みだとか、ミキシングの違いがわかるような定位の良いナチュラルでリアルな音がほしいとかいろいろあると思います

が、そういった音が出せるアンプを自在に作れるようになるには相当な経験と感性が必要です。

　オーディオアンプには、周波数特性とか歪み率といったいくつかの測定可能な指標があり、その数値的な性能を追いかけることは可能ですが、ある程度以上の性能のアンプになってくるとそういった測定可能な指標と音質とはあまり関係がなくなってくるように思います。物理的なスペックばかり追いかけても望む音は得られないということです。

　また、オーディオグレードと称するいわゆる音にこだわった部品を投入しても、必ずしも期待する音になってはくれません。なんでもない通常グレードの部品を使ってみてその実力を知ってショックを受ける方もいらっしゃるようです。

　良い音を出すには、ボトルネックの考え方が有効です。他の要素がどんなに良くても、そのアンプのどこかに存在するボトルネックによって出てくる音は制限されてしまう、という考え方です。自分が作ろうとするオーディオアンプのどこがボトルネックになりそうなのか、そのボトルネックをどう解消するつもりなのかを考えることがアンプ作りの重要なポイントです。

　本書の製作におけるボトルネックは、パワーの小ささは割り切って棚上げするとして、シングルアンプという回路方式であることと小型の出力トランスを使うという2つの理由による低域特性の劣化がもっとも大きいでしょう。そのため、低域特性の確保・改善のために非常に多くの労力を割き、実験を行い、試作を繰り返しました。

(8) 利得（感度）

　利得の設計はかなり重要です。利得は余りすぎても使いにくい上に残留雑音的に不利になり、足りないと使い物になりません。市販のオーディオシステムで、音量調整ボリュームを10時くらいにしただけで大音響になってしまうためいつも8時とか9時のポジションなので使いにくい、という話はよく耳にします。メーカー製のオーディオシステムは、「音が小さい」というクレームが出ないように意図的に過剰利得となるように設定しているふしがあります。

　自作アンプのいいところは、11時～14時くらいの最も操作性のよいポジションで、いつも自分が聞くちょうどいい音量になるような設計が可能なことです。

　真空管には固有の増幅率があり、これらをどう組み合わせるかで総合利得がある程度決まってしまうという側面があります。2段増幅構成にすると利得がちょっと足りない、利得を稼ごうとして高増幅率管を採用すると高域性能が悪くなってしまう、3段増幅構成にすると性能的には申し分ないが今度は利得が高くなりすぎる、といったことが起こります。

　CDプレーヤやPCオーディオインターフェースをじかにパワーアンプにつなぐのと、途中にある程度の利得を持ったプリアンプを置くのとでも利得のバランスは変わってきます。

　どれくらいの利得だとどんな使い勝手になるのかを知っておくことはとても重要です。

(9) 雑音性能

　雑音性能は良いに越したことはありませんが、使用目的によってどれくらいの雑音性能があればいいのかは異なります。

　プロの現場で使うPA用の大出力パワーアンプを購入したら、スピーカーからかなり大きなノイズが出た上に空冷ファンの音がうるさくて使い物にならなかった、という笑えな

い話があります。

スピーカーから漏れてくる残留ノイズは、リスニングポジションでは気にならない程度というやや甘いレベルと、スピーカーに近づいても何も聞こえず思わず電源が入っているかどうか確かめてしまったというくらいの高いレベルとではほとんどの方がその違いに気づくものです。

デスクトップで聞いたり、深夜に静かに聞くような使い方の場合、オーディオメーカー側で独自に設定した雑音性能基準をクリアできていても実用上不満足な場合が生じます。私は、真に静粛なアンプはとても気持ちの良いものだということを実感していますので、本書の製作でも1mVをはるかに下回る残留雑音レベルをめざします。

雑音は出てしまうものではなく設計して出すものです、と言うとびっくりされるかもしれませんが、それが本当のオーディオアンプの設計です。私達が住む宇宙世界では、雑音は決してゼロにはなりません。雑音の多くは計算で求めたり経験則で推定することが可能です。どれくらいの雑音性能のものに仕上げたいのかによって、選びうる設計が決まってくるのです。初心者のうちは、雑音が「出た」といって叩くのもいいですが、できるだけ早くそういう段階を卒業してください。

(10) 汎用機能

パワーアンプといえどもプリアンプのように複数の入力ソースの切り替えができるセレクタスイッチをつけたり、トーンコントロールを内蔵させたりする設計もあると思います。スピーカーだけでなくヘッドホンも鳴らせるようにしたい場合もあります。

本書のミニワッターでは、入力ソースの切り替えのためのセレクタスイッチ付きやヘッドホンも鳴らせる機能を持たせた製作例も取り上げるようにします（写真2.1.3）。

自作アンプでは、回路の一部を自在に切り替えできるようにして、特性が異なる出力管の差し替えができる汎用アンプ機能をつけてしまう人もいます。本書の試作アンプではある程度そのような機能をつけましたので参考にしてください。

(11) サイズ、デザイン

パワーアンプの場合、サイズと最大出力とは密接な相関があります。本書で製作するミニワッターの標準サイズは145mm〔W〕 × 260mm〔D〕 × 122mm〔H〕の縦長コンパクトサイズですが、このサイズで20W + 20Wの真空管パワーアンプを作るのはほとんど不可能です。どれくらいのサイズで収めたいかで最大出力の上限が決まります。もちろん、いかに小さなサイズで大出力を出すか、というテーマに取り組んでいる方も多数いらっしゃいますが、

◆写真2.1.3　機能満載のミニワッター（汎用シャーシに追加工して3系統の入力、4Ωと8Ωのスピーカー対応、そしてヘッドホンジャックをフル装備。（第10章で詳説））

古風な真空管が立ち並んだ風情のアンプにしたい方、真空管を見せたい方、見せたくない方、誰も作ったことがないユニークなデザインにしたい方、ラックマウントで実質的にまとめたい方…いろいろあると思います。

本書の製作では、雑音性能上無理のない範囲でできるだけコンパクトに仕上げることを目標としました。

2-2 電圧増幅回路と電力増幅回路

　第1章では、最も簡単な真空管式オーディオアンプは、初段および出力段の2段構成であるという説明をしました。初段はCDプレーヤやPCなどのソース機材から出力されたオーディオ信号を増幅して十分に大きくして出力段に送り込む働きをし、出力段はその信号をさらにスピーカーを鳴らせるところまで増幅します。

　初段は交流の一種であるオーディオ信号の電圧を増幅するだけでいいので**電圧増幅回路**と呼びます。プリアンプはアンプ全体が電圧増幅回路ですが、パワーアンプの前半部分も基本的に電圧増幅回路です。電圧増幅回路は、大きな電力を必要としないので小型の電圧増幅管を使います。回路的にも少ない消費電流で済みます。

　出力段はスピーカーを鳴らすための電力を得るための増幅を行いますので**電力増幅回路**と呼びます。パワーアンプのいちばん最後の出力段だけが電力増幅回路です。この考え方は真空管アンプでも半導体アンプでも基本的に同じです。

　たとえば、8Ωのスピーカーを100Wのパワーで鳴らすためにはスピーカーに100Wのエネルギーを送り込まなければなりません。その100Wのエネルギーはどこから調達するのでしょうか。エネルギーの源は電源しかありませんね。電源から供給された電力を使ってスピーカーを鳴らすための100Wの音響エネルギーに変換するのが出力管の仕事です。

　この2種類の増幅回路は真空管の基本的な動作はよく似ていますが、設計法も使用する部品もかなりの違いがあります。違いのもっとも大きな点は、電力増幅回路は発熱量が大きい大型真空管や大きくて重い出力トランスがあるということでしょうか。電圧増幅段でもトランスを使う方式もないわけではありませんが、通常はトランス類は使わず消費電力の小さい電圧増幅管を使ったコンパクトな構成にしています。

　写真2.2.1は、真空管アンプとしては標準的なサ

◆写真2.2.1　6B4Gパワーアンプ

第2章 真空管増幅回路

イズのステレオ・パワー・アンプです。6B4G という少しだけ贅沢な出力管を使い 5W + 5W を出します。向って左 2/3 がアンプ部で、手前の小さいのが電圧増幅管 5687、奥の大きいのが電力増幅管 6B4G、2 個並んだ四角い箱が出力トランスです。右 1/3 は電源部で、黒くて四角いのが電源トランス、4 個ある丸いのが電源のコンデンサです。真空管アンプの場合、たった 5W + 5W でもこのような大袈裟で重いアンプになってしまいます。ちなみにこのアンプの消費電力は約 80W ですので、電力効率は 12.5% という半導体アンプでは考えられないような低い数字です。

2-3 5687 という真空管…データシートの見方

本章の説明で使う真空管は 5687 といいます（写真 2.3.1）。5687 は設計の新しい球で…といっても 20 年以上も前に製造中止になりましたが…真空管式のコンピュータ（そんなものがあったのです）などに使われた電圧増幅管です。

5687 は 1 つのガラス管の中に同じ特性の 2 つのユニットが封入されており、1 本で 2 本分の働きをします。このような構造の真空管のことを**複合管**といい、特に同じ特性の 3 極管ユニットを 2 個封入した真空管のことを**双 3 極管**といいます。

電圧増幅管にしては異例なくらい大きな電流を扱うことができるため、小出力ならば電力増幅回路にも使えます。1 本で電圧増幅回路と電力増幅回路の両方をまかなうことができる本書の目的にはぴったりな球なわけです。

図 2.3.1、図 2.3.2 は TUNG-SOL 発表の 5687 のデータシート[※1]からの抜粋です。ここでデータシートの見方について説明しておきます。

▶ 参照
図 2.3.1
→ p.69
図 2.3.2
→ p.72

◆ 写真 2.3.1　米国 SYLVANIA の 5687

※1：真空管のデータシートは Web 上でみつけることができます。
http://www.tubedata.org/

2-3-1 | 5687のデータシート

まず図2.3.1です。

冒頭にあるのは真空管の形状とサイズ、そしてピン接続です。5687は9本足のmT管です。ピン接続は図中にBOTTOM VIEWとあるように、必ず真空管を下からみた順序で記述するという約束があります。1Pと2Pがプレート、1Gと2Gがグリッド、1Kと2Kがカソードです。Hがヒーターで HTは2つあるヒーターの中点です。

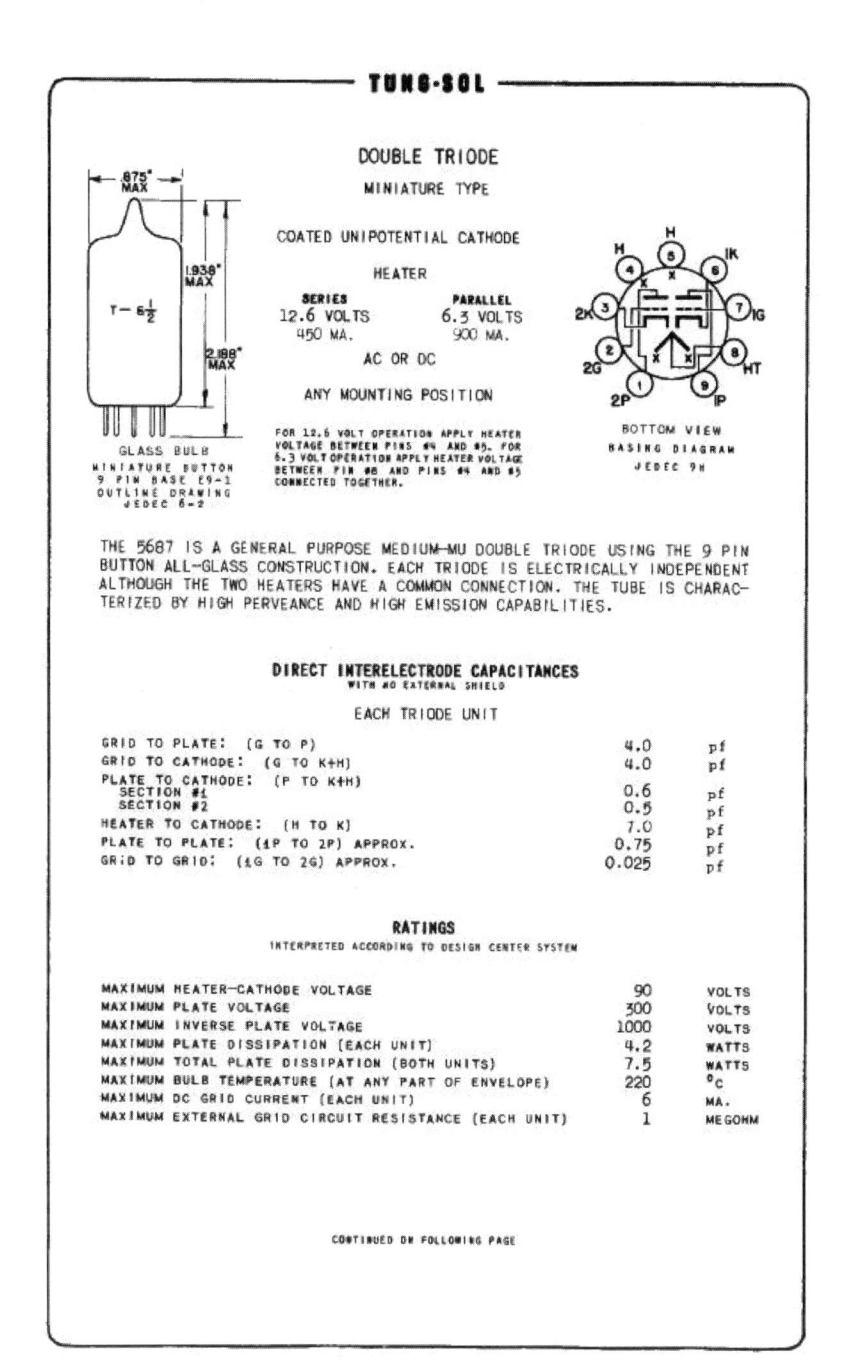

◆ 図2.3.1　5687のデータシートから（形状と最大定格）（出典：TUNG-SOL ELECTRIC INC. 1962）

次にヒーター（HEATER）の定格です。5687 は 2 本分のユニットが内蔵されているのでヒーターも 2 つあり、これらは直列（SERIES）または並列（PARALLEL）につなぐことができます。直列につないだ時は 12.6V で 0.45A、並列につないだ時は 6.3V で 0.9A です。直列につなぐ場合は 4 番ピンと 5 番ピンの間に 12.6V をかけます。並列につなぐ場合は 4 番ピンと 5 番ピンをショートさせて 8 番ピンとの間に 6.3V をかけます。

ANY MOUNTING POSITION というのは、どちら向きに配置してもいいという意味で、真空管によっては取り付け向きが指定されているものもありますので見逃さないようにしてください。

DIRECT INTERELECTRODE CAPACITANCES は内部容量のことで、各電極間に物理的に生じている容量（見えないコンデンサ）の大きさです。数十 kHz 以上の高い周波数ではこの内部容量の大きさが効いてくるため、高域特性が劣化したり、ユニット間で干渉が生じるので設計上重要なデータです。特に GRID TO PLATE 容量（Cg-p という）はそのままですと 4pF にすぎませんが、増幅回路として使った場合、4pF が増幅率倍されて 50pF 〜 60pF として効いてくるため無視できなくなるのです。

RATINGS あるいは **MAXIMUM RATINGS** は最大定格のことで、超えてはいけない最大電圧などを規定したものです。

ヒーター〜カソード間耐圧（**HEATER-CATHODE VOLTAGE**）は、ヒーターを基準にしてカソードとの間にかけられる電圧の最大値です。5687 の場合は 90V です。古典球になると「可能な限り低く（should be kept as low as possible）」などと書いてあるものもあります。定格内であってもかけた電圧のためにノイズが出ることがあるので注意がいります。

最大プレート電圧（**PLATE VOLTAGE**）は、プレート〜カソード間の耐圧です。5687 の場合は 300V とありますので、常時かかる直流電圧が 300V を超えないように設計します。ただし、オーディオ信号が重なって瞬間的にこの電圧を超えることがあっても、2 倍程度までは許容する約束になっています。半導体の場合は一瞬たりとも超えてはならない電圧をさしていますので、考え方が違うことをよく覚えておいてください。

最大プレート逆電圧（**INVERSE PLATE VOLTAGE**）は、プレートを基準にしてカソードにプラスの電圧をかけた場合の耐圧ですが、オーディオ増幅回路ではそのような使い方はしません。

最大プレート損失（**PLATE DISSIPATION**）は、プレートに食わせることができる最大電力のことで、プレート電流×プレート電圧で求めます。ヒーターで生じる熱以外で、真空管から出る熱のほとんどはこのプレート損失によります。プレート損失が大きい設計ほど真空管による総発熱量は大きくなり、同じ発熱量ならば小さいサイズの真空管ほど温度が高くなって寿命にインパクトを与えます。特に球の能力一杯まで使う電力増幅回路では重要な指標です。

5687 には 2 種類の最大プレート損失が規定されています。そのひとつめは 4.2W（**PLATE DISSIPATION**）ですが、もうひとつ 7.5W（**TOTAL PLATE DISSIPATION**）というのがあります。複合管の場合、各ユニット単体では 4.2W まで OK ですが、2 本同時に動作させた場合は互いに加熱しあうので両方合わせて 7.5W が上限であるという意味です。一方のユニットに 4.2W を食わせたい場合は、もう一方のユニットは 3.3W を超えた使い方はできません。また、通風が悪い環境や気圧が低下する標高の高い場所では定格一杯の動作をさせることはできません。

ガラス温度（**BULB TEMPERATURE**）は、測定が困難なので通常は最大プレート損失と周囲温度とで判断します。220℃というのは真空管としては高い方なので、できればそんな温度にしたくはありません。200℃よりも高い温度ではガラスの表面からガスが出始めるので、220℃というのはほとんど限界値だといえます。ということは、7.5W一杯一杯の使い方は余裕のない使い方ということになります。

　最大グリッド電流（**DC GRID CURRENT**）は、通常のオーディオ回路では問題にならない範囲なので無視してかまいません。

　最大グリッド抵抗（**EXTERNAL CIRCUIT GRID RESISTANCE**）は、回路に組み込んだ時のグリッド抵抗の最大値です。真空管の動作の安定に欠かすことができない重要な指標なので必ず守らなければなりません。5687の1MΩというのはかなり大きい部類に入ります。出力管は後述するバイアス方式によってこの値が異なります。カソードバイアスの場合はほとんどの球が250kΩ以上ですが、固定バイアスでは100kΩ以下の球がかなりあります。

　出力段では最大グリッド抵抗の制限を守らないと、出力管が暴走して過電流が流れ、赤熱して最終的に球を駄目にします。グリッド抵抗値は低ければ低いほど真空管は安定に動作しますが、あまり低くすると増幅回路として性能が出なくなるので、どれくらいに設定するかが設計のしどころです。

2-3-2 | 5687の特性

　図2.3.2には真空管を動作させたときの代表的な特性データが記載されています。

　真空管はそれぞれに固有の特性を持っていますが、その特性も動作条件によってある程度変化します。そこで、その真空管がよく使われる動作条件の時の特性を1つまたは複数を選んで記載するようになっています。

用語解説

・**バイアス**
カソードに対してグリッドに与えられたマイナスの電位。

　図2.3.2では、プレート電圧を120Vと180Vと250Vに設定した場合の3種類のデータが記載されています。それぞれの場合のグリッド電圧（バイアスのこと）は、−2V、−7V、−12.5Vです。プレート電圧とグリッド電圧（バイアス）の2つが決まるとプレート電流は自動的に決まります。その値は36mA、23mA、12mAだというわけです（図2.3.3）。

　重要なのはその次に出てくる3つの数字です。**内部抵抗**（**PLATE RESISTANCE**）と**相互コンダクタンス**（**TRANSCONDUCTANCE**）と**増幅率**（**AMPLIFICATION FACTOR**）、これらのことを真空管の**3定数**といいます。

　真空管の3定数は、増幅回路設計には欠かすことのできない要素です。これから先、初心者にとっては少々タフな説明に付き合っていただかなければなりませんが、ここはひとつ頑張って少しずつでも理解するようにしてください。この山さえ越えてしまえば、どんな真空管でも自在に自分のものにできる世界が待っています。

第2章 真空管増幅回路

```
─────────────── TUNG-SOL ───────────────
CONTINUED FROM PRECEDING PAGE


         TYPICAL OPERATING CONDITIONS AND CHARACTERISTICS
                   CLASS A₁ AMPLIFIER - EACH UNIT
                                                            VOLTS
                                                            AMP.
         PLATE VOLTAGE             120      180      250    VOLTS
         GRID VOLTAGE               -2       -7     -12.5   VOLTS
         PLATE CURRENT             36.0     23.0    12.0    MA.
         PLATE RESISTANCE (APPROX.) 1 560   2 000   3 000   OHMS
         TRANSCONDUCTANCE          11 500   8 500   5 400   μMHOS
         AMPLIFICATION FACTOR      18.0     17.0    16.0
         GRID VOLTAGE FOR
           Ib = 100 μA. (APPROX.)   -9.0    -14.0   -19.0   VOLTS
```

◆ 図2.3.2 5687のデータシートから（代表特性）（出典：TUNG-SOL ELECTRIC INC. 1962）

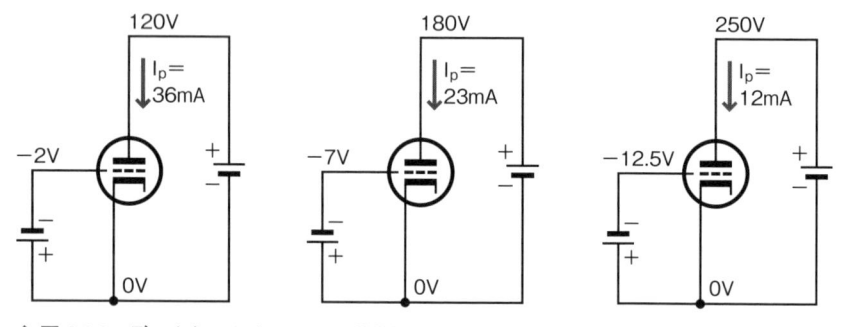

◆ 図2.3.3 データシート上の3つの動作例

　図2.3.4はプレート特性図あるいはE_p-I_p特性図といいます。これさえ見ればその真空管がどんな特性かすべてわかってしまう便利なグラフで、真空管増幅回路を設計する場合なくてはならない重要な情報です。ベテランになると、これを見ただけでどの真空管のものなのか言い当てることができます。

　X軸がプレート電圧で、Y軸がプレート電流です。何本もある斜めの線が5687の動作曲線で、1本1本にグリッド電圧（バイアス）が対応しています。

　図2.3.2に記載されたデータは、このプレート特性図からすべて読み取ることができます。図2.3.4中のⒶ〜Ⓒの3つのポイントは、図2.3.3の3つの動作条件に対応しています。この図を使えば、プレート電圧が何Vの時にある一定のプレート電流を流すにはバイアスを何Vにしたらいいかがわかります。ただ、図2.3.4の曲線は絶対的なものではなく、真空管の固体ごとにかなりのばらつきがあります。また、グラフの読み取り精度の問題もあるので、図2.3.2のデータは参考にする価値があるのです。

この図からは、真空管の3定数（増幅率、相互コンダクタンス、内部抵抗）も求めることができるのですが、その説明は少々面倒なのでページを改めることにします。

まずは図2.3.4のよく揃ったきれいな曲線をしばらくの間ご鑑賞ください。これが5687なのだと。

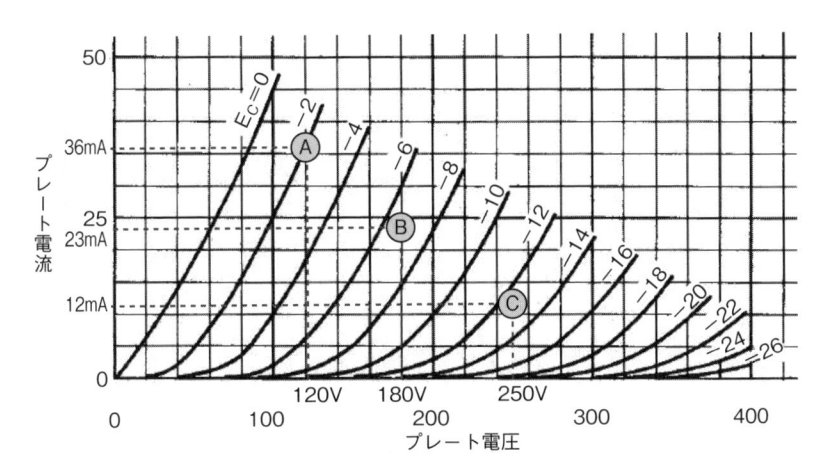

◆ 図2.3.4　5687のデータシートから（プレート特性図）（出典：TUNG-SOL ELECTRIC INC. 1962）

練習問題 9

以下のサイトにアクセスして6FQ7のデータを探し出し、設計に必要なデータを調べてください。複数のデータが見つかった場合は比較してみてください。

http://www.tubedata.org/　（Frank's Electron tube Pages）

・最大定格は資料ごとに微妙に異なる。
・代表動作特性はメーカーが違っても同じ。
・6FQ7と6CG7はほぼ同一球らしい。
・8FQ7、12FQ7といったヒーター定格違いの仲間がある。

2-4　電圧増幅回路の基礎…ロードライン

いよいよ、これから真空管がどのようにしてオーディオ信号を増幅するのかについて説明します。真空管増幅回路の基礎を理解する上で、電圧増幅回路からはじめるのがいいのか、電力増幅回路からの方がいいのか迷いましたが、理解のしやすさを考えて電圧増幅回路から説明を始めることにします。

図2.4.1の回路は、電圧増幅管5687を使った実験回路です。説明を容易にするために回路の動作に関わるエッセンスだけを抜き出してあります。中央の丸い記号が真空管を表しており、上側に出ているのが**プレート**（略して**P**）、中央の点線が**グリッド**（**G**）、下側が**カソード**（**K**）です。

第2章　真空管増幅回路

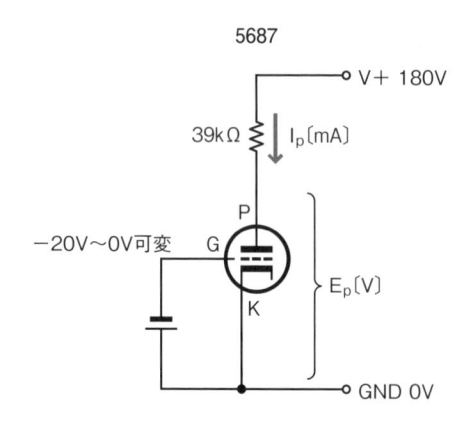

```
          5687
           │
           ●── V+ 180V
          ┌┴┐
     39kΩ │ │ ↓ I_p [mA]
          └┬┘
         P │
  ─20V〜0V可変  ┌─┴─┐
       ─── G │   │ E_p [V]
        │    └─┬─┘
        │    K │
        │      │
        ●──────●── GND 0V
```

◆ 図 2.4.1　実験回路

実験回路の電源電圧（V＋）は 180V です。何故 180V にしたのかは、図 2.3.1 や図 2.3.2 のデータで見当をつけています。300V だと最大定格をオーバーしてしまうし、100V では低すぎるだろうなぁ、といういわば私の経験と勘です。

オーディオ回路の設計では、いきなり最適解を求めるのではなく、あてずっぽうでいいので仮の動作条件を与えてとりあえずの設計をしてみます。そこで得られた結果を見ながらその真空管が能力を発揮できる動作条件を探ってゆくのです。私がオーディオアンプを設計する時は、何十回もの検討を重ねて、何十枚という回路図をゴミにしています。そういうプロセスを踏むことによってその真空管の癖や特徴が見えてきます。設計というのはそういうものだと思います。

プレート側のギザギザの記号は 39kΩ の抵抗器で、その一端は 180V の電源（V＋）につながっています。この 39kΩ の抵抗のことを**プレート負荷抵抗**あるいは略して**プレート抵抗**（R_p）ともいいます。

プレート電流（I_p）が 39kΩ を通り、5687 のプレート（P）からカソード（K）に抜けるように流れています。プレート電流がどれくらい流れるのかをコントロールするのがグリッド（G）の役目です。カソードを基準にしてグリッドにマイナスの電圧（バイアス）をかけることでコントロールします。深いバイアスをかけるとプレート電流はゼロになり、バイアスを徐々に浅くしてゆくとプレート電流は増えていきます。

今、グリッドには－20V くらいの深いバイアスがかかっていてプレート電流はほとんど流れていない（＝ 0mA）とします。39kΩ に流れる電流も 0mA ですから 39kΩ の両端に生じる電圧すなわち電圧降下とプレート電圧は、オームの法則から以下のようになります。

　　39kΩ による電圧降下 ＝ 0mA × 39kΩ ＝ 0V
　　プレート電圧 ＝ 180V － 0V ＝ 180V
　　この時のバイアス ＝ － 20V

バイアスを浅くしてゆくと、0mA だったプレート電流が流れはじめます。プレート電流がちょうど 1mA になったとしましょう。この時に 39kΩ による電圧降下は以下のようになりますね。

　　39kΩ による電圧降下 ＝ 1mA × 39kΩ ＝ 39V
　　プレート電圧 ＝ 180V － 39V ＝ 141V
　　この時のバイアス ＝ － 8.9V

プレート電流が 2mA の時は次のようになります。

2-4 ◆ 電圧増幅回路の基礎…ロードライン

39kΩによる電圧降下 = 2mA × 39kΩ = 78V
プレート電圧 = 180V − 78V = 102V
この時のバイアス = − 5.6V

このようにしてどんどんバイアスを浅くしてゆくと、プレート電流は増加し続けて、プレート電圧は下がってきます。さて、プレート電圧はどこまで下がってくるでしょうか。もし0Vになったとすると、その時のプレート電流は、

180V ÷ 39kΩ = 4.62mA

になるでしょう。この様子を5687のプレート特性図上にプロットしたのが図2.4.2です。ただし、真空管の性質上、プレート電圧が完全にゼロになることはないのでA点の少し手前でストップします。

図2.3.4はTUNG-SOL社が発表したデータですが、プレート電流が5mA以下の領域の精度が低くなっています。図2.4.2は私が手元の5687を実際に測定したデータで5mA以下の領域のデータが精密に取れているのでこちらを使いました。

この回路では、プレート電流とプレート電圧の関係はA点とB点を結んだ直線上を動きます。プレート電流が1mA増えるごとにプレート電圧が39V減るような傾きを持った直線です。プレート電流とプレート電圧の組み合わせは必ずこの直線上を動いて外に出てくることはありません。

この右下がりの直線のことを**ロードライン**（**負荷線**）といいます。ロードラインは、増幅回路の動作の様子を表したグラフで、真空管増幅回路の場合、電源電圧とプレート抵抗が決まればロードラインを引くことができます。ロードラインは、真空管に限らず半導体増幅回路でも使いますし、リレーなど非オーディオ回路でも使います。

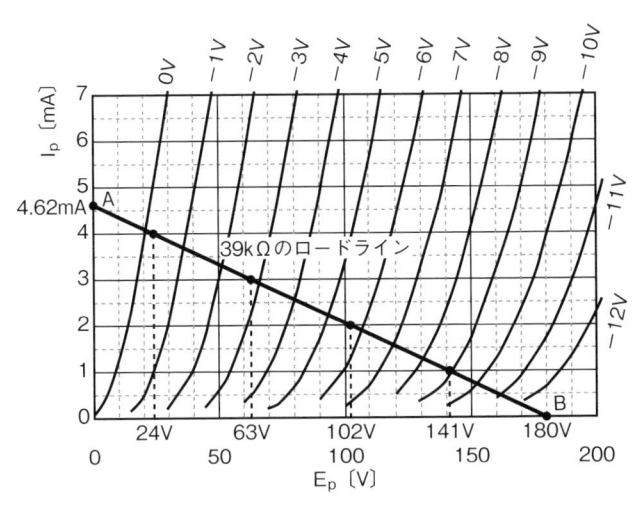

◆ 図2.4.2　実験回路のプレート電流とプレート電圧の関係

第2章 真空管増幅回路

2-5 電圧増幅回路の基礎…電圧増幅のしくみ

今度は同じ実験回路を使ってバイアスを－4Vに固定し、－4Vを基点にして±1Vの変化をさせてみます。どのようにしてバイアスを与えるかについては後述します。ロードライン上の動作ポイントは図2.5.1上のP点になります。バイアスが－4Vの時のプレート電流は2.55mA、プレート電圧は80.5Vでした。

さて、バイアスが－3Vになると、プレート電流は2.9mAに増加してプレート電圧は66.8Vまで下がりました。バイアスが－5Vになると、プレート電流は2.22mAに減少してプレート電圧は93.5Vまで上昇しました。

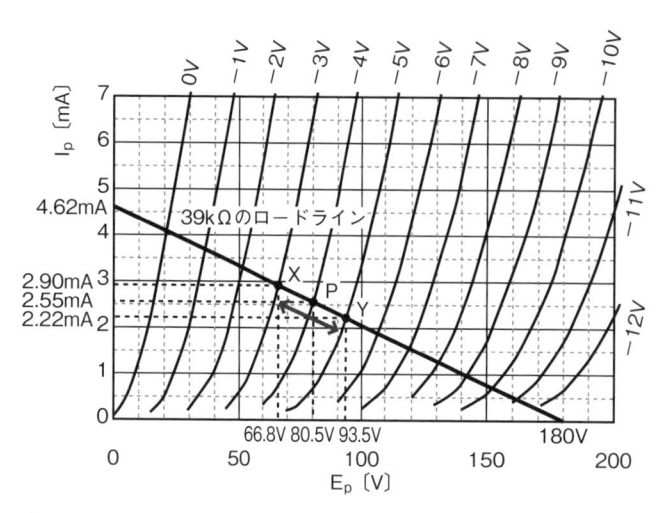

◆ 図2.5.1　ロードライン上における±1Vの動作の範囲

バイアスを＋側に1V振った時のプレート電圧：－13.7V（66.8V － 80.5V）
バイアスを－側に1V振った時のプレート電圧：＋13.0V（93.5V － 80.5V）

グリッド側に2Vの電圧変化を与えた時、プレート側からは26.7Vの電圧変化が得られたわけです。

26.7V ÷ 2V = 13.35 倍

この実験回路では、13.35倍の電圧増幅ができたことになります。これが真空管による電圧増幅のしくみです。

ところで、バイアスを＋側に振った時と－側に振った時とで得られた電圧変化はぴったり同じにはなりませんでした。これが増幅回路における歪みです。この歪みは真空管のプレート特性曲線の間隔が一律ではなく、右下にゆくほど間隔が詰まってくることに起因します。

もうひとつ注目していただきたいのは、グリッド側を－4Vを基点としてプラス方向に振った時プレート電圧は下がり、マイナス方向に振った時プレート電圧は上がったことです（図2.5.2）。グリッドに入力する電圧の変化と、増幅されてプレート側に現れる電圧の変化は向きは逆なのです。真空管だけでなく半導体を使った増幅回路でも、入力信号と出力信号とでは振幅の向きが反転

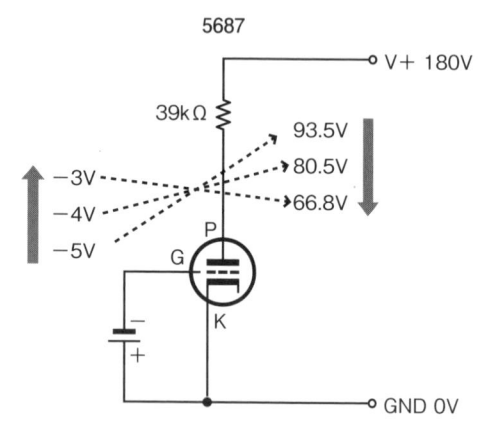

◆ 図2.5.2　増幅作用のしくみ

76

2-6 電圧増幅回路の基礎…動作ポイントの設定

この回路をベースとして増幅回路に仕上げようとした場合、動作ポイントはどうやって決めたらいいのでしょうか。

5687のプレート特性を見ると、右下の領域は特性曲線の間隔が詰まっているのであまり使いたくない感じがします。事実、この領域は特性のばらつきが大きく、得られる利得も低く、歪みも多いです。左上の領域は、左にゆくほど特性曲線の間隔が広いので利得が高そうですし歪みも少なそうに思えます。実際には特性曲線の間隔が最も揃っているのはバイアスが − 3V から − 5V くらいの範囲で、0V に近くなると別の問題が生じるので条件はかえって悪くなります。

2-6-1 ロードライン上の有効な領域をできる限り広く取った使い方

図 2.6.1 は、ロードライン上の有効な領域をできる限り広く取った使い方です。プレート側の出力電圧の振幅の最小値は 36.4V で、最大値は 142V ですからその差は 105.6V もあり、両端にはまだ余裕があります。105.6V という値はピーク〜ピーク値なので実効値に換算すると約 37 V になります。

音が良いといわれる古典管の中には実効値で 30V 以上の大きなドライブ電圧が必要な出力管がありますので、そういった球をドライブする回路では、図 2.6.1 のようにできるだけ両側が均等に広くなるような動作ポイントを選びます。

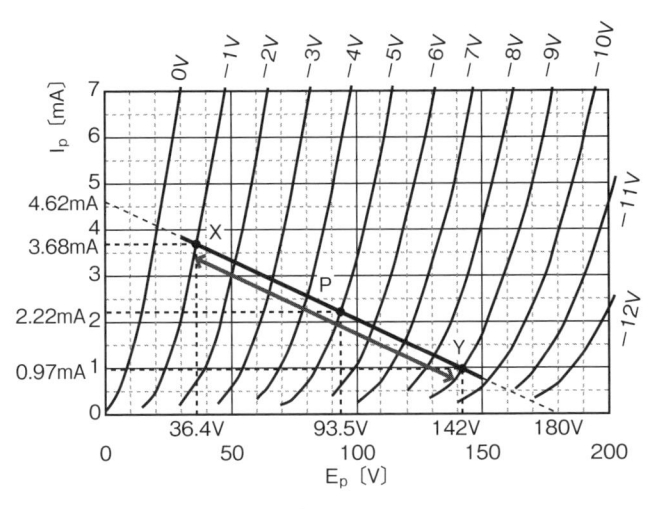

◆ 図 2.6.1　最大出力電圧を優先

2-6-2 それほど大きな出力電圧が必要ない場合

逆にそれほど大きな出力電圧が必要ない場合は、動作ポイントはかなり自由に選ぶことができます。図 2.6.2 は左上のかなり極端なところに動作ポイントを設定していますが、これでも実効値で 10V 以上の出力電圧が得られます。動作ポイントをこのあたりに選ぶと利得がより大きくなります。

ここで注意しなければならないのは、バイアスが − 0.7V くらいから浅い領域はできる

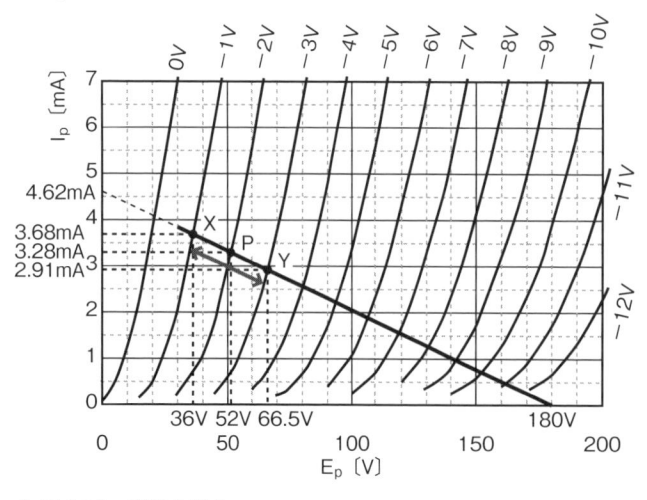

◆ 図 2.6.2　利得を優先

だけ使わないようにするということです。真空管回路は一般にグリッドには電流が流れないものとして設計しますが、実は微量ながらグリッドにも電流が流れています。バイアスが－1Vよりも浅くなると、グリッドからカソードに向って流れようとする電流が現れます。これを**初速度電流**と呼びます。初速度電流はバイアスが浅くなるにつれて急激に増加する性質があり、－0.7Vよりも浅くなると無視できない大きさになるので、この領域まで使うと歪みを発生させたりバイアスが狂ってしまうからです。

2-6-3 | 3パターンのプレート負荷抵抗を変化させた場合

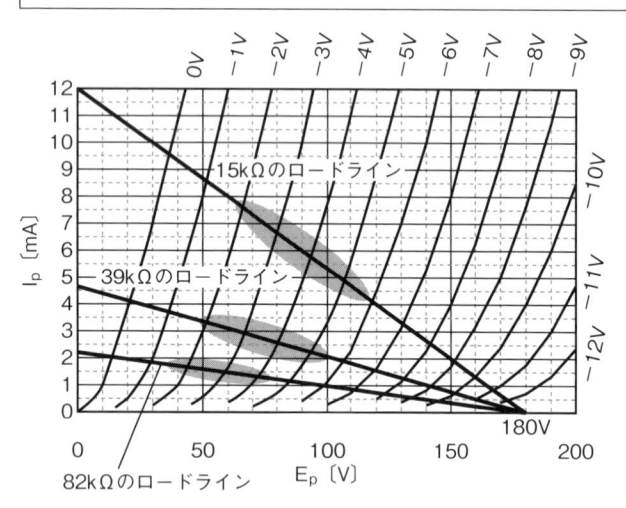

◆ 図 2.6.3　いろいろな角度のロードライン（動作ポイントとして適した範囲を網がけで示してある）

図 2.6.3は、電源電圧を180Vにしたままでプレート負荷抵抗を82kΩと39kΩと15kΩの3パターンでロードラインを引いてみたものです。ご覧の通りどのロードラインでも5687は立派に動作します。

82kΩの場合は、プレート電流の設定は1.3mA～1.8mAくらいの範囲から選ぶことになり、対応するプレート電圧は35V～75Vあたりが適切です（ロードラインの●の部分）。5687はプレート電流が1mA以下になると特性曲線がかなり寝てくるので、あまり少ないプレート電流の動作は望ましくありません。

15kΩの場合は、特性曲線がきれいに揃った領域をたっぷり使えそうです。この場合のプレート電流の設定は5mA～7mAくらいになり、対応するプレート電圧は75V～110Vくらいです。ただし、消費電流がやや大きい動作ですから電源回路に余裕がないとこのような動作は選べませんし、回路全体の消費電力も多くなるので発熱の問題も出てきます。

2-6-4 | 電源電圧を3パターンで変化させた場合

図 2.6.4は、プレート負荷抵抗の値を一定にしたまま電源電圧を120V、180V、240V

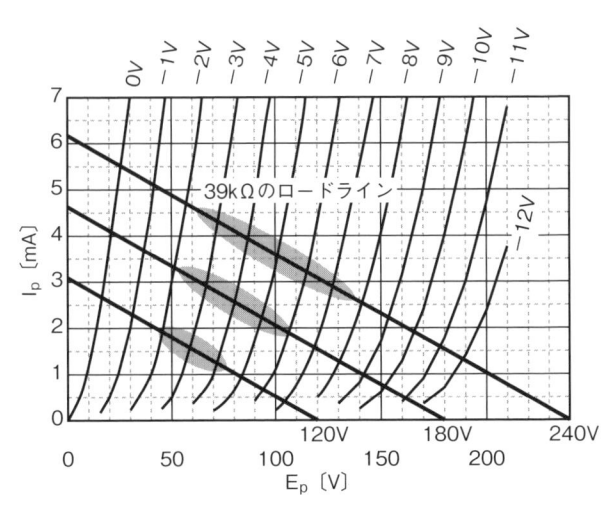

◆ 図 2.6.4　同じ角度で電源電圧が異なるロードライン

アドバイス

図 2.6.4 中、動作ポイントとして適した範囲を網がけで示してあります。

の3パターンで変化させた場合です。電源電圧が低くなると、選択できる動作ポイントの範囲がどんどん狭くなってきます。ロードライン上の有効な領域も狭くなってくるため、最大出力電圧もどんどん減ってきます。

　真空管は、高い電源電圧で動作させた方が有利なのです。5687は比較的低い電圧でも動作する球なので120Vという真空管回路にしてはやや低い電源電圧でもまだ十分に余裕のある動作が可能ですが、12AX7のように最低でも200Vくらい与えてやらないと余裕のある動作にならない球もあります。

　このように真空管の電圧増幅回路は設計の自由度が高いので、よくいえば非常にアバウトな設計でもちゃんと動作しますし、アンプ全体のバランスを考えながら丁寧に追い込むこともできるわけです。ロードラインの設計は非常にポリティカルなものなので正解はありません。

　私は、プレート特性図を何枚もコピーして、定規を当てていろいろなロードラインを引いて頭の体操をたくさんやりました。そのおかげで設計の勘が働くようになりました。設計センスを磨くにはこの方法が一番だと思います。

　なお一般論ですが、プレート負荷抵抗の値を小さくすればするほどロードラインは立ってきて、回路で生じる歪みは増加します。図 2.6.3 の例でいうと15kΩのロードラインの場合が最も歪みが多くなります。また、プレート負荷抵抗の値を小さくすればするほど得られる利得は減少します。少しでも高い利得が欲しい場合は、プレート負荷抵抗値は高い方が有利です。

2-7　バイアスを与える…固定バイアス方式

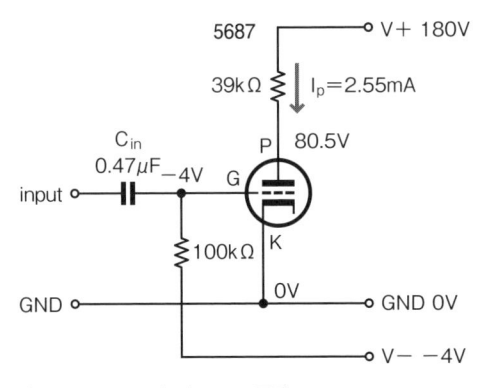

◆ 図 2.7.1　固定バイアス回路

　5687を図 2.5.1 のロードラインの条件で動作させようとすると、グリッドには−4Vのバイアスを与える必要があります。そこで−4Vの電源を用意してグリッドにつないでみました（図 2.7.1）。100kΩは**グリッド抵抗**（R_g）といいます。真空管のグリッドには電流は流れないものとして設計しますので、100kΩの一端に−4Vを与えてやれば、グリッド側にも−4Vがかかってくれます。これで5687は設計どおりの動作をするようになります。

　このように、バイアスのために専用のマイナス電源を用意する方法を**固定バイアス**といいます。マイナス電源

回路に工夫をして電圧を可変にすればプレート電流の微調整ができるので、そのような調整が要求される出力段では固定バイアス方式がよく採用されます。

しかし、固定バイアス方式には欠点もあります。マイナス電源が必要になって電源回路全体が複雑になることと、グリッドに−4Vが生じているためにこのままinputのところに何かをつなぐと、外に電流が流れてしまいバイアスが狂ってしまいます。inputにつながれた回路も余計な電流が流れ込んできて迷惑しますから、コンデンサ（C_{in}）を追加してDC電圧を遮断しなければなりません。

回路がどんどん複雑になってしまう割にメリットが少ないので、通常は次に説明するカソードバイアス方式が使われます。

2-8 バイアスを与える…カソードバイアス方式

真空管回路、とりわけ電圧増幅回路で最もポピュラーなバイアス方式は、これから説明する**カソードバイアス方式**です。カソードバイアス方式では、図2.8.1(a)のように、カソードとアースの間に抵抗を割り込ませます。この抵抗のことを**カソード抵抗**（R_k）と呼びます。

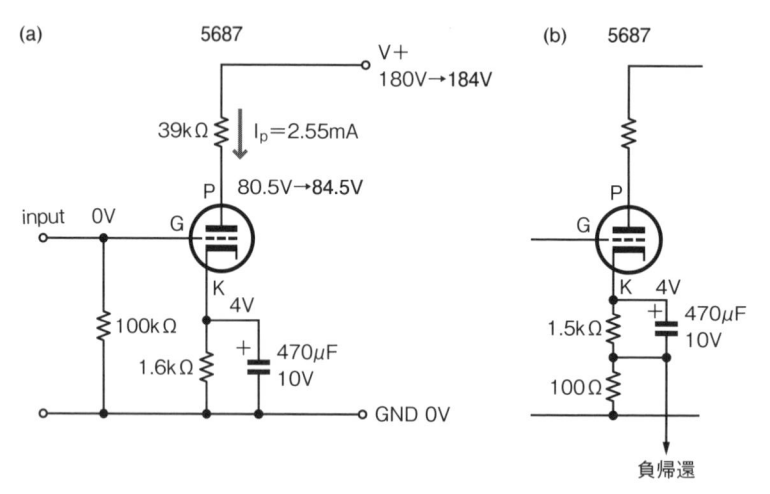

◆ 図2.8.1　カソードバイアス回路

プレート電流は、カソード抵抗を流れます。プレート電流が2.55mAでカソード抵抗値が1.6kΩですから、カソード抵抗の両端には、

$$2.55\text{mA} \times 1.6\text{k}\Omega = 4\text{V}$$

の電圧が生じるため、カソード電圧はアースに対してプラス4Vになります。グリッドはグリッド抵抗（100kΩ）によってアースと同電位（0V）ですから、グリッドはカソードに対して相対的に−4Vになるわけです。カソードとグリッド間のバイアスは相対的なものなので、これでも立派にバイアスが与えられたことになります。

2-8 ◆ バイアスを与える…カソードバイアス方式

　しかし、このままではグリッドに交流信号が入力されてプレート電流が変化した時、その変化に応じてカソード電圧が変動してしまいます。一定のバイアスを与えるためにはカソード電圧は一定でなければなりません。そこでカソード抵抗と並列に十分に大きな容量のバイパスのためのコンデンサ（C_k）を抱かせます（意図的にこのコンデンサを入れない設計もあります）。このバイパスコンデンサがあると、交流的にはカソード抵抗はないものとみなすことができます。

　このように、抵抗によってカソード電位をかさ上げして相対的にバイアスを与える方式のことを**カソードバイアス方式**といいます。真空管自身に流れるプレート電流を使ってバイアスを得ることから、**自己（セルフ）バイアス方式**とも呼ばれます。

　カソード抵抗値は以下の式で求めます。

$$\text{カソード抵抗値〔k}\Omega\text{〕} = \frac{\text{バイアス〔V〕}}{\text{プレート電流〔mA〕}}$$

　カソードバイアス方式では、カソード電圧でかさ上げされた分、固定バイアス方式よりも高い電源電圧が必要になります。そのため、図2.8.1(a)の回路の電源電圧は、図2.7.1の回路よりも4V高い184Vになっています。

　カソードバイアス方式における電源電圧のかさ上げは、電圧増幅回路の設計では時として無視されます。それは電源電圧（200V〜300V）に対してかさ上げすべきカソード電圧が、相対的に無視できるくらい低い（1V〜数V）からです。この程度ならば、電源電圧変動や部品の誤差に吸収されてしまいます。しかし後述する電力増幅回路では、カソード電圧は低い時で数Vから高い時は50V以上にもなるので無視することはできません。しっかりと設計で考慮する必要があります。

　実際の回路では、図2.8.1(b)のようにカソード抵抗が2つに分かれていることがあります。負帰還回路の都合でこのようなことになるのですが、この場合は2つの抵抗値を合わせた（足し算した）値で設計します。

　カソードバイアス回路は、自己バランスして安定収束するという面白い性質があります。電力事情などで電源電圧が上昇したり、真空管のばらつきで設計値よりもプレート電流値が増えてしまうような条件になったとしましょう。プレート電流が増加すれば、カソード抵抗によって生じる電圧も高くなるためバイアスが深くなる方向に作用します。バイアスが深くなれば、プレート電流の増加は抑制されます。カソードバイアス方式には、このように生じた現象を抑制し安定させる方向に働く性質があります。固定バイアス方式にはこのような性質はありません。

　電子回路では安定性やばらつきを抑制することも性能のうちに入ります。カソードバイアス方式が昔も今も変わることなく真空管オーディオ回路でよく使われるのにはこんな理由もあるのです。

2-9 直流負荷と交流負荷

　これまでの説明では、プレート負荷抵抗だけを考慮したロードラインを使いました。しかし、実際の増幅回路では負荷となるのはこのプレート負荷抵抗だけではありません。電圧増幅回路の次には必ず何かがきます。初段の次には出力段がきますし、プリアンプの次にはパワーアンプがきます。

　図2.9.1(a)は、この実験回路がパワーアンプの初段で、この回路の後ろに出力段が続く場合です。出力側のコンデンサ（0.1μF）の先には出力段のグリッド抵抗（470kΩ）があります。

　図2.9.1(b)は、この実験回路がプリアンプ出力で使われて、この回路の後ろに入力インピーダンスが少し低めの20kΩのパワーアンプをつないだ場合です。

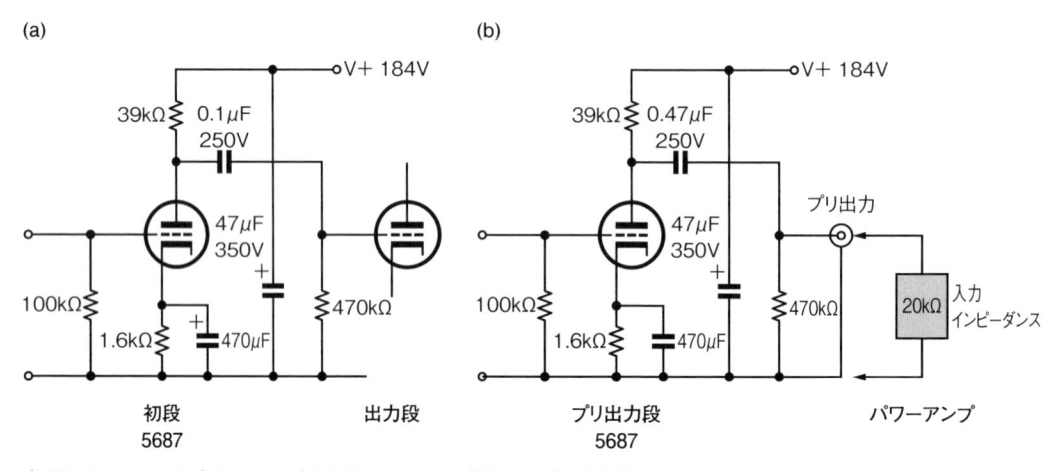

◆ 図2.9.1　(a)はパワーアンプの初段で、(b)はプリアンプの出力段

　この2つのケースについて交流的にどんな条件になるのかについて考えてみましょう。
　オーディオ回路の設計では、直流動作と交流動作とを分けて考えて2通りの設計を行います。コンデンサは交流は通しますが直流は通しませんね。直流動作を考える時は、回路図中にコンデンサが存在したらその部分は「つながっていない」ものとして考えます。このような考え方のことを「**開放除去**」といいます。交流動作を考える時は、回路図中にコンデンサが存在したらその部分は「ショートしている」すなわち導線でつながっているとして考えます。このような考え方のことを「**短絡除去**」といいます。
　図2.9.1の2つの回路を短絡除去の考え方で書き直したのが図2.9.2です。

◆ 図 2.9.2　交流等価回路

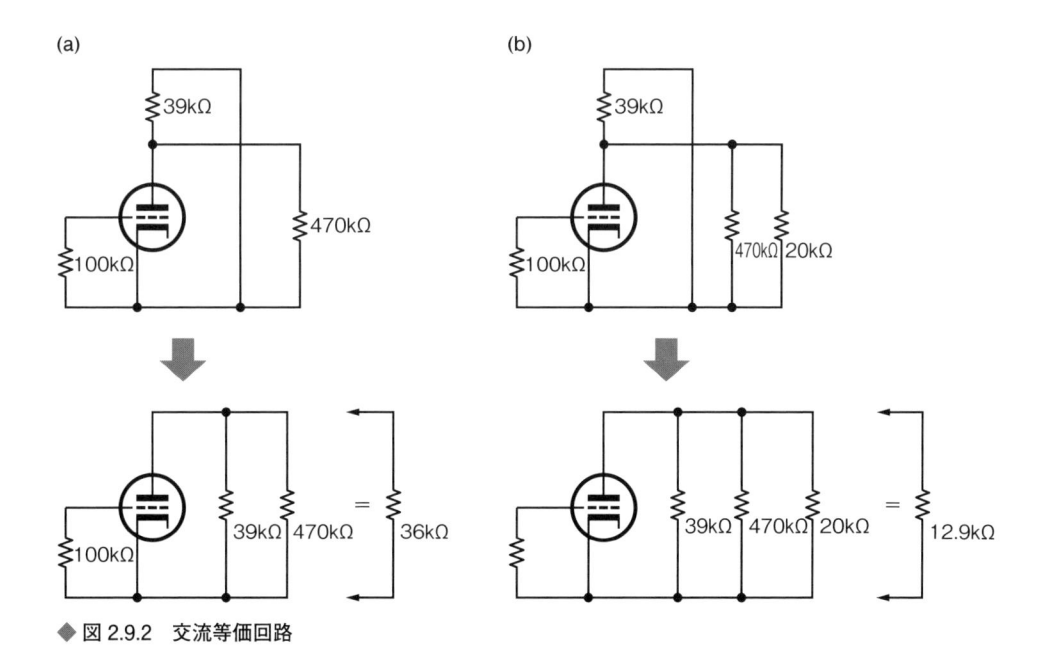

　カソード抵抗はバイパスコンデンサがあるために消去されます。電源（V＋）とアースとの間にもコンデンサがありますがこれも消去します。交流的にみると電源とアースは同じものなので区別する必要はありません。

　そうするとプレート負荷抵抗（39kΩ）と次段のグリッド抵抗（470kΩ）とは並列になった共通の負荷であることがわかります。並列になった2つの抵抗の計算は、以下のようになるのでしたね。

$$\frac{39\mathrm{k}\Omega \times 470\mathrm{k}\Omega}{39\mathrm{k}\Omega + 470\mathrm{k}} = 36\mathrm{k}\Omega$$

　図 2.9.2(a) の回路の交流負荷インピーダンスは 36kΩ になります。このような負荷を構成するすべての要素を計算に入れた実質的な負荷（Load）のことを単に負荷あるいは**負荷抵抗**（R_L）といいます。

　同様にして図 2.9.2(b) の回路の交流負荷インピーダンスも求めてみましょう。36kΩ にさらに 20kΩ が並列になったと考えることができます。

$$\frac{36\mathrm{k}\Omega \times 20\mathrm{k}\Omega}{36\mathrm{k}\Omega + 20\mathrm{k}} = 12.9\mathrm{k}\Omega$$

　どちらの場合も、直流的には条件は同じで後続する回路の影響は受けませんが、交流的には状況は一変します。

2-10 交流負荷のロードライン

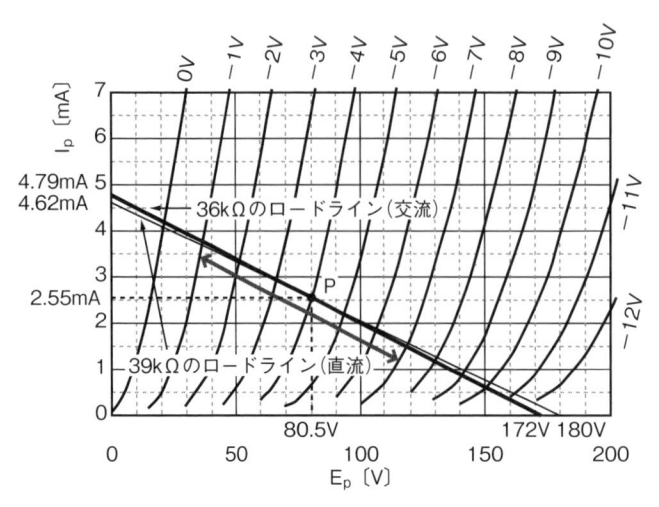

◆ 図 2.10.1　パワーアンプの初段の場合（直流のロードラインと交流のロードラインはほとんど変わらない）

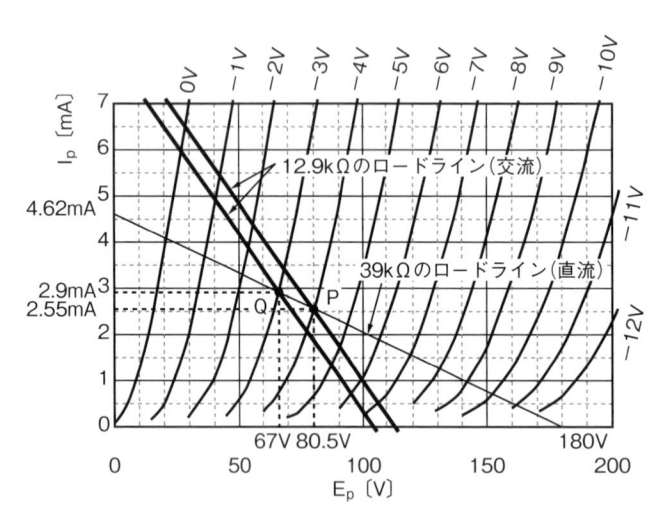

◆ 図 2.10.2　プリアンプ出力の場合（プリ出力につながる負荷インピーダンスが低いほどロードラインの角度は急になる）

図 2.9.1(a) の回路の場合のロードラインは図 2.10.1 のようになります。プレート負荷抵抗（39kΩ）に比べて次段のグリッド抵抗（470kΩ）の値が十分に大きな値なので負荷に与えるインパクトはほとんど無視できる程度に小さくなっています。

図 2.9.1(b) の回路の場合のロードラインは図 2.10.2 で、動作の基点は P 点です。ご覧のとおり、直流のロードラインと交流のロードラインはかなりかけはなれた角度になっていますが、このような設計をしたからといって何ら不都合はありません。

増幅作用は交流のロードラインで評価します。このままでも大きな問題はありませんが P 点の右下が狭く左上があいているので、気分としては動作の基点（P 点）をもう少しプレート電流値が大きな Q 点あたりに動かしてやりたくなります。Q 点に変更した場合、音では判定できない程度にわずかな利得の増加が生じ、ごくごくわずかに歪みが減ります。

なお、12.9kΩ のロードラインはかなり角度が急ですから、36kΩ の時に比べて直線性は悪化し、歪み率は 2 倍以上増加していると思います。ただ、歪み率が 2 倍に増えたからといって、聞いてわかるほどに音が変わるかというとそういうことはまずないでしょう。

20kΩ という低い負荷に対応できるように、プレート負荷抵抗を 22kΩ まで下げて、プレート電流も増加させてみたのが図 2.10.3 です。図 2.10.2 の時に比べて 2 つのロードラインの角度のギャップは小さくなり、取り出せる最大出力電圧は図 2.10.2 よりも高くなりそうです。交流の負荷は 10.5kΩ とこれまでで最低ですから歪み率の水準はもう少し悪化していると思われますが、5687 という球の実力からいってまだまだ軽い動作といえるでしょう。図 2.10.2 のロードラインと図 2.10.3 のロードラインとどちらがよいかは一長一短でなんともいえません。

電子回路の設計にはすべてを解決する正解はありません。そして、ある条件を満たす解

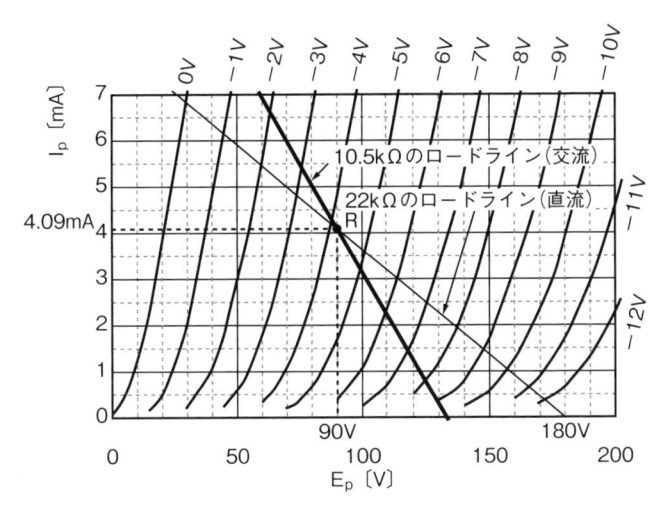

◆ 図 2.10.3　プレート負荷抵抗を 22kΩ に変更した場合（全体にプレート電流が多目になり、ロードラインの角度は急になった）

2-11　実験回路解説

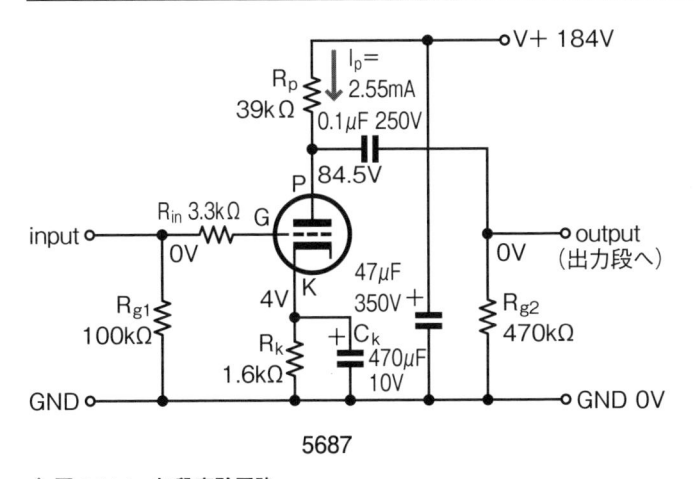

これまでの検討で初段の回路の重要部分がほぼ決まりました。回路として仕上げるために若干の補足を加えたのが図 2.11.1 の回路です。入力（input）側から順を追って説明してゆきます。

◆ 図 2.11.1　初段実験回路

＜アース…GND＞

回路図中の GND と書かれたラインがこの回路のアースであり基準電圧（0V）です。入力信号も出力信号も、そして電源もこのアースを基準にして接続します。

＜入力回路＞

100kΩ の**グリッド抵抗**（R_{g1}）はすでに述べたとおり、グリッドにバイアスを与えるに際して、グリッドにアースと同じ電位（0V）を与えるための抵抗です。5687 のグリッド抵抗の最大定格は 1MΩ でしたから 1MΩ 以下でできるだけ低い値が望ましいです。グリッド抵抗の値はソース側に接続する機材の都合を考えつつ数 kΩ ～ 1MΩ という広い範囲か

ら選択されます。

グリッドの直前には今までの説明になかった3.3kΩの抵抗（R_{in}）があります。さまざまな製作例を見ると、ここに数kΩ程度の抵抗が入れてある場合と何もない場合とがあります。この抵抗の目的は、高周波領域での真空管自体の安定度の確保、すなわち発振防止です。

> 参照
> 図2.3.2 → p.72

グリッドにこの種の抵抗を入れる必要性の有無は、もっぱらその真空管の相互コンダクタンス（TRANSCONDUCTANCE）の値がどれくらい高いかがひとつの判断基準になります。図2.3.2のデータによると、5687の相互コンダクタンスは5,400〜11,500μMHO（マイクロ・モー）ですが、一般に4,000を超えたあたりから要注意となり、8,000以上ではこの発振防止抵抗がないと容易に発振します。

相互コンダクタンスについては次の真空管の3定数のところで詳しく説明しますので、ここでは「相互コンダクタンスが高い真空管の場合はグリッドに数kΩの抵抗を入れるのがセオリー」だと覚えておいてください。この種の発振のメカニズムは真空管も半導体も変わることがないので、トランジスタ回路でもよく見かけます。

ちなみに、オーディオ用電圧増幅管としてポピュラーな12AX7や12AU7の相互コンダクタンスは1,000〜3,000マイクロ・モーと低い値なので、グリッドに発振防止の抵抗を入れた回路は滅多に見ることはありません。

＜カソード回路＞

この実験回路はカソードバイアス方式を採用しましたので、これまでの設計データに従って1.6kΩのカソード抵抗が入れてあり、カソード電圧はグリッドに対して4V高くなっています。カソード抵抗と並列に470μFのカソード・バイパス・コンデンサ（C_k）が入れてあり、交流信号はショートカットしてこのコンデンサを通り抜けます。

カソード・バイパス・コンデンサには約4Vの電圧がかかりますから、安全をみて10V以上の耐圧のものを使います。計算上は100μF程度の容量で十分な低域特性が得られることになっており、多くの真空管回路では47μF〜100μFが採用されています。しかし、オーディオ回路で使うアルミ電解コンデンサは計算上で求めた値の5〜10倍程度の容量を与えた方が特性的にも音響的にも優れた結果が得られることが研究[※2]で知られており、私も同様の現象を経験していますので、ここでも470μFというやや大きめな値としています。

アルミ電解コンデンサにはプラス・マイナスの極性の区別がありますので、回路図上ではどちらがプラス側なのかがわかるように「＋」のマークを書き込むようにします。

＜電源回路＞

電源電圧（V＋）は184Vです。半導体、真空管を問わずオーディオ増幅回路のほとんどは電源（V＋）とアースの間にバイパスコンデンサが必要で、増幅作用におけるオーディオ信号はこのコンデンサの中を通ります。この実験回路では47μFで耐圧が350Vのアルミ電解コンデンサを入れてあります。

電源は完全な直流であることが望ましいのですが、電源回路の設計如何によっては電源にハム成分であるリプルが残っていることがあります。このコンデンサは電源に含まれて

※2：Small Signal Audio Design, Douglas Self, 2010

いる残留リプルが増幅回路の動作を邪魔しないようにバイパスさせてアースに逃がす役割もあります。そのため**リプル・フィルタ・コンデンサ**とも呼ばれます。しかし、ノイズに弱い初段の電源にまで残留リプルを残すようでは電源回路の設計の失敗だと私は思っています。

このコンデンサの役割はメインがオーディオ信号のバイパスで、副次的な役割として残留リプルの除去と考えるのが本来の姿でしょう。

＜プレート回路～出力回路＞

プレート負荷抵抗は39kΩ、ここに流れるプレート電流は2.55mA、そしてプレート電圧は80.5V、プレート～アース間電圧は84.5Vです。真空管回路でプレート電圧というと、カソードを基準とした電圧のことをさしており、アースを基準とした電圧ではないので注意してください。

増幅されたオーディオ信号の出口には容量が0.1μFで耐圧が250Vの**フィルムコンデンサ**があります。このコンデンサはプレートに現れた84.5Vの直流電圧を遮断し、交流である増幅されたオーディオ信号だけを取り出す役割があります。このコンデンサは増幅回路の出力側にあるので**出力コンデンサ**と呼ばれたり、後続する回路とつなぐ役割があるので**結合コンデンサ**と呼ばれたり、初段と出力段の間にあるため**段間コンデンサ**とも呼ばれます。いろいろな呼称がありますがいずれも同じものです。

フィルムコンデンサは、数μF以上の容量になると大型化してかさばる上に非常に高価になってきますが、アルミ電解コンデンサよりも伝達特性や絶縁性能が優れているのでこのような用途に使われます。

結合コンデンサの先には続く出力段のグリッド抵抗（470kΩ）があります。

2-12 真空管の3定数とは

そろそろ、プレート特性図も見慣れてきたのではないかと思います。真空管のプレート特性データが入手できれば、ロードラインを引いて増幅回路の動作についていろいろと検討できるわけですが、このプレート特性図上の各ポイントにおける真空管の特性を数値で表したのが「**真空管の3定数**」です。

> 【真空管の3定数】
> 増幅率（μ）
> 内部抵抗（r_p）
> 相互コンダクタンス（g_m）

真空管の特性を図にするとプレート特性図になり、数字で表すと3定数になります。プレート特性図と真空管の3定数は同じものです。

この3つの定数の性質と関係をよく理解しておけば、利得の計算にはじまって、どんな設計をしたらこの真空管を活かすことができるのか、使用上の注意点は何か、どんな球

で代替できるのかなどがわかるようになります。未知の真空管でもたった1組の3定数がわかれば、その真空管の概略すら見当をつけることができるのです。

ロードラインが自由に引けるようになることで真空管増幅回路を自在に設計できるようになりますが、真空管の3定数が扱えるようになると、ロードラインの助けを借りなくても電卓か暗算で概略設計ができるようになりますので、是非自分のものにしてください。

2-13 真空管の3定数…増幅率（μ）

プレート電流を一定にした状態でバイアスを変化させた時の、バイアスの変化あたりのプレート電圧の変化率のことを**増幅率**（μ、ミュー）といいます。単位は特に表記しませんが、しいていうならば何倍という表現になります。

増幅率（μ）は、グリッドに与えたバイアスの変化を何倍にしてプレート電圧の変化として出力できるかを表した指標ともいえます。μが20の真空管を使って電圧増幅回路を作った場合、理想的な状態で20倍の利得が得られますが、実際の回路では若干のロスが生じるので12～16倍くらいの利得に落ち着きます。3極管ではμがわかればそれだけで得られる利得の上限がわかってしまいます。

図2.13.1では、5687のプレート特性図上の3つのポイントを選んでμにあたる部分を示しています。プレート特性図でバイアスを1Vおきに特性曲線を描いた時の、各曲線の左右方向の間隔だと考えてください。

$$増幅率（\mu）= \frac{プレート電圧の変化〔V〕}{バイアス電圧の変化〔V〕}$$

＜A点のμ＞

図2.13.1中のA点におけるμを求めてみましょう。バイアス＝－2Vのポイントを基点として±1V変化させてみます。2Vの変化に対して以下の結果が得られました。

74.8V － 41.2V ＝ 33.6V
33.6V ÷ 2V ＝ 16.8〔倍〕…A点

A点におけるμはほぼ16.8であるといえます。

＜B点、C点のμ＞

同様にしてB点、C点のμも求めてみます。

95.7V － 64.9V ＝ 30.8V
30.8V ÷ 2V ＝ 15.4〔倍〕…B点

133.3V － 103.5V ＝ 29.8V
29.8V ÷ 2V ＝ 14.9〔倍〕…C点

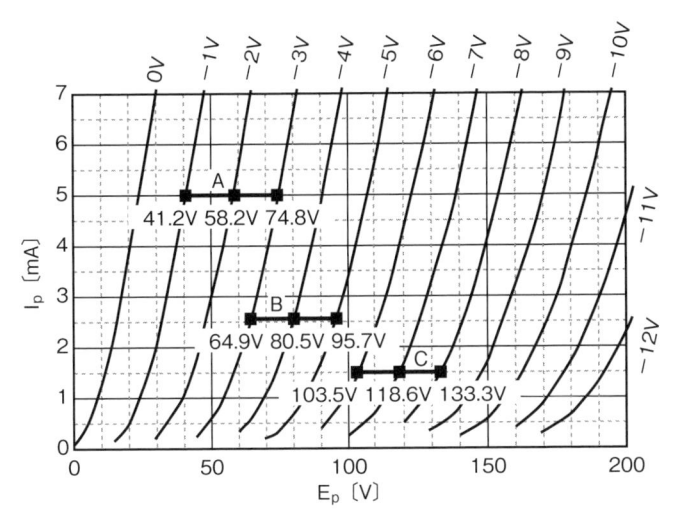

◆ 図 2.13.1　増幅率（μ）

　3極管の場合、プレート電流が少なくなるにつれてμの値は徐々に小さくなり、プレート電圧が高くなっていってもμの値は徐々に小さくなる性質がありますが、その変化の度合いは次に述べる相互コンダクタンスに比べて少なく安定しています。

2-14　真空管の3定数…相互コンダクタンス（g_m）

　プレート電圧を一定にした状態でバイアスを変化させた時の、バイアスの変化あたりのプレート電流の変化率のことを**相互コンダクタンス（g_m）**といいます。単位はかつてはモー（mho）を使い「Ω」を逆さにした記号で表記していましたが、今日では**シーメンス（S）**に改められています。Ω（ohm）を逆さにしたから mho だという駄洒落のような命名です。

　相互コンダクタンスは、回路における電流の流れやすさを現した指標で、相互コンダクタンスが高い真空管はちょっとしたことで非常に大きなプレート電流が流れてしまうという怖い性質を持っています。言い換えると、大電流を制御したかったら相互コンダクタンスが高い増幅素子を使え、ということになります。バイポーラトランジスタや MOS-FET は、真空管がとても及ばないくらい高い g_m を持っています。

　図 2.14.1 では、**5687** のプレート特性図上の3つのポイントを選んで g_m にあたる部分を示しています。プレート特性図でバイアスを1Vおきに特性曲線を描いた時の、各曲線の上下方向の間隔だと考えてください。

$$\text{相互コンダクタンス（}g_m\text{）} = \frac{\text{プレート電流の変化〔mA〕}}{\text{バイアス電圧の変化〔V〕}}$$

　ところで、上の式はどこかで見た式に似ていませんか。

$$R〔\Omega〕 = \frac{E〔V〕}{I〔A〕}$$

　そうです、オームの法則の式です。しかし、分母と分子すなわちEとIの位置が入れ

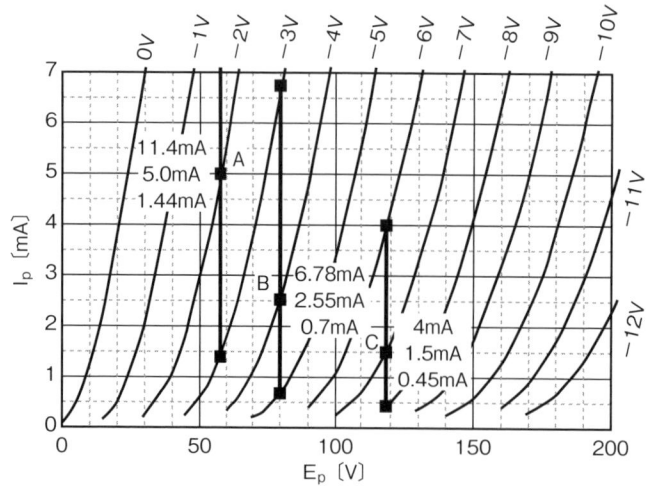

替わっています。つまり g_m は R〔Ω〕の逆数なのです。それでΩを上下ひっくり返したり、MHOなんていう単位がつけられたのです。

◆図2.14.1　相互コンダクタンス（g_m）

＜ A 点の g_m ＞

図2.14.1 中の A 点における g_m を求めてみましょう。バイアス＝－2V のポイントを基点として±1V 変化させてみます。2V の変化に対して以下の結果が得られました。

11.4mA － 1.44mA ＝ 9.96mA
9.96mA ÷ 2V ＝ 4.98mS…A 点

A 点における g_m はほぼ 4.98 であるといえます。

＜ B 点、C 点の g_m ＞

同様にして B 点、C 点の g_m も求めてみます。

6.78mA － 0.7mA ＝ 6.08mA
6.08mA ÷ 2V ＝ 3.04mS … B 点

4mA － 0.45mA ＝ 3.55mA
3.55mA ÷ 2V ＝ 1.78mS … C 点

3 極管の場合、プレート電流が少なくなるにつれて g_m の値は徐々に小さくなり、プレート電圧が高くなっていっても g_m の値は徐々に小さくなる性質があります。

2-15 真空管の3定数…内部抵抗（r_p）

　内部抵抗（r_p）とは、ある動作ポイントにおけるプレート特性曲線の傾きです。プレート抵抗というのが正しい呼称ですが、プレート負荷抵抗のこともプレート抵抗と呼ぶことがあるので、混乱を避けるために内部抵抗（r_p）という呼称を使うことにしました。単位は「抵抗」というだけあってΩあるいはkΩです。

　内部抵抗は、電圧増幅時の利得のロスの原因をつくります。真空管を使って電圧増幅回路を作った時、「利得＝μ」とならずに「利得＜μ」となってしまう理由は内部抵抗が存在するからです。真空管の中に内部抵抗という見えない抵抗があって、これが一種のアッテネータとなって増幅の邪魔をしていると思ってください。内部抵抗がゼロだったら、どんな真空管でもどんな動作条件でも利得＝μになりますが、そのような真空管は存在しません。

　バイアスを一定にした状態でプレート電圧を増減させたとき、プレート電流がどれくらい増減するのかという度合いを内部抵抗で言い表します。

$$\text{内部抵抗}(r_p) = \frac{\text{プレート電圧の変化}[V]}{\text{プレート電流の変化}[mA]}$$

　プレート特性上のある動作ポイントにおける内部抵抗を知るには、その動作ポイントを通るプレート特性曲線の接線を引いてその傾きを求めます。

＜A点のr_p＞

　図2.15.1中のA点におけるr_pを求めてみましょう。A点におけるプレート特性曲線の接線を引いて上下に延ばします。プレート電流＝0mAおよびプレート電流＝7mAにおけるプレート電圧はそれぞれ40.7Vと65.2Vになりました。

　　65.2V － 40.7V ＝ 24.5V
　　24.5V ÷ 7mA ＝ 3.5kΩ…A点

　A点におけるr_pはほぼ3.5kΩであるといえます。

＜B点、C点のr_p＞

　同様にしてB点、C点のr_pも求めてみます。

　　104 － 67V ＝ 37V
　　37V ÷ 7mA ＝ 5.3kΩ…B点

　　167V － 105.4V ＝ 61.6V
　　61.6V ÷ 7mA ＝ 8.8kΩ…C点

第2章 真空管増幅回路

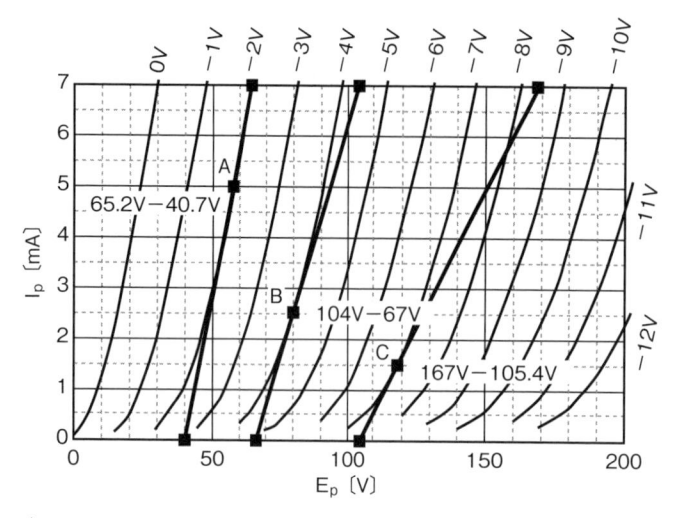

◆ 図 2.15.1　内部抵抗 (r_p)

プレート電圧が高くなるにつれて内部抵抗の値は徐々に大きくなり、プレート電流が多くなるにつれて内部抵抗の値は徐々に小さくなる性質があります。プレート電流が非常に少ない領域では、プレート特性曲線はほとんど寝てしまい、内部抵抗は非常に高い値になります。

真空管の内部抵抗は、利得に影響を与えるだけでなく増幅回路の回路インピーダンスを支配しますので周波数特性にも強い影響を与えます。広帯域アンプをめざした設計では、内部抵抗の管理が特に重要になってきます。

内部抵抗は回路によって変化してしまうことがあります。データシートに記載された値やプレート特性図から読み取った値は、カソード抵抗が交流的にない、あるいはカソード抵抗と並列にバイパスコンデンサがあるという前提です。カソード抵抗が交流的に有効に存在する場合は、カソード抵抗自体が内部抵抗に加算されるだけでなく、さらにカソード抵抗を μ 倍したものも加算されます。

$$\text{内部抵抗} = r_p + R_k + (R_k \times \mu)$$
$$= r_p + \{R_k \times (1 + \mu)\}$$

たとえば、図 2.15.2 の回路の場合、(a)(b) それぞれの内部抵抗は以下のようになります。

(a) $5.3\mathrm{k}\Omega + 1.6\mathrm{k}\Omega + (1.6\mathrm{k}\Omega \times 15.4) = 31.54\mathrm{k}\Omega$
(b) $5.3\mathrm{k}\Omega + 0.1\mathrm{k}\Omega + (0.1\mathrm{k}\Omega \times 15.4) = 6.94\mathrm{k}\Omega$

このことは後述する利得の計算や高域特性にすくなからず影響を与えます。

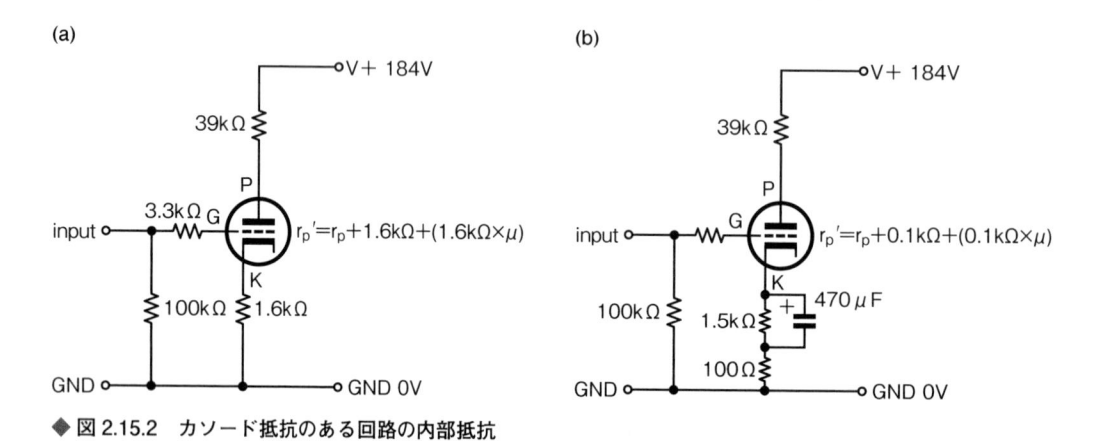

◆ 図 2.15.2　カソード抵抗のある回路の内部抵抗

2-16 「μ」と「g_m」と「r_p」の関係

この3つの定数は以下のような関係があります。

$$\mu = g_m \times r_p$$
$$g_m = \frac{\mu}{r_p}$$
$$r_p = \frac{\mu}{g_m}$$

という関係です。図2.3.2の代表特性から、プレート電圧 = 120V、プレート電流 = 36mAの時の3定数の値を使って検証してみましょう。

μ = 18、r_p = 1.56kΩですから、この2つからg_mを計算で求めると、

18 ÷ 1.56kΩ = 11.54mS

になりますので、メーカー発表値のg_m = 11.5mSと一致します。

同様にして実験回路のB点のデータについても検証してみます。μ = 15.4、r_p = 5.3kΩですから、この2つからg_mを計算で求めると、

15.4 ÷ 5.3kΩ = 2.91mS

になりますがプレート特性から求めたg_m = 3.04mSとかなり近いところで一致します。

真空管の3定数はこのような関係があるため、3つのうち2つがわかれば残った1つは容易に計算で求めることができます。この式もしっかり頭に入れておいてください。

2-17 電圧増幅回路の利得の計算

ある動作ポイントにおける電圧利得は、ロードラインを横切るプレート特性曲線との2つの交点（図2.17.1におけるにおけるX点とY点）の電圧の差を測ることで求めることができます。

X点におけるプレート電圧 = 66.9V
Y点におけるプレート電圧 = 93.3V

この2点間のバイアスの違いは2Vですから、

第2章 真空管増幅回路

$$\text{利得} = \frac{93.3\text{V} - 66.9\text{V}}{2\text{V}} = 13.2 \text{倍}$$

となります。この方法は非常にわかりやすいですが、いちいちロードラインに定規を当てて長さを測ったりしなければならないのであまり効率的ではありません。

　真空管の3定数を使うと、もっと簡単に計算で利得を求めることができます。真空管の3定数のところでは、増幅率（μ）は、グリッドに与えたバイアスの変化を何倍にしてプレート電圧の変化として出力できるかを表した指標であるという説明をしました。真空管の中に内部抵抗という見えない抵抗があってこれが増幅の邪魔をしているということを書きました。その様子を図にすると図2.17.2のようになります。

　真空管は増幅率（μ）倍の増幅をしていると考えます。その結果は内部抵抗（r_p）と負荷（R_L）とによってつくられるアッテネータによって減衰させられると考えるのです。これを式にすると以下のようになります。

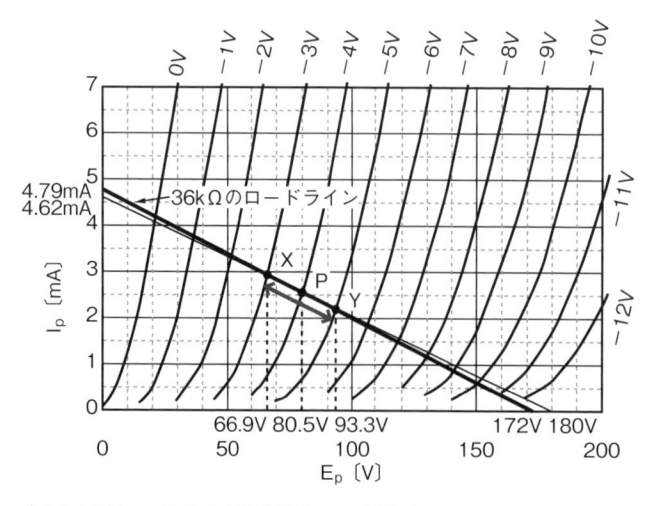

◆ 図2.17.1　36kΩの交流負荷のロードライン

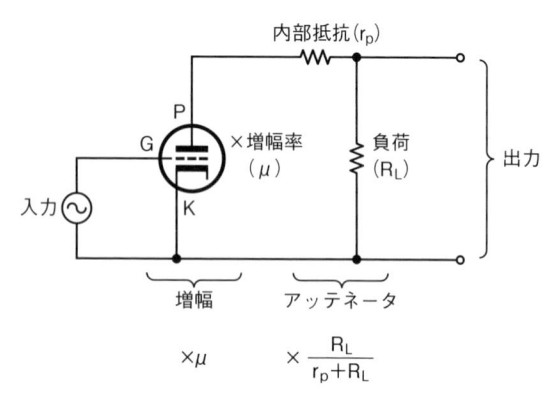

◆ 図2.17.2　利得モデル

$$\text{利得} = \mu \times \frac{R_L}{R_L + r_p}$$

　では、この式にP点における5687の増幅率（μ）、内部抵抗（r_p）そして負荷（R_L）を当てはめてみましょう。

$$\text{利得} = 15.4 \times \frac{36\text{k}\Omega}{36\text{k}\Omega + 5.3\text{k}\Omega} = 13.42 \text{倍}$$

　ロードラインを使って求めた利得は13.2倍でしたが、非常に近い値が得られました。その違いはわずか1.7%ですから、真空管や部品の誤差よりも十分に小さい値です。

　図2.17.3のように、カソード抵抗が交流的に生きている場合は内部抵抗が上昇しますから利得に影響を与えます。その場合の利得の計算式は次のようになります。

$$\text{内部抵抗}(r_p') = r_p + R_k + (R_k \times \mu)$$

$$\text{利得} = \mu \times \frac{R_L}{R_L + r_p'}$$

この式を使って図 2.15.2 の (a)R_k = 1.6kΩ の場合と、(b)R_k = 100Ω の場合について利得がどうなるか計算してみましょう。

R_k = 1.6kΩ の時の r_p = 31.54kΩ
R_k = 100Ω の時の r_p = 6.94kΩ

でしたから、利得は以下のようになります。

R_k = 1.6kΩ の時の利得：$15.4 \times \dfrac{36\text{k}\Omega}{36\text{k}\Omega + 31.54\text{k}\Omega} = 8.21$ 倍

R_k = 100Ω の時の利得：$15.4 \times \dfrac{36\text{k}\Omega}{36\text{k}\Omega + 6.94\text{k}\Omega} = 12.91$ 倍

カソード抵抗が交流的に生きていると 13.42 倍あった利得が 8.21 倍まで落ちてきます。周波数特性や歪み率特性を改善しようとして負帰還をかける場合、通常は初段カソード抵抗のバイパスコンデンサをはずしてそこに帰還をかけるのが一般的です。しかし、そのようにすると元の利得が落ちてしまうだけでなく内部抵抗も上昇してしまうわけです。内部抵抗の上昇は高域特性の劣化を招きますから何のために負帰還をかけたのかわからなくなります。

図 2.15.2(b) のようにした回路が多いのは、こうすることで利得の低下と内部抵抗の上昇を最小限に抑えられるからです。

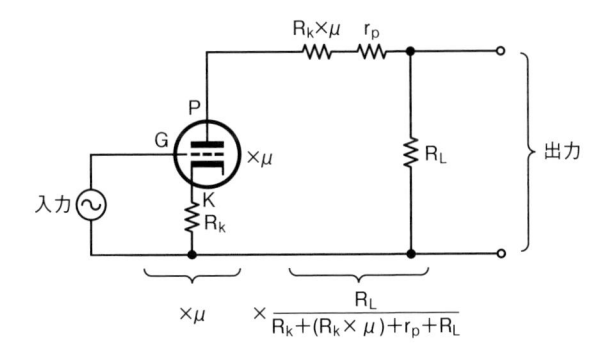

◆ 図 2.17.3　カソード抵抗がある場合の利得モデル

練習問題 10

図 2.17.4 の 12AU7 を使った電圧増幅回路の利得を計算で求めてください。
12AU7 の μ = 18.5、r_p = 10kΩ とします。

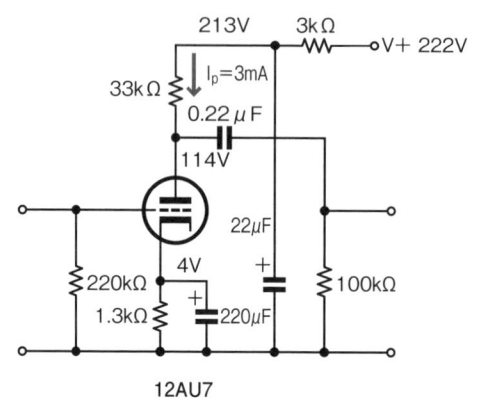

◆ 図 2.17.4　12AU7 を使った電圧増幅回路

ヒント

「短絡除去」をして 1.3kΩ、3kΩ など、利得の計算に関係ない抵抗器を排除してから計算する。

解答

負荷の計算：33kΩ // 100kΩ = 24.8kΩ

利得の計算：$18.5 \times \dfrac{24.8\mathrm{k}\Omega}{24.8\mathrm{k}\Omega + 10\mathrm{k}\Omega} = 13.2$ 倍

2-18　電圧増幅回路におけるコンデンサの設計

　図 2.18.1 の回路には 3 つのコンデンサが登場しています。これらコンデンサの容量や耐圧はどのようにして決めたのでしょうか。

　　カソード・バイパス・コンデンサ：470μF/10V
　　出力（段間）コンデンサ　　　　：0.1μF/250V
　　電源のコンデンサ　　　　　　　：47μF/350V

2-18 ◆ 電圧増幅回路におけるコンデンサの設計

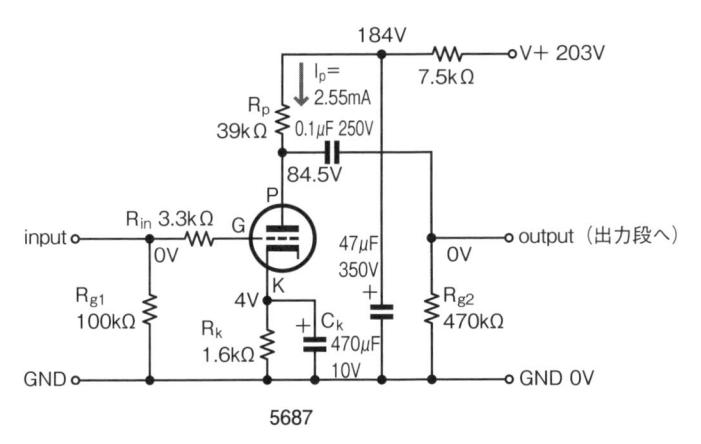

◆ 図 2.18.1　初段実験回路

「第 1 章 コンデンサの性質」のところでコンデンサのリアクタンスの説明をしたのを思い出してください。コンデンサのリアクタンスは抵抗のようなもので、周波数によって値が変化します。その値は以下の式で求めることができました。

$$\text{リアクタンス}\,[\Omega] = \frac{159000}{\text{周波数}\,[\text{Hz}] \times \text{容量}\,[\mu\text{F}]}$$

$$\text{リアクタンス}\,[\text{k}\Omega] = \frac{159}{\text{周波数}\,[\text{Hz}] \times \text{容量}\,[\mu\text{F}]}$$

値の感じをつかむために、ここに登場した3つのコンデンサの各周波数におけるリアクタンスを簡単な表にまとめてみました（表 2.18.1）。

◆ 表 2.18.1　3 つのコンデンサのリアクタンス

		1Hz	10Hz	100Hz	1kHz
カソード・バイパス・コンデンサ	470μF	340Ω	34Ω	3.4Ω	0.34Ω
出力（段間）コンデンサ	0.1μF	1.6MΩ	160kΩ	16kΩ	1.6kΩ
電源のコンデンサ	47μF	3.4kΩ	340Ω	34Ω	3.4Ω

2-18-1 ｜ 出力コンデンサ

図 2.18.1 の回路の出力部分にあるコンデンサ（0.1μF）は、プレート側に生じた出力信号を外に取り出す働きがあります。コンデンサは直流を通しませんから、プレートにかかった 84.5V の電圧は外には出てきません。

動作中、このコンデンサには 84.5V の電圧がかかるわけですが、電源 ON 直後は 200V 以上の電圧がかかることがあります。5687 のヒーターは温まってプレート電流が流れるまでに 10 秒以上かかるためです。そのため、ここで使うコンデンサの耐圧は電源電圧を参考にして決めます。

コンデンサの種類ですが、通常は絶縁性が高いフィルムコンデンサを使います。アルミ電解コンデンサは絶縁性がなくごくわずかですが漏れ電流が存在するので、この用途には使えません。

容量をどれくらいにしたらいいかについては次のハイ・パス・フィルタのところで説明します。

2-18-2 | ハイ・パス・フィルタ：HPF

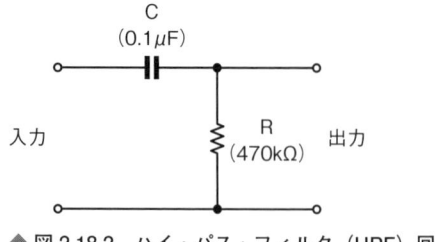

◆図 2.18.2　ハイ・パス・フィルタ（HPF）回路

高い周波数を通し、低い周波数をカットする特性を持った回路をハイ・パス・フィルタ（HPF）といいます。

HPF の基本回路は図 2.18.2 で、1 個のコンデンサ（C）と 1 個の抵抗器（R）で構成されます。コンデンサは、低い周波数でリアクタンスが大きくなりますから、この回路は周波数が低くなるほど減衰が大きいアッテネータとして機能します。高い周波数を減衰させずに通すことからハイ・パス・フィルタ（HPF）という名がつきました。

図 2.18.1 の回路の出力部分がこれにあたります。$0.1\mu F$ と $470k\Omega$ によって構成されるハイ・パス・フィルタの周波数特性は図 2.18.3 のようなカーブを描きます。

このような回路において、減衰を開始する周波数（f）を求めるには以下の式を使います。

$$f\,[\mathrm{Hz}] = \frac{159000}{C\,[\mu F] \times R\,[\Omega]}$$

$$f\,[\mathrm{Hz}] = \frac{159}{C\,[\mu F] \times R\,[k\Omega]}$$

$0.1\mu F$ と $470k\Omega$ の組み合わせの場合は、

$$\frac{159}{0.1\mu F \times 470k\Omega} = 3.4\mathrm{Hz}$$

になります。この周波数では、

コンデンサ（C）のリアクタンス＝抵抗値（R）

になります。値が半分半分ですから減衰率は 0.5 倍（− 6dB）になりそうに思えますが、減衰特性を見ていただくとわかるとおり 3.4Hz における減衰率は − 3dB、すなわち約 0.7 倍にしかなりません。図 2.18.3 の細い線がコンデンサ（C）のリアクタンスと抵抗器（R）とで単純計算で求めた減衰カーブで、太い線が実際の値です。

これは交流ではコンデンサに流れる電流は電圧に対して位相が進む…抵抗器のようにタイミングが同じにならない…ことが原因です。そのため、コンデンサ（C）の両端に生じる電圧と抵抗器（R）の両端に生じる電圧を足した合計が入力された電圧と同じにならない、という現象が生じます。

減衰特性は十分に低い周波数では減衰の角度が一定になり、周波数が半分になるごとに利得が半分（− 6dB）になるという特徴があります。音程が 1 オクターブ低くなるごとに − 6dB 減衰することから、− **6dB/oct 特性**と呼ばれています。このような特性を持つ

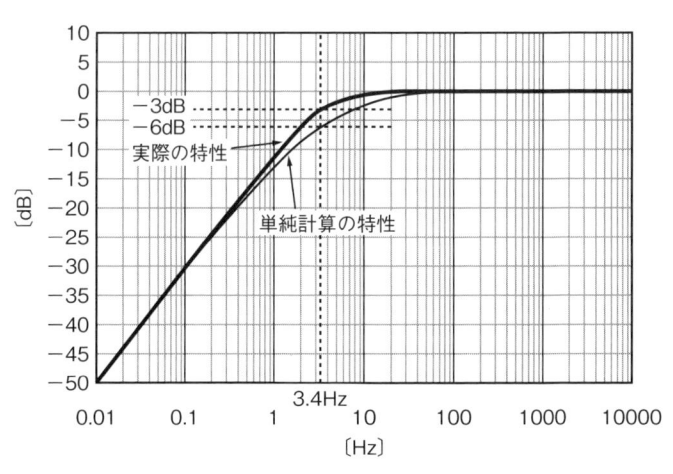

◆ 図 2.18.3　ハイ・パス・フィルタ特性

たフィルタを2段重ねると角度がより急な－12dB/oct 特性になります。

　人の耳に聞こえる周波数の下限は 20Hz くらい、スピーカーの再生帯域は大きさや構造にもよりますがそれよりも少し高い 30Hz～100Hz くらいです。オーディオアンプとして設計する場合、設定する周波数（f）は 1Hz～10Hz くらいの範囲から選ぶのが無難です。

　1Hz よりも低い周波数に設定する場合は、電源の ON／OFF の際に生じる過渡的な電圧変化がそのまま出力に現れてしまうリスクがあるので、電源回路の挙動まで含めた高度な設計上の配慮が要求されます。

2-18-3 | 電源のコンデンサ

　増幅回路に電源のコンデンサはつきものです。図 2.18.1 の回路における電源のコンデンサ（47μF）には2つの働きがあります。

　1つめは、増幅回路における信号をバイパスする働きで、図 2.18.4 がその様子を表しています。L-ch が増幅作用している時の R_p の中を流れる信号電流は電源コンデンサ（C）によってバイパスされて C_k を通って元に戻ります。C の容量が十分に大きくないと C の両端に電圧が生じてしまい、それが R-ch に漏れてしまいます。

　ステレオアンプではさまざまなルートを通って右から左へ、そして左から右へ信号が漏れます。このような現象を**チャネル間クロストーク**（Inter Channel Crosstalk）といいます。コンデンサのリアクタンスが大きくなる低い周波数では不可避的に電源回路経由の信号漏れによるチャネル間クロストークが悪化します。そのためにも電源のコンデンサ容量はあまり小さくすることができません。

　2つめは、整流回路側から漏れてくる残留リプルをアースにバイパスさせて除去する働きです。この回路は**ロー・パス・フィルタ（LPF）**と呼ばれる回路で、高い周波数を減衰させる働きがあります。

　図 2.18.5 は真空管アンプの整流回路で生じる残留リプルの実測スペクトルです。残留リプルでもっとも耳につくのは 100Hz／120Hz ですが、上は数 kHz に至るかなり広い帯域にわたるノイズですので、これを除去するには 100Hz 以上の帯域で大きな減衰特性を持ったフィルタが必要です。本来はもっと上流の電

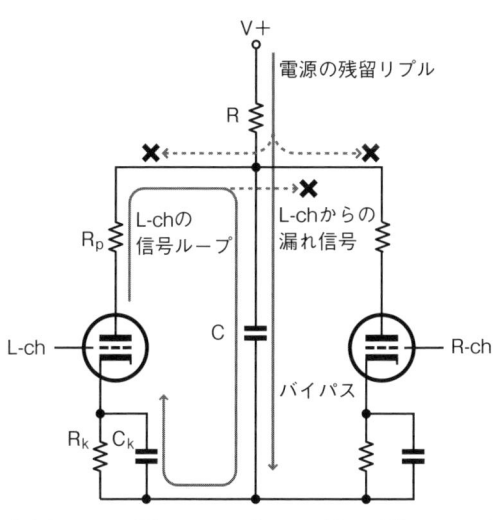

◆ 図 2.18.4　電源のコンデンサの働き（信号ループのバイパス経路と残留リプルのバイパス経路の2つの働き）

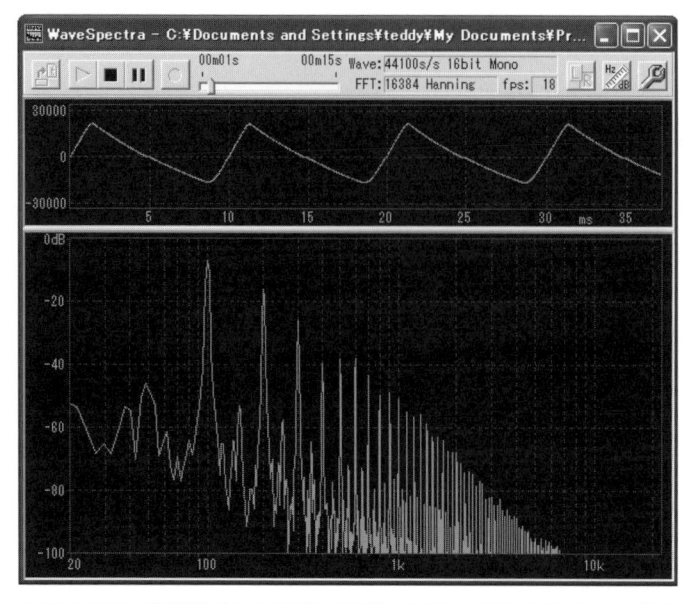

◆ 図 2.18.5　残留リプルの波形と高調波（100Hz が最大だが 1kHz 以上にも高調波が存在する）

2-18-4 ロー・パス・フィルタ：LPF

低い周波数を通し、高い周波数をカットする特性を持った回路を**ロー・パス・フィルタ（LPF）**といいます。

LPF の基本回路は図 2.18.6 で、1 個の抵抗器（R）と 1 個のコンデンサ（C）で構成されます。コンデンサは、高い周波数でリアクタンスが小さくなりますから、図 2.18.6 の回路は周波数が高くなるほど減衰が大きいアッテネータとして機能します。低い周波数を減衰させずに通すことからロー・パス・フィルタ（LPF）という名がつきました。

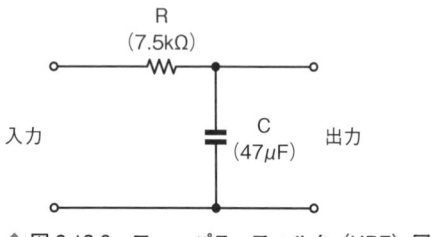

◆ 図 2.18.6　ロー・パス・フィルタ（HPF）回路

図 2.18.1 の回路の電源部分がこれにあたります。$7.5\mathrm{k}\Omega$ と $47\mu\mathrm{F}$ によって構成されるロー・パス・フィルタの周波数特性は図 2.18.7 のようなカーブを描きます。

減衰を開始する周波数（f）を求める式は、ハイ・パス・フィルタの時と同じです。

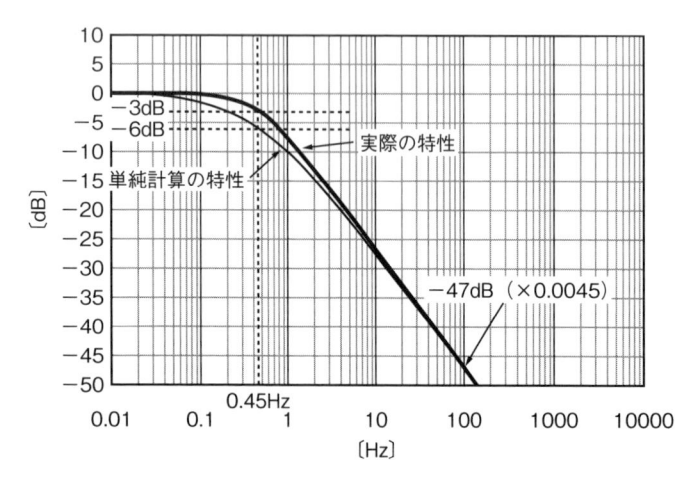

◆ 図 2.18.7　ロー・パス・フィルタ特性

$$f \text{[Hz]} = \frac{159000}{C \text{[}\mu F\text{]} \times R \text{[}\Omega\text{]}}$$

$$f \text{[Hz]} = \frac{159}{C \text{[}\mu F\text{]} \times R \text{[k}\Omega\text{]}}$$

47μFと7.5kΩの組み合わせの場合は、

$$\frac{159}{47\mu F \times 7.5k\Omega} = 0.45Hz$$

になります。0.45Hzよりも高い周波数ではどんどん減衰してゆきます。残留リプルは100Hzよりも高い周波数ですから、この定数ならばかなりの減衰が期待できます。100Hzにおける47μFのリアクタンスは34Ωですから、フィルタ効果は、

$$\frac{34\Omega}{34\Omega + 7500\Omega} = 0.0045 \text{倍} = -47dB$$

くらいあります。

ロー・パス・フィルタにおいても設定した周波数における減衰率は−3dBです。その他の減衰特性も基本的にハイ・パス・フィルタと同じです。

2-18-5 | カソード・バイパス・コンデンサ

カソード・バイパス・コンデンサ（470μF）と関係がありそうなのは、並列になったカソード抵抗（1.6kΩ）のように思えます。470μFのリアクタンスは、10Hzにおいても34Ωしかありませんから1.6kΩに対して十分に小さい値でありこれで十分といえそうです。少々難しい話なので、初心者のうちはこれで設計してかまわないと思います。

ほとんどの回路では結果的にはこれでいいのですが、この考え方は正しいとはいえません。図2.17.3を思い出してください。カソード側に入った抵抗はμ倍されて内部抵抗を変化させ、そのインパクトは最終的に負荷（R_L）とで構成されるアッテネータで決定されるため、単にカソード抵抗だけを見ていたのでは正しい判断はできません。ただ、ほとんどの回路では単純にカソード抵抗だけを見て計算しても結果オーライになります。

カソード抵抗やカソード・バイパス・コンデンサが増幅回路に与える影響を図にしたのが図2.18.8です。

カソード側の470μFのコンデンサはプレート側から見ると30.5μFとして置き換えることができます。同様に1.6kΩのカソード抵抗は24.6kΩになります。30.5μFは非常に低い周波数ではリアクタンスが大きくなってゆきますが、並列に24.6kΩがあるために減衰はあるところでストップしてしまいます。計算上はカソード・バイパス・コンデンサの影響力は全くたいしたことがないように見えます。

しかし、実際の回路で組んで音を聞いてみると、明確に差を認識できてしまうので、経験上ですがカソード・バイパス・コンデンサは大きめの容量を与えておくことを推奨します。

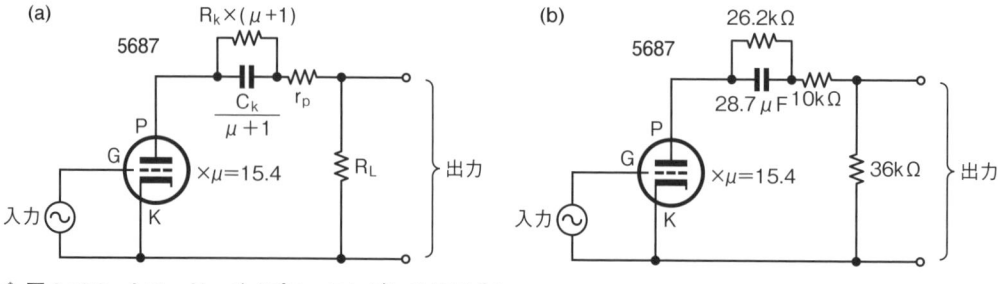

(a) 5687　$R_k \times (\mu+1)$　$\dfrac{C_k}{\mu+1}$　r_p　$\times \mu = 15.4$　R_L　入力　出力

(b) 5687　26.2kΩ　28.7μF　10kΩ　$\times \mu = 15.4$　36kΩ　入力　出力

◆図2.18.8　カソード・バイパス・コンデンサのモデル

練習問題11

出力インピーダンスが5kΩのプリアンプ出力に長さ10mのシールド線をつないだところ、出力インピーダンスとシールド線の容量（250pF/m）によってLPFができて高域が減衰してしまったようです。何Hzから減衰が起きているでしょうか。

ヒント

$$f\,[\text{Hz}] = \dfrac{159}{C\,[\mu\text{F}] \times R\,[\text{k}\Omega]}$$ の式を使う。

pFをμFに換算する。

解答

シールド線の容量は、250pF/m × 10m = 2500pF = 0.0025μF

$$f\,[\text{Hz}] = \dfrac{159}{0.0025\mu\text{F} \times 5\text{k}\Omega} = 12720\text{Hz} = 12.7\text{kHz}$$

2-19　電力増幅回路の基礎…事前のチェック

　電力増幅回路を設計するに際して、事前にチェックしておくポイントについて説明します。まず、使用する真空管の最大定格の確認です。電力増幅回路は、その真空管の能力一杯あるいはそれに近い動作になりますので、プレート〜カソード間の耐圧や最大プレート損失などについてあらかじめ調べておきます。

　5687を使った設計の場合、プレート〜カソード間の耐圧は300V、最大プレート損失は4.2Wですからこれを超えるような設計はできません。プレート損失＝4.2Wとなるようなプレート電圧とプレート電流の組み合わせは図2.19.1のようになります。

　プレート特性図上にロードラインを引いて決めた動作ポイントは、これらの範囲を超えることはできません。しかし、ロードラインの一部分が4.2Wの曲線からはみ出るのはOKです。最大グリッド抵抗は1MΩが上限ですので安全をみて470kΩとしましょう。

　ロードラインを引くための負荷インピーダンスの見当をつけるには、代表的な動作における内部抵抗を調べます。5687の内部抵抗は1.56kΩと2kΩと3kΩの3つのメーカー

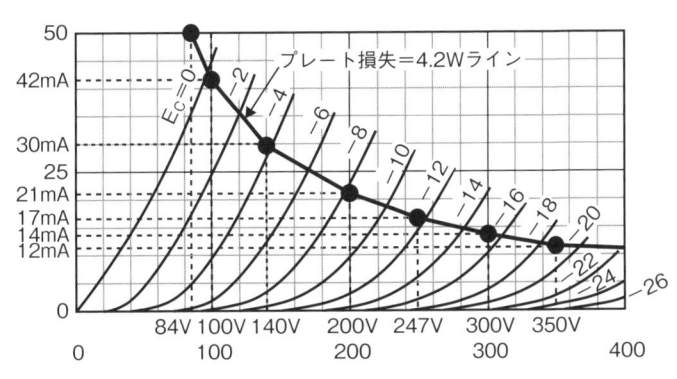

◆ 図 2.19.1　5687 のプレート損失＝ 4.2W の範囲

の発表データがありますが、参考になりそうなのは 2kΩ と 3kΩ です。電力増幅回路を効率的に動作させるためのひとつの基準として、負荷インピーダンスは内部抵抗の 2 〜 5 倍くらいの範囲というセオリーがあります。これは真空管の最大定格を守りつつ、かつ音響特性を損ねないでできるだけ大きなパワーを引き出そうとすると自然にこうなるためです。このセオリーによると 4kΩ 〜 15kΩ の範囲ということになります。市販の出力トランスの規格では、2.5kΩ、3.5kΩ、5kΩ、7kΩ、10 〜 12kΩ くらいの飛び飛びの値が標準的なのでこの中から選ぶことになります。

なお、この後で行った実験において、条件によっては上記のセオリーを覆す結果が得られました。そのことについては試作機のところで詳しく触れることにします。

2-20 電力増幅回路の基礎…ロードライン

5687 のプレート特性図に、最大プレート損失一杯となるような 7kΩ のロードラインを引いてみました（図 2.20.1）。

電力増幅回路では、ロードライン上の動作範囲をめいっぱい使うような動作を選びます。選んだ動作ポイントは P 点です。

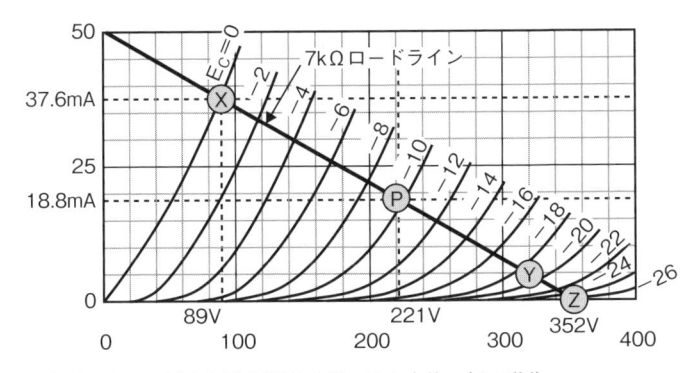

◆ 図 2.20.1　5687 の電力増幅回路…最大定格一杯の動作

```
プレート電圧       ：221V
プレート電流       ：18.8mA
プレート損失       ：221V × 18.8mA = 4.15W
バイアス          ：− 9.7V くらい
負荷インピーダンス ：7kΩ
推定最大出力       ：約 1W
```

動作ポイントを探る方法は以下のとおりです。負荷インピーダンスを仮決めしたらその段階でロードラインの傾きが決まりますね。7kΩ ということはプレート電流が 10mA 減るごとにプレート電圧が 70V 高くなるような傾きです。

第2章 真空管増幅回路

プレート特性図に定規を当てて、傾きを一定にした状態で、えいやで1本引いてみます。プレート特性曲線のバイアス＝0Vの線と、ロードラインとの交点（図中ではX点）に着目し、このポイントのプレート電流とプレート電圧を読み取ります。

 プレート電流：37.6mA くらい
 プレート電圧：89V くらい

このデータから、ロードラインの右下端のZ点の電圧は自動的に決まります。

 89V ＋ (37.6mA × 7kΩ) ＝ 352V

動作ポイントであるP点はX点とZ点のほぼ中間に設定します。実際に回路を組んで測定しながら実験をやってみると、中間点よりもやや左上あたりに最大出力と歪み率のバランスが良いポイントが存在しますが、ここでは中点に設定して話を進めます。

グリッドに信号が入力されてプラス側に振れた時、最大でバイアスが0VになるX点に至ります。その時の入力信号の振幅は＋9.7Vです。同じだけマイナス側に振れた時は、この反対側すなわちバイアスが－19.4VとなるY点に至ります。

この動作条件におけるプレート損失は4.15Wですが、熱くなりやすい5687という球を最大定格一杯で動作させるのはあまり好ましくありません。計算法は後で詳しく説明しますが、図2.20.1の動作ですと1Wを少し超えるくらいの最大出力が得られます。ミニワッターの趣旨として1Wを超えるパワーは必要ありませんので、5687に無理をさせないもう少し余裕のある動作を探ってみたのが図2.20.2の動作です。

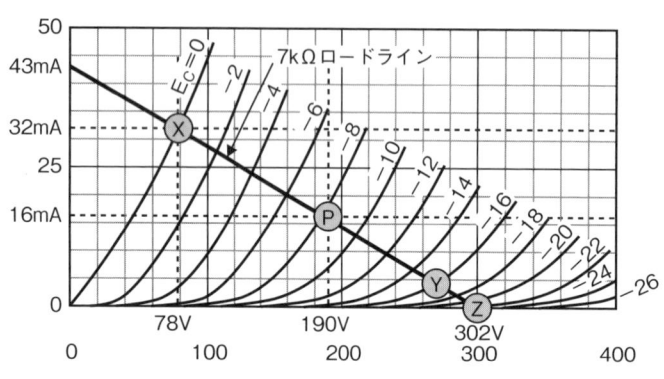

◆ 図2.20.2　5687の電力増幅回路…決定動作

 プレート電圧　　　　：190V
 プレート電流　　　　：16mA
 プレート損失　　　　：190V × 16mA ＝ 3.04W
 バイアス　　　　　　：－8.4V くらい
 負荷インピーダンス：7kΩ
 推定最大出力　　　　：約0.8W

参考のために負荷を5kΩとした場合のロードラインも作成してみました（図2.20.3）。7kΩ負荷の時に比べて電源電圧がやや低くなり、プレート電流は増加しています。この動作も悪くないと思います。推定最大出力のわずかな違いが気になる方も多いと思いますが、この程度の違いは無視できます。一つの数字のわずかな違いにとらわれると、アンプ設計の本質を見失います。

```
プレート電圧      : 176V
プレート電流      : 18mA
プレート損失      : 176V × 18mA = 3.17W
バイアス         : -7.2V くらい
負荷インピーダンス : 5kΩ
推定最大出力      : 約 0.7W
```

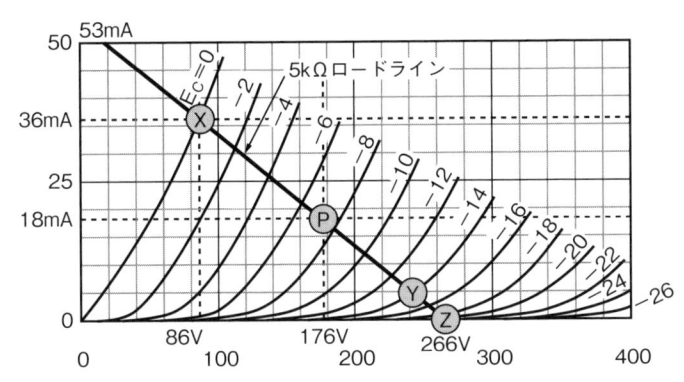

◆ 図 2.20.3　5687 の電力増幅回路…5kΩ負荷の場合

電力増幅回路の設計はこのようにかなり自由度がありますから、手持ちの出力トランスのインピーダンス定格や電源トランスの電圧の都合に合わせたロードラインを決めたらいいでしょう。

2-21　電力増幅回路の設計の仕上げ

図 2.20.2 の動作条件で電力増幅回路の設計を仕上げることにします。

バイアスが -8.4V でプレート電流が 16mA ですから、カソードバイアス方式を採用したとすると、カソード抵抗値は、

$$8.4V \div 16mA = 525\Omega$$

になります。E24 系列から選ぶと 510Ω が該当します。カソード抵抗の消費電力は、

$$16mA \times 8.4V = 134mW$$

ですから 1/2W 型でも間に合います。カソード電圧が 8.4V でプレート電圧は 190V ですから、プレート～アース間電圧は、

$$8.4V + 190V = 198.4V$$

になります。出力トランスの巻き線は一定の DC 抵抗があり、これによる電圧降下も計算に入れる必要があります。手元にある東栄変成器の T-1200 という小型出力トランスの 1

次巻き線の DC 抵抗を実測したところ 320Ω ほどありましたのでこれも計算に加えます。

$$198.4V + (16mA \times 0.32k\Omega) = 203.5V$$

電力増幅回路の電源電圧は 203.5V となりました。実験回路の出力段の回路は図 2.21.1 のようになりました。

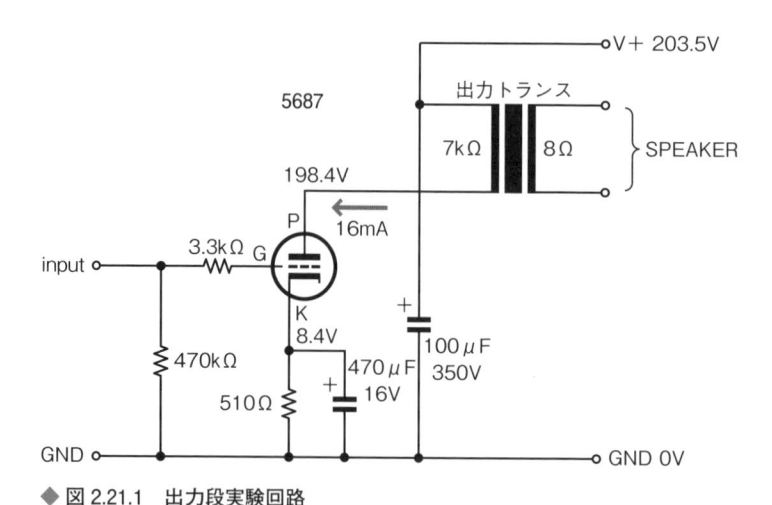

◆ 図 2.21.1　出力段実験回路

2-22　電力増幅回路の不思議な現象

参照
図 2.20.2
→ p.104

電力増幅回路のロードラインには少しおかしな点があります。電源電圧は 203.5V なのにロードライン上の Z 点はそれよりも高い 302V に達しているという点です。

図 2.22.1 は、7kΩ 負荷の交流のロードラインに出力トランスの巻き線抵抗にあたる 320Ω 負荷の直流のロードラインを書き加えたものです。直流的には実質的な電源電圧は、

$$190V + (16mA \times 0.32k\Omega) = 195.1V$$

です。直流のロードラインはほとんど垂直になります。電圧増幅回路のロードラインでは、交流のロードラインの方が角度が急でしたが、電力増幅回路では直流のロードラインの方が角度が急になるのです。それは、抵抗負荷とトランス負荷との違いのためです。

トランスは抵抗と異なりインダクタの性質を持ちます。インダクタはコイルに電流を流すと、流れる電流の大きさに応じた磁束を発生させます。

インダクタでは、流れている電流を変化させようとすると、その変化に逆らう方向に起電力が発生します。この現象を **自己誘導作用** といい、この時発生する誘導起電力の大きさは、

誘導起電力〔V〕= 変化した電流値〔mA〕× コイルのインピーダンス〔kΩ〕

で求まります。

　グリッドに信号が入力された時、バイアスがマイナスの方向に振れて 16mA あったプレート電流が 16mA 減って 0mA になったとします。この時の誘導起電力は、

$$16\text{mA} \times 7\text{k}\Omega = 112\text{V}$$

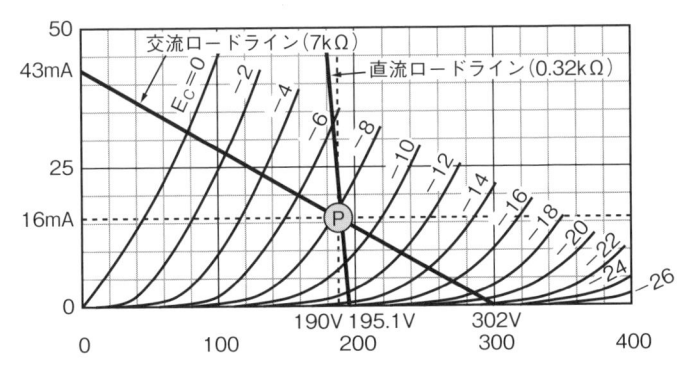

◆ 図 2.22.1　交流のロードラインと直流のロードライン

となります。逆にバイアスがプラスの方向に振れても誘導起電力が生じます。

　プレート電流が ± 16mA の変化をすると、出力トランスの 1 次側には ± 112V の電圧が生じるわけです。この変化は図 2.20.2 のロードライン上の X 点（78V）と Z 点（302V）にあたります。このようにしてプレートには電源電圧を大きく超えた電圧が発生するのです。

2-23　最大出力を計算する

　図 2.20.2 の動作条件で得られる最大振幅は、プレート電圧でいうと 78V 〜 302V になり、

$$302\text{V} - 78\text{V} = 224\text{V}$$

の電圧が 7kΩ の負荷にかかることになります。これは、交流信号のピーク〜ピーク値に該当するので、実効値（rms）に換算すると、

$$\frac{224\text{V}（\text{p-p 値}）}{2\sqrt{2}} = 79.2\text{V}〔\text{rms 値}〕$$

になります。この時の 7kΩ の負荷における電力は、

$$\frac{(79.2\text{V})^2}{7000\,\Omega} = 0.896\text{W}$$

です。図 2.20.2 の回路の最大出力の理論値はおおよそ 0.9W です。ただし、出力トランスには一定のロスがあるので実際に得られる出力は 10% 〜 20% 程度落ちます。出力の動作ポイントがロードラインのほぼ中央に設定された場合の最大出力の簡易計算式は次のとおりです。

$$\text{最大出力の簡易計算} = \frac{(\text{プレート電流})^2 \times \text{負荷インピーダンス}}{2000}$$

実験回路の動作条件をこの式に当てはめてみましょう。

$$\frac{16\text{mA}^2 \times 7\text{k}\Omega}{2000} = 0.896\text{W}$$

この式さえ覚えていれば、ほとんどのシングル出力回路の最大出力を暗算ではじき出すことができます。

▶ **練習問題12**

2A3 を使ってシングルパワーアンプを設計しようとしています。

負荷インピーダンス = 2.5kΩ として、プレート電流を 60mA とした場合の概算最大出力を求めてください。ただし、ロードラインは最適化され、回路は適切なものであるとします。

解答

$$\frac{60\text{mA}^2 \times 2.5\text{k}\Omega}{2000} = 4.5\text{W}$$

2-24 電力増幅回路のドライブ

電力増幅回路は、最大出力付近ではロードラインに端から端まですべてを使い切るような動作をします。

図 2.21.1 の回路の場合、バイアスが − 8.4V ですから、バイアス = 0V になるまでグリッドを振ったとすると、プラス側に 8.4V の振幅の入力信号が必要です。マイナス側も 8.4V の振幅になりますから、この電力増幅回路をフルにドライブするためには最低でも ± 8.4V の信号を送り込めなければなりません。実際には真空管の特性のバラツキがあり、ドライブに若干の余裕を持たせるとすると、初段には ± 10V くらいの信号を出せる能力が必要です。

図 2.17.1 のロードラインを見ると、ゆうに ± 40V 以上の出力が得られそうなので全く問題ありません。しかし、電力増幅管の中には最大出力時には ± 50V 以上の大振幅を必要とするものもたくさんあります。電力増幅回路をドライブする前段の設計では、どれくらいの振幅のドライブ能力が必要であるかも考慮しなければなりません。

5687 はグリッド抵抗の最大定格が大きいので特に問題になりませんが、出力管の中には許容されるグリッド抵抗値がかなり小さいものがあり、固定バイアスの場合はさらに小さな値になります。たとえば 2A3 の場合、固定バイアスにおけるグリッド抵抗の最大定

格は50kΩという低い値ですので、ドライバ段からみたら非常に重い負荷になり、非力な球ではドライブしきれません。

2-25 電力増幅回路の利得と総合利得の計算

電力増幅回路の利得計算方法は、電圧増幅回路の利得計算と基本的に同じです。その計算式は以下の通りでした。

$$利得 = \mu \times \frac{R_L}{R_L + r_p}$$

この式に電力増幅回路における5687の増幅率（μ）、内部抵抗（r_p）そして負荷（R_L）を当てはめてみましょう。真空管の3定数は5687のデータシート（図2.3.2）のプレート電圧 = 180V、プレート電流 = 23mAの時の値を借りることにします。この条件におけるμは17、r_pは2kΩです。

$$利得 = 17 \times \frac{7\text{k}\Omega}{7\text{k}\Omega + 2\text{k}\Omega} = 13.2 \text{ 倍}$$

ここで得た増幅率は、グリッドを入力として、プレートを出力とした場合の利得です。電力増幅回路では出力トランスがありますので、これも計算に加えなければなりません。

出力トランスは1次巻き線と2次巻き線がありますが、1次側にかけた電圧と2次側に生じる電圧は巻き線の巻き数比と同じになります。

実験で使用した出力トランスは、1次インピーダンスが7kΩで2次インピーダンスは8Ωです。インピーダンス比は以下のようになります。

$$7000\Omega : 8\Omega = 875 : 1$$

トランスの巻き線比はインピーダンス比と同じではなく、インピーダンスの平方根の比と同じになります。

$$\sqrt{7000} : \sqrt{8} = 29.6 : 1$$

電力増幅回路全体の利得は、出力管による利得と出力トランスの巻き線比の2つを合わせたものです。

$$13.2 \text{ 倍} \times \frac{1}{29.6} = 0.446 \text{ 倍}$$

電圧増幅段の利得は13.2倍でしたから、このアンプの総合利得は、

13.2 倍（初段）× 0.446 倍（出力段）= 5.89 倍

となります。

　出力トランスのロスを計算に入れると 5 〜 10% くらい低下するでしょう。また、真空管には 10% 程度のばらつきはつきものですので、実際の値は増えたり減ったりします。ちなみにこの回路を組んで実測した結果は 5.5 倍と 5.7 倍でしたので、机上の計算はかなり信頼できるものだといえます。

　次に、このアンプの最大出力を得るための入力感度を計算してみましょう。電力と抵抗値と電圧の関係は、第 1 章 28 ページの式 8 を使います。

$$電圧〔V〕= \sqrt{出力〔W〕\times 抵抗〔Ω〕} \cdots 式8$$

出力 = 0.9W、スピーカーのインピーダンス = 8Ω ですから、

$$\sqrt{0.9W \times 8\,Ω} = 2.68V$$

となります。総合利得は 5.89 倍ですから、最大出力を得るための入力感度は、

$$2.68V \div 5.89 = 0.46V$$

です。CD プレーヤで 0dBFS の信号を再生した場合で 2V くらい、出力信号電圧が低い iPod などのポータブル・オーディオ・プレーヤの場合で 0.7V 〜 1V くらいですから、0.46V の感度があれば利得不足になる心配はありません。

> **練習問題13**
>
> 以下の出力トランスのすべての巻き線比を求めてください。
> 　(1) 5kΩ：16Ω
> 　(2) 5kΩ：8Ω
> 　(3) 5kΩ：4Ω
>
> 解答
> 　(1) 17.7：1
> 　(2) 25：1
> 　(3) 35.4：1

2-26 出力トランスのインダクタンスとコンデンサの設計

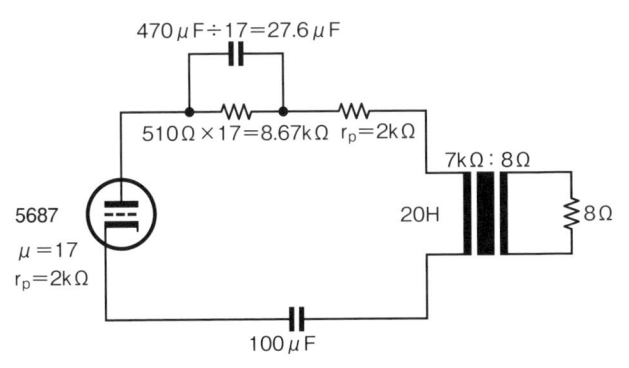

◆ 図 2.26.1 電力増幅回路の信号ループ

電力増幅回路の信号ループは、電圧増幅回路のそれとはかなり異なります。図2.26.1 のように、カソード・バイパス・コンデンサと電源のコンデンサの両方が直列になって一つの信号ループを形成します。

ところで、出力トランスはコイルを巻いた構造ですから一定の**インダクタンス**を持ちます。インダクタンスはコンデンサでいう容量（＝キャパシタンス）にあたるもので、単位は**H**（ヘンリー）です。本書の実験で使用したシングル用小型出力トランス T-1200 の 1 次巻き線のインダクタンスは 20H 程度です。

コイルもコンデンサの時と同様に周波数によって異なるリアクタンスを持ちます。コンデンサのリアクタンスは、

$$リアクタンス〔Ω〕 = \frac{1}{2\pi fc}$$

で求めましたが、コイルのインダクタンスは以下の式で求めます。

> リアクタンス〔Ω〕＝ $2\pi fL$
> リアクタンス〔Ω〕＝ 6.28 ×周波数〔Hz〕×インダクタンス〔H〕

20H のコイルのリアクタンスは表2.26.1 のとおりです。高い周波数ほどリアクタンスは大きな値になります。出力トランスの二次側には 8Ω のスピーカーが負荷としてつながりますので、これを一次側からみると 7kΩ の抵抗が並列に入ったように見えます。そこで、20H のコイルのリアクタンスに 7kΩ を単純に並列にした概算値も書き加えておきました。

この値は出力段の負荷になります。出力段は 7kΩ 負荷としてロードラインを引いて設計していますが、ご覧のとおり 1kHz ですでに 7kΩ を 5% ほど割っていますし、100Hz では 64% くらいになってしまっています。低い周波数ほどロードラインの角度が急になってきますから、利得も最大出力も低下してきます。

◆ 表 2.26.1 出力トランスのリアクタンス

		1Hz	10Hz	100Hz	1kHz
一次巻き線	20H	126Ω	1.26kΩ	12.6kΩ	126kΩ
一次巻き線と並列に7kΩ	20H//7kΩ	124Ω	1.07kΩ	4.5kΩ	6.63kΩ

プッシュプル用の出力トランスはシングル用とは構造が異なり容易に 100H 以上のインダクタンスが得られるのでこのような問題はなかなか表面化しませんが、シングル用の出力トランスは構造上の制約から高いインダクタンスが得られないので可聴帯域からロスが発生します。シングルアンプがプッシュプルアンプに比べて低域特性において著しく劣る理由のひとつはここにあります。

ここで生じるロスを減らすには、インダクタンスが大きい…すなわち大型の…出力トランスを使えばいいのですが、もうひとつのアプローチとして内部抵抗（r_p）ができるだけ低い電力増幅管を使うという方法も有効です。

オーディオ用真空管として 2A3 や 300B といった球が人気を博している理由のひとつは、その内部抵抗の低さにあります。本書の製作で 5687 や 6N6P といった球が選ばれたのも同じ理由からです。

今度は図 2.21.1 の回路に登場する 2 つのコンデンサの影響について検討します。

カソード・バイパス・コンデンサ：470μF/16V
電源のコンデンサ　　　　　　　：100μF/350V

この 2 つのコンデンサの各周波数におけるリアクタンスをまとめたのが表 2.26.2 です。

◆ 表 2.26.2　2 つのコンデンサのリアクタンス

		1Hz	10Hz	100Hz	1kHz
カソード・バイパス・コンデンサ	470μF	340Ω	34Ω	3.4Ω	0.34Ω
電源のコンデンサ	100μF	1.6kΩ	160Ω	16Ω	1.6Ω

まず、カソード・バイパス・コンデンサの容量は $\frac{1}{\mu}$ となり、μ 倍されたカソード抵抗と並列になったものと等価になります。これに内部抵抗（r_p）と電源のコンデンサが加わって負荷を駆動する信号ループになります。

コイル（インダクタンス）はコンデンサ（容量）と直列になることでいわゆる直列共振回路（図 2.26.2）を形成します。直列共振回路の共振周波数は、インダクタンスと容量によって決定され、その式は以下のとおりです。

$$共振周波数 (f) = \frac{1}{2\pi \times \sqrt{LC}}$$

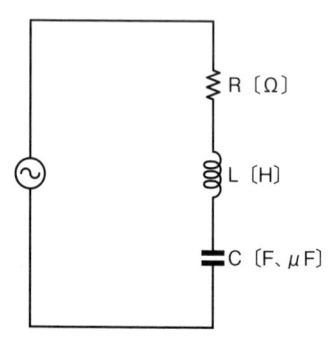

L はコイルのインダクタンスで単位は H（ヘンリー）、C はコンデンサの容量で単位は F（ファラッド）です。ファラッドは単位としては大きすぎて、オーディオ回路の計算では実用的ではないのでこの式を μF 用に書き換えると次の式になります。

$$共振周波数 (f) = \frac{159}{\sqrt{LC}} \cdots C の単位は \mu F$$

◆ 図 2.26.2　LC 直列共振回路

直列共振回路のLとCを合わせたインピーダンスは、共振周波数でゼロになります。現実の回路ではLとCのほかに回路上に存在する抵抗Rがあり、これを**損失**と呼んで共振を抑制する方向に働きます。

図2.26.1のモデルでは、直列になった出力トランスと電源のコンデンサによって直列共振回路ができています。カソード・バイパス・コンデンサは影響力ゼロではありませんが、並列に抵抗があるためにほとんど無視できます。

1次巻き線のインダクタンスが20H程度、電源のコンデンサの容量が$100\mu F$だとすると、

$$\frac{159}{\sqrt{20H \times 100\mu F}} = 3.6Hz$$

になります。ただ、3.6Hzという非常に低い周波数ではすでに出力トランスの伝送特性上レスポンスが著しく低下しているので、この共振がアンプの特性に現れることはまずありません。しかし、次章の応用・発展回路の説明で紹介するショートループ回路では直列共振回路が無視できなくなってきます。

2-27 実験回路の全体

これで5687を使った2段パワーアンプの基本回路ができました（図2.27.1）。

入力のところには$50k\Omega$ A型の音量調整ボリュームを入れてあります。音量調整ボリュームがあれば、初段グリッドはアースと同じ0Vの電位が与えられますので$470k\Omega$の抵抗は不要に思えます。しかし、長年の使用で音量調整ボリュームが劣化して接点に接触不良が生じることがあるので、回路の信頼性を高めるためにはこの$470k\Omega$の存在は重要です。

5687はg_mが高い球なので、発振防止のためにもグリッドの手前に$3.3k\Omega$の発振止め抵抗を入れてあります。この抵抗は実装の際にはできるだけグリッドに近いところに取り付けるようにします。

初段の電源電圧は184V、出力段の電源電圧は203.5Vです。その差19.5Vを埋めるために$7.5k\Omega$の抵抗で電源電圧をドロップさせています。この$7.5k\Omega$と初段電源に入れた$47\mu F$のコンデンサは、すでに説明したとおり電源に含まれる残留リプルを取り除くためと、信号電流が他チャネルに影響しないための役割を果たします。

増幅回路の基本的な設計のための解説はこれで終わりです。この回路の設計仕様は次のとおりとなりました。

第 2 章　真空管増幅回路

> 入力インピーダンス：音量調整ボリュームで決まる。
> 　　　　　　　　　　ボリュームMAX付近では470kΩが並列になる。
> 対応スピーカー　　：8Ω（出力トランスの2次側タップで決まる）
> 電源電圧　　　　　：203.5V
> 消費電流　　　　　：18.55mA/ch
> 最大出力　　　　　：ロスを見込んで0.7Wくらい

　次章では、この回路をベースにしていくつかの応用と工夫を加えて発展させることにします。

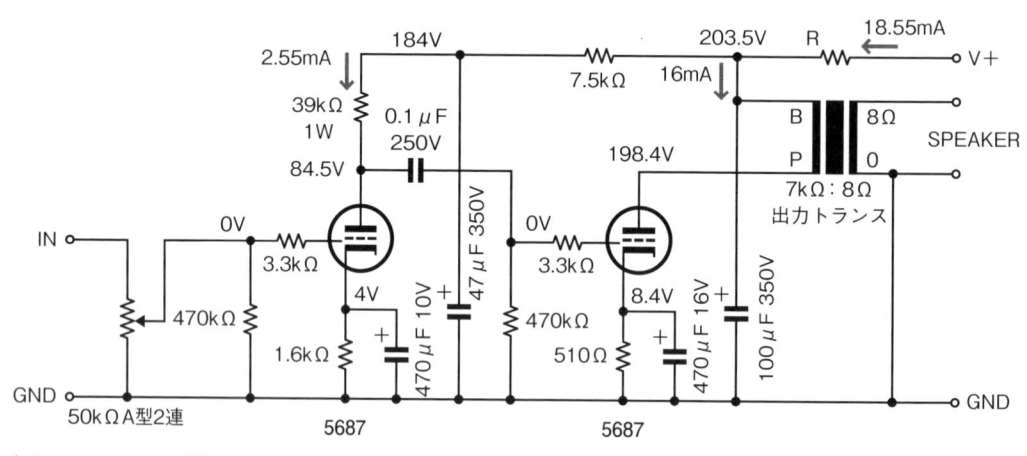

◆ 図 2.27.1　アンプ部の全回路

第3章

応用・発展回路

1929年はヘップバーンとビル・エバンスとアーノンクールが生まれた年。
本章ではこの年に発明された古典回路が復活します。
ミニワッターのトーンキャラクタを決める重要なコンセプトです。

第3章 応用・発展回路

3-1 2段直結回路

3-1-1 ルーツ

これまでの説明で使った回路のように、初段と出力段を結合コンデンサでつなぐ回路方式を **CR結合回路** といいます。これから説明するのは、結合コンデンサを省略した直結方式です。

Edward H.Loftin 氏と S.Young White 氏によって、初段と出力段を直結するという斬新な回路が RADIO NEWS 誌上で発表されたのは、真空管が実用化されて間もない 1929 年のことです。回路として無駄がなく得られる音も優れたものなので、80 年以上にわたって多くのオーディオファンを魅了し、興味・関心をそそり、オリジナルをそのまま再現したりさまざまな改良版が作られています。

オリジナルの回路図は少々見にくいので、私達が見慣れた描き方に置き換えたのが図 3.1.2 です。初段に 4 極管を使っているため回路が複雑化していますが、初段プレートと出力段グリッドとが直結されていることがわかります。

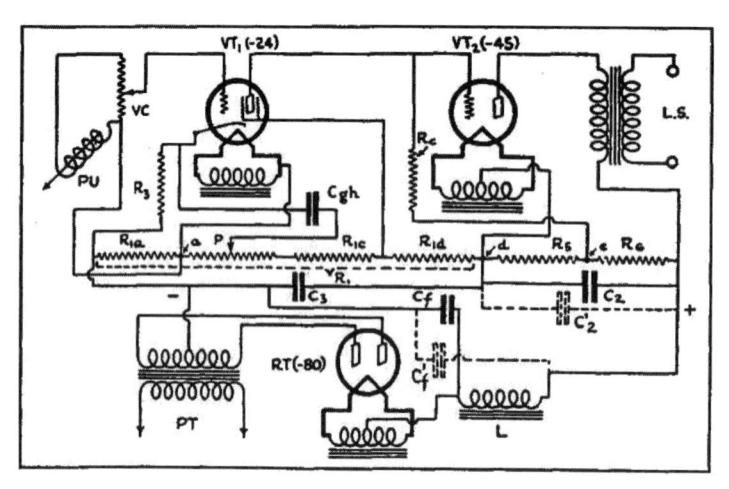

◆ 図 3.1.1　オリジナルのロフチン - ホワイト回路
（出典：http://www.ispra.net/audio/DCSingleEndedAmplifier/index.php）

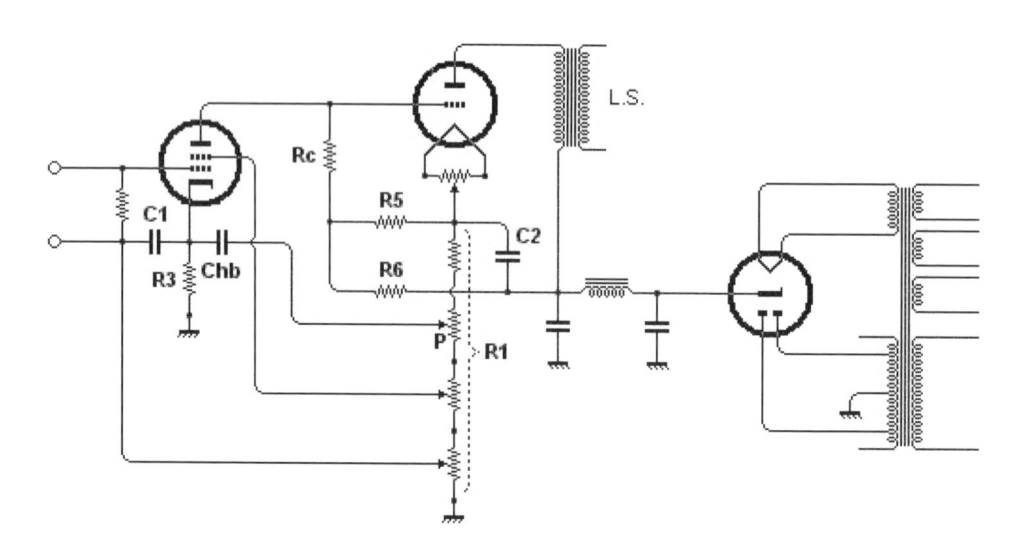

◆ 図 3.1.2　オリジナルを見やすく描き換えた回路図（出典：http://www.studiomaudio.info/loftinwhite.php）

3-1-2 | 単純な2段直結化

第2章の図2.27.1の回路をベースにして、できるだけ変更しないで直結化して描き直したのが図3.1.3の回路です。初段プレートと次段グリッドの間の結合コンデンサが省略されて直接つながるようになり、そのために2段目のグリッド抵抗も必要なくなります。

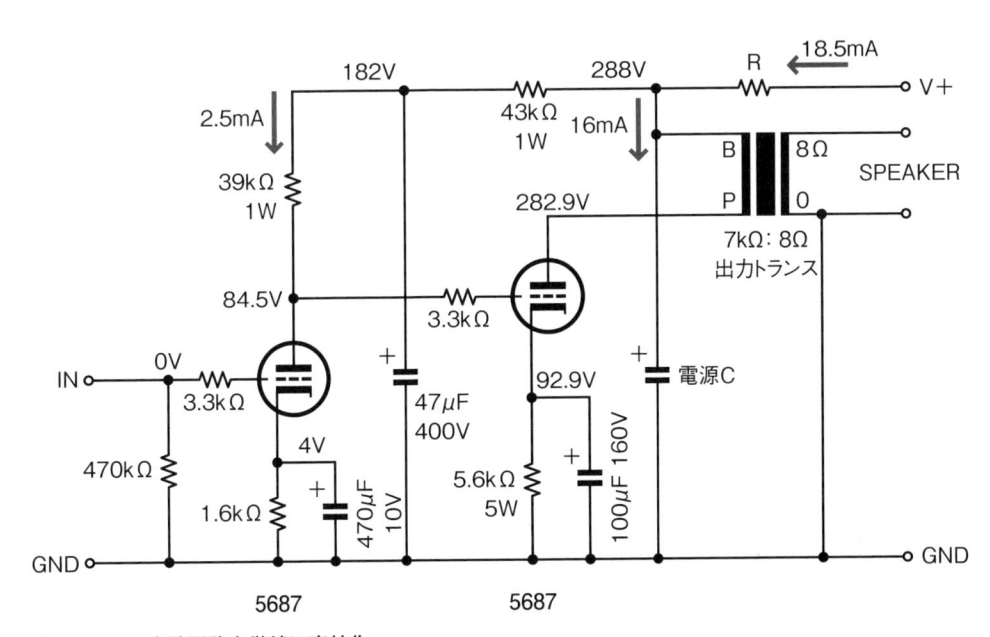

◆ 図 3.1.3　実験回路を単純に直結化

出力段のグリッドはこれまでの設計ではグリッド抵抗によってアースと同電位（0V）でしたが、直結化することで初段プレートと同じ84.5Vになります。出力段のバイアスは−8.4Vでしたので、同じバイアスを与えたとするとカソード電圧は、

$$84.5V + 8.4V = 92.9V$$

ということになります。プレート電流を16mAとするためのカソード抵抗は、

$$92.9V ÷ 16mA = 5.81kΩ → 5.6kΩ$$

になります。カソード抵抗の消費電力はぐっと増えて、

$$16mA × 92.9V = 1.49W → 5W 型$$

になります。出力段のカソード・バイパス・コンデンサは、すくなくとも耐圧160Vのものが必要なので、サイズとコストの都合から容量を100μFにとどめています。

カソード電圧がかさ上げされたことで、プレート電圧は198.4Vから282.9Vに変更になり、電源電圧も288Vになります。電源電圧が高くなったために、初段に供給する電源電圧をドロップさせるために7.5kΩの抵抗を43kΩに変更しています。各部の電圧は大

幅に変更されましたが、ロードラインなどそれぞれの真空管の動作条件はほとんど変わっていません。変化したのは次段のグリッド抵抗（470kΩ）がなくなったことによる初段のロードラインの角度ですが、その差はごくわずかです。

3-1-3 | 2段直結回路の電圧構成

2段直結とすることで各部の電圧構成は図3.1.4のようになります。回路が直結化・簡素化された代償として動作に必要なすべての電圧が足し算されてしまうので、電源電圧がとても高くなってしまうのです。

5687を使った場合はまだいいほうで、もっと大型の出力管の場合は電源電圧が500Vを超えてしまうことも珍しくありません。電源電圧が500V以上になると安全上の理由から通常の部品のほとんどが使えなくなります。

また、出力段のカソード抵抗の消費電力が大きくなって、アンプ内に電熱器を抱え込んだようなことになります。図3.1.3の場合で5.6kΩのカソード抵抗の消費電力は1.49Wですので、最低でも5W型が必要です。最大出力が5Wくらいのアンプですと、カソード抵抗の消費電力は10Wくらいになりますからまさに電熱器です。そのためこの回路方式は有名なわりには製作されることが少ないようです。消費電力が小さいミニワッターだからこそ、直結回路が採用できるといっていいでしょう。

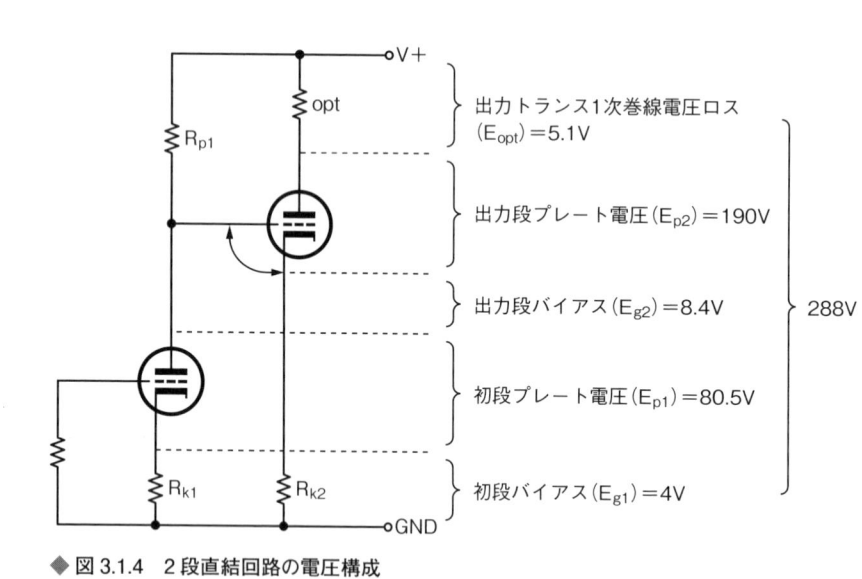

2段直結回路を納得できるものに仕上げるには、アンプとしての性能を損ねないで無駄な電圧をできるだけ排除し、低い電源電圧で効率的な動作バランスを実現する必要があります。

◆ 図3.1.4　2段直結回路の電圧構成

出力トランス1次巻線電圧ロス（E_{opt}）＝5.1V
出力段プレート電圧（E_{p2}）＝190V
出力段バイアス（E_{g2}）＝8.4V
初段プレート電圧（E_{p1}）＝80.5V
初段バイアス（E_{g1}）＝4V
288V

3-1-4 | 直結回路のバイアスの決まり方

2段直結回路の初段の動作はこれまで説明してきたとおりで何も変わることはありません。しかし、出力段の動作の様子やものごとの決まり方はこれまでとは少々異なります。

電源がONになった直後は、真空管はまだ冷えていますからプレート電流は全く流れません。この時、初段および出力段ともにプレートには電源電圧がそのままかかります。初段プレートと直結している出力段グリッドにも電源電圧がそのままかかります。

通常のカソードバイアス回路の場合は、電源ON直後はグリッドもカソードもアース

と同じ0Vからスタートし、ヒーターによってカソードが暖まるにつれてプレート電流が増え、プレート電流が増えることでバイアスがかかりはじめ、やがて設計されたバランスポイントに落ち着きます。

直結回路の場合は、電源ON直後は出力段のグリッドには高圧がかかった状態、カソードはアースと同じ0Vからスタートします。ヒーターによってカソードが暖まるとまずグリッド電流が流れ、同時にプレート電流も流れ始めます。ちなみに、実験回路の場合、電源電圧が最も高くなった時が320Vだとして、電源と出力段グリッドの間に82kΩ（＝39kΩ＋43kΩ）があるため、流れるグリッド電流の上限は4mA未満に制限されますから、球に過大な負担がかかることはありません。

このような事情があるため、直結回路を採用した真空管アンプでは、電源ON後球がヒートアップするまで電源電圧が高くなるのを遅延させるような工夫をすることがあります。

出力段のグリッドはやがて84.5Vに落ち着きますが、それに追従するようにプレート電流が増加してカソード電圧が上昇し、グリッド電圧に近づきます。やがてそれを追い越してグリッドに対して＋8.4Vのポイントに落ち着きます。その時のプレート電流は16mAであり、プレート電圧は190Vになっているわけです。

2段直結回路を設計する場合の最も重要な注意点は、初段管と出力段管それぞれのヒートアップのタイミングです。ヒーターによってカソードを熱するタイプの真空管のことを**傍熱管**（ぼうねつかん）といい、カソードがなくてヒーター自体がカソードの役目をする真空管のことを**直熱管**（ちょくねつかん）といいます。傍熱管がヒートアップするには10秒以上を要しますが、直熱管は数秒以内にヒートアップしてしまいます。初段に立ち上がりの遅い傍熱管を使い、出力段に立ち上がりの早い直熱管を使うと、電源ON直後から出力管に設計値以上のプレート電流が流れて球を傷めます。

オリジナルのロフチン・ホワイト回路は初段管、出力段管ともに直熱管を使っているので、タイミングの問題は起りにくくなっていますが、うっかり初段に傍熱管を使って出力管を赤熱させてしまったという話はベテランなら誰でも知っています。

▶ アドバイス
直結された回路の設計では電源ON／OFFの過渡的な動作について注意を払う必要があります。

3-2 出力段のA2級化

3-2-1 グリッド電流とA1級／A2級

2段直結とすることで、出力段の動作にちょっとした変化が生じます。

真空管は、バイアスが－1Vよりも浅くなるとごくわずかに初速度電流と呼ばれるグリッド電流が流れはじめ、バイアスが－0.7Vよりも浅くなると無視できない程度に増えてきて、さらにバイアスが浅くなるにつれてどんどん増加します。

この電流はグリッドに吸い込まれる方向に流れて逆方向には流れません。そのため、多量の初速度電流が流れると、グリッド電圧が0Vではなくなってどんどんマイナスになってゆきます。真空管アンプで、最大出力をオーバーして出力信号がクリップするくらいの動作を連続させると、グリッド電圧が極端にマイナスになってバイアスが深くなり、一時的にプレート電流が激減して音が出なくなるという現象が起きることがあります[※]。

▶ 参考
※：自作のベテラン達はこの現象を気絶などと呼んでいます。

第3章 応用・発展回路

そのため、出力段の設計ではグリッド電流が流れない領域を使うという前提でロードラインを引き動作条件を決めます。しかし、もし少々のグリッド電流が流れるようなことがあってもバイアスが狂わないような条件を与えることができるのであれば、バイアスが0V付近になるような動作をさせても問題は起きませんし、バイアスがプラスになってより多くのグリッド電流が流れる領域での動作も可能になります。

グリッド電流が流れないことを前提とした動作のことを**A1級**と呼び、グリッド電流が流れる領域まで動作範囲を広げた場合を**A2級**と呼びます。2段直結回路にすると、それほどパワフルではありませんがA2級的な動作をさせることが可能になります。

3-2-2 │ 出力段動作条件の見直し

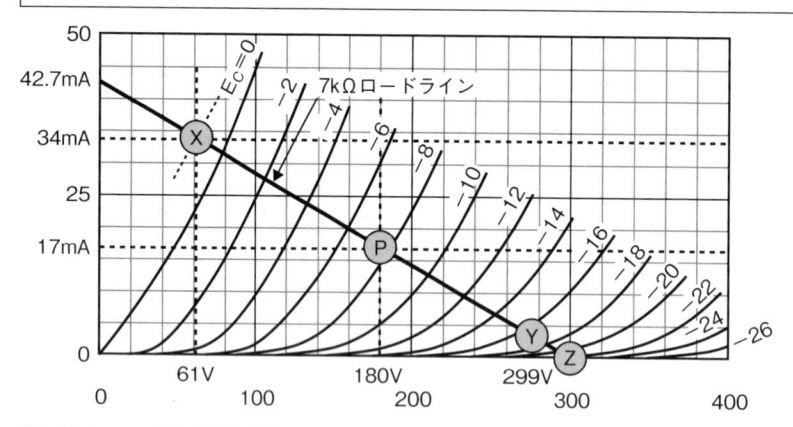

◆ 図3.2.1　A2級動作を考慮した出力段動作条件

控えめながらA2級動作を考慮して引きなおしたロードラインが図3.2.1です。X点がバイアスが+1Vくらいと思われるあたりまではみ出しています。そのため、動作の基点(P点)におけるプレート電流は16mAから17mAに増加しているにもかかわらずプレート電圧は190Vから180Vに下がっています。

回路に組み込んでプレート電流を変化させてみた実測データが図3.2.2です。測定条件は表3.2.1のとおりです。

歪み率特性全体の特徴として、出力が増すごとにほぼ直線的に歪みが増加しています。これはシングルアンプ特有の傾向で、プレート特性の間隔が一定でないことによる2次歪みが主たる原因です。

プレート電圧 = 186.6V、プレート電流 = 15mAの時が最大出力は最も小さく、プレート電流を増やしてゆくにつれて最大出力は大きくなり、同じ出力における歪みは低下してゆきます。

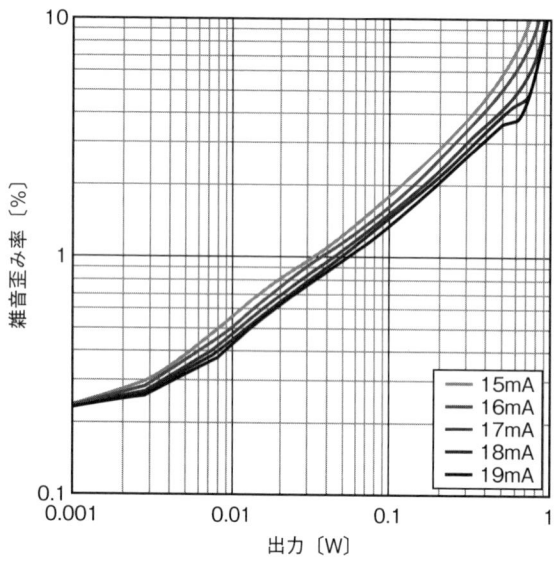

◆ 図3.2.2　プレート電流別歪み率特性（5687、7kΩ負荷、1kHz）

プレート電流 = 19mAの時の歪み率のカーブは、0.5Wで歪みが減る方向に折れ曲がっています。これがA2級動作の特徴です。バイアスが浅い領域からプラスの領域では、グリッド電流が流れるためにプレート特性の間隔が急激に詰まってきます。そのため、最大出力付近では異なる性質の歪みが発生して、すでに生じている2次歪みとの相互作用であたかも打ち消されたような現象が起きます。最大

◆ 表 3.2.1　測定条件

プレート電流	プレート電圧	0.5W時歪み率
15mA	186.6V	5.63%
16mA	183.3V	4.93%
17mA	180.0V	4.21%
18mA	176.7V	3.94%
19mA	173.4V	3.61%

出力付近で歪みが減ったように見えますが、これは数字上のはなしであって実際の波形は崩れており、耳ざわりな濁った音に聞こえます。

数字だけみるとプレート電流＝19mAにしたくなりますが、プレート電流＝17mAのポイントをもってよしとしたのはこのような理由からです。

3-3　初段動作条件の見直し

初段の動作条件を見直したのが図3.3.1です。電源電圧は242Vとし、プレート電圧は80.5Vから46Vに下げています。プレート負荷抵抗は82kΩとしたので、プレート電流は自動的に2.37mAに決定されます。この動作条件におけるバイアスは－1.9Vくらいなので、カソード抵抗は820Ωになります。

$$(240V - 46V) \div 82k\Omega = 2.37mA$$
$$1.9V \div 2.37mA = 802\Omega \rightarrow 820\Omega$$

ロードラインで設定した電源電圧は240Vにしてありますが、この値は一回で決まったわけではありません。図3.1.3では284Vありましたが、どこまで下げられるかはすぐにはわかりません。A2級動作を考慮したことで10Vほど下げられることはわかりましたが、あとは初段プレート電圧が決まらない限り電源電圧は設定できないわけです。そこで、初段プレート電圧が60Vだったらどうなるだろう、50Vだったらどうなるだろう、というふうに何度もロードラインを引いてみてようやく図3.3.1の動作条件に落ち着いたというわけです。

オーディオ回路の設計では、いきなり最適解を求めることはできませんので、仮の動作条件を与えて何回も検討を重ねることでようやく答えが見えてきます。

出力段をドライブするためには、すくなくともピーク値で±10V程度の振幅が必要ですから、その範囲もロードライン上にマーキングして確認

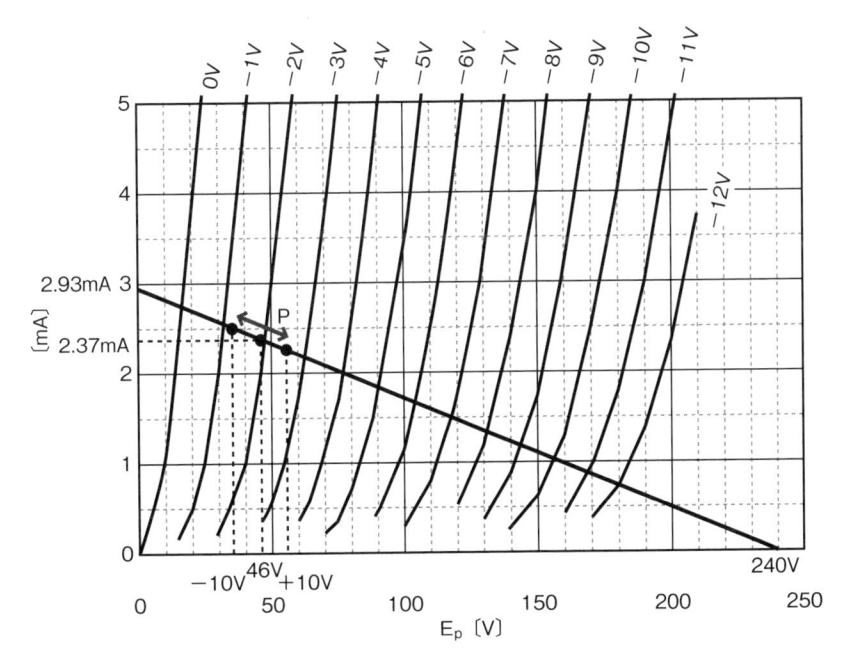

◆ 図3.3.1　見直した初段動作条件

してあります。欲張ればプレート電圧はもっと下げられそうですが、真空管にはかなりばらつきがあるのでこれくらいの余裕を与えておくのがいいでしょう。

これで初段と出力段の動作条件が決まりました。回路図にすると図3.3.2になります。この回路では、初段のプレート抵抗値を82kΩと大きくとって初段の電源と出力段の電源がひとつになっています。それは4章の電源回路の設計で、残留リプルのない高性能な電源を作ってアンプ部の回路を簡素化しようと考えているからです。

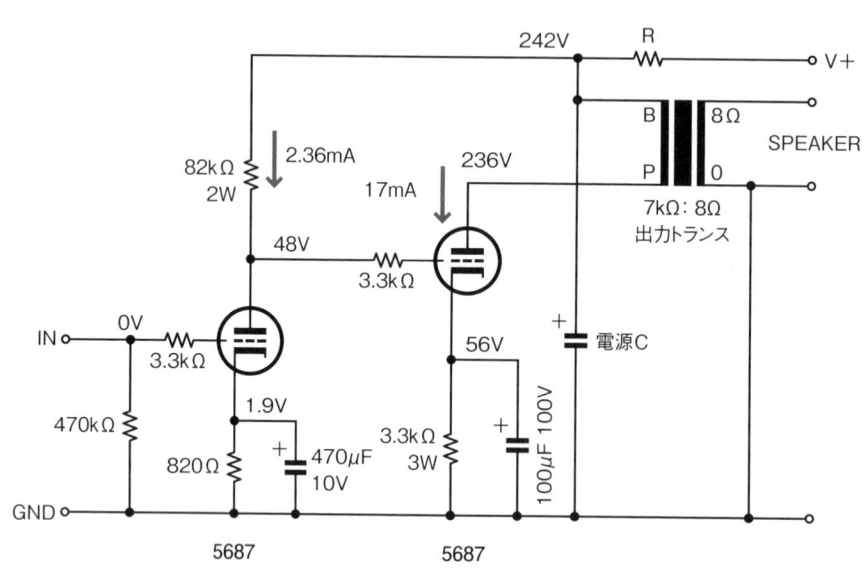

◆ 図3.3.2 電圧配分を見直した回路

3-4 出力段の信号ループ

3-4-1 信号ループのショートカット

ロフチン-ホワイト回路の出力段のコンデンサの使い方にはちょっと変わったところがあります。図3.1.2のC2のことです。ロフチン-ホワイト回路と図3.3.2の回路の信号ループを比較すると、図3.4.1(a)(b)のようになります。

回路（a）はごく普通にみかける回路方式で、図3.3.2の回路がこれにあたります。真空管式のシングルアンプでは今ではこの方式が標準のようになっています。出力段カソードのバイパスコンデンサはアース（GND）につながっています。

ロフチン-ホワイト式の回路（b）では、出力段カソードのバイパスコンデンサはアースではなく電源につながるというあまり馴染みのない配線になっています。これは一体どういうことなのでしょうか。

負荷を駆動する信号ループとしてみると、回路（a）はC_kと電源Cの2つのコンデンサが割り込んでいるのに対して、バイパスCが1個しかない回路（b）の方がショートカットされていて合理的に見えます。

3-4 ◆ 出力段の信号ループ

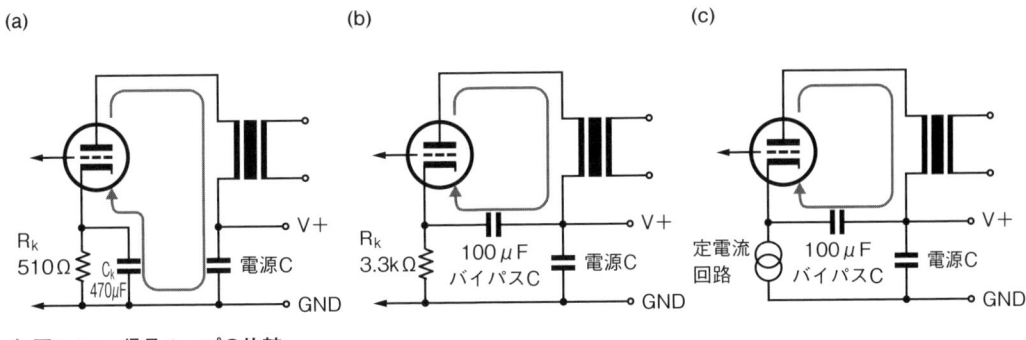

◆ 図 3.4.1　信号ループの比較

　回路 (a)、回路 (b) いずれも立派に動作しますのでどちらも正解ですが、面白いことにこの2つの方式は音が異なります。回路 (b) の方が音の輪郭や定位がややはっきりとした感じがあって、特にシングルアンプでは苦手な低域がしっかりとして聞こえます。

　この方式をより徹底したのが回路 (c) で、出力段定電流化という手法です。カソード抵抗のかわりに定電流回路を入れて、出力管のプレート電流を徹底して一定値に保ってしまうちょっと変わった方式です。定電流回路は主に半導体を使って構成しますが、かけた電圧にかかわらず常に一定の電流が流れる性質を持ちます。直流は通すけれど交流は全く通さない回路でもあります。私はこの方式を定電流バイアスと呼んで実験を行いましたが、独特のトーンキャラクタを持った魅力的な回路だという印象を持っています。

　ミニワッターでは、回路全体をシンプルに仕上げたいのと、定電流回路を使わずに抵抗1本で済ませても十分にその効果が得られることが確認されたので回路 (b) を採用しました。これらをふまえた結果、回路図は図 3.4.2 のようになりました。

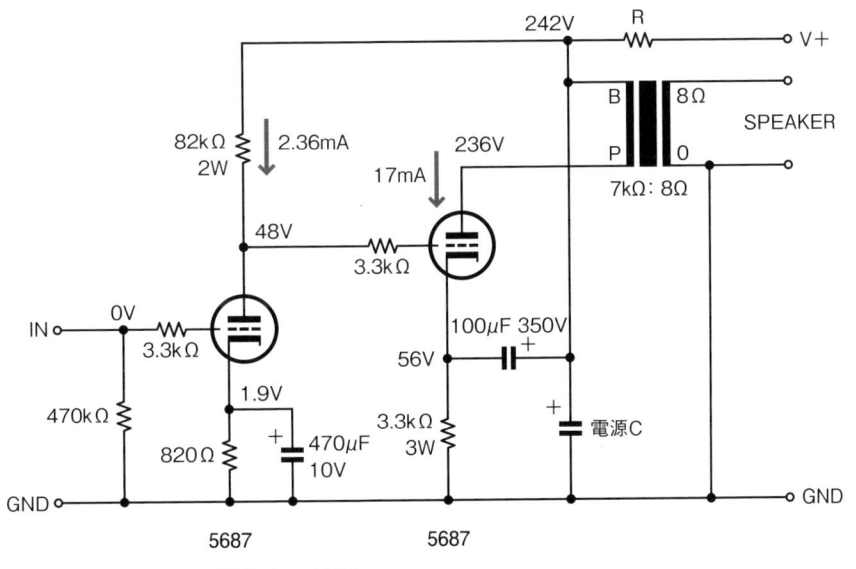

◆ 図 3.4.2　信号ループを見直した回路

3-4-2 | 出力トランスのインダクタンスとコンデンサの相互関係

　出力段の信号ループをショートカットした回路におけるコンデンサ容量の影響について説明します。

　話をわかりやすくするために、電源のコンデンサ容量は無視できるくらい十分に大きいものと仮定します。そうすると電源とアースとは交流的にショートしているとみなせますので、図3.4.3(a)のように描き換えることができます。信号ループをショートカットしているコンデンサはカソード・バイパス・コンデンサと同じであると考えることができます。

　この回路は、通常の出力段の回路と比べて、(1) カソード抵抗値が非常に高い、(2) カソード・バイパス・コンデンサの容量はさほど大きくない、(3) 電源の残留リプルがカソードから入力して増幅されてしまう、ということになります。これを信号ループの等価回路に置き換えたのが図3.4.3(b)です。

　1次巻き線のインダクタンスが20H程度とします。ショートカットのコンデンサの挙動はカソード・バイパス・コンデンサと同じですから、出力管のμの影響を受けて実質容量は$1/\mu$となり、

$$100\mu F \div 17 = 5.88\mu F$$

そして、共振周波数は、以下の式で求められますから、

$$共振周波数 (f) = \frac{159}{\sqrt{LC}} \cdots Cの単位は\mu F$$

$$\frac{159}{\sqrt{20H \times 5.88\mu F}} = 14.66Hz$$

となってあまり低い周波数ではありません。確証はありませんが、この値がこの回路方式の音に影響を与えているのではないかと思っています。実際にどんな結果をもたらすのかは製作してみてのお楽しみということにしましょう。

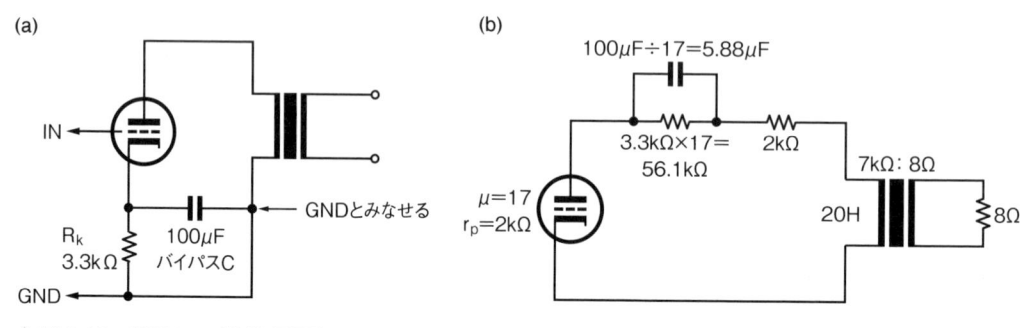

◆ 図3.4.3　信号ループと等価回路

第4章

電源回路

1個のトランスと12個の電子部品で高性能で静かな電源を作りましょう。
音が出ない裏方回路ですが、これはこれでとっても奥が深いですよ。

第4章 電源回路

4-1 電源回路の設計要素

　真空管アンプの設計において、アンプ部の回路と電源部の回路とどちらの設計が先か、というのはとても難しい問題です。アンプ部の設計では、電源回路のことを全く考えずに進めるのは現実的ではありません。市販の電源トランスを使う限り、選べる電源トランスの仕様の選択肢はそんなに多くないからです。

　アンプ部をジャケット、電源部をパンツにたとえたらわかりやすいでしょう。ジャケットは自由にオーダーメイドできるのですが、パンツの方は既製品しかないというのに似ています。とりあえず希望のジャケットをオーダーすることにして自由に生地やデザインを決めます。それに合うようなパンツがあるかどうか調べて、違和感があるようだったらジャケット側を見直して変更を加え、全体としていい感じの上下にまとめるという手順になるでしょう。真空管アンプの設計もこれと似ています。

4-1-1 電源電圧と電流

　電源回路設計の基本は、アンプ部への供給電圧と消費電流の2つの仮決めをすることです。第3章における最終形、図3.4.2の回路の電源仕様は以下のとおりです。

```
アンプ部電源電圧：242V
アンプ部消費電流：19.36mA/ch
　　　　　　　　　38.72mA/ステレオ
```

　電源回路では、整流直後のハムだらけの直流をアンプ部で安心して使えるきれいな直流にするのに一定の電圧ロスが生じます。そのため、アンプ部が必要とする電圧よりもやや高めな整流出力が得られる電源トランスを使います。電流容量は大は小を兼ねますが、電源トランスの2次巻き線電圧は高すぎても低すぎても電源回路の設計に無理が生じます。

　表4.1.1は、ミニワッターに使えそうな電源トランスのリストです。共通のシャーシが使えるようにすべて同一サイズのものを選んであります。この中から適切な電源トランスを決めることになります。そして、選んだ電源トランスで希望どおりの電源電圧が得られない場合は、アンプ側の設計を変更することになります。

◆ 表 4.1.1　ミニワッター用電源トランス

型番	KmB60F	KmB60	KmB90F	H9-0901	H12-0429	P35（参考）
販売	春日無線変圧器					東栄変成器
マウント方向	伏型	立型	伏型	伏型	伏型	伏型
サイズ	71W 61D 70H(55H)	70W 72D 64H	71W 61D 72H(55H)	71W 61D 72H(55H)	71W 61D 73H(56H)	70W 60D 66H(42H)
取付ネジ間隔	57×46	－	57×46	57×46	57×46	56×45
取付穴サイズ	45×39	－	45×39	45×39	45×39	45×39
1次	100V	100V	100V	100V	100V	90V-100V
2次	0-230V (AC60mA) (DC38mA) 0-6.3V (AC1.5A) 0-6.3V (AC1.5A)	0-230V (AC60mA) (DC38mA) 0-6.3V (AC1.5A) 0-6.3V (AC1.5A)	0-185V-195V (AC80mA) (DC50mA) 0-6.3-12.6-14.5V (AC0.9A)	230V-0-230V (AC50mA) (DC50mA) 0-6.3V (AC0.9A) 0-6.3V (AC0.9A)	160V-0-160V (AC65mA) (DC65mA) 0-6.3-12.6V (AC1A)	0-230V (AC35mA) (DC22mA) 0-2.5-6.3V (AC2A) 0-5V (AC0.5A)
備考		磁束の向きの関係で不適。				230Vは電圧が低めに出るので注意。

4-1-2　ヒーター定格

　真空管にヒーターはつきものです。ヒーター電源をどう設計するかは、アンプ部の電源の設計とほぼ同時並行的に考える必要があります。

　ヒーターの電圧と電流は真空管ごとに決まっています。真空管のヒーター電圧は、かつては自動車用のバッテリーを使っていた名残りからその多くが6.3Vに統一されています。これに対応するように、真空管アンプ用の電源トランスにはほとんど例外なく6.3Vを単位とした巻き線があります。本書の製作で使用した真空管は14GW8を除いてすべて6.3Vで動作するヒーターを持っています。

　真空管のヒーターには6.3Vという統一された電圧ではなく、電流が0.3Aや0.45Aあるいは0.6Aに揃えられたグループが存在します。ヒーター電流を一定の値で統一したため、ヒーター電圧の方が7Vとか14.5Vといった中途半端な値になっています。このような真空管は、すべてのヒーターを直列につないで合計が100Vになるようにして使います。こうすることで電源トランスを省略してラジオやテレビを安価に作ったのです。このような電源を**トランスレス式**といいます。しかし、トランスレス式は感電の危険があること、ハムが出やすいことなどから今ではこの方式はなくなりました。カソードに近接したヒーターにAC100Vをかけることは、十分な安全確保ができないという問題もありますので、これから真空管アンプを製作される場合は必ず電源トランスを使うようにしてください。今の時代はトランスレス式は事実上禁止です。

　電源トランスには一定のヒーター巻き線がついていますが、その電圧と電流定格の範囲内でアンプ部の設計をすることになります。ヒーター電流が不足する場合は、ヒーター用トランスを追加することでなんとか対応可能ですが、スペースファクタおよび雑音対策上不利なので本書の製作では考えないことにします。

　さて、5687を2本使う場合のヒーター電源は次のとおりです。

6.3V：0.9A × 2 ＝ 1.8A　または
12.6V：0.45A × 2 ＝ 0.9A

表 4.1.1 にリストアップしたどの電源トランスを選んでもヒーター巻き線の電流容量は足ります。

4-2　電源回路の基礎…AC100V ライン

家庭用の AC100V 電源をアンプ本体に引き込んでから電源トランスの 1 次巻き線までの基本回路は図 4.2.1 のとおりです。

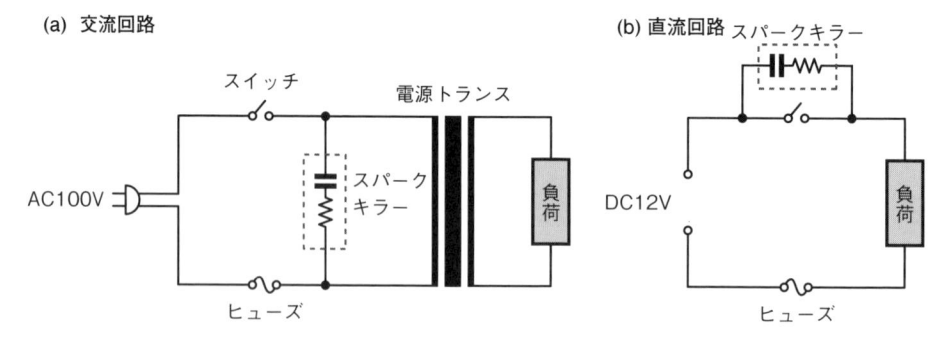

◆ 図 4.2.1　一般的な AC100V の回路

4-2-1　電源スイッチとヒューズ

途中には電源スイッチとヒューズが入ります。電源スイッチには両切りタイプと片切りタイプがあります。図 4.2.1 はすべて**片切りタイプ**です。通常のオーディオアンプではどちらでもかまいませんが、ラックマウントしたまま裏蓋を開けてメンテナンスするような業務機材などでより安全を期するには**両切りタイプ**を使います。ヒューズは安全のための最後の砦なので必ずつけてください。特に自作アンプの場合は、配線間違いやトラブルの確率が非常に高いので実験機といえども省略は厳禁です。

ヒューズにはいくつか異なる規格体系がありますが、私達がそれを正確に知るのは困難です。一般的にいえるのは、定格電流を流した場合には切れることはありませんが、定格電流の 2 倍の電流を流した場合は早いもので 0.1 秒程度、遅いものでも 2 分以内に切れることになっています。

通常動作時にどれくらいの電流が流れるのかの概算値は計算で求めることができます。KmB90F を例にして計算してみましょう。

KmB90F には 2 つの 2 次巻き線があり、そのひとつは 195V で AC80mA、もうひとつは 14.5V で 0.9A です。この 2 つの巻き線から定格一杯の電流を取り出したとすると、

195V × 0.08A ＝ 15.6VA

14.5V × 0.9A ＝ 13.05VA

となりますので、合計すると28.65VAとなります。実際の2次巻き線電圧はロスを見込んで高めに設定してあることと、その他コアなどで生じるロスなども見込んで10%程度アップとすると32VAくらいになります。消費電流は単純計算では0.32Aということになりますが、実際は力率などの要素が絡むのでもう少し大きな値になります。

実際に実験を行ったところ、0.5Aのヒューズを取り付けると電源スイッチをONにするタイミングによってはあっさり切れてしまいました。電源ONの直後には、電源トランスのコアを励磁するためにかなり大きな突入電流が流れるため、通常動作時で計算して余裕を持たせた定格のヒューズでは足りないのです。突入電流はそれだけではありません。ヒーターの抵抗値は絶対温度に比例しますので、冷えた状態のヒーターに電圧をかけると定格の数倍もの突入電流が流れます。さらに、整流回路にある電源のコンデンサの存在も突入電流を大きくする要素になります。

かといって余裕を持たせすぎると肝心のトラブル時に切れてくれません。使用するヒューズの定格電流はこういったことを考慮して決めます。

複数の電源トランスを同時に使う場合は、トランスごとにヒューズを割り当てるようにします。全体の容量に合わせたヒューズを1本だけ入れたのでは、容量が小さなトランスの回路でショート事故が起こった場合に切れてくれないからです。

本書で製作するミニワッターでは、1A程度のヒューズが適します。

4-2-2 スパークキラー

電源トランスの1次巻き線と並列に入っているコンデンサと抵抗器は**スパークキラー**といいます。スパークキラーは市販されていますが、中身は0.1μF/630Vくらいのコンデンサと120Ωくらいの抵抗器を直列につないだだけのものなので自分で作ってもかまいません。

電源トランスなどインダクタを負荷とした回路では、電源OFFの瞬間に電源トランスの1次巻き線に瞬間的に**サージ電圧**と呼ばれる高圧が発生します。その電圧は時として数万ボルトに達し、電源スイッチをOFFにした時の「ボツッ」「ブチッ」というノイズの原因になります。また、この瞬間には電源スイッチの接点では火花が飛んでおり、この火花がスイッチの接点を劣化させます。スパークキラーはこのサージ電圧を効果的に抑制してくれます。

なお、抵抗性負荷の直流を扱う回路の開閉ではインダクタ由来のサージ電圧は生じませんが、直流の場合は流れている電流を切った瞬間の火花が大きいので、これを抑制するためにスイッチと並列にスパークキラーを取り付けるようにします。

交流と直流の違い、負荷の性質の違いによってスパークキラーを入れる場所が違うので注意してください。

第4章 電源回路

4-3 電源回路の基礎…電源トランス

　真空管アンプ用として売られている電源トランスには3種類の巻き線があります。写真4.3.1の3つの電源トランスを使って説明していきましょう。

◆写真4.3.1　2次巻き線の2つのタイプ（センタータップを持つH9-0901（左）と持たないKmB60F、KmB90F（右））

　「0－100V」と表記されているのがAC100Vをつなぐための1次巻き線です。電源トランスによっては100Vだけでなく90Vや110Vのタップをつけたものもあります。自家発電の山小屋などでは、電圧が安定しなかったり送電線による電圧降下が大きいなどで100Vが得られないこともあります。こういった極端な場合を想定してこのようなタップが用意されています。

　2次巻き線にはアンプ部の電源用とヒーター用があります。アンプ部の電源用の巻き線には「230V－0－230V」と表記されたタイプと、単に「0－230V」というふうに表記されたタイプがあります。どちらも230V巻き線として使いますが整流方式が異なります。整流方式の違いはアンプの設計の本質には影響はありませんが、応用的な使い方をする場合にできることの範囲に微妙な違いがあります。

　ヒーター用の巻き線の出し方にもいろいろあります。この例では、「0－6.3V」×2というタイプと「0－6.3V－12.6V－14.5V」というタイプがありますね。「0－6.3V」×2の方はごく普通に6.3Vが2系統あると考えていいですが、「0－6.3V－12.6V－14.5V」の方はヒーター電圧が14.5Vの14GW8（PCL86）という複合管が廉価に出回っているため、これが使えるように配慮した電源トランスのようです。もちろん6.3Vや12.6Vでも使えるように、中間タップを出して汎用性を高めてあります。

　なお、「0－6.3V」という表記には、コイルの巻き始め～巻き終わりの意味が込められています。2つの「0－6.3V」巻き線は、「0－6.3V－0－6.3V」とつなぐことで正しく直列になり12.6V巻き線として使えるようになりますし、「0」と「0」、「6.3V」と「6.3V」をつなぐことで正しく並列になって6.3V、3A巻き線になりますが、間違えて逆につないでしまうと電圧が0Vになったり、ショートしていきなりヒューズが飛びます。

　「NC」と書かれた端子はNon Connection（無接続）のことです。中ではどこにもつながっていませんので遊び端子として流用が可能です。

　雑音対策に配慮したプリアンプ用の電源トランスには「E」あるいは「GND」と書か

れた端子がついていることがあります。これは1次巻き線と2次巻き線を隔離してAC100Vラインからのノイズを遮断するための静電シールドですので、実装では最寄のアースにつなぎます。

画像にはありませんが、巻き線およびコアの外側に銅の帯を巻いた電源トランスもあります。この銅の帯のことを**ショートリング**と呼び、これを巻くことでコアから放出される漏れ磁束をわずかですが減らす効果があります。

トランスはコアの向きによって漏れる磁束の方向が異なります。表4.1.1ではKmB60のみ立型でそれ以外はすべて伏型ですが、立型と伏型では漏れ磁束の方向が90°異なります。この問題は6章で詳しく検証します。

4-4 電源回路の基礎…整流回路

4-4-1 整流方式

電源トランスの2次巻き線で得た150V～300Vくらいの交流を直流に変換するのが整流回路です。

写真4.3.1のH9-0901の場合は、2つの230V巻き線を使った全波整流回路用ですので、整流には2個のダイオードまたは整流管を使います（図4.4.1(a)）。この方式は**センタータップ型全波整流回路**とも呼ばれます。

KmB60FおよびKmB90Fの場合は巻き線は1つしかありませんので、整流ダイオード4個を使ったブリッジ型全波整流回路を使います（図4.4.1(b)）。

かつて、廉価なラジオでは1つの巻き線に1つの整流素子を使った半波整流回路が使われたことがありますが、交流のサイクルの片側だけしか使わないこの方式は、AC100Vラインを汚染するのでおすすめしません（図4.4.1(c)）。

整流回路には本書で採用したコンデンサインプット式のほかに、チョークインプット式がありますが、チョークインプット式は多くの欠点があるため今では滅多に使われることがありません。

整流方式に関しては本書の解説

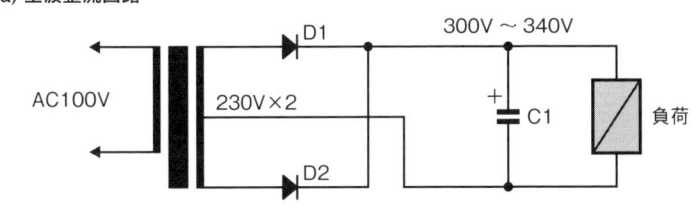

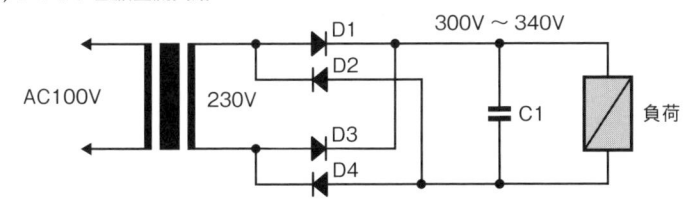

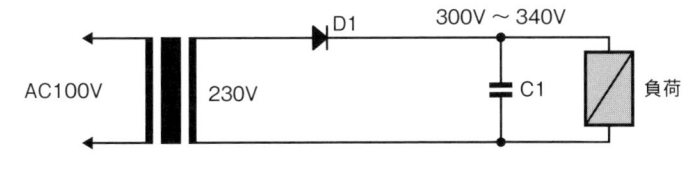

◆ 図4.4.1 整流回路の方式

はミニワッターの設計に必要な範囲にとどめます。上記以外にも倍電圧全波整流回路や、3倍、4倍電圧全波整流回路、さらにはもっと凝った整流回路があり、インターネット上には数多くの文献がありますので興味のある方はそれらを参考にしてください。

4-4-2 整流ダイオード

図 4.4.1 中の D1～D4 の矢印の記号が整流のためのダイオードです。ダイオードは矢印の方向には電流を流しますが、逆方向には流さない性質を持った半導体です。この性質を使って交流を直流に変換します。

写真 4.4.1 は真空管アンプの電源に適した耐圧 1000V 以上の整流ダイオードです。写真 4.4.2 はヒーターの直流点火などで便利なブリッジ接続した 4 個のダイオードを 1 個のパッケージにまとめたダイオードスタックです。いずれも耐圧は 200V です。電流の向きと結線は図 4.4.2、図 4.4.3 のとおりです。

◆ 写真 4.4.1 整流ダイオード
（左から 3TH41A、1NU41、1N4007）

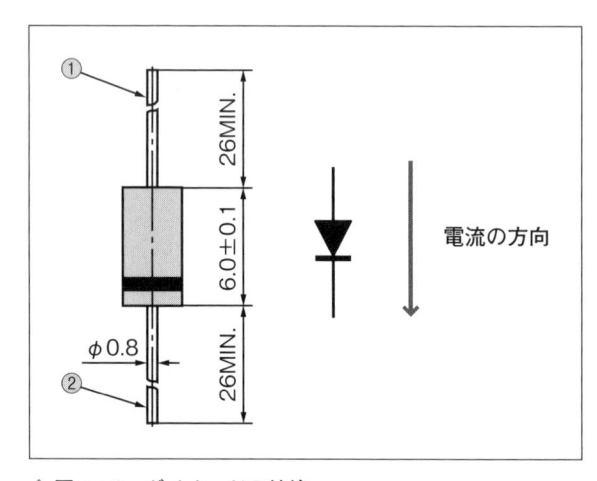

◆ 図 4.4.2 ダイオードの結線
（東芝 1NU41：データシートより）

◆ 写真 4.4.2 ブリッジ整流ダイオード
（左から S4VB20、S2VB20、W02G）

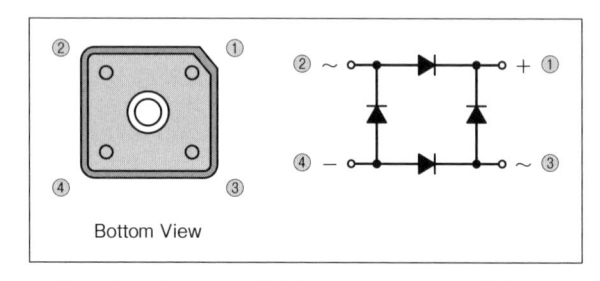

◆ 図 4.4.3 ブリッジ・ダイオード・スタックの結線
（新電元 S4VB60：データシートより）

4-4 ◆ 電源回路の基礎…整流回路

　整流回路では、ダイオードのほかに整流管と呼ばれる真空管を使うことも可能です。どちらを使うかは製作者の好みで分かれるところですが、設計のしやすさ、発熱、整流素子の寿命、スペースファクタを考えると整流ダイオードに分があります。本書ではダイオードを使った回路で説明します。

　整流ダイオードには耐圧と電流の定格があって、これによって整流できる電圧や扱える電流の上限が決まります。今でも入手可能な整流ダイオードについてまとめたのが表4.4.1 と表 4.4.2 です。ピーク繰り返し逆電圧というのがいわゆる耐圧のことで、整流動作中一瞬でもこの電圧を超えることは許されません。耐圧 1000V のダイオードで整流できる交流電圧は、センタータップ式で 250V 程度、ブリッジ式で 500V あたりが上限です。AC100V 電圧が 105V くらいになることがあること、そもそも電源トランスの 2 次巻き線電圧は表示よりも高めに設定されていることなどを考慮した経験則の値です。半導体メーカーのテクニカルドキュメントには、さらに低い電圧で使用するように記述されています。

◆ 表 4.4.1　整流ダイオードリスト

		3TH41A	1N5408	1R5NU41	1NU41	1N4007
メーカー		東芝	FAIRCHILD	東芝	東芝	FAIRCHILD
供給		製造中止	現行品	製造中止		現行品
ピーク繰り返し逆電圧 V_{RRM}		1500V	1000V	1000V	1000V	1000V
平均順電流 $I_{F(AV)}$		2.5A	3A	1.5A	1A	1A
ピーク1サイクルサージ電流 I_{FSM}		30A	200A	60A	10A	30A
整流可能電圧（センタータップ式）	理論値	AC530V		AC353V		
	現実的な値※	AC380V		AC250V		
整流可能電圧（ブリッジ式）	理論値	AC1060V		AC707V		
	現実的な値※	AC760V		AC500V		
使用電流	現実的な値	DC500mA		DC300mA		DC200mA

※メーカー推奨電圧はこれよりもさらに30%低い。

◆ 表 4.4.2　ブリッジ整流ダイオードリスト

		S4VB60	S4VB20	S2VB60	S2VB20	W02G
メーカー		新電元	新電元	新電元	新電元	FAIRCHILD
供給		現行品	製造中止	現行品	製造中止	現行品
ピーク繰り返し逆電圧 V_{RRM}		600V	200V	600V	200V	200V
平均順電流 $I_{F(AV)}$…（放熱あり）		2.6A(4A)		2A		1.5A
ピーク1サイクルサージ電流 I_{FSM}		80A		40A		50A
整流可能電圧（ブリッジ式）	理論値	AC424V	AC141V	AC424V	AC141V	AC141V
	現実的な値※	AC300V	AC100V	AC300V	AC100V	AC100V
使用電流	現実的な値	DC0.5A（DC0.8A)		DC0.4A		DC0.3A

※メーカー推奨電圧はこれよりもさらに30%低い。

　表中の使用電流の値はやや控えめですが、これを超えるとダイオード自体の発熱がばかにならないのと、連続動作中は問題なくても電源 ON 直後のサージ電流の方が問題になるのでそれらを考慮して表記しました。電子部品は定格内であってもぎりぎりの使い方をすると故障率が高くなるので、できるだけ余裕のある使い方が望ましいです。

　ダイオードのリード線がどれも妙に太いのは、リード線による放熱効果も計算に入れて最大定格が決められているからです。ダイオードは一般にリード線を短く切るだけでも動作温度が上昇し、密集して取り付けると隣り合うダイオードが相互に加熱し合ってさらに

温度が上昇するので実装には注意してください。

4-4-3 | 整流ダイオードの直列使用と並列使用

整流ダイオードを直列にして使うと耐圧を高くすることができます。理屈の上では、2本直列にすれば耐圧は2倍ということになりますが、現実のダイオードの場合逆電流にばらつきがあるため直列になった1本ずつに均等に逆電圧がかかるとは限りません。直列にして耐圧を稼ぐ場合は、十分に余裕を持たせた耐圧設計をしてください。

整流ダイオードを並列にして使うと電流容量を大きくすることができます。しかし、整流ダイオードの順電圧は温度上昇によって低下する性質があるため、たまたま一方のダイオードが温度上昇して順電圧が低下するとそちら側のダイオードに電流が集中してしまい、さらに温度が上昇して順電圧が下がり…の繰り返しが起きて電流が著しく偏ってしまいます。これを回避するには、各ダイオードと直列に0.1Ω～数Ω程度の抵抗を入れて電流バランスが偏らないようにします。

共通していえることは、整流ダイオードは発熱量が大きい部品ですので、実装では放熱を考えて密集させないようにしてください。

4-5 電源回路の基礎…整流出力電圧と電流

交流を整流して得られる直流電圧の理論値は、交流電圧を$\sqrt{2}$倍した値から整流ダイオードのロス(順電圧)を引いたものです。ダイオードの順電圧は1V程度なので、100V以上の場合はほとんど無視できますが、30V以下の低電圧になってくると設計で考慮する必要があります。

> 整流出力電圧＝交流電圧×$\sqrt{2}$－（ダイオードの順電圧）　…センタータップ式
> 整流出力電圧＝交流電圧×$\sqrt{2}$－（ダイオードの順電圧×2）…ブリッジ式

しかし、実際の電圧はこの計算どおりにはなりません。電源トランスの1次巻き線および2次巻き線のDC抵抗によるロス（**銅損**という）がありますし、コアで生じるロス（**鉄損**という）もあります。そもそも、2次巻き線は負荷をかけた時のことを想定して電圧が高めに出るように巻き足しをしてありますから表記どおりの電圧ではありません。さらに、整流直後の直流には残留リプルという交流成分の影響で電圧が少し低下しています。このような複合的な要素があるため、机上計算で正確な電流出力電圧を求めることはできません。

図4.5.1は、ミニワッターの候補となる電源トランスを3つ選んで整流出力電圧を実測したデータです。この電源トランスを使って直流を得た場合、どれくらいの電圧が得られるのか、その電圧が取り出す電流によってどのように変化するのかが読み取れる重要なデータです。

4-5 ◆ 電源回路の基礎…整流出力電圧と電流

1つの巻き線ごとに2つのデータがあります。電源トランスは複数の2次巻き線を持っていますが、他の巻き線からどれくらいの電流を取り出しているのかによって、その巻き線の電圧が影響を受けます。**無負荷**というのは、ある巻き線を測定した時、他のすべての巻き線が遊んでいる（無負荷の）状態のデータです。**全負荷**というのは、ある巻き線を測定した時、他のすべての巻き線にも定格一杯の負荷をかけた状態のデータです。得られる実際の電圧はこの2本の線の間のどこかにあることになります。

実験アンプの総消費電流は約39mAですが、KmB60Fでは電流容量がぎりぎり一杯で、KmB90Fなら十分に余裕があります。電圧の方はどうかというと、KmB60Fの230V巻き線を使って約40mAを取り出した場合の電圧は303V～313Vくらいになりますから、必要な電圧である242Vに対して60V以上の差があるの

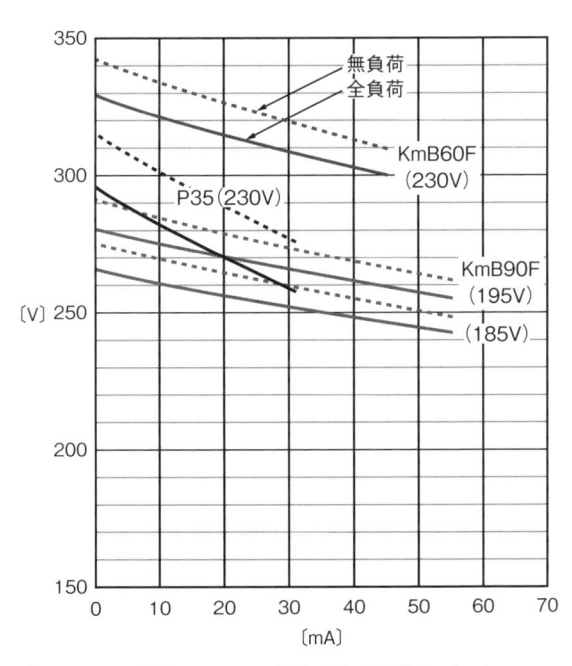

◆ 図4.5.1 電源トランスの整流出力実測特性データ

でちょっと高すぎな気がします。抵抗器などを使って60Vの電圧降下をさせると、

$$60V \times 40mA = 2.4W$$

もの熱が出ます。これは10W型のセメント抵抗が触れなくなるくらいの電力です。この電源トランスは、もっと高い電源電圧が必要な時に出番がまわってくることになるでしょう。KmB90Fの195V巻き線を使った場合は260V～268Vくらいになりますから設計しやすそうです。KmB90Fの195V巻き線を使って設計を進めることにします。

次は整流回路から取り出せる電流についてです。電源トランスに表記されている電流定格は、電源トランスの温度上昇を考えて決められています。そして、交流のまま取り出した場合と整流して直流を取り出した場合とでは取り出せる最大電流の値が異なります。

表4.1.1を見ると、KmB60Fの2次巻き線の電流定格はAC60mA、DC38mAと表記されています。交流として取り出せる最大値は60mAですが、整流して直流にした場合は38mAが上限だということです。

整流回路から取り出せる電流の理論値は、ブリッジ型全波整流回路の場合で巻き線電流容量の63%、センタータップ型全波整流回路の場合で90%、半波整流回路の場合で45%です。

実際に実験をやってみると、ブリッジ型全波整流回路の場合はほぼ計算どおりになりますが、センタータップ型全波整流回路では多くの場合90%よりも高い値になります。H9-0901で、AC50mA = DC50mAとなっているのは実測にもとづく現実的な数字を採用したのではないかと思います。

なお、整流管を使うと取り出せる最大電流を数%程度増やすことができます。整流ダイオードと直列に抵抗器を割り込ませても同等の効果が得られます。

練習問題14

電源トランス KmB60F を使って整流出力から約 30mA を取り出したい。使用真空管は 6FQ7 × 2 本なのでヒーターは合計で 6.3V × 1.2A とします。整流出力電圧はどれくらいになるでしょうか。

解答

ヒーター巻き線の負荷は定格容量の 3A に対して 1.2A なので 40%。
図 4.5.1 から読み取ると 313V くらいになります。
なお、ほぼ同条件における実測値は 314V でした。

4-6 電源回路の基礎…残留リプルと平滑

用語解説

・残留リプル
　直流に乗った交流成分。

整流出力は、最初のコンデンサ（図 4.4.1 の C1）によってかなり直流らしくなりますが完全ではありません。整流した直後の直流は、直流に 0.1% ～ 数 % 程度の交流が乗ったようになっています。この直流に乗った交流成分を**残留リプル**といいます。

残留リプルの基本周波数は、AC100V の周波数の 2 倍ですので 100Hz または 120Hz になりますが、きれいな正弦波ではありませんので、150Hz 以上の多量の高調波も含んでいるということは『第 2 章：2-18-3 電源のコンデンサ』のところですでに述べました（図 2.18.5）。

整流直後の残留リプルの大きさは以下の性質があります。

① 整流出力電流の大きさに比例する。
② 整流直後のコンデンサ容量（図 4.4.1 の C1）に反比例する。
③ 整流出力電圧に対して一定の比率（%）である。

以上のことから、取り出す電流が大きいほどリプル電圧は大きくなり、C1 の容量が大きいほどリプル電圧は小さくなります。同一条件であれば、そして整流出力電圧が高いほどリプル電圧は大きくなります。

これらの関係をグラフにしたのが図 4.6.1 です。このグラフは私なりに考えて作成して十数年来愛用しているものです。整流直後の整流出力電圧

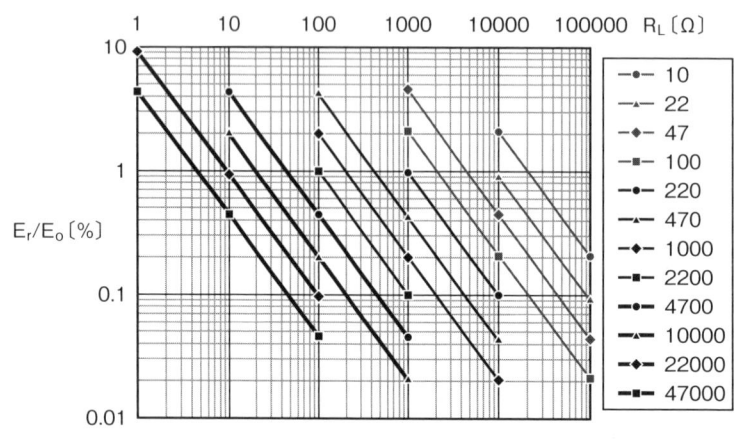

◆ 図 4.6.1　残留リプル計算早見表（負荷抵抗（R_L）と平滑コンデンサ容量（μF）から残留リプル含有率（%）を概算で求めるグラフ）

(E_o) に対する残留リプル含有率（%）は、「負荷抵抗（R_L）」と「平滑コンデンサ容量（C）」とでほとんど決定されてしまうという性質を利用しています。電源周波数によって結果は若干異なるのですが、電源用のコンデンサ容量のばらつきが大きいことや残留リプルは大体の大きさがわかれば十分なので、この一つのグラフで割り切っています。

ここでいう負荷抵抗（R_L）とは、整流回路から見たアンプ全体をひとつの直流負荷とみて抵抗値に置き換えたもので、整流出力電圧（E_o）を全直流電流（I_o）で割った値です。

$$R_L = E_o / I_o$$

平滑コンデンサ容量（C）とは、整流出力の最初にくる平滑コンデンサ容量のことです。R_L〔Ω〕と C〔μF〕の値が決まったら、図 4.6.1 のグラフから残留リプル含有率〔%〕を読み取り、これに整流出力電圧（E_o）をかければ残留リプル電圧（E_r）が求まります。

$$残留リプル電圧〔V〕＝整流出力電圧〔V〕×残留リプル含有率〔\%〕$$

たとえば、整流出力電圧（E_o）= 265V で、全直流電流（I_o）= 40mA であるとすると、負荷抵抗（R_L）の値は、

$$R_L = 265V ÷ 0.04A = 6.625kΩ$$

となります。平滑コンデンサ容量〔C〕= 100μF であるとして、図 4.6.1 からは約 0.3% が読み取れますので、

$$残留リプル電圧〔V〕= 265V × 0.3\% = 0.795V$$

になります。試作機による実測値は 0.76V でしたので上記の計算値とよく一致します。

4-7 電源回路の基礎…CR式リプルフィルタ

残留リプルを除去する回路のことを**リプルフィルタ（平滑回路）**と呼びます。これを簡単に行うには、抵抗とコンデンサを使ったロー・パス・フィルタを使うことはすでに第 2 章で述べました。

図 4.7.1 は CR2 段型のリプルフィルタです。整流出力を 270Ω と 100μF で、1 段目でフィルタを行い、そこから左右チャネルに分けてさらに 470Ω と 100μF で 2 段目のフィルタを行っています。

第4章 電源回路

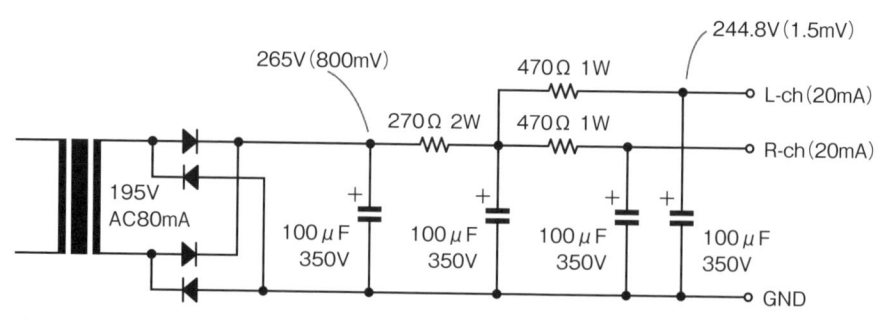

◆ 図 4.7.1　CR 式リプルフィルタ

　2段目で左右に振り分けたのは、ステレオアンプとして仕上げた場合、$100\mu F$ のコンデンサのリアクタンスが数百 Hz 以下の低い周波数で増加することで、左右チャネル間の信号の漏れ（クロストーク）が増加するのを回避するためです。

　両チャネル合計の回路電流は約 40mA でしたから、270Ω および 470Ω における電圧降下は、

$$40mA \times 0.27k\Omega = 10.8V$$
$$20mA \times 0.47k\Omega = 9.4V$$

になります。整流出力電圧がかりに 265V だとすると、アンプ部への供給電圧は

$$265V - (10.8V + 9.4V) = 244.8V$$

となります。リプルフィルタの効果は、コンデンサのリアクタンスを使った単純計算で概算値を求めることができます。$100\mu F$ の容量の 100Hz におけるリアクタンスは 16Ω ですので、フィルタ効果は、

$$\frac{16\Omega}{16\Omega + 270\Omega} = 0.056 \quad \cdots 1段目$$

$$\frac{16\Omega}{16\Omega + 470\Omega} = 0.033 \quad \cdots 2段目$$

　整流出力直後の残留リプルが 800mV ほどあるとすると、2段のフィルタによってリプルは

$$800mV \times 0.056 \times 0.033 = 1.5mV$$

まで減らすことができます。問題は、1.5mV の残留リプルで十分であるかどうかです。

4-8 電源回路の基礎…残留リプルの影響度

電源に残留したリプルが、アンプ部に対してどれくらいの影響度があるのかは計算で求めることができます。話をわかりやすくするために残留リプル＝100mVとして計算することにします。

図4.8.1は図3.3.2の回路の出力段だけを抜き出したものです。グリッドからは何も入力がないとして、この回路で残留リプルの影響度がどれくらいであるかを解析してみましょう。

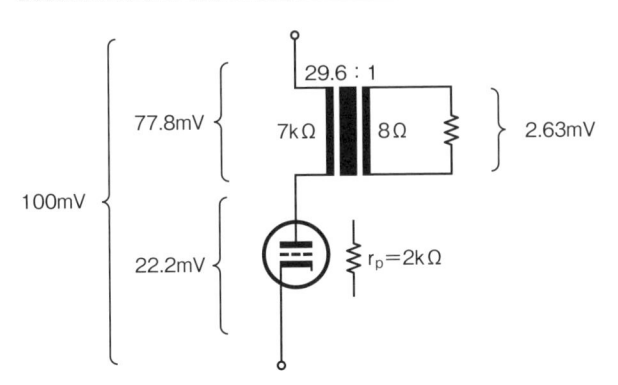

◆ 図4.8.1　一般的なシングルアンプの出力段

リプル電圧は、出力トランスのインピーダンスと出力管の内部抵抗で分圧されるので、出力管のプレートに現れるリプル電圧は、

$$100\text{mV} \times \frac{2\text{k}\Omega}{2\text{k}\Omega + 7\text{k}\Omega} = 22.2\text{mV}$$

になります。そして出力トランスの1次巻き線の両端には77.8mVがかかります。

ところで、出力トランスの1次：2次の巻き線比は、29.6：1でしたから、1次側に印加された77.8mVのリプル電圧は2次側では2.63mVとなって現れることになります。全体としてみると、

$$100\text{mV} \rightarrow 77.8\text{mV} \rightarrow 2.63\text{mV} \cdots 2.63\%$$

となってスピーカー端子に現れます。スピーカー端子に現れる残留リプルの影響を0.1mVに抑えたかったら、上記の関係を使って逆算すれば求まります。

$$0.1\text{mV} \div 0.0263 = 3.8\text{mV}$$

すなわち、電源に含まれる残留リプルを3.8mV以下にすればいいわけです。0.5mVまで許容するならば、残留リプルは19mV以下でOKとなります。

今度は、初段との関係について考えてみます。図4.8.2は図3.3.2の回路の必要部分を抜き出したものです。

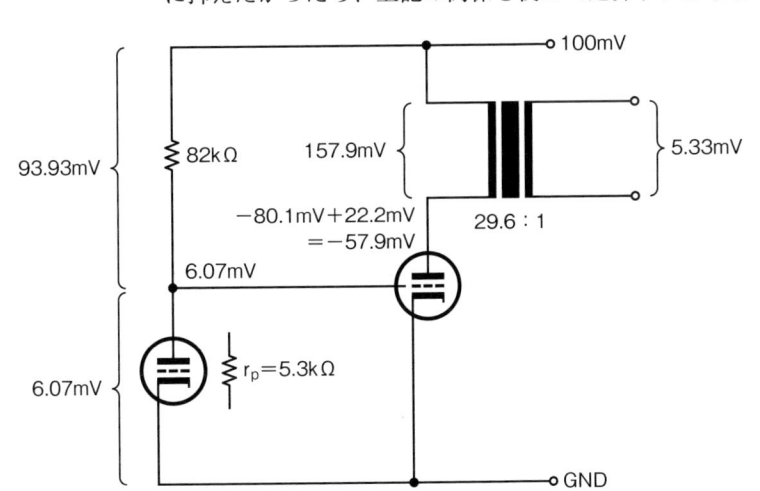

◆ 図4.8.2　一般的な2段直結シングルアンプの場合

初段における残留リプルの影響も、プレート負荷抵抗と初段管の内部抵抗の比率で求めることができます。プレート負荷抵抗と内部抵抗によって作られるアッテネータによって減衰されたリプルが出力段のグリッドに入力されるからです。

プレート負荷抵抗が82kΩ、初段の内部抵抗が5.3kΩだとすると、出力段グリッドに入力されるリプル電圧は、

$$100\text{mV} \times \frac{5.3\text{k}\Omega}{5.3\text{k}\Omega + 82\text{k}\Omega} = 6.07\text{mV}$$

になります。出力段のグリッド〜プレート間の利得は13.2倍でしたから、リプル電圧は13.2倍に反転増幅されて約-80mVとなってプレート側すなわち出力トランスの下側に現れます。

$$6.07\text{mV} \times 13.2 \times (-1) = -80.1\text{mV}$$

一方で、元々生じていた22.2mVのリプル電圧がありますので、差し引きすると、

$$22.2\text{mV} - 80.1\text{mV} = -57.9\text{mV}$$

になります。その結果、出力トランスの両端には、

$$100\text{mV} + 57.9\text{mV} = 157.9\text{mV}$$

が印加されることになります。つまり、この回路の場合、残留リプルは約1.6倍されて出力トランスの1次側にかかるわけです。出力トランスの1次：2次の巻き線比を考慮すると2次側では5.3mV、すなわち元のリプル電圧の5.3％が現れることになります。スピーカー端子に現れる残留リプルの影響を0.1mVに抑えたかったら、上記の関係を使って逆算すれば求まります。

$$0.1\text{mV} \div 0.053 = 1.89\text{mV}$$

すなわち、電源に含まれる残留リプルを1.89mV以下にすればいいことになります。

4-8-1 ミニワッターの回路の場合

今度はミニワッターの回路の場合です。図3.4.2の回路で解析してみることにします(図4.8.3)。

これが図4.8.2の回路と決定的に違うのは、出力段がプレート側とカソード側の両方に100mVのリプル電圧がかかっているために出力段全体がリプル電圧の上に乗った格好になっている点です。もしグリッドからの入力がなければ、出力段ではリプル電圧はすべて打ち消されて全く出力されません。

さて、初段のプレート経由で出力段グリッドに入力されるということについてはこれまでの説明と同じです。したがって、出力段グリッドには6.07mVのリプル電圧が入力さ

4-8 ◆ 電源回路の基礎…残留リプルの影響度

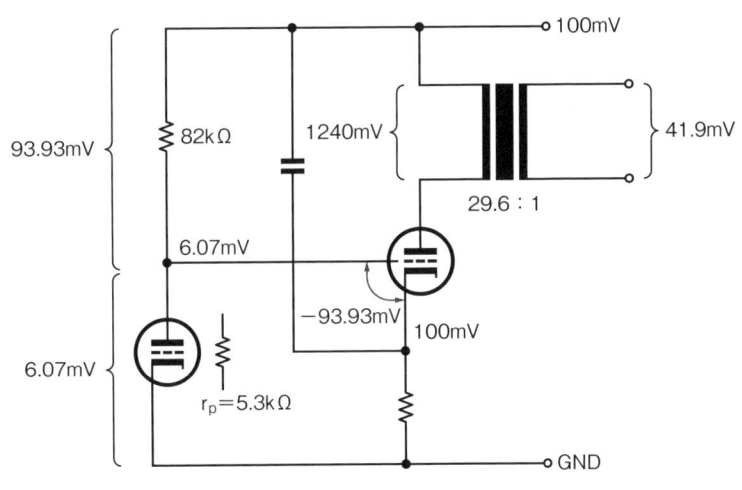

◆ 図 4.8.3 ミニワッターの場合

れます。

　出力段の信号ループのバイパスコンデンサがカソードにつながることで、残留リプルの出力段への伝わり方が変化します。100mVの残留リプルは出力段のカソードを揺らしますので、グリッド〜カソード間に100mVのリプル信号が入力されたのと同じことになります。初段プレート経由で出力段グリッドがプラスの方向に6.07mV振れたと同時に、カソードもプラスの方向に100mV持ち上がった状態になります。その結果、グリッド〜カソード間には、

$$6.07\text{mV} - 100\text{mV} = -93.93\text{mV}$$

の残留リプルが入力されたことになります。これが13.2倍増幅されますので、

$$-93.93\text{mV} \times 13.2 = -1240\text{mV}$$

となって出力段プレートに現れます。元々あった100mVのリプル電圧はすべて打ち消されているので、出力トランスの両端には1240mAがそのまま印加されることになります。これを出力トランスの巻き線比29.6で割ると41.9mVになります。さきほどの例に比べてだいぶ様子が違いますね。スピーカー端子に現れる残留リプルの影響を0.1mVに抑えたかったら、

$$0.1\text{mV} \div 0.419 = 0.24\text{mV}$$

となって電源に含まれる残留リプルを0.24mV以下まで減らさないと駄目なことがわかります。

　これらのことから、通常の2段構成のシングルアンプであれば、CR×2段程度のリプルフィルタでなんとか足りますが、ミニワッターの方式の場合はこれでは全然足りないことがわかります。出力段の信号ループを最短化すると電源の残留リプルにとても弱くなるのです。

第4章 電源回路

4-9 電源回路の基礎…半導体式リプルフィルタ

用語解説

・ブリーダ電流
　動作を安定させるために余分に流す電流のこと。

今度は半導体を使った**簡易リプルフィルタ回路**です。CR式のリプルフィルタは、組み合わせる抵抗値が高いほど、またコンデンサ容量が大きいほど大きなフィルタ効果が得られます。コンデンサ容量を大きくするには限界がありますが、半導体の力を借りると抵抗値を大きくすることが可能です。

図4.9.1(a)はバイポーラトランジスタを使った例です。バイポーラトランジスタには耐圧400Vの小型パワートランジスタ2SC3425を使っています。7.5kΩと47μFによるハイ・パス・フィルタによってリプルを除去しつつ、7.5kΩと120kΩに一定のブリーダ電流を流して2SC3425のベース電圧を決めています。ただし、2SC3425のh_{FE}（電流増幅率）は45程度であまり高くないため、40mAのエミッタ電流に対してベース電流は約0.9mAと多くなっています。フィルタ効果を考えると7.5kΩの値をもっと大きくしたいのですが、120kΩに流すブリーダ電流が小さくなりすぎるのでこれくらいのところが限界です。

参照
2SK3767
→ 図4.9.2

この回路の残留リプルは3.8mVくらいです。図4.7.1の回路に比べると複数の大型のアルミ電解コンデンサ（100μF/350V）の数を減らせるのでコンパクトかつ廉価になりますが、ミニワッターとしては十分ではありません。

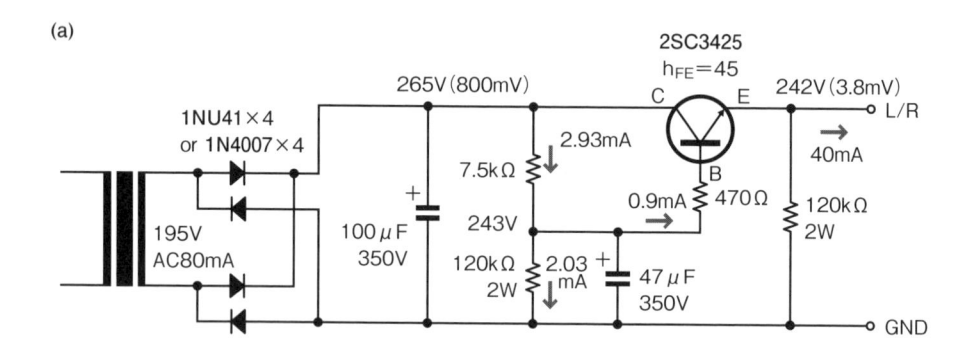

◆ 図4.9.1　半導体式リプルフィルタ（トランジスタ式（a）とMOS-FET式（b））

図4.9.1(b)はMOS-FETを使った例です。MOS-FETには当初は耐圧が600Vほどある2SK3067を使いましたが2SK3067は製造中止となり同等の現行品は2SK3767です

(2011.8 現在)。同等の MOS-FET はほかにも 2SK1758 など多数出ていますので、2SK3067 や 2SK3767 にこだわる必要はありません。

　MOS-FET は、バイポーラトランジスタのベース電流のようなバイアスのための電流がありませんので、リプルフィルタ部分に高抵抗を使うことができます。図 4.9.1（b）の回路では、120kΩ と 1.5MΩ という高抵抗を使っています。そのためバイポーラトランジスタを使った回路よりも一桁以上高いフィルタ効果を得ています。

　2SK3067/3767 を使った場合、ゲート～ソース間電圧はほぼ一定の約 3V になります。アンプ部の電源電圧に 242V を得ようとすると、ゲート電圧は 3V 高い 245V になります。1.5MΩ に流れる電流は、

$$245V \div 1500k\Omega = 0.163mA$$

です。ここにはできるだけ高抵抗を使いたいのですが、アルミ電解コンデンサの固有に生じる漏れ電流の存在や回路全体の絶縁性の長期的安定を考えて 1.5MΩ どまりとしました。整流出力電圧が 265V であるとすると、265V と 245V の差を埋めるための抵抗値は、

$$(265V - 245V) \div 0.163mA = 123k\Omega \rightarrow 120k\Omega$$

となります。リプルフィルタは、120kΩ と 47μF の組み合わせなので非常に大きなフィルタ効果が得られます。この回路の残留リプルは 0.24mV くらいです。これならば残留リプルに弱いミニワッターの回路でも十分に使うことができます。ちなみに、2SK3067/3767 の消費電力は、

$$(265V - 242V) \times 40mA = 0.92W$$

です。放熱板なしの状態の 2SK3067/3767 の許容損失は 1.5W～2W 程度ですが、周囲の温度の上昇などを考慮すると写真 4.9.1 程度の小さな放熱板を取りつけた方がいいでしょう。

　MOS-FET は、順方向アドミタンス（いわゆる g_m）が非常に高いため高周波領域で自己発振しやすく、ゲート間際に 4.7kΩ の発振防止抵抗を入れてあります。これがないとほぼ確実に発振します。

　半導体を使ったこのような電源回路は、少ない部品で残留リプルが非常に少なくできます。しかも、アンプ側からみると低い周波数まで非常にインピーダンスが低い理想に近い電源になるという点が CR のみによるリプルフィルタとの大きな違いです。そのため、1 つの電源でステレオ分をまかなっても左右チャネル間クロストークの劣化が目立ちません。シンプルでコンパクトに仕上げたいミニワッターには適した回路なので採用することにしました。

◆写真 4.9.1　高耐圧 MOS-FET とラバーシートと放熱板（2SK3067 と 2SK3767 はリード線の太さがわずかに異なるだけで同じ形状）

2SK3767

絶対最大定格（Ta = 25℃）

項目		記号	定格	単位
ドレイン・ソース間電圧		V_{DSS}	600	V
ドレイン・ゲート間電圧（R_{GS}=20kΩ）		V_{DGR}	600	V
ゲート・ソース間電圧		V_{GSS}	±30	V
ドレイン電流	DS	I_D	2	A
	パルス	I_{DP}	5	
許容損失（T_C=25℃）		P_D	25	W
アバランシェエネルギー（単発）		E_{AS}	93	mJ
アバランシェ電流		I_{AR}	2	A
アバランシェエネルギー（連続）		E_{AR}	4	mJ
チャネル温度		T_{ch}	150	℃
保存温度		T_{stg}	−55〜150	℃

単位：mm

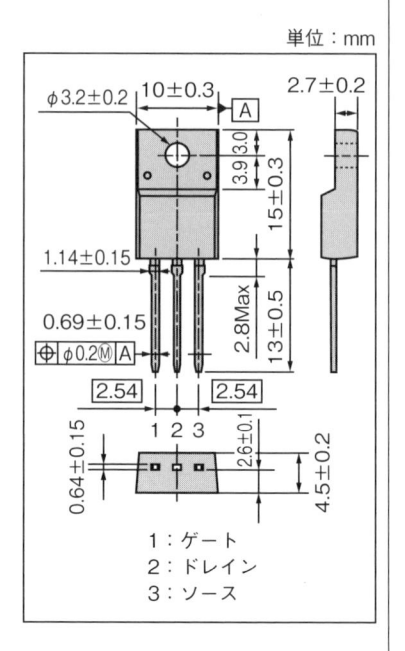

1：ゲート
2：ドレイン
3：ソース

電気特性（Ta = 25℃）

項目		記号	測定条件	最小	標準	最大	単位
ゲート漏れ電流		I_{GSS}	V_{GS}=±25V、V_{DS}=0V	−	−	±10	μA
ゲート・ソース間降伏電圧		$V_{(BR)GSS}$	I_G=±10μA、V_{DS}=0V	±30	−	−	V
ドレインしゃ断電流		I_{DSS}	V_{DS}=600V、V_{GS}=0V	−	−	100	μA
ドレイン・ソース間降伏電圧		$V_{(BR)DSS}$	I_D=10mA、V_{GS}=0V	600	−	−	V
ゲートしきい値電圧		V_{th}	V_{DS}=10V、I_D=1mA	2.0	−	4.0	V
ドレイン・ソース間オン抵抗		$R_{DS(ON)}$	V_{GS}=10V、I_D=1A	−	3.3	4.5	Ω
順方向伝達アドミタンス		$|Y_{fs}|$	V_{DS}=20V、I_D=1A	0.8	1.6	−	S
入力容量		C_{iss}		−	320	−	
帰還容量		C_{rss}	V_{DS}=10V、V_{GS}=0V、f=1MHz	−	30	−	pF
出力容量		C_{oss}		−	100	−	
スイッチング時間	上昇時間	t_r		−	15	−	ns
	ターンオン時間	t_{on}		−	55	−	
	下降時間	t_f		−	20	−	
	ターンオフ時間	t_{off}	Duty≦1%、t_w=10μs	−	80	−	
ゲート入力電荷量		Q_g		−	9	−	
ゲート・ソース間電荷量		Q_{gs}	V_{DD}≒400V、V_{GS}=10V、I_D=2A	−	5	−	nC
ゲート・ドレイン間電荷量		Q_{gd}		−	4	−	

◆ 図 4.9.2　2SK3767 定格と代表特性（東芝 2SK3767：データシートより）

4-10 電源スイッチ ON ／ OFF 時の過渡的な動き

4-10-1 | 電源スイッチ ON 時

図4.9.1(b) の回路が、電源スイッチON 時にどんな動きをするのか解析してみましょう。図4.10.2 は電源スイッチを入れてから60 秒間の各部の電圧の実測データです。

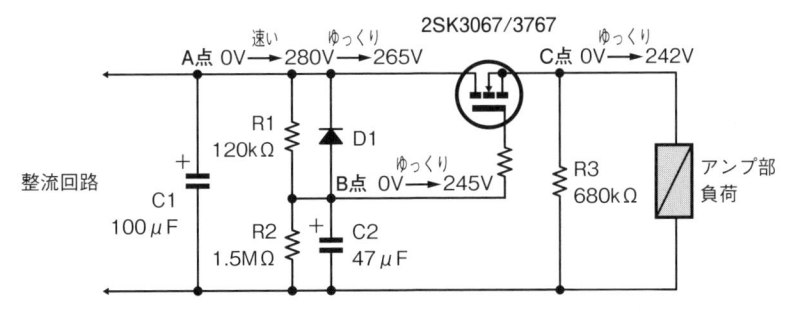

◆ 図4.10.1　MOS-FET を使ったリプルフィルタ

電源スイッチON 直前は回路全体がすべて0V か0V に近い値です。厳密には、過去に電源が入っていた時の名残があるので、そのことも考えなければならないのですが、これについては後述することにします。

電源スイッチがON になると、1 秒とかからずにC1 が充電されてA 点の電圧は最高値に達します。その時の電圧は図4.5.1 のデータが参考になります。KmB90F の195V 巻き線の電流＝0mA における整流出力電圧は約280V です。ヒーター巻き線はすでに全負荷状態なので290V ではありません。実測値もほぼ280V となりました。

電源スイッチON 直後からヒーターはどんどん加熱されはじめますが、5687 のような傍熱管が正常な動作状態になるには10 秒以上を要します。最初の数秒間はカソードがまだ冷えた状態なのでプレート電流は全く流れません。

A 点が280V くらいになっていても、B 点の電圧はすぐには高い電圧には達しません。A 点＝280V、B 点＝0V だとすると、R1 には280V がかかりますから、R1 に流れる電流の最大値は2.15mA です。このわずかな電流によってC2 が徐々に充電され、B 点の電圧はゆっくりと上昇します。R1 に280V かかると消費電力は約0.6W になるので、R1 には1/2W 型を割り当てています。一時的に定格オーバーになりますが、数秒後には0.1W 以下になってしまうので1/2W 型で十分で

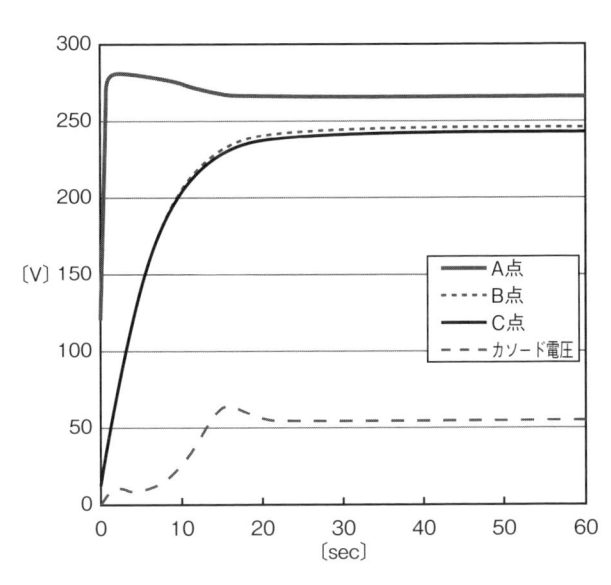

◆ 図4.10.2　電源スイッチON 後の各部の電圧変化

MOS-FETのゲート～ソース間電圧は3V前後です。B点が10VになればC点は7Vになり、B点が100VになればC点は97Vになります。この間、D1には常に逆方向に電圧がかかるので、D1は何の仕事もしません。

　A点の電圧の変化をみると、一気に約280Vになってから少し経つと真空管が温まって回路電流が流れ出すので、電圧が徐々に下がってきてやがて265Vに落ち着いています。C点は時間をかけて徐々に上昇してゆき、やがて242Vくらいに落ち着いています。B点は常にC点+3Vくらいを保っています。参考のために出力管のカソード電圧の変化も入れておきました。最初の2～3秒間の小さな山は電源～カソード間のバイパスコンデンサを充電するための電流によって生じたものです。15秒あたりの山は初段管がまだ完全にヒートアップしていないために数秒間ですが出力段グリッドに高い電圧がかかったためです。MOS-FETの立ち上がりをもっと緩慢なものにすればこの山は消えますが、そこまで追い込む必要はないでしょう。

4-10-2 | 電源スイッチOFF時

　電源スイッチがOFFになると、ヒーターへの電力の供給はストップしますが、カソードが冷え切るまでに若干の時間がかかりますので、その間アンプ部の回路電流は減少しつつも暫くの間流れています。

　整流回路への電力供給もストップしますが、回路電流はすぐにはゼロになりません。この電流はC1に溜まっていた電荷によってまかなわれますが、それも数秒の間に一気に低下してきます。C2にもC1の半分程度の電荷が溜まっているわけですが、もしD1がないとなかなか放電されないのでB点はいつまでも高い電圧のままになります。

　つまり、A点およびC点の電圧は早くに低下しますが、B点の電圧はなかなか下がりません。D1なしの状態で電源スイッチをOFFにすると、A点とB点の間には100V以上の逆電圧がかかります。この問題を解消するのがD1の役目です。C2の電荷はD1を通じて速やかに放電されるので、A点、B点、C点の電圧はすべてが揃った状態で低下させることができます。

　しかし、C1とC2の電荷がすべて放電されるよりも早くにカソードが冷えてしまうため、やがてアンプ部の電流はゼロになります。

　最後に残ったC1およびC2の電荷は、R2とR3によって放電されます。電荷が残るのはC1とC2以外にもアンプ部の出力段の2つのバイパスコンデンサ（100μF/350V）があります。これらがバランス良く放電するために、R3はR2よりも小さい値にしてあります。

　すべてのコンデンサが十分に放電されないで電荷が残っていると、再度電源をONした時の挙動がおかしくなり、意図したとおりの遅延動作をしなくなります。

　このように、電子回路の設計では電源スイッチのON／OFF後の過渡的な動作についてもよく検討しておかなければなりません。

4-11 電源回路の基礎…ヒーター回路

ヒーター回路は、電源トランス側の都合と真空管側の都合の両方を考えてどのように配線したらいいかを考えます。KmB60FとKmB90Fを使って2本の5687のヒーターをまかなうケースについて考えてみましょう。

5687は内部に2つのユニットがあり、ヒーターも2つあります。1つは4番ピン～8番ピンで、もう1つは5番ピン～8番ピンです（図4.11.1）。6.3Vで点火する場合は、4番と5番をつないで8番との間に6.3Vをかけます。12.6Vで点火する場合は、4番と5番との間に12.6Vをかけます。

図4.11.2(a)はKmB60Fを使った配線の例です。1つの巻き線に1本分のヒーターを割り当てています。図4.11.2(b)はKmB90Fを使った配線の例ですが、12.6V巻き線をそのまま使って2本のヒーターを並列につないでいます。この2つの接続法がもっとも一般的ではないかと思います。

ヒーター配線の一端をアースにつないでいるのはハムを防ぐためで、その理由など詳しいことは後述します。

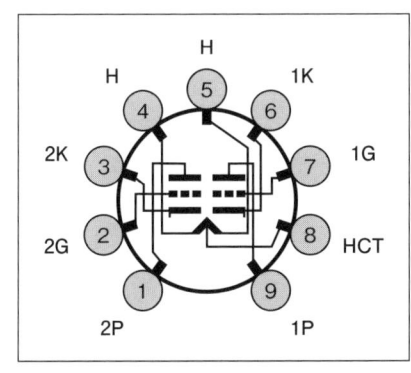

◆ 図4.11.1 5687のピン接続（4-8間と5-8間が6.3V、4-5間が12.6V）

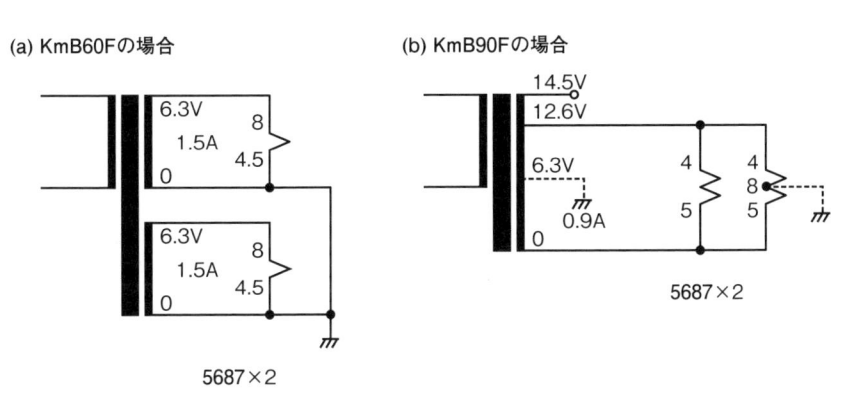

◆ 図4.11.2 標準的な配線（アースへの接続は必ずどちらか1箇所で行う）

4-12 電源回路の基礎…ヒーター巻き線の直列と並列

ヒーター巻き線は単独で使うだけでなく、他の巻き線と組み合わせることもできます。

図4.12.1(a)は、6FQ7の12.6Vバージョンである12FQ7に対応するために2つの6.3V（1A）巻き線を直列にした例です。ただし、ヒーターハムの都合を考えると高い電圧でヒーターを供給するのはあまり得策ではありません。

図4.12.1(b)は、2つの6.3V（1A）巻き線を並列にして6BX7GTの1.5Aと12AX7の

0.3Aのヒーター電流をまかなおうとした例です。ここで注意しなければならないのは、並列になった2つの6.3V巻き線電圧は精密に同じかどうかわからない点です。並列にした2つの2次巻き線の電圧が違っていると、電圧が高い方の巻き線から低い方の巻き線に電流が逆流したり、一方の巻き線にだけ過大な負荷がかかります。

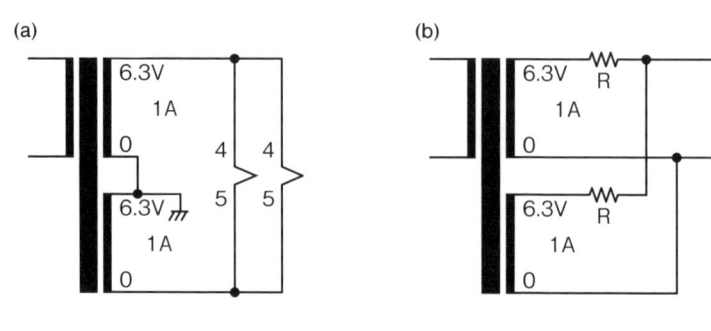

(a) 12FQ7（12.6V、0.3A）×2

(b) V1 6BX7GT（6.3V、1.5A）
V2 12AX7（6.3V、0.3A）

◆ 図4.12.1　ヒーター巻き線の直列使用と並列使用

電源トランスの巻き線が並列接続できるための条件は、無負荷時の電圧が一致することと内部抵抗が同じことの2つです。同じ電源トランスの同じ電流容量の巻き線ならば同じ太さの線材を使い、同じ巻き数であると推定できますが、異なるメーカーのトランスの場合は同じ6.3Vと表示されていてもまず違うと思った方がいいでしょう。そういったことを確認した上で、念のために2つの巻き線の電流バランスが揃うようにバランス用の抵抗（R）を追加します。

4-13　電源回路の基礎…ヒーターハム対策

　ヒーターを交流点火すると、宿命的にハムが信号経路に混入します。その原因はさまざまですが、これらを総称して**ヒーターハム**といいます。ヒーターハムは、ヒーターまわりおよびカソード周辺の回路設計によって変化し、使用する真空管によってもかなり差があります。本書の製作で使用した球の中では、6FQ7がとびぬけてヒーターハムが出やすいことで知られています。

　ヒーターハム対策の基本は、ヒーター回路全体に必ず一定の電位を与えることです。通常はアースと同じ0Vの電位を与えます。もし、ヒーターの配線をどこにもつながずに電位が定まらない状態にすると、「ジー」という濁った鳴り方をするハムが出てアンプとしてはほとんど実用になりません。

　ヒーターが原因のハムには、ヒーター線から生じる電磁誘導による「ブーン」というハムと、ヒーターから飛び出した電子がカソードやヒーターに飛び込むことで生じる「ジー」というハムがあります。

　ヒーターにアースと同じ電位を与えることで電子が飛び出しにくくなります（図4.13.1）。しかし、交流点火する限りヒーターの一端を0Vにしても反対側はピーク値で

4-13 ◆ 電源回路の基礎…ヒーターハム対策

6.3Vの$\sqrt{2}$倍の±8.9Vで振れていますので、できるだけ低い電圧でヒーターを点火するのは効果があります。そのために抵抗2本によるセンターを作ったり、ハムバランサを入れたりします。しかし、この方法は期待するほど顕著な効果は得られません。

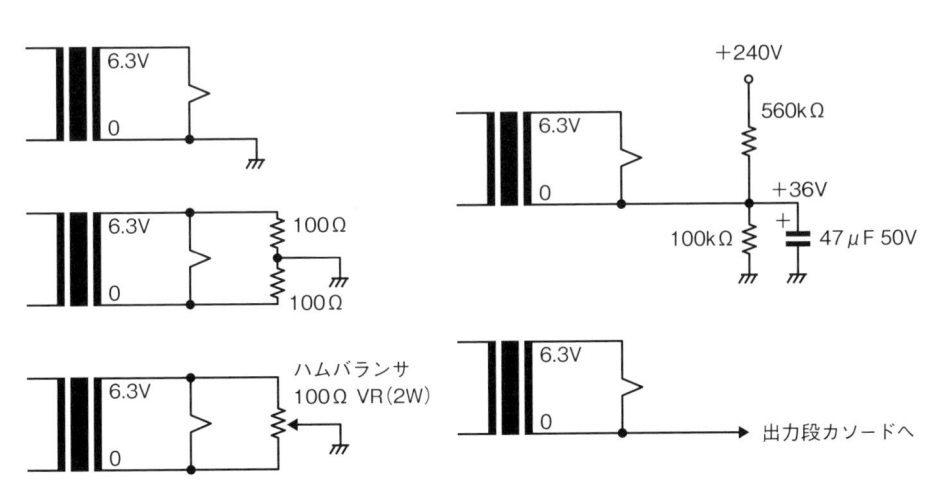

◆ 図4.13.1　ヒーター配線のアースの取り方

ヒーターから飛び出す電子によるハムをより徹底して抑えるには、ヒーターに十数V～数十V程度のプラスの電圧を与えて、ヒーターに対してカソードやグリッドが相対的にマイナスになるようにします。

プラスの電圧は2本の抵抗に微量のブリーダ電流を流して作るか、出力段のカソードなどのアンプの回路のどこかに生じた手頃なプラスの電圧を借用する方法があります。本書で製作するミニワッターでは、出力段のどちらか一方のチャネルのカソード電圧を借用しています。

増幅回路側で対応するヒーターハム対策についてもここで触れておくことにします。ヒーターから飛び出した電子がカソードに飛び込むことで生じるヒーターハムの大きさは、カソード～アース間の抵抗値の影響を受けます。

カソードが最もヒーターハムを拾いやすいのが図4.13.2(a)の回路で、最も拾いにくいのが図4.13.2(b)です。バイパスコンデンサによってカソードが交流的にアースされていると、ヒーターからカソードに飛び込んだ電子がすぐにアースに抜けてしまうのでハムが出ません。

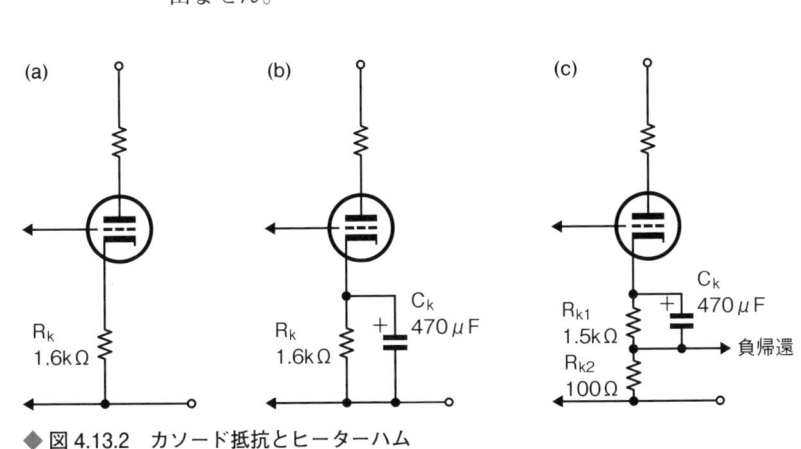

図4.13.2(b)のようにしてしまうとハムは出なくなりますが、負帰還をかけることもできなくなります。このような場合は、図4.13.2(c)のように工夫することで負帰還がかかるようにしつつカソード～アース間のインピーダンスを下げられるので、この種のハムを減らすこ

◆ 図4.13.2　カソード抵抗とヒーターハム

とができます。R_{k2}の値は小さいほどヒーターハムは小さくなります。この方式はミニワッターでも採用しています。

4-14 電源回路の基礎…ヒーター電圧の調整

ヒーター電圧の許容範囲はメーカー発表のドキュメントによると、そのほとんどが±5%と規定されています（図 4.14.1）。

・TUNG-SOL のドキュメントから：

RATINGS
ABSOLUTE MAXIMUM VALUES

HEATER VOLTAGE	6.3±5%	12.6±5%	VOLTS

・RAYTHEON のドキュメントから：

RATINGS AND NORMAL OPERATION:	MIL-E-1 SYMBOL	DESIGN MINIMUM	NORMAL TEST CONDITIONS (Note 6)	NORMAL OPERATION (Note 5)	DESIGN MAXIMUM	MIL-E-1 UNITS
Heater Voltage (Note 7)	Ef:Series	12.0	12.6	12.6	13.2	V
	Parallel	6.0	....	6.3	6.6	V

◆図 4.14.1　ヒーター電圧の許容範囲

カソード効率は温度で決まりますので、ヒーター電圧が低いと真空管は性能を発揮できなくなります。ヒーター電圧が高いと r_p が低くなり g_m が高くなるなど性能的には少し良くなりますが、確実に寿命が縮みます。

では±5%以内であれば問題ないかというとそうともいえません。ヒーター電圧が5%変化すると、ヒーター電力の変化は約2倍の10%ほどになります。カソードの能力は電力に比例しますので、ヒーター電圧のわずかな変化がヒーターの特性を大きく変えることは筆者の過去の実験でも明らかになっています※1。

電源トランスのヒーター巻き線は、定格電流を取り出した時に規定の電圧になるように設計されるのが基本です。6.3V、1.5Aのヒーター巻き線は1.5Aを取り出した時にできるだけ6.3Vに近くなるように設計されていますので、無負荷では7Vくらいになっていることがあります。この巻き線にヒーター電流が0.6Aの6FQ7を1個分だけつないだとすると、図 4.14.2(a) のようにヒーター電圧が高めに出ます。図中の電圧はすべて実測値です。

この問題を回避する最も簡単な方法は、図 4.14.2(b) のように、1つの巻き線で2本分のヒーターをまかなうようにして、もうひとつのヒーター巻き線は遊ばせてしまいます。一方の巻き線に偏って負荷をかけたからといって電源トランスの巻き線が消耗したり寿命

※1：ヒーター電圧と真空管特性の関係
http://www2.famille.ne.jp/~teddy/datalib/heater.htm

が縮むわけではありません。本書における 6FQ7 を使用したミニワッターではこの方法を採用しています。

もうひとつの方法は、図 4.14.2(c) のように、ヒーターごとに電圧ドロップ抵抗を割り込ませます。0.6A の電流で 0.2V 強の電圧降下を得ようとすると抵抗値は 0.39Ω（1W 型）になります。こうすると、電源 ON 時の冷えたヒーターへの突入電流も緩和されるので回路の信頼性が増します。ヒーター電圧は、±5% 以内に入っていればよしとしますが、可能ならばより正確な値となるような回路設計の工夫をしたらいいでしょう。

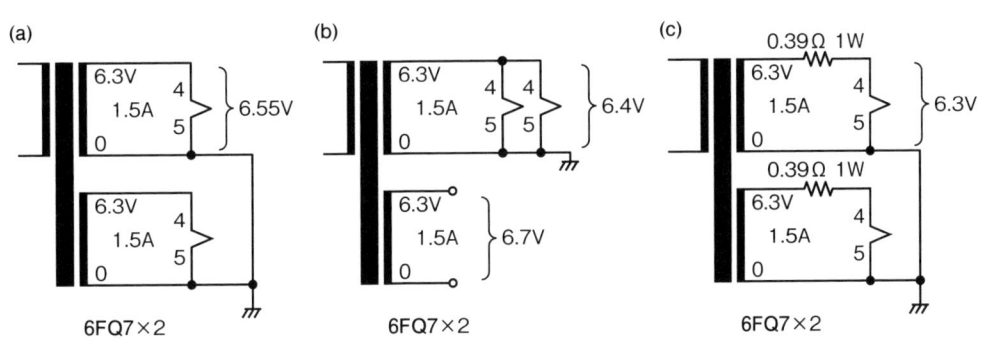

◆ 図 4.14.2　電圧が調整されたヒーター回路

4-15　電源回路の基礎…ヒーターの交流点火／直流点火

　パワーアンプのヒーターは通常は交流点火しますが、ヒーター巻き線から整流回路を通して直流にしてからヒーターを点火する**直流点火**という方法もあります。

　パワーアンプは扱う信号レベルが高く、ヒーターハムの影響がほとんど出ないので、ヒーターが直流点火されることはまずありません。しかし、きれいな直流で点火するとさまざまなタイプのヒーターハムを根絶できるので、微小信号を扱うプリアンプではヒーターの直流点火がよく行われます。本書の製作ではヒーターは交流点火を基本としていますが、より高度な低雑音性能を求めるのであれば直流点火も視野に入れてもいいと思います。

　ただし、交流で 1A のヒーター巻き線からは 1A の直流は取り出せません。取り出せる直流電流値は、巻き線の交流定格電流の 63% 程度になりますので、巻き線の電流容量について注意が必要です。KmB90F のヒーター巻き線の電流容量は交流で 0.9A ですから、0.9A を必要とする 5687 を使う場合はもはや直流点火ができるだけの余力がありません。

　出力管でも、300B や 801 といった古典管は直流点火されます。これらカソードがなくフィラメント自身がカソードの役目をする直熱管を交流点火するとかなり大きなハムが出ます。2A3 や 45 といった低圧（2.5V）で点火する球は、交流点火してもさほどハムは目立たないのですが、3V 以上になると許容レベルを超えるように思います。

　図 4.15.1 は KmB90F のヒーター巻き線を使って 6DJ8/6922 のヒーターを直流した例です。12.6V をブリッジ式全波整流して 14.8V ほどの整流出力を得て、これをさらに 4.7Ω の抵抗でドロップさせて最終的に 12.5V を得ています。

実際に何Vになるのかはやってみないとわからない世界ですので、すべてを机上で設計することはできません。この回路の場合は、整流出力が15Vくらいは得られそうなことは推定できたので4.7Ωは最初から決めていましたが、1.8Ωの方は最適値がわからなかったので、1Ω～2.7Ωくらいの範囲で異なる抵抗器を5～6本用意してカット＆トライで決めました。

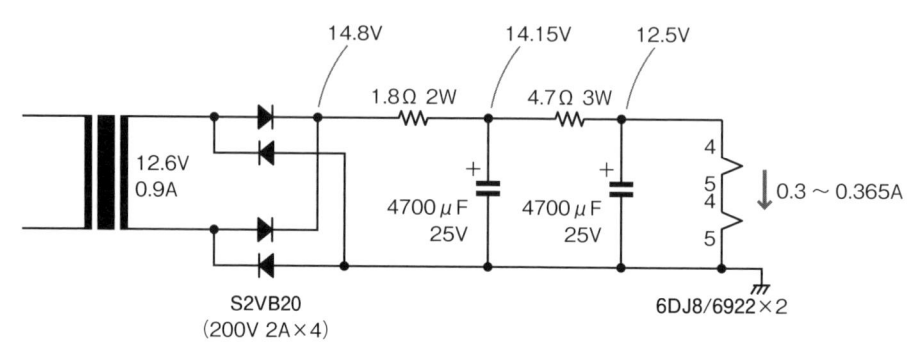

◆ 図 4.15.1　ヒーターの直流点火回路の例

4-16　LED 点灯回路

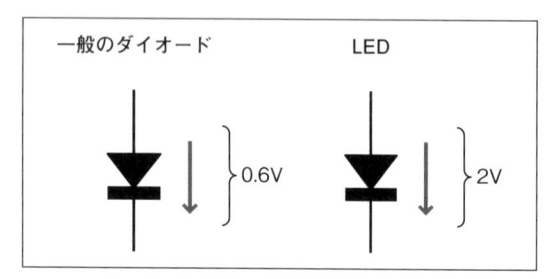

◆ 図 4.16.1　ダイオードと LED

　LED（Light Emitting Diode）は、ダイオードの一種で、基本的に直流で一定方向の電流を流して点灯します。そのため回路図では一般的なダイオードと同じく矢印の記号で表記します。順電圧はシリコンダイオードが約 0.6V であるのに対して LED は約 2V と高めです。

　LED にはアンプの動作表示で使うさまざまな色のものから、照明用の白色で非常に明るいものなどいろいろなタイプのものが次々と開発されています。表示用途の LED は、色によって若干の違いがありますが、数 mA くらいの電流でちょうどよいくらいの明るさで点灯し、4mA くらいで動作中の LED は 1.9V 前後の順電圧を示します。明るさは流す電流の大きさにほぼ比例して変化します。

　ダイオードですから逆方向には電流が流れませんので整流作用を持ちますが、整流ダイオードと違って逆耐圧は非常に低く、定格上は 4V くらいしかありませんので電源の整流ダイオードとしては使えません。

　LED の点灯は順電圧である 2V よりも十分に高い直流電源を用意し、抵抗などを使って流れる電流値を制御して行います。基本回路は図 4.16.2(a) のようになります。12V の直流電源を使った場合、LED の順電圧が 1.9V であるとすると、R1 にかかる電圧は、

$$12V - 1.9V = 10.1V$$

となり、4mA くらいの電流で点灯すると、制御抵抗の値は、

$$R1 = 10.1V \div 4mA = 2.53k\Omega \cdots 2.4k\Omega \sim 2.7k\Omega$$

となります。これで暗いようでしたら抵抗値を 1.5kΩ くらいにすればいいですし、明るすぎるようであれば抵抗値を 3.9kΩ くらいにしてやります。10mA くらい流しても十分に定格内ですし、消費電力も 20mW 程度ですからほとんど熱も出ません。

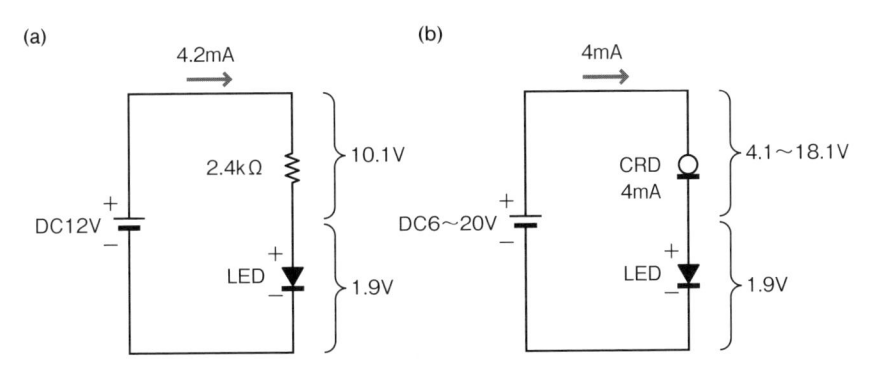

◆ 図 4.16.2　LED 点灯基本回路

なお、図 4.16.2(b) のように、制御抵抗を定電流ダイオードに置き換えれば、電源電圧が変動するような場合でも明るさは一定にできます。

真空管アンプでは、LED 点灯に適当な低圧の直流電源がありませんが、6.3V あるいは 12.6V のヒーター電源を使って最小限の部品で LED を点灯することができます。6.3V を交流のまま制御抵抗 1 本でつないでしまうと、LED に最大 9V ほどの逆電圧がかかってしまうので、図 4.16.3 のように LED と並列に逆向きにダイオードを抱かせてやります。

こうすると交流のプラスの半サイクルでは LED に順電流が流れて点灯しますが、マイナスの半サイクルで LED に逆電圧がかかっても追加したダイオードでショートしてしまうので、LED にかかる逆電圧を 0.6V 程度に下げることができます。

この場合、供給される交流の半サイクルしか使いませんから、直流点灯回路のように制御抵抗を設定したのでは明るさが半減してしまいますが、制御抵抗の値を 1/2 に減らすことでほぼ同じ明るさを得ることができます。6.3V のヒーター電源を流用した場合の制御抵抗値は 560Ω くらい、12.6V の場合は 1.3kΩ くらいです。

交流点火の場合は、制御抵抗を定電流ダイオードに置き換えることはできません。

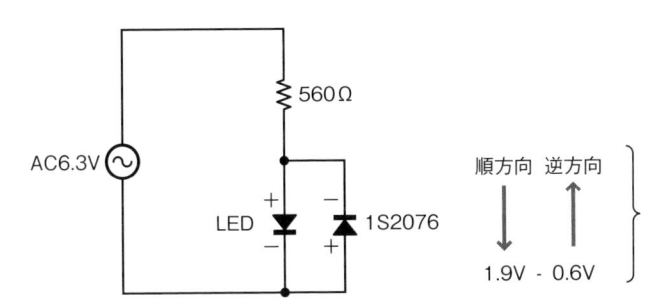

◆ 図 4.16.3　LED の簡易交流点火回路

第4章 電源回路

4-17 決定回路の全体図

　決定回路の全体図は図4.17.1のとおりです。これまで説明したすべての要素を盛り込みつつ、できるだけ無駄のないシンプルな構成にしました。特殊な部品、高価な部品も使っていません。性能を損ねずにこれ以上部品点数を減らすことは難しいと思います。また、これ以上部品を追加したり回路を凝ってみても得るものは少ないでしょう。
　この回路は、若干の回路定数の変更をすることで電源電圧を変更したり、KmB90F以外の電源トランスに置き換えることができます。

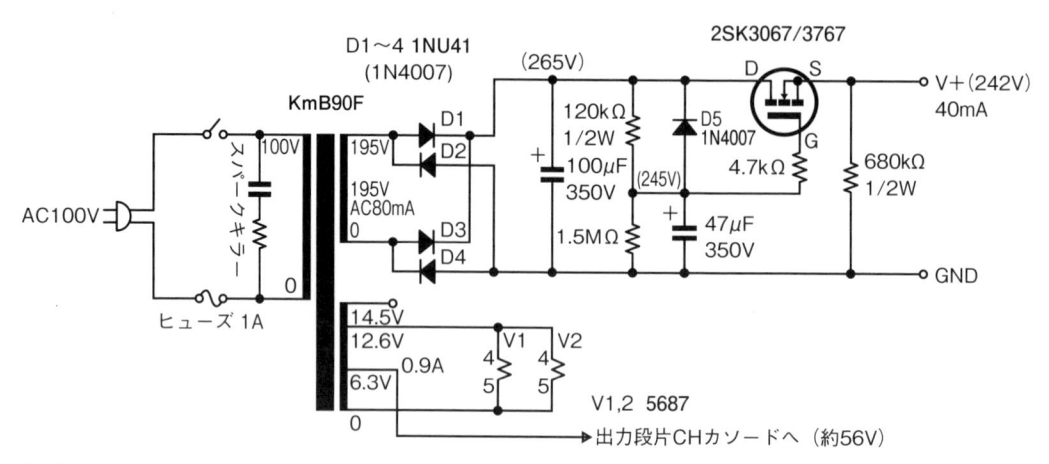

◆図4.17.1　決定された電源回路全体

第5章

負帰還のしくみ

初心者にとってわかりにくく、ベテランにとっては説明しにくい負帰還の世界。
いままでにないデータの公開と解説を試みました。
本書で最も険しい鎖場、急斜面かもしれません。
電卓片手に10回くらい読み返してほしいと思っています。

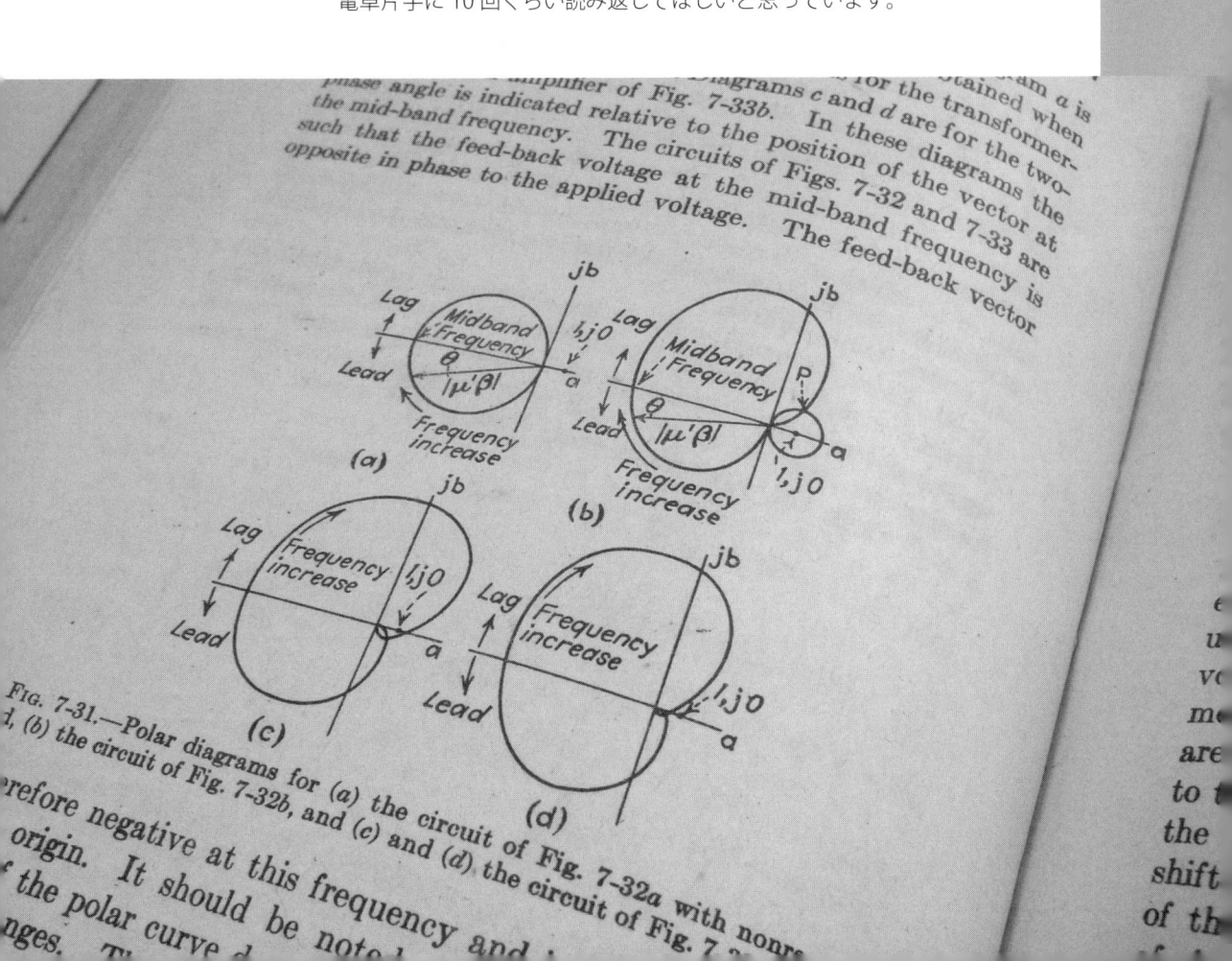

5-1 帰還（フィードバック）とは

室温を設定してエアコンやファンヒーターの動きを見ていると、動いたり静かになったりを繰り返している様子がわかります。部屋が寒いうちは勢いよく温風を吹き出していますが、部屋の温度が上昇して設定温度に達するとファンの勢いが弱まり、室温が安定してくるとごくわずかな強弱の制御で設定温度を保つようになります。

このようにして出力（この場合は室温）を監視しながら入力（この場合は温風の吹き出し）を制御するしくみのことを**帰還**（フィードバック）と呼びます。

帰還（フィードバック）技術は私達の日常生活を支えるあらゆるものに組み込まれています。ご飯がおいしく炊けるのも、列車や空の旅が快適なのもみんな帰還技術のおかげであるといっていいでしょう。帰還のしくみは私達のからだや自然界にも精密に組み込まれています。

オーディオアンプにも帰還のしくみがあちこちに組み込まれています。トランジスタや真空管ひとつひとつの性能はかならずしも優れたものではありません。どんな条件下でも常に安定した動作をするわけではなく、電源事情の違いや周囲の気温の変化や部品のばらつきなどによって電子回路の動作は変化してしまいます。トランジスタや真空管をそのまま使ってオーディオ信号を増幅させた場合、出力波形はかなり歪みますし、周波数特性も広帯域にわたってなかなかフラットになってはくれません。そんな時、アンプの回路に帰還のしくみを組み込んでやると、安定して動作する高性能なアンプに仕上げることができます。

5-2 オーディオアンプにおける帰還（フィードバック）

オーディオアンプの性能を表すことばのひとつに「**直線性**」があります。入力したオーディオ信号が増幅されたとき、どんな大きさや形のオーディオ信号が入力されても、常に等しく一定の比率で増幅され正確に出力されるかどうかを表した指標です。

トランジスタも真空管も、単体で使用した時の直線性はあまり良くありません。たとえば、本書の製作で使用している 5687、6N6P、6FQ7 といった真空管の場合、1V のオーディオ信号を入力すると、十数倍程度増幅されて 12V〜16V くらいの出力信号が得られますが、その時の歪み率は 1〜2% ほどもあります。入力されたオーディオ信号の形が変わって 1〜2% ほどの不純物が混ざっていると考えてください。廉価な CD プレーヤでも歪み率特性は 0.01% 以下ですから 1〜2% というのはオーディオ界の基準からいうとかなり悪い値です。

トランジスタや真空管そのものの固有の直線性は、これ以上は良くはなりません。どんな高性能の高級オーディオ装置であっても、中で使われているのはこのようなはなはだ直線性のよろしくないトランジスタや真空管といった増幅素子です。

増幅素子単体の性能だけでは優れたオーディオアンプが作れないため、回路技術を駆使

してさまざまな方法で直線性を良くしようとするわけです。その手法のひとつに負帰還という技術があります。

帰還技術には**正帰還**（ポジティブフィードバック、略してPFB）と**負帰還**（ネガティブフィードバック、略してNFB）の2つの考え方があって、エアコンやオーディオアンプなどで使われている帰還技術の大半は負帰還です。負帰還は、出力された好ましくない結果をうまく使って打ち消し効果を生じさせ、期待どおりの出力結果を得ようとする考え方です。

エアコンでいうならば、冷房が効きすぎたらパワーダウンさせてやり、室温が上昇したら冷房を強くしてやるというように作用します。オーディオアンプでいうと、出力されたオーディオ信号の形が潰れてしまいそうになったらふくらましてやり、出っ張りそうになったらへこましてやって、できるだけ入力した信号と同じ形で出力するようにしてやる、すなわち直線性を良くする、という作用だと考えていただいていいでしょう。

5-3 入力と出力の形が同じでない

入力したオーディオ信号を一定の比率で増幅して出力する時、信号の大きさは変えますが形は変えない、というのがオーディオアンプの理想形です。信号の形の変わり方はいくつかのパターンがあります。

5-3-1 直線性：3次高調波

1の大きさの信号を入れたら10の大きさの出力が得られたが（すなわち10倍の増幅率）、2の大きさの信号を入れたら19.6の大きさになり（9.8倍の増幅率）、3の大きさの信号を入れたら23.4にしかならなかった（7.8倍の増幅率）、という場合は「直線性が悪い」といいます。「入出力特性で上が潰れている」というふうな言い方もします。直線性は、入力信号の大きさと出力信号の大きさを「入出力特性」というグラフで表記できます（図5.3.1）。

このような入出力特性の時、出力波形は図5.3.2の太い線のように上下が潰れた形になります。比較のために歪みのない正弦波形を細い線で入れてあります。

太い線と細い線の差を取ったのが破線です。破線の波形の周期と正弦波の周期には3倍の開きがありますので、破線の波形の周波数は正弦波の3倍です。正弦波と破線とを足すと上下が潰れた波形になります。

すなわち、歪みのない正弦波が上下が潰れるような歪み方をした場合、元の正弦波に3

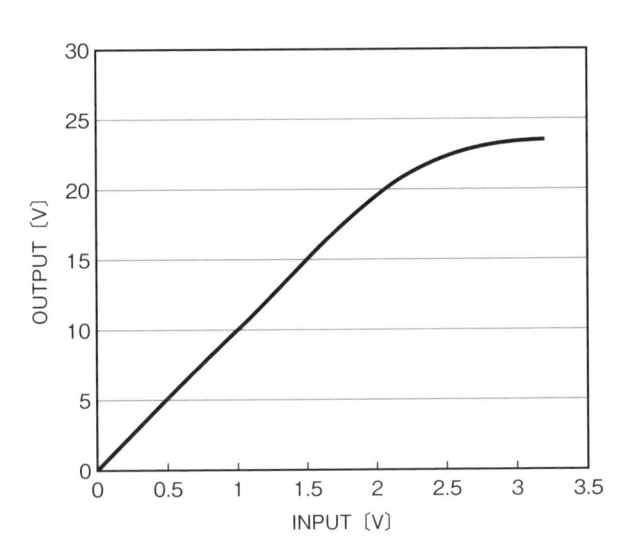

◆ 図5.3.1　入出力特性の例

倍の周波数の正弦波を足したものであるということができます。これが歪みの正体です。

破線の波形のように、元の波形のn倍の周波数成分のことを総称して**高調波**といいます。周波数が3倍の高調波のことを**3次高調波**と呼びます。上下が潰れるような歪み方をした波形は、実際には3次高調波だけでなく、5次、7次といった奇数次の高調波も含みます。オーディオアンプの性能について、歪み率何パーセントというふうな言い方をしますが、この何パーセントというのはまさに高調波の量をそのまま言っているのです。

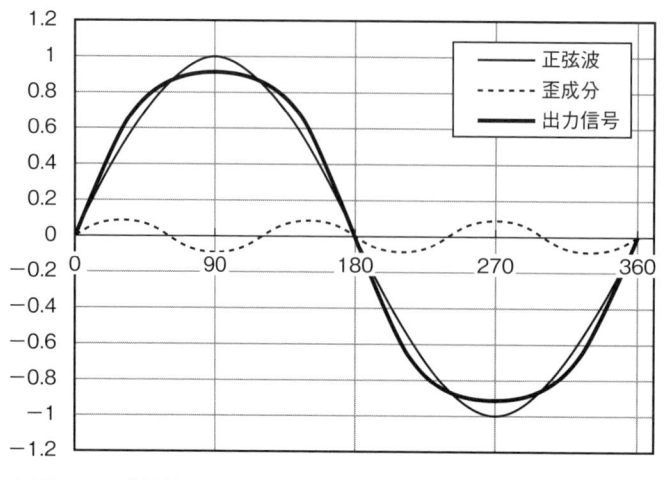

◆ 図 5.3.2　直線性が悪い波形その1

このような歪み方は、パワーアンプの最大出力付近で発生します。また、プッシュプルアンプなど対称性を持った増幅回路でも発生します。

5-3-2 直線性：2次高調波

入出力特性は悪くないのに歪み率が悪い、という現象も起ります。オーディオ信号は交流の一種ですので、プラス側とマイナス側の両方の振幅を持っています。オーディオ信号を増幅した時、プラス側もマイナス側も潰れてしまう場合は前記の直線性の悪さにあたりますが、プラス側は潰れたがマイナス側は潰れないでむしろ出っ張っている、ということがよく起こります。

このような場合は入出力特性でみる限り直線性は悪くなったようには見えませんが、オーディオ信号波形の形が変わっていますから歪み率を測定すると悪い数字が現れます。

このような特性の時、出力波形は図5.3.3の太い線のように上下が非対称な形になります。太い線と正弦波の差を取ったのが破線です。破線の波形の周波数は正弦波の2倍です。

すなわち、歪みのない正弦波が上下が潰れるような歪み方をした場合、元の正弦波に2倍の周波数の正弦波を足したものであるということができます。上下が非対称な歪み方をした波形は、実際には2次高調波だけでなく、4次、6次といった偶数次の高調波も含みます。

真空管のプレート特性図にロードラインを引いた時、左上の領域の間隔が広く、右下の領域が狭くなっているのを思い出してください。このような偏った特性の場合に偶数次高

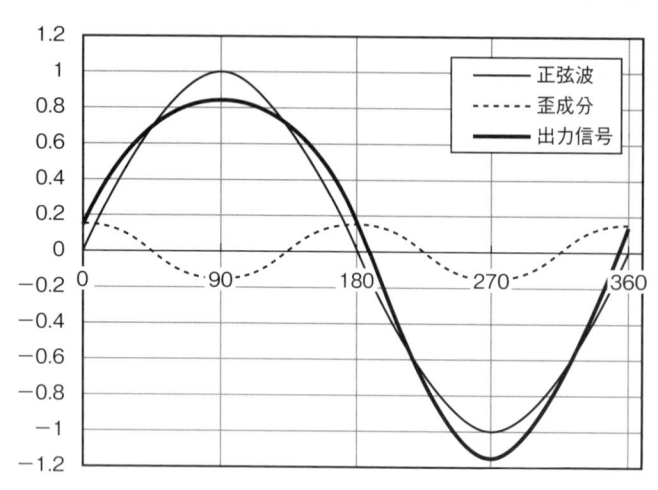

◆ 図 5.3.3　直線性が悪い波形その2

調波が発生します。

　真空管をシングル動作で使った場合に生じる歪みのほとんどはこの2次高調波で、最大出力付近になると奇数次高調波も現れます。

5-3-3 | 雑音

アドバイス
※:ホワイトノイズ:
ノイズのスペクトルによってホワイトノイズ、ピンクノイズ、ブラウン(レッド)ノイズ、ブルーノイズなどに分類されています。

　ボリュームを絞り切った時、無音になるはずなのにスピーカーから何かが聞こえてきます。ブーンという**ハム**や、サーとかシーという**ホワイトノイズ**※と呼ばれる雑音です。オーディオアンプで生じる雑音は、入力されたオーディオ信号には元々なかったものですから、入力の形と出力の形が同じにならない原因のひとつとして扱います。

　歪み率の測定では基本波を除いた高調波の量を測定するわけですが、この種のノイズは広い帯域にわたってランダムに存在するため、歪みの測定では高調波と雑音とを明確に区別することができません。そのため歪みの測定では、高調波と雑音とをまとめて測定・表示することになっています。このようにして測定した歪み率のことを**雑音歪み率**といいます。ことわりがない限り歪み率といえば雑音歪み率のことをさしています。

　ハムは50Hz（60Hz）あるいは100Hz（120Hz）だから識別可能という意見もありますが、実際のハムには非常に多くの高調波が含まれているため、50Hz（60Hz）あるいは100Hz（120Hz）だけを除去しても意味がないのでやはり識別はできません。

　図5.3.4は、本書のために製作中だった14GW8ミニワッターの無帰還時の雑音歪み率特性の例です。このアンプの残留雑音は0.314mVです。雑音の大きさは、出力0.0001W（8Ω負荷で28.3mV）においては1.11％にあたり、出力0.001W（89.4mV）においては0.351％にあたり、出力0.01W（283mV）においては0.111％にあたります。これは雑音歪み率特性の右下がりの直線にあたります。オーディオアンプの歪み率特性で、このような右下がりの直線があったら、雑音の大きさを表しているものだと思ってください。

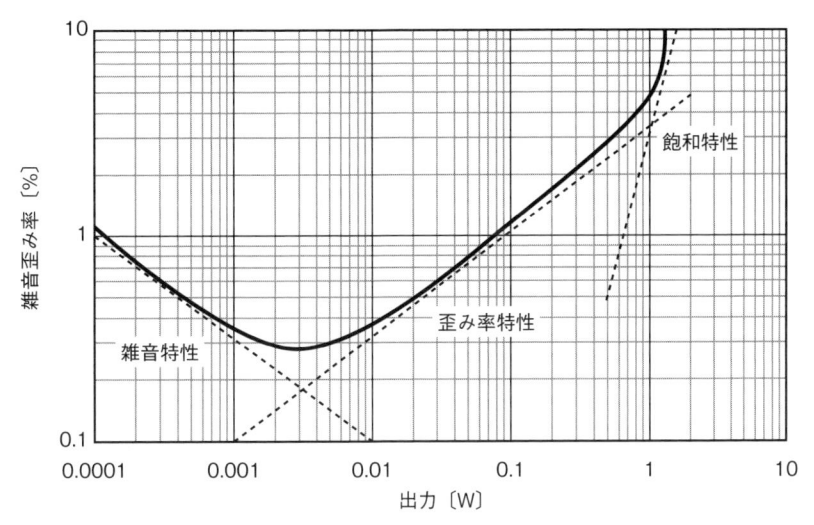

◆ 図5.3.4　典型的な雑音歪み率特性の例（14GW8ミニワッター（無帰還）の歪み率特性）

　アンプの真の歪み成分は右上がりの直線です。信号電圧が高くなるにつれて歪み率は高くなる傾向があり、逆に低ければ低いほど限りなくゼロに近づいてゆきます。どんなに直

線性が悪く歪みが多いアンプでも、測定信号電圧を小さくすれば歪み率は良くなります。

図 5.3.4 では、出力 0.003W 以下の領域では歪みである高調波成分よりも雑音の方が大きいため、測定結果はこのような V 字型の特性になっています。

ちなみに 1W 以上の領域は最大出力の限界である飽和領域になるため、出力波形は著しく潰れて歪みが急増しています。

歪み率特性で水平な線がある場合は、雑音でもなく、歪み率でもない、測定系の限界値ですので被測定アンプの特性を表してはいません。雑音や歪みの性質からいって水平な特性が続くことはまずありません。

5-3-4 | 周波数特性

オーディオアンプは、非常に低い周波数と非常に高い周波数では出力（レスポンスという）が低下し、その中間の帯域でのみ平坦で安定したレスポンスが得られるという一般的性質があります。このような性質を表す言葉に帯域特性や周波数特性があります。さまざまな周波数においてオーディオアンプのレスポンスがどうなっているのかを表すのが**周波数特性**で、平坦な周波数特性が得られる時のレスポンスを基準にして、レスポンスが約 0.7 倍（－3dB）に低下する範囲のことを**帯域特性**と呼びます。

図 5.3.5 は試作中のミニワッターの周波数特性データのひとつですが、0.5W 出力における帯域特性は 27Hz 〜 25,000Hz（－3dB）で、0.125W では 16Hz 〜 24,000Hz（－3dB）です。

周波数特性の問題はレスポンスの低下だけではなく、特定の周波数においてレスポンスが上昇しているケースも含みます。特に多いのが高域側で、1 つあるいは 2 つ以上のピークを生じているケースです。このような特性のオーディオアンプでは、出てくる音に付帯音が聞こえたり、楽器の音が変わって聞こえたりします。

図 5.3.5 のケースでも高域側の 180kHz あたりと 300kHz あたりに鋭いピークが生じていますが、幸いにして山の頂上が 1kHz におけるレスポンスに対して－16dB 以下であるため、その影響度は無視できる程度まで小さくなっています。

周波数特性が悪いオーディオアンプでは、周波数によってレスポンスが一定ではないために、複雑な形をした音楽信号においては入力と出力の形が同じになりません。

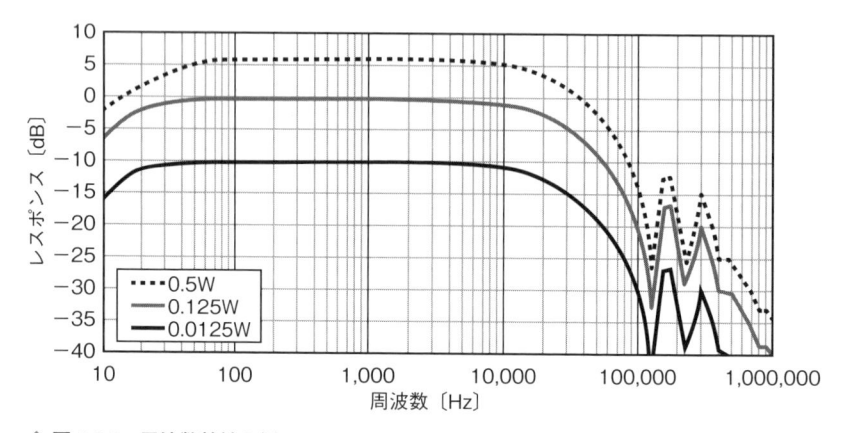

◆ 図 5.3.5　周波数特性の例

5-3-5 内部抵抗とダンピングファクタ

真空管に固有の内部抵抗が存在するように、プリアンプにもパワーアンプにも内部抵抗が存在します。

プリアンプにおける内部抵抗は**出力インピーダンス**ともいいます。内部抵抗は外につないだ負荷との組み合わせでアッテネータを構成するので、内部抵抗の影響は負荷を与えた時に表面化します。

シールド線は1mあたり50pF〜300pFくらいの容量を持ちますので、10mでは500pF〜0.003μFというばかにならない値になります。内部抵抗が5kΩのプリアンプにこのシールド線をつなぐと、500pFの場合で64kHz、0.003μFの場合では10.6kHzでレスポンスが−3dB減衰するロー・パス・フィルタができます。

オーディオアンプでは、いたるところにこのような容量性の負荷が存在します。シールド線だけでなく、ただの線と線の間にもわずかながら容量が存在しますし、真空管や半導体自体も無視できない大きさの固有の容量を持っています。

負帰還は、どんな負荷が与えられても一定の利得を維持しようとする働きがあるため、負帰還をかけたオーディオアンプは内部抵抗が低くなったように振舞います。負帰還は内部抵抗を下げますので、総合的にみてオーディオアンプの高域側の帯域特性をよくする効果があります。

パワーアンプでは、内部抵抗と負荷インピーダンスとの比率を**ダンピングファクタ**と呼びます。

$$\text{ダンピングファクタ} = \frac{\text{負荷インピーダンス（スピーカーのインピーダンス）}}{\text{内部抵抗}}$$

フルレンジスピーカーやウーファーは、数十Hz〜150Hzくらいのどこかに共振点があり、内部抵抗が高い（ダンピングファクタが低い）パワーアンプで駆動すると、共振周波数で制動が効かなくなってボンボンと耳につく音がします。この現象はスピーカーの音のバランスを損ねるので、パワーアンプではダンピングファクタの値がどれくらいであるかがよく話題になります。

端子に何もつないでいないスピーカーのコーン紙を押すと容易に前後に動き、指で軽く叩くとボンボンという音がしてコーン紙は決まった音程の低音で鳴り続けます。今度はスピーカー端子を銅線でショートさせて同じことをやってみてください。コーン紙を押すと見えない力による強い反発があるでしょう？　これを**スピーカーの制動**といいます。

銅線のかわりに2Ωとか5Ωの抵抗器をつないでコーン紙を叩いてみると、上記の中間の状態になります。抵抗値が高ければ制動は弱くなり、抵抗値が低ければ制動は強くなります。この銅線や抵抗器がパワーアンプの内部抵抗にあたりますので、内部抵抗が低い（ダンピングファクタが高い）パワーアンプでもこれと同じことが起きます。制動が甘いとパワーアンプに入力した信号と異なる音がスピーカーから鳴ってしまうので、入力と出力の形が同じになりません。

このように書くと、パワーアンプの内部抵抗はゼロに近いほうがいい（ダンピングファクタは高いほどよい）と思ってしまいますが、実際の再生環境ではことさらに高いダンピングファクタを実現しても効果がなく、ある一定以上の値が確保されていれば十分なよう

です。製作したミニワッターのダンピングファクタ値は低いもので2くらい、高いもので8くらいです。

内部抵抗は図5.3.6(a)のようにして表すことができます。負荷側からアンプの出力端子を見ると、アンプの中に内部抵抗という抵抗があるように見えます。

内部抵抗（r_o）の構成要素の中心は出力管のプレート内部抵抗（r_p）ですが、これに次いで影響力があるのが出力トランスの1次巻き線抵抗（DCR）および2次巻き線抵抗（DCR）です。これらの関係全体をまとめたのが図5.3.6(b)です。途中にインピーダンス比875：1の出力トランスがあるため、1次側のインピーダンスはスピーカー側からみると1／875になります。このケースでは、内部抵抗（r_o）は、

$$内部抵抗（r_o） = \frac{2600\Omega + 321\Omega}{875} + 0.67\Omega = 4.01\Omega$$

となりますので、8Ω負荷に対する計算上のダンピングファクタは、

$$8\Omega \div 4.01\Omega = 2.00$$

となります。

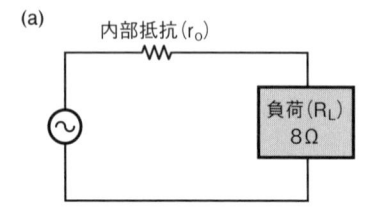

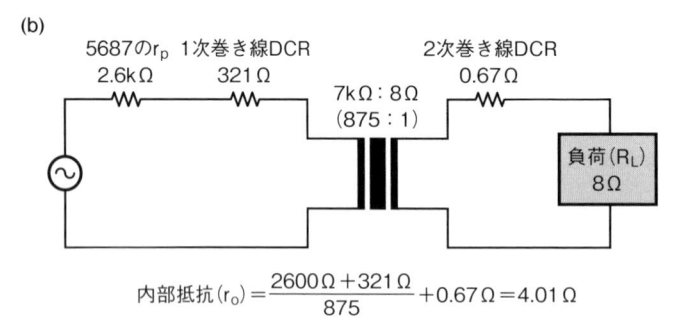

◆ 図5.3.6　内部抵抗のモデル図

5-3-6 | 入力と出力の形を同じにする

わたしたちが通常、オーディオアンプの性能を数値で評価する時に使う直線性や歪み率や周波数特性や雑音性能のよしあしは、このように入力の形と出力の形が同じかどうかの度合いにかかっているというふうに言い換えることができます。

負帰還の効果は、いろいろな意味で入力の形と出力の形を同じにすることですので、オーディオアンプに負帰還をかけることによって、直線性は良くなり、歪みが減り、周波数特

性が良くなり、雑音性能が向上し、ダンピングファクタを高くできます。これらすべて改善される原理は同じものなのです。負帰還はオーディオアンプの総合的な性能を数値的に高めることができる手法であるといっていいでしょう。

ただし、「オーディオアンプの性能を数値的に高めること＝良い音のアンプになる」というわけではありません。それはさらに次のステップでの応用的なレベルの話です。しかし、負帰還がオーディオアンプの性能向上に非常に効果的である、という事実は変わりません。

5-4 実測して観察する

オーディオアンプの設計・製作で避けて通れないのが「負帰還」という技術です。負帰還とはどんな作用であるか、わかっているようでいてわかりにくいところがあります。負帰還をかけると歪みが減ることは知っているけれども、どのようなことが起きていて何故歪みが減るのかがうまく説明できません。

本章では、無帰還のアンプと、負帰還をかけたアンプの両方について、その内部の状態を精密に測定・比較することで、負帰還のしくみについてできるだけわかりやすく説明したいと思います。実験機として用意したのは本書で製作した試作機5687ミニワッターです。

最初に、このアンプを無帰還の状態で測定します。アンプの入出力だけでなく、初段、出力段それぞれの入出力の状態も測定して、各段がどのように増幅しているかその様子を把握します。次に、このアンプに若干の負帰還をかけた状態で上記と同様の測定を行います。そして、2つの測定結果を比較することで、増幅回路の内部のどこがどう違っているのか、あるいはどこは全然変わっていないのかを観察してみようというあまり例のない実験です。

すくなくとも、私はこのような実験をするのははじめてですので、私自身頭の中でわかったつもりになっていても、どんな結果が得られるのかとても興味があるのです。

5-5 無帰還時の測定結果

実験機に負帰還をかけない状態で、8Ωスピーカー端子側に1Vの出力が現れるように入力端子から歪みのない1kHzの正弦波信号を入力し、増幅段各部の信号の状態を測定しました。図5.5.1は、無帰還時の測定結果をまとめたものです。

第5章 負帰還のしくみ

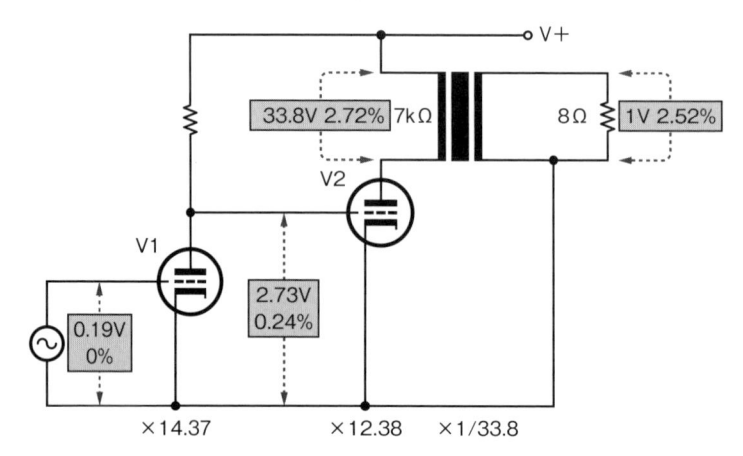

◆ 図5.5.1　無帰還時の測定結果

　8Ωスピーカー端子側に1Vの出力が現れており、この出力信号の歪み率は2.52%ありました。この時、実験機に入力した信号電圧は0.19Vでしたので、このアンプの総合利得は、

　　　1V ÷ 0.19V = 5.26 倍

ということになります。この負帰還をかける前の利得のことを**オープン・ループ・ゲイン**（open loop gain）といいます。この状態のまま初段の出力電圧を測定したところ、信号電圧は2.73Vで歪み率は0.24%でした。このことから、初段の利得は、

　　　2.73V ÷ 0.19V = 14.37 倍

であることがわかります。そして、初段は2.73Vの出力の時0.24%の歪みを発生させているわけです。さらに出力段のプレート側（出力トランスの1次側）を測定したところ、信号電圧は33.8Vで、歪み率は2.72%に増えていました。このことから、出力段の利得は、

　　　33.8V ÷ 2.73V = 12.38 倍

となります。

　初段と出力段はともに5687のユニットを使っていますが、初段の負荷は82kΩと高く、出力段の負荷は7kΩですので、初段の利得の方が大きいのは納得できます。
　出力段では初段よりも10倍以上大きな歪みを発生させています。単体の真空管増幅回路では、歪みの大きさは出力電圧にほぼ比例することが知られており、実験結果もこのことを裏付けています。
　そこで、出力段のグリッドから歪みのない2.73Vの正弦波信号を注入して、プレート側（出力トランスの1次側）に何が出てくるか調べるといういたずらをしてみました。すると、出力電圧が33.8Vで歪み率は2.96%になりました。
　このことから、出力段単体では出力信号電圧が33.8Vの時の歪みは2.96%であるが、初段出力を入力した場合は、おそらくそこに含まれていた歪み成分（0.24%）によって打

ち消しが行われて、結果として2.72%に減ったのだと推定することができます。これが有名な、2段増幅回路における「2次歪みの打ち消し効果」です。

2.96%（出力段の歪み）− 0.24%（初段の歪み）＝ 2.72%（初段・出力段の総合歪み）

何故このようなことが推定できるかというと、シングルの増幅回路で発生する歪みの大半が2次高調波であるからです。2次高調波は上下非対称な歪み方をするので、逆の歪み方をした波形を入力すると打消しが生じるためこのような引き算ができるのです。

出力段のプレート側（出力トランスの1次側）と8Ωスピーカー端子側との間には7kΩ：8Ωの出力トランスがあります。トランスの巻き線比はインピーダンス比の平方根ですから以下のとおりです。

巻き線比　29.6：1

プレート側における信号電圧に対して、8Ωスピーカー端子側では1／29.6になる計算になります。実測値は、

$$1V \div 33.8V = \frac{1}{33.8}$$

> **アドバイス**
> ※：7kΩの負荷インピーダンスに対して歪み率計の入力インピーダンスが100kΩと低くその影響が出たため。

でした。現実のトランスでは巻き線抵抗などのために、10%〜15%くらいのロスが生じるからで、ロスを考慮すると実測値はよく合っています。8Ωスピーカー端子側での歪み率は2.52%となりました。プレート側（出力トランスの1次側）の歪み率の方が高いのは、プレート側に歪み率計を割り込ませたことによって生じた測定上の誤差[※]です。実際には出力トランスでもわずかに歪みを生じますが、その値は0.05%以下ですので、この実験では出力トランスで生じる歪みについては考えないことにします。

COLUMN　ミニワッターにおける負帰還の効果

　ミニワッターは、6DJ8や5670を使った場合を除いて負帰還量は4dB前後と少なめです。これくらいの負帰還量ですと歪み率はほんのわずかしか減りません。帯域効果はそれほど顕著ではありませんが確実に広くなっています。

　ミニワッターにおける負帰還の効果が最も顕著に現れるのは、ダンピングファクタの向上です。ミニワッターで使用している出力管の内部抵抗は数kΩレベルで、よく知られているオーディオ出力管に比べてかなり高めですので、無帰還時のダンピングファクタは低めになっています。そのため、低域の鳴り方にスピーカーの癖が出やすいという欠点があります。3dBの負帰還は、2くらいしかないダンピングファクタを3.2までアップさせる力を持っています。この変化はかなり大きいもので、出てくる音に落ち着きとバランス感を与えてくれます。

　ミニワッターの場合、1dB〜2dBくらいの比較的少ない帰還量でも顕著な変化をみせます。もし、完成したミニワッターの音が他のアンプに見劣りするようでしたら、初段カソード抵抗の値を50%くらい大きな値に変えて、負帰還量を少しだけ増やしてみてください。

5-6 負帰還時の測定結果

今度は同じ実験機に負帰還をかけて測定してみました。負帰還は、出力信号を560Ωの抵抗を経て初段カソードに戻しており、戻された信号を51Ωで受けています。図5.6.1はその結果をまとめたものです。

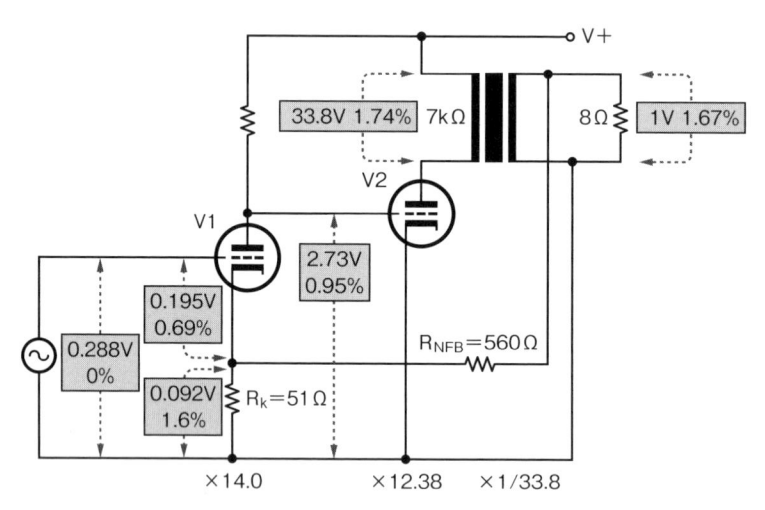

◆ 図5.6.1　負帰還時の測定結果

8Ωスピーカー端子側に1Vの出力が現れており、この出力信号の歪み率は1.67%で無帰還時の2.52%よりもかなり減っています。これが負帰還の効果です。この時、実験機に入力した信号電圧は0.288Vでしたので、このアンプの総合利得は、

$$1V \div 0.288V = 3.47 倍$$

になります。負帰還をかけると総合利得は低下するのです。この負帰還をかけた時の利得のことを**クローズド・ループ・ゲイン**（closed loop gain）といいます。

無帰還時の利得5.26倍に対して3.47倍、すなわち0.66倍の低下ですが、この比率が負帰還量に相当します。この0.66倍をデシベルに換算すると−3.6dBになり、このような場合に「3.6dBの負帰還をかけた」あるいは「負帰還量は3.6dB」という言い方をします。

この状態のまま初段の出力電圧を測定したところ、信号電圧は2.73Vで歪み率は0.95%でした。負帰還をかけていても、初段の出力電圧は無帰還の時と全く同じ2.73Vのままです。一方、初段の利得は、

$$2.73V \div 0.288V = 9.48 倍$$

であることがわかります。利得が減ったのは初段だけです。そして、面白いことに初段で発生する歪は無帰還の時には0.24%だったのに対して、負帰還をかけた時はぐっと増えて0.95%もありますがこれは一体どういうことでしょうか。この謎の現象については

後で説明することにして先に進みましょう。

　出力段のプレート側（出力トランスの1次側）を測定したところ、信号電圧は33.8Vで歪み率は1.74%でした。このことから、出力段の利得は、

　　　33.8V ÷ 2.73V = 12.38 倍

となり、無帰還の時と同じです。負帰還をかけても出力段の利得は全く変わらないわけです。不思議なことに、0.95% もの歪みがある信号を入力したのに、出力側の信号の歪みは1.74%と無帰還時よりも減っています。それは先に述べたように、歪みの打ち消しが起きたからなのでしょうか。

　出力段のプレート側（出力トランスの1次側）と8Ωスピーカー端子側との関係は無帰還の時と同じ1／33.8の減衰ですから、ここも無帰還時と変わってはいません。

　さて、ここからが本題です。負帰還回路の560Ωと51Ω周辺の状況はどうなっているのでしょうか。そこで、初段のグリッド～カソード間とカソード～アース間についても測定してみました。

　　　グリッド～カソード間：0.195V、0.69%
　　　カソード～アース間　：0.092V、1.60%

　少々の誤差には目をつぶってこの数字をよく見てください。

　無帰還の時、初段グリッド～アース（＝カソード）間に0.19Vを入力したら初段出力では2.73Vが得られたわけですが、負帰還をかけた時も初段グリッド～カソード間には0.195Vが入力されていて初段出力では2.73Vが得られています。初段の正味の増幅率は約14倍で無帰還の時も負帰還をかけた時も変わってはいないのです。

　違っているのは51Ωに生じた0.092Vの存在で、これが初段カソードとアースの間に割り込んでいる点です。この0.092Vは8Ωスピーカー端子側から560Ωを経て帰還された信号です。

　この2つの信号電圧を足すと0.287Vとなり、このアンプの入力信号電圧（0.288V）と同じになります。

　　　0.195V + 0.092V = 0.287V

　言い換えると、初段の正味の利得は無帰還の時も負帰還をかけた時も実は同じで、帰還された信号が割り込んだために初段の利得が下がって見えただけだということです。

　これまでのところでわかったことをまとめると、負帰還をかけてもかけなくても初段も出力段も真の利得は変わったりしないし、歪みも相変わらず同じ調子で発生させているのですが、560Ωと51Ωで戻された信号が、初段カソードの下に割り込むことでみかけ上の利得や歪みが変化するのだ、ということです。

　これはとても重要なことで、負帰還の有無にかかわらず増幅回路そのものの性質や性能は何一つ変化したわけではありません。もし、初段管や出力段管に意思があったとしても、彼らは自分達が負帰還の中にいるのかいないのかは知らずにいて、いつもどおり増幅し、歪みを発生させているだけであるといっていいでしょう。

5-7 負帰還信号の演算回路

　これまでの実験と測定から何故、負帰還をかけるとみかけ上の利得が減るのかがわかったと思います。そして、何故歪みが減るのかというしくみのおおよその見当がついてきたのではないでしょうか。

　2段構成の真空管アンプでは、歪みの大半は出力信号電圧が高い出力段で発生します。負帰還をかけた時、出力段に歪んだ信号を送り込んだ結果、総合的な歪みが減ったわけですから「歪ませた入力信号」と「歪みを発生させる回路」とが相互に打ち消し合う作用が生じたと考えられます。では、どうして歪みの打ち消し効果が生じるような「歪ませた信号」を作ることができたのでしょうか。

　その秘密が初段のカソード回路にあります。初段は、2つの入力と1つの出力を持った回路になっています。入力信号のひとつはグリッドから入ってきます。もうひとつの入力信号は負帰還抵抗経由でカソード側から入ってきます。初段ではこの2つの信号の合成が行われています。

> グリッド入力信号（0.287V）－帰還信号（0.092V）＝引き算された信号（0.195V）

というわけです。入力信号から帰還信号を引き算するので「負・帰還」という呼称が生まれました。この合成では歪み成分の引き算も行われます。

> 歪んでいない入力信号－歪んだ帰還信号＝マイナスの歪み成分

　この「マイナスの歪み成分」が初段出力で測定された「0.95%」であり、歪みの打ち消しの主役であるわけです。

　負帰還回路には必ず2つの入力信号を扱って、これらの引き算をする回路が存在します。この回路のことを**負帰還信号の演算回路**と呼ぶことにしましょう。

　図5.7.1は負帰還信号の演算回路の代表的な3つのパターンです。

　回路（a）は、真空管、半導体を問わず最もポピュラーな方式で、負帰還信号によってカソード（トランジスタの場合はエミッタ）をかさ上げすることで入力信号と演算を行います。ミニワッターもこの方式を採用しました。

　回路（b）は、抵抗2本による簡易ミキサーと考えたらわかりやすいです。入力信号と負帰還信号がミキシングされる際に演算が行われます。ミキシングの比率は2本の抵抗値の比で決まります。この方式では、入力側からみたインピーダンスを高くするためには、負帰還抵抗に大きな値を使わなければならないという欠点がありますが、演算方式としては非常に優れています。

　回路（c）は、2つの入力を持つ差動回路を使って演算します。差動回路は2つの入力と位相が逆の2つの出力を持ちますので応用範囲が広いです。1980年くらいを境に主に半導体アンプでこの方式が主流となり、OPアンプの多くも内部でこの方式を使っています。

　負帰還信号の位相が回路（b）だけ他と異なっている点に注意してください。

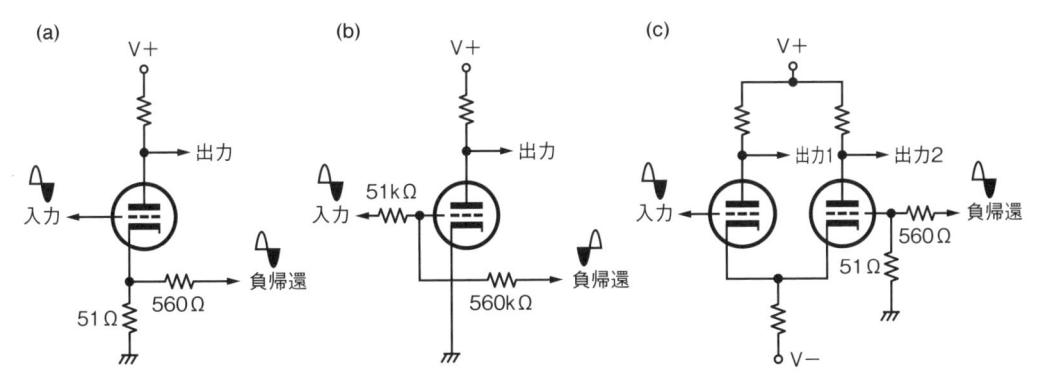

◆ 図 5.7.1　負帰還信号の演算回路

5-8 負帰還利得の計算法

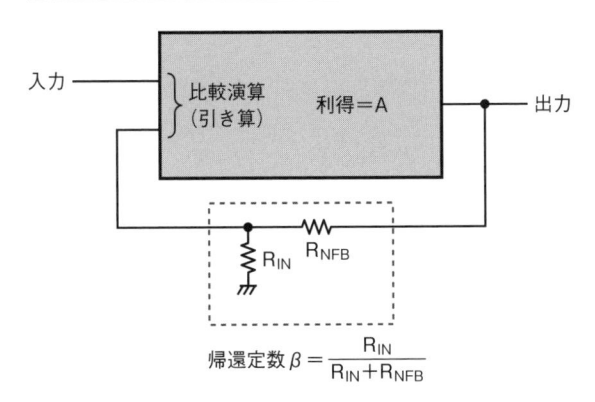

負帰還をかけた回路は図 5.8.1 のように表します。A 倍のオープン・ループ・ゲインを持った増幅回路と一定の帰還定数（β）を持った帰還回路（β 回路ともいう）、そして 2 つの入力を持った演算回路によって構成されます。

負帰還がかかった増幅回路の利得は以下の手順で求めます。まず、負帰還の条件を表した帰還定数 β を求めます。帰還定数 β とは帰還回路における利得（減衰率）です。

◆ 図 5.8.1　負帰還回路

$$帰還定数\ \beta = \frac{R_{IN}}{R_{IN} + R_{NFB}}$$

R_{IN} とは実験回路でいうと R_k すなわち 51Ω にあたり、R_{NFB} とは負帰還抵抗すなわち 560Ω をさします。オープン・ループ・ゲインを A とおくと、負帰還をかけた利得 A_{NFB} は、

$$A_{NFB} = \frac{A}{1 + (A \times \beta)}$$

で求まります。この計算式は図 5.7.1 の (a) と (c) に適用できます。

この計算法がスタンダードなのでこれを使ってもいいのですが、普段私はこの式は使っていません。何故なら、β が 1 以下になるため暗算しにくいのと、結果のイメージがつかみにくいからです。β ではなく、β の逆数（$1/\beta$）として β' を使っています。

$$\beta' = \frac{R_{IN} + R_{NFB}}{R_{IN}}$$

この場合の負帰還回路の利得 A_{NFB} を求める式は以下のようになります。どちらの式を使っても得られる結果は同じです。

$$A_{NFB} = \frac{A \times \beta'}{A + \beta'}$$

実験機の回路の場合、A および β' は、

$A = 5.26$
$\beta' = (51Ω + 560Ω) / 51Ω = 11.98$

ですので、負帰還時の利得 A_{NFB} は、

$A_{NFB} = (5.26 \times 11.98) / (5.26 + 11.98) = 3.655$

となります。計算値は実測値の 3.47 倍とよく一致します。

5-9 負帰還における位相関係

　負帰還（ネガティブフィードバック）は、入力波形と帰還された波形の引き算を行う演算を行いますが、帰還のさせかたによっては引き算にならずに足し算になってしまうことがあります。足し算になるような帰還のことを**正帰還**（ポジティブフィードバック）といいます。
　正帰還では、出力信号が帰還されて入力信号と足し算されて増幅されます。その増幅された信号がまた正帰還されて足し算してからさらに増幅され、その出力がまた正帰還されて…を繰り返すことでどんどん大きくなって発振に至ります。その原理は会議室のPA装置（場内アナウンス装置）などで起こるハウリングと同じです。正帰還によって発振が生じている真空管アンプにスピーカーをつなぐと、ギャーというけたたましい大音響で鳴ります。弱い正帰還が生じた場合は、発振には至りませんが利得が増えたように見えて歪み率も増えます。
　真空管式の2段シングルアンプの位相関係は図 5.9.1(a) のようになります。

5-9 ◆ 負帰還における位相関係

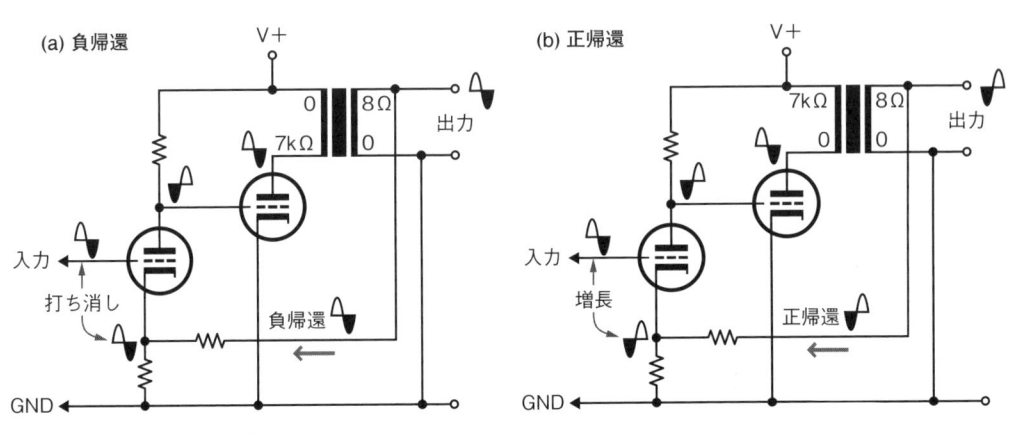

◆ 図 5.9.1 負帰還と正帰還

増幅回路はグリッド→プレート間で位相が反転しますから、入力された波形は初段プレート側で反転し、出力段プレート側でもう1回反転します。

出力トランスの多くは1次側、2次側ともに「0」と表記された側同士で巻き始め位置を揃えてあるのが普通です※。図5.9.1(a)のように接続すると、1次側、2次側ともに「0」と表記された側が交流的にアースにつながりますので、1次側の「0－7kΩ」間に入力されたのと同じ位相の波形が2次側の「0－8Ω」間に出力されます。そしてこの波形が負帰還抵抗を通って初段カソードとアースの間に入力されます。

このような位相関係の場合、入力信号と帰還された信号とが引き算された結果が初段グリッド〜カソード間に再度入力されることで負帰還が完成します。

もし、出力トランスの1次側のつなぎ方を逆にしたらどうなるのかを表したのが図5.9.1(b)です。2次側に現れる信号の位相が逆転するため正帰還になって発振します。

3段構成の場合は2段構成よりも1回多く反転しますので、出力トランスは図5.9.1(b)のようにつなぐことで負帰還になります。

出力トランスの1次側の表記方法ですが、「0」ではなく「B」と表記されている場合があり、反対側は「7kΩ」といった値ではなく「P」と表記されている場合もあります。「B」というのは真空管回路ではV＋電源のことをB電源と呼ぶ習慣があるためで、「P」とはプレートのことをさしています。

ご注意いただきたいのは、時々表記ルールと異なって1次側と2次側の位相関係が逆になった出力トランスが存在することです。そういう出力トランスは、3段構成を前提にしているのではないかと思います。

本書で登場する出力トランスのすべてについて、実際に測定確認した結果を表5.9.1にまとめておきましたので参考にしてください。

> アドバイス
> ※：このような接続が多数派ですが保証されているわけではありません。

◆ 表 5.9.1　2段構成時の出力トランス接続表

	1次側		2次側			
	電源側（B）	プレート側（P）	0Ω	4Ω	8Ω	16Ω
T-600	0	7kΩ（12kΩ）	0		8Ω	
T-850	0	7kΩ（12kΩ）	0		8Ω	
T-1200	0	7kΩ	0	4Ω	8Ω	
KA-7520	赤	青	黄		橙	
KA-5730	茶	赤	黒	白	青（灰）	緑
ITS-2.5W	0（白）	7kΩ（赤）	0（白）	4Ω（青）	8Ω（灰）	
ITS-2.5WS	0（白）	7kΩ（赤）	0（白）	4Ω（青）	8Ω（灰）	
PMF-B7S	0（白）	7kΩ（赤）	0（白）		8Ω（黄）	
PMF-230	0	12kΩ	0		8Ω	

第5章 負帰還のしくみ

5-10 負帰還における安定性

　増幅回路は、ある周波数において正帰還がかかっているということと、その周波数における利得が1倍以上という2つの条件が揃うと発振します。図5.10.1においてX点から入力された信号がA倍に増幅され、帰還回路でさらにβ倍（通常は減衰）されてY点に達した時、負帰還ではなく正帰還となるように位相が反転していて、しかもすべての利得の合計が1倍（0dB）以上になっていると発振する条件が揃います。ループが一周する時の利得の合計のことを**ループゲイン**（loop gain）といいます。

> ループゲイン＝A×β
> 発振のための条件＝ループゲイン＞1

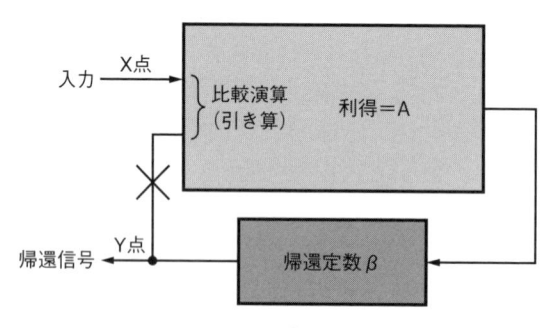

◆ 図5.10.1　ループゲイン（loop gain）

5-10-1 6N6Pを使ったミニワッターの例

　図5.10.2は、6N6Pミニワッター実験アンプの周波数特性データにループゲインを書き加えたものです。使用した出力トランスはT-1200です。この実験アンプの負帰還に関係する基本特性は以下のとおりです。測定回路は図5.10.3のとおりです。

```
オープン・ループ・ゲイン    ：6.10倍（15.7dB）
クローズド・ループ・ゲイン  ：3.93倍（11.89dB）… 参考値
負帰還抵抗                  ：$R_{IN}=51Ω$、$R_{NFB}=560Ω$
β                           ：0.0835
ループゲイン                ：6.10×0.0835＝0.509倍（−5.87dB）
```

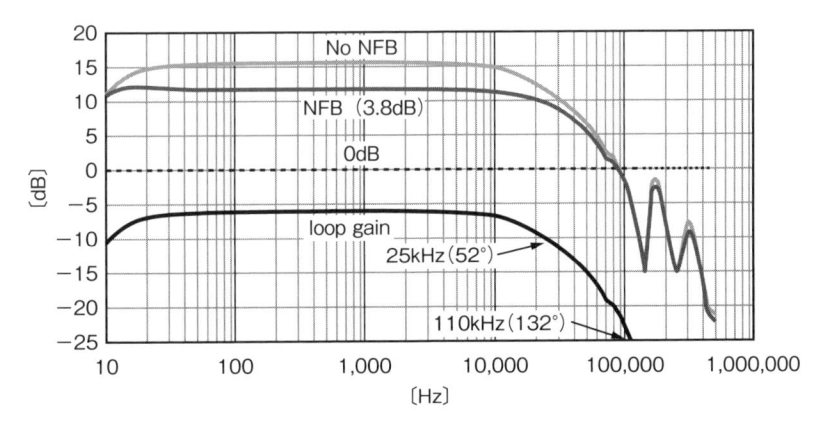

◆ 図5.10.2　6N6Pミニワッターの周波数および位相特性

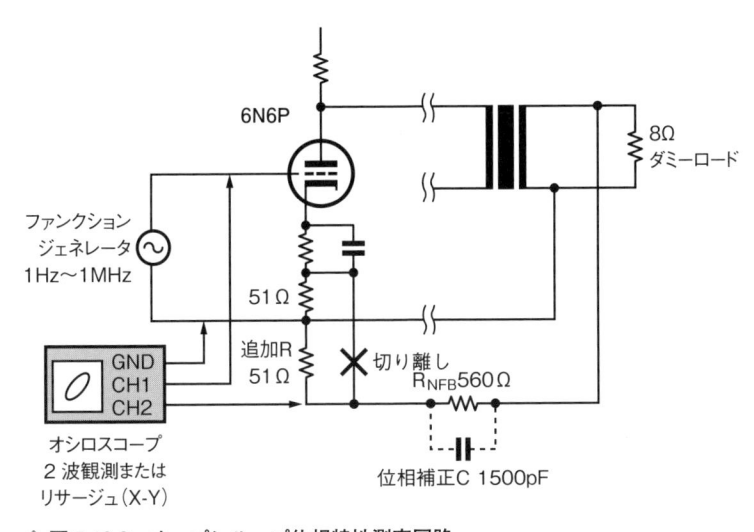

◆ 図5.10.3　オープンループ位相特性測定回路

　この図では、いかなる周波数においてもループゲインは常に1（0dB）以下であるため、このアンプは発振することはないということがわかります。

　念のために図5.10.1のX点とY点の2ヶ所の位相の関係を調べたのが図5.10.4です。

　1kHzでは位相の遅れはゼロで2つの波形はきれいに重なっています。Y点の波形は25kHzでは52°、110kHzでは132°の遅れが生じています。25kHzでは180°に対して十分な余裕があり、位相の余裕が少ない110kHzではループゲインが非常に小さいので、この条件の場合は位相補正などの手当ては不要です。

　2つの信号の位相関係をチェックするにはX-Yモードに設定したオシロスコープでリサージュ波形を使う方法が知られていますが、リサージュ波形では大雑把なことしかわからないこと、波形がわずかでも歪むと形が崩れてしまうこと、そして位相が遅れる様子を直感的に表示しないのであえて2波を使った画像を使いました。

第5章 負帰還のしくみ

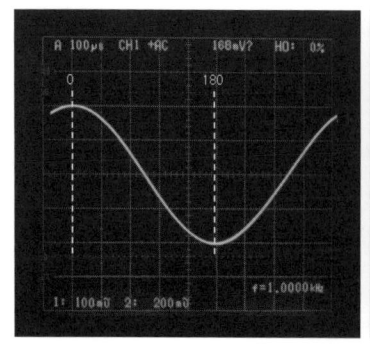

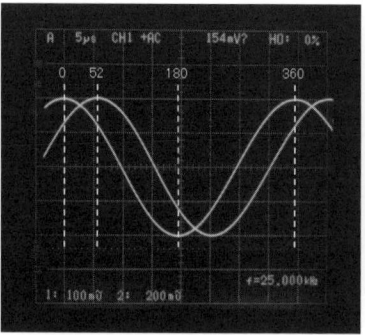

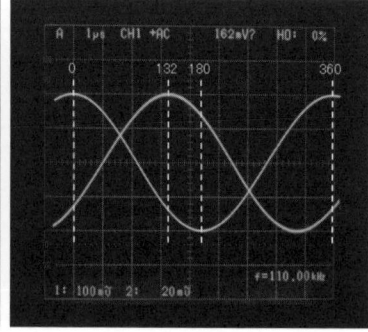

◆ 図 5.10.4　6N6P ミニワッターにおける帰還信号の位相遅れ（左から 1kHz、25kHz、110kHz。比較しやすいように同じ振幅にして表示している）

5-10-2 ｜ 6DJ8 を使ったミニワッターの例

　もうひとつ、6DJ8 を使ったミニワッターの例を挙げてみます。使用した出力トランスは T-1200 です。6DJ8 は 5687 や 6N6P に比べて μ が高いので、オープン・ループ・ゲインがかなり大きくなります。この実験アンプの負帰還に関係する基本特性は以下のとおりで、実測特性は図 5.10.5 および図 5.10.6 です。

```
オープン・ループ・ゲイン    ：16.77 倍（24.5dB）
クローズド・ループ・ゲイン  ：5.19 倍（14.3dB）… 参考値
負帰還抵抗                  ：$R_{IN}$ = 82Ω、$R_{NFB}$ = 560Ω
β                           ：0.128
ループゲイン                ：16.77 × 0.128 = 2.14 倍（6.6dB）
```

　まず図 5.10.5 ですが、無帰還時（No NFB）の利得は 24.5dB でループゲインは 6.6dB です。かなり広い帯域でループゲインが 0dB 以上ありますから、帰還される信号の位相の状態によっては発振したり、発振しないまでもピークが生じたり不安定になったりする可能性があります。

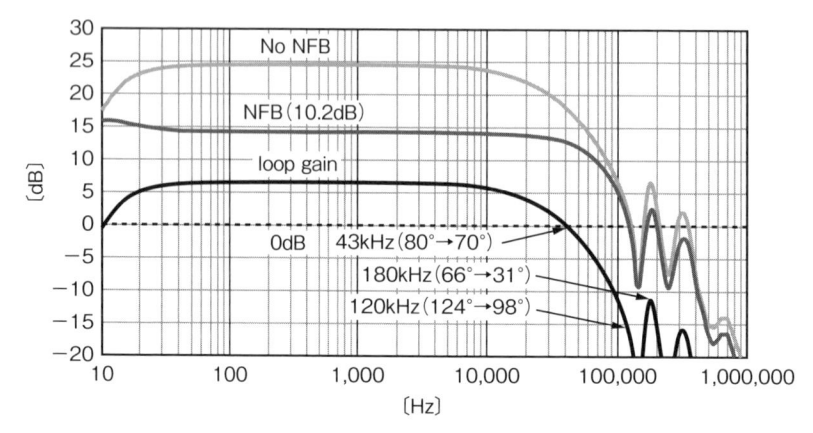

◆ 図 5.10.5　6DJ8 ミニワッターの周波数および位相特性

5-10 ◆ 負帰還における安定性

ループゲインが0dBになるポイントは、低域側の10Hzと高域側の43kHzの2つです。このアンプが安定して動作するためには、ループゲインが0dBになるこの2つのポイントで十分な位相余裕が必要です。また180kHzと320kHzにあるピークは－10dB以下ですので発振の危険はありませんが、ちょっと気になる存在です。

> **用語解説**
>
> ・リンギング
> 　方形波の角が波打つ現象。

位相余裕は発振条件である180°からどれくらい離れているかで評価します。30°くらいですとかなり目立ったリンギングが発生します。一般的には適正値の下限は60°くらいで、ピークが生じないために72°以下である必要があります。

また、位相の進遅が180°に達した時のループゲインの0dBに対する余裕で評価する見方もあり、これを**ゲイン余裕**といいます。

少し手をかけて1kHz～500kHzにおけるオープンループ（帰還信号）の位相特性を精密に測定してみたのが図5.10.6です。

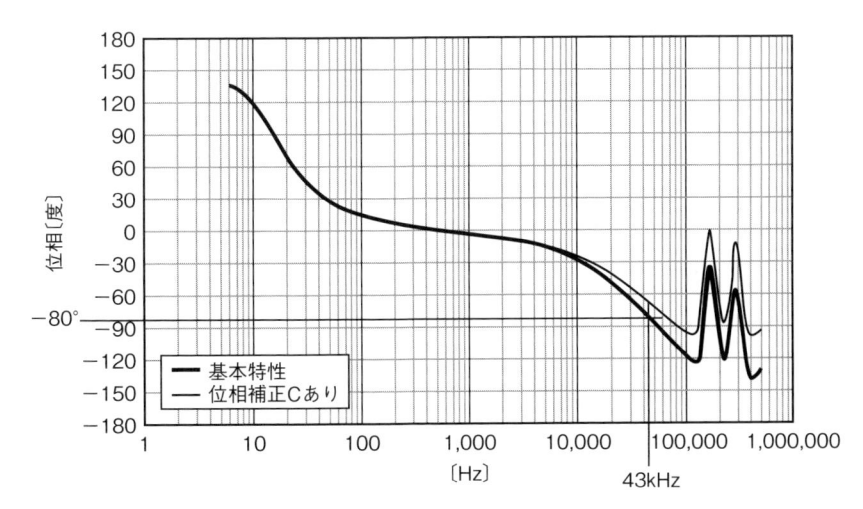

◆ 図5.10.6　6DJ8ミニワッターのオープンループ（帰還信号）の位相特性

高域側について検証してみます。43kHzにおける位相の遅れは80°ですので十分に合格です（図5.10.6参照）。43kHzより高い周波数ではループゲインが0dB以上になることはありませんから、この実験アンプはかなり安定していることがわかります。

43kHz以上では周波数が高くなるにつれて位相の遅れが大きくなってゆき、120kHzで－124°に達しますが、ループゲインは－15.5dBと非常に低いので全く問題ありません（図5.10.5参照）。気になる180kHzと320kHzの2つのピーク付近で位相の遅れはかえって少なくなっており、安定度を損ねる要素にはなりません。

以上のことから、この実験アンプの位相特性は非常に安定しており位相補正は必要ありません。しかしもう少し追い込んでみたいので、負帰還抵抗（560Ω）に1500pFのコンデンサを抱かせることで帰還される信号の高い周波数における位相を少し進めてやりました。こうすると100kHz以上におけるループゲインが高くなってしまいますが、位相の遅れが少なくなるので結果的に安定度を高めることができます。

図5.10.6の細い線が1500pFの位相補正コンデンサを追加した場合の特性です。位相の遅れが比較的大きい40kHz～500kHzにおいて改善がみられました。

今度は低域側です。20Hz以下の低い周波数をアナログオシロスコープを使って目視で観測するのは非常な困難を伴いますので、カメラを長時間露光させて撮ったのが図5.10.7

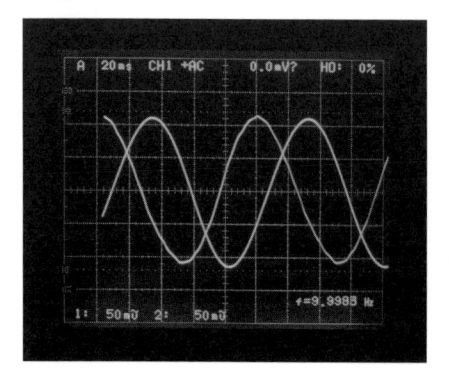

◆ 図 5.10.7　6DJ8 ミニワッターの 10Hz における位相の様子

です。ループゲインが 0dB となる 10Hz における位相の進みは 116°となりました。10Hz 以下の位相特性は 6Hz までしかデータが取れていませんが、回路の性質上、180°に至ることはなく最終的には 90°に収束します。

ここでは触れていませんが、候補となった他のどの出力トランスを使ってもほぼ同等の安定度が確保されることは確認済みですので、測定設備をお持ちでない方も安心して製作してください。

負帰還抵抗と並列にコンデンサを追加して帰還信号の位相を進ませる方法を**微分型位相補正**といいます。微分型位相補正以外にも積分型、ラグリード型などいろいろな位相補正の方法がありますが、いずれの方法においてもループゲインが 1 以上の領域で十分な位相余裕を確保するという点において変わりはありません。

これまでの説明で使ったオープンループの周波数特性と位相特性を一つのグラフにまとめたものを**ボード線図**（Bode Chart）といいます。負帰還をかけた増幅回路の設計では欠かすことのできない図ですが、これを描くにはもう少し専門的な知識と測定設備が必要です。本章では、ボード線図のベースとなる基本的な説明にとどめますが、興味のある方はより専門的な Web サイトや文献を参照してください。

5-11　高域ポール（極）とスタガ比

オーディオアンプにおける位相の状態は、減衰特性によってほぼ決定されます。そして、減衰特性は増幅回路のあちこちに存在する低域および高域の**ポール**（極）によってほぼ決定されます。ポールを生じさせているのは主に容量（コンデンサ）とインダクタンス（コイル）です。

1 つのポールは－6dB/oct（オクターブ）の角度を持った減衰特性を作ります。抵抗とコンデンサを 1 個ずつ使ったロー・パス・フィルタやハイ・パス・フィルタがこれにあたります。ポールが 2 つ存在すると減衰の角度は－12dB/oct になり、ポールが 3 つ存在すると減衰の角度は－18dB/oct になります。

－6dB/oct の減衰特性は位相を最大 90°進ませたり遅らせたりします。高域側にポールが 2 つ存在すると、位相の遅れは非常に高い周波数で 180°に収束してゆきますが、180°に達することはありません。180°に近づくあたりではループゲインが非常に小さくなるため発振する条件が揃いません。つまり、ポールが 2 つ以下の増幅回路では発振しないのです。特に、ポールが 1 つしかない増幅回路では位相の進遅は 90°未満ですから、いかなる条件においても 90°以上の位相余裕が確保されます。高域側にポールが 3 つ存在すると位相の遅れは 270°に収束するため、条件によっては簡単に 180°に達してしまいます。

増幅回路では、1 段あたり少なくとも 1 つの高域ポールが生じます。3 段以上の構成のオーディオアンプに安定して負帰還をかけるのはとても難しいのです。ミニワッターは 2 段構成ですから初段および出力段で 1 つずつ、合計 2 つの高域ポールが存在します。

出力トランスは純粋なコイルだけでなく、コイル相互間に複雑な容量が生じるために出力トランス単体で複数のポールが存在しますが、実際に測定してみると位相特性はさほど悲観的なものではないようです。これらのことから、位相の安定したオーディオアンプにするためには、できるだけ少ない増幅段数とすることと、位相特性の優れた出力トランスを使えばいいことになります。

ポールが2つ以上存在する場合、それぞれの周波数が何Hzであるかも重要です。2つのポールの周波数が接近していると、ループゲインが十分に低くならないうちに大きな位相の遅れが生じてしまいます。ループゲインが0dBの時の位相余裕がとれなくなってしまうのです。

2つのポールの周波数が離れていると、1つめのポールによって減衰がはじまり、2つめのポールの周波数に達する頃にはループゲインが低くなっているので位相余裕が確保しやすくなります。すなわち、かけたい負帰還量にほぼ比例してポールの周波数を離せば位相余裕は確保できることになります。このポールの間隔のことを**スタガ比**といい、このような操作をスタガリングとかスタガをとるといいます。

非常に大雑把な数字ですが、かけたい負帰還量が10dB（= 3.16倍）の場合のスタガ比は、最低でも3、14dB（= 5倍）の場合のスタガ比は5以上を確保する必要があると考えて大きな違いはありません。

スタガ比を確保するためには、低い側のポールの周波数をさらに下げる方法、高い側のポールの周波数をさらに高くする方法、そして両者をそれぞれ低い方と高い方に移動させる方法があります。しかし、出力トランス固有のポールは変えることができませんから、それ以外のポールを動かすしか方法がありません。

出力トランスのポールの周波数はそれほど高くありませんから、それよりも低い周波数を選んでしまうとオーディオアンプとしての高域性能に問題が生じます。かといって高い側に逃げようとすると、余程に優れた高域特性が要求されます。

5-12 高域ポールとその計算方法

ミニワッターの実験アンプの位相特性が安定していて位相補正が必要ないのにはそれなりの理由があります。ミニワッターには高域側に2つのポールがあります。

一つめは、出力トランスに存在するポールです。ミニワッターで使用した小型出力トランスの主なものについて高域側の帯域をまとめたのが表5.12.1です。低いもので17kHz、高いもので72kHzです。出力トランスの帯域はよほどによく設計されたものでも150kHzくらいが限界です。

二つめは、初段管の出力インピーダンスと出力管の入力容量によって

◆ 表 5.12.1　出力トランスの帯域（レスポンスが－3dBとなる周波数の実測値）

販売元	型番	高域側帯域（－3dB）
東栄変成器	T-600	17,000Hz
	T-850	30,000Hz
	T-1200	20,000Hz
春日無線変圧器	KA-7520	57,000Hz
	KA-5730	43,000Hz
イチカワ	ITS-2.5W	22,000Hz
	ITS-2.5WS	72,000Hz
ノグチ	PMF-B7S	20,000Hz

決定されるポールです。ミニワッターの場合、この高域側時定数は使用する球によって異なりますが、概ね300kHz～1MHzくらいの範囲に分布します。

一つめのポールの上限値が72kHzで、二つめのポールの下限値が300kHzであるとすると、スタガ比は4以上が確保できる計算になります。負帰還量を12dB以下に抑えておけばなんとか安全圏が確保できそうです。実際には5687をはじめとするほとんどの球では負帰還量は4dB以下で、最も負帰還量の多いのが6DJ8の10dBです。

初段の出力インピーダンスは、初段管の内部抵抗（r_p）と交流負荷インピーダンス（R_L）の並列合成値です。

$$初段の出力インピーダンス = \frac{r_p \times R_L}{r_p + R_L}$$

5687を使った場合について計算してみましょう。ミニワッターの動作条件における5687の内部抵抗は5.3kΩくらいですが、カソード側に51Ωがあるのでこれも計算に入れる必要があります。μ = 15.4として計算してみると、

$$内部抵抗（r_p） = 5.3kΩ + 0.051kΩ + (0.051kΩ \times 15.4) = 6.14kΩ$$

となります。プレート負荷抵抗は82kΩですので、これらの並列合成値は以下のようになります。

$$初段の出力インピーダンス = \frac{6.14kΩ \times 82kΩ}{6.14kΩ + 82kΩ} = 5.71kΩ$$

出力管の入力容量の計算は少し複雑です。真空管の入力容量は、グリッド～カソード間の内部容量（C_{g-p}）とグリッド～プレート間の内部容量（C_{g-k}またはC_{in}）の合計で求めます。真空管の内部容量はデータシートに記載されています（図5.12.1）。

```
DIRECT INTERELECTRODE CAPACITANCES
        WITH NO EXTERNAL SHIELD
           EACH TRIODE UNIT

GRID TO PLATE:    (G TO P)                  4.0    pf
GRID TO CATHODE:  (G TO K+H)                4.0    pf
PLATE TO CATHODE: (P TO K+H)
    SECTION #1                              0.6    pf
    SECTION #2                              0.5    pf
HEATER TO CATHODE: (H TO K)                 7.0    pf
PLATE TO PLATE:   (1P TO 2P) APPROX.        0.75   pf
GRID TO GRID:     (1G TO 2G) APPROX.        0.025  pf
```

◆図5.12.1　5687の内部容量データ（データシートより）

5687のグリッド～カソード間容量は4pFで、グリッド～プレート間容量も4pFとあります。次の式中で0.5pFを足しているのは配線で生じる浮遊容量の大雑把な見込み値です。

グリッド〜カソード間容量 = 4pF + 0.5pF = 4.5pF

プレート側には13.2倍増幅され、しかも位相が反転した出力が現れます。このような場合のグリッド〜プレート間容量は実容量の「利得＋1」倍となって現れます。

グリッド〜プレート間容量 = （4pF + 0.5pF）×（13.2 + 1）= 63.9pF

このようにしてグリッド〜プレート間容量が異常に大きくなってしまう現象を**ミラー効果**といいます。オーディオ回路では、常にこのミラー効果が高域特性の障害になりますので是非覚えておいてください。

入力容量 = 4.5pF + 63.9pF = 68.4pF

初段管の出力インピーダンスと出力管の入力容量によって決定されるポールは、

$$\frac{159000}{5.71\text{k}\Omega \times 68.4\text{pF}} = 407\text{kHz}$$

となります。ミニワッターとして実装した場合の真空管ごとの概算値を表5.12.2にまとめました。

比較のために初段に高μ・高内部抵抗管を使ったケースを入れておきました。6EM7はテレビ用の複合管で、1本で2W〜3Wクラスの2段シングルアンプが作れる便利な球ですが、Unit-1の内部抵抗は実測で40kΩ以上あります。1626は地味な小型球ですが、ミニワッター・サイズで音の良いオーディオ球として人気があります。2A3はRCAが開発した有名なオーディオ球です。両者ともにオーディオ管のスタンダードともいえる12AX7と組み合わせていますが、12AX7の内部抵抗は80kΩくらいあります。これらを使ったオーソドックスな2段構成のシングルアンプでは、高域ポールはなかなか100kHzを超えることができません。ミニワッターの構成がいかに高域の帯域特性に有利であるかがわかると思います。

◆ 表5.12.2　ミニワッター高域ポール一覧

	初段	出力段	高域ポール（概算値）
ミニワッター	5687	5687	407 kHz
	6N6P	6N6P	393 kHz
	6350	6350	444 kHz
	7119	7119	891 kHz
	6DJ8	6DJ8	454 kHz
	5670	5670	366 kHz
	6FQ7	6FQ7	244 kHz
	12AU7	12AU7	695 kHz
	12BH7A	12BH7A	538 kHz
参考	6EM7-Unit1	6EM7-Unit2	84 kHz
	12AX7	1626	92 kHz
	12AX7	2A3	34 kHz

5-13 ミニワッターの低域ポール

　真空管アンプの低域ポールは、各増幅段をつなぐ段間コンデンサと出力トランスによって形成されます。

　図5.10.6によると、オープンループの位相特性は100Hz以下でどんどん進み、ループゲインが0dBとなる10Hzでは−116°となっています。この時の位相余裕は64°ですので一応合格点ですが、周波数特性に若干のピークができます。図5.10.5のNFB特性で10Hz付近で1dB程度の山ができるのはそのためです。

　ところで、ミニワッターは初段と出力段とが直結されていて段間コンデンサはありませんから、低域ポールは出力トランスによるものだけということになり、通常の2段構成の真空管アンプと比べて低域ポールは1つ少なくなります。したがって、低域に関してはかなり安定したアンプであるわけです。

　低域側についても条件を変えて確認しましたが、これ以上の悪化はみられず動作の安定が確認できました。出力段のカソード・バイパス・コンデンサの容量を増やせば位相余裕をもう少し増やすことができます。

　低域側のポールに関しては、第3章の「3-4 出力段の信号ループ」のところに出てくる共振周波数がここでいう低域ポールにあたります。

第 **6** 章

試作機の製作

　画稿、習作、エチュード、試作…いろいろな言い方があります。
　レオナルド・ダ・ヴィンチも、ベートーヴェンも、ボーイング社もみんなやっていました。
　良いものを作りたかったら試作して実験をしましょう。

第6章 試作機の製作

6-1 試作＆実験計画

　これまでの検討でミニワッターの基本回路は決まりましたので、実際に試作してみて設計どおりになるのかどうか、回路設計時には気づかなかった問題はないか、改善の余地はあるのかないのか…といったことについて検証してみることにしました。

　自作オーディオアンプは、音さえ出ればいいというのであればいきなり製作して、それに手を加えることでなんとか格好をつけることができます。しかし、充分な低雑音性能や諸特性、全体としてのバランス感といった完成度を求めるとなると、本製作に先立つ試作実験は欠かせません。画家が本制作に着手する前に、さまざまなアングルからデッサンを行ったり、何枚も習作を描いて完成度を上げてゆくのによく似ています。

> **参照**
> ・5687
> →p.220
> ・6FQ7
> →p.232

　ミニワッターに使える真空管は 10 種類以上ありますが、その中から比較的内部抵抗が低い代表として **5687** を選び、内部抵抗が高めの代表として **6FQ7** を選んで、それらに適した試作機を製作してより完成度の高い回路と実装をめざそうという計画です。

　5687 用の電源トランスには 2 次電圧が 185V ～ 195V の **KmB90F** を使い、6FQ7 用の電源トランスには 2 次電圧が 230V の **KmB60F** を使います。

　こうすることで、低めの電源電圧用と高めの電源電圧用の 2 台の試作機ができるので、これらを使っていろいろな実験データを収集しようと思います。KmB90F を使った 5687 用を 1 号機、KmB60F を使った 6FQ7 用を 2 号機と呼ぶことにしましょう。

　1 号機では、特性が 5687 に似た **6N6P**、**7119**、**6350** などを実装した実験も行います。6DJ8 や 5670 の実験も 1 号機を使うことになると思います。2 号機では、特性が 6FQ7 に似た **12AU7** や **12BH7A** を実装した実験も行います。

　候補となる出力トランスも 10 種類を超えます。これら出力トランスの違いによるデータも収集します。そのために、両試作機には出力トランスを簡単に交換できるような工夫を施します。

　配線の方法、ラグ板の使い方、部品の位置関係などをブラッシュアップし、さらに試作機のシャーシレイアウトを参考にして完成度の高い汎用シャーシを作るための基礎データも収集します。

＜試作機の目的＞

- 本製作のための基礎データを収集し、問題点を発見し、改善策を検討し、さまざまなことについてブラッシュアップする。
- さまざまな真空管を試して実測データを収集する。
- 2 種類の電源トランスを試して実測データを収集する。
- さまざまな出力トランスを試して実測データを収集する。
- 最適な配線、部品レイアウト、シャーシレイアウトを発見する。

6-2 試作1号機の回路

試作1号機の回路は図6.2.1および図6.2.2のとおりです。第3章および第4章で検討した回路をほとんどそのまま使っていますので、回路の動作やしくみについては前章を参照してください。ここでは、試作機の回路について特徴的な点について説明します。

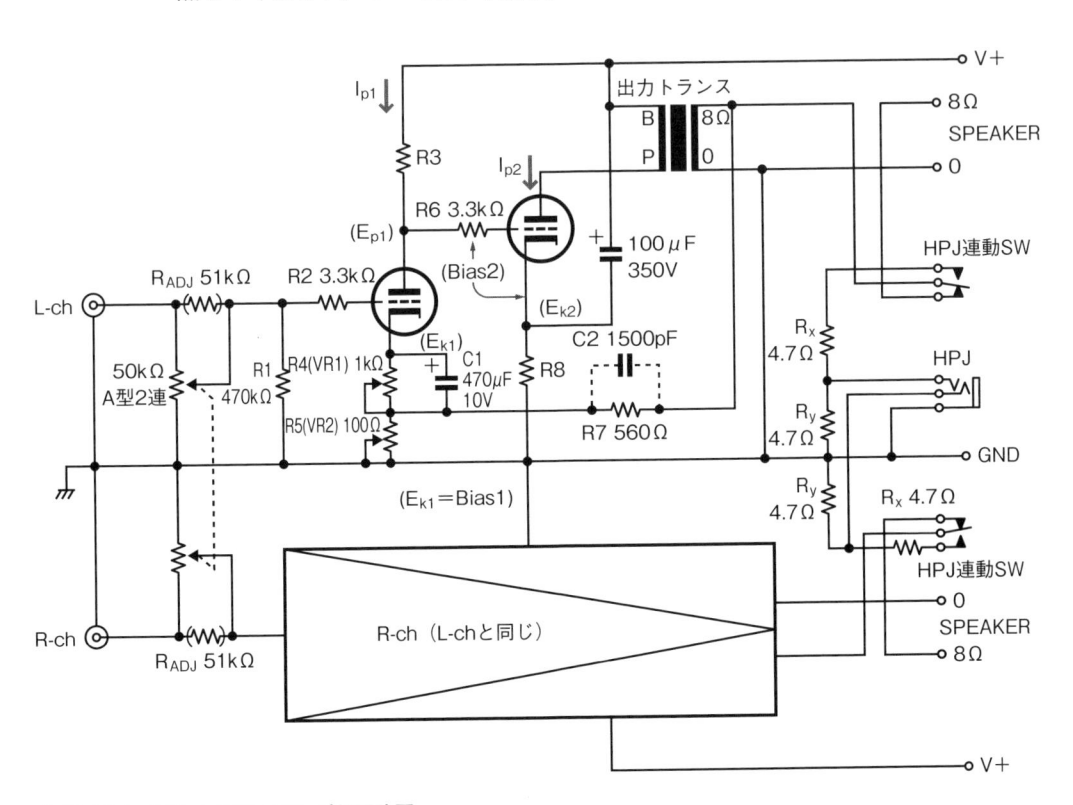

◆ 図6.2.1　試作1号機：アンプ部回路図

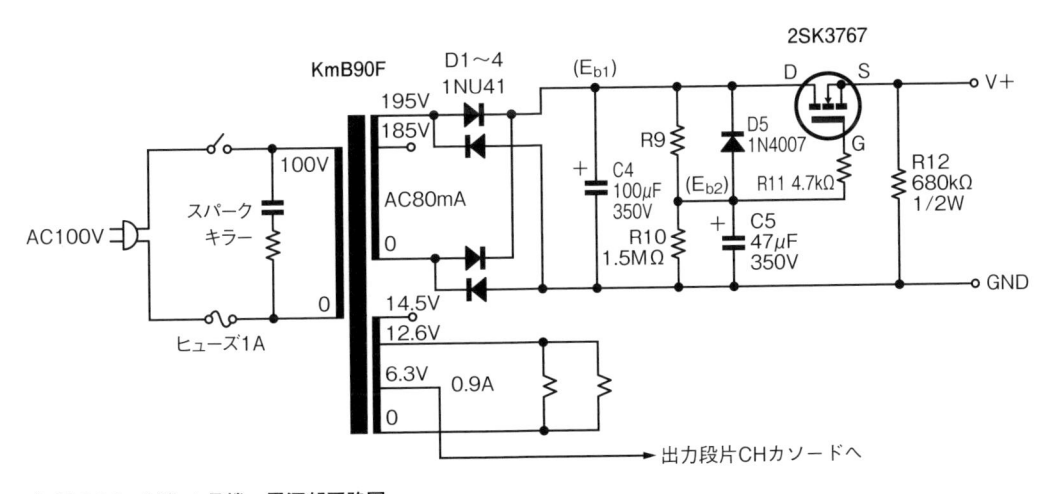

◆ 図6.2.2　試作1号機：電源部回路図

<入力回路>

　入力端子に続いて50kΩA型2連ボリュームによる音量調整があります。ボリュームの入力側と出力側をつなぐように51kΩ（R_{ADJ}）が括弧付きで書き込んでありますが、これはA型ボリュームの減衰カーブに修正を加えるための小道具です。

　ミニワッターは一部の例外を除いてオープン・ループ・ゲインが5倍程度と通常のパワーアンプに比べてかなり低く、そこに若干の負帰還をかけるために総合利得は3～4倍程度まで落ちます。小出力で静かに聞くアンプですからそれでいいともいえますが、一部のポータブルプレーヤやパソコン出力につないだ場合、ボリュームポジションを3時くらいまで上げないと音量不足を感じることがあります。12時くらいのポジションでもそれなりの音量感を得るために、ボリュームの入出力に51kΩ（R_{ADJ}）のバイパス抵抗を追加することも実験で行うことにしました。

　A型ボリュームおよびB型ボリュームの減衰カーブは図6.2.3のようになっています。B型は直線的でA型は指数的です。自然な音量変化が得られるのはA型ですが、A型で12時のポジションにおける減衰比率は、実測で約15％でしたのでフルボリュームに対して－16.4dBの減衰になります。図中のA改というのが51kΩ（R_{ADJ}）を追加した場合の特性で、12時のポジションにおける減衰比率は約24％となり－12.5dBの減衰になりました。フルボリューム時の利得は変わりませんが、A型的な音量変化特性を損なうことなく10時～15時くらいのポジションでの音量感を3～5dBアップできます。この場合、ボリュームを最小に絞った時の入力インピーダンスは25kΩくらいに低下しますが、これくらいなら十分に許容範囲とみて割り切りました。

　音量調整ボリュームに続いて470kΩ（R1）が入れてありますが、これは実験中にボリュームとの接続が切れてしまっても初段のバイアスが狂わないようにするための安全抵抗です。経年変化にともなうボリュームの接点の劣化による接触不良も考えに入れて信頼性を高めるためでもあります。

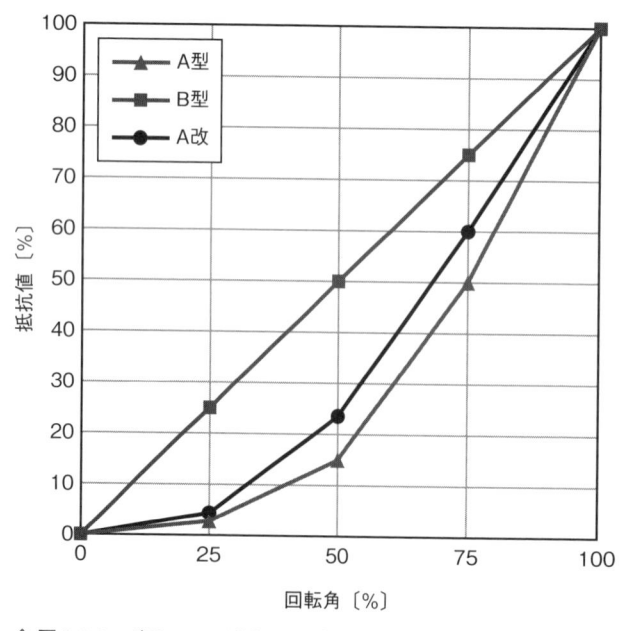

◆ 図6.2.3　ボリューム減衰カーブ（3ポイントでの実測値）

<アンプ部回路>

初段のカソード側にはバイアス調整用に 1kΩ の半固定抵抗器（VR1）を入れてあります。初段管のプレート電流は 2.5mA 前後の設計なので、どんな球を持ってきても 1kΩ あれば十分に調整可能とみました。負帰還抵抗（R7）は 560Ω 固定とし、負帰還量の調整はもっぱらカソード側の 100Ω の半固定抵抗器（VR2）で行うことにします。試作機で最適値を探っておき、完成版では固定抵抗に置き換えるつもりです。

初段プレート負荷抵抗（R3）と出力段カソード抵抗（R8）は使用する球によって変更しなければなりません。少々面倒ですがハンダごてを当てての交換になります。

<出力回路>

スピーカー出力端子に加えてヘッドホンジャックも追加してあります。ミニワッターがヘッドホンアンプとして実用になるかどうかをチェックするためです。

ヘッドホン出力には 4.7Ω（R_x、R_y）を 2 つ使ったアッテネータを入れてあります。これがないとヘッドホンに過大な信号が送られてしまい、スピーカーとヘッドホンを切り替えた時の音量バランスがとれません。また、ヘッドホンのインピーダンスは 16Ω～100Ω くらいあって出力トランスとのインピーダンスマッチングがとれなくなるため、アッテネータはダミーロードも兼ねるように合成値が 8Ω に近い値となるような抵抗値にしてあります。しかし、どれくらいのアッテネーションが使いやすいのかがわからないので、実験結果を待たなければなりません。

連動スイッチ付きのヘッドホンジャックを使い、ヘッドホンジャックを挿入するとスピーカー出力が切れてヘッドホン出力に切り替わるようにしてあります。

<電源部回路>

電源回路は第 4 章で設計したものと全く同じです。MOS-FET のゲート電圧を決定するための抵抗（R9）は使用する球や動作条件によって付け替えて変更します。ヒーターの配線も使用する球によって配線全体を変更しなければなりませんが、これだけは配線の大半をやり直すしかないようです。図 6.2.2 は 12.6V で点火する 5687 を想定した回路図になっています。

6-3 試作 2 号機の回路

試作 2 号機の回路は図 6.3.1 および図 6.3.2 のとおりです。試作 1 号機との違いは、初段カソード側の負帰還調整ボリュームが廃止されて 51Ω 固定（R5）になったこと、ヘッドホンジャックがないこと、電源トランスが KmB60F であること、それにともなうヒーター巻き線の使い方です。

回路の基本は 1 号機、2 号機ともに変わりませんが電圧が全体に高めになり、消費電流は少なめになります。また、実装および配線がかなり違います。

第6章 試作機の製作

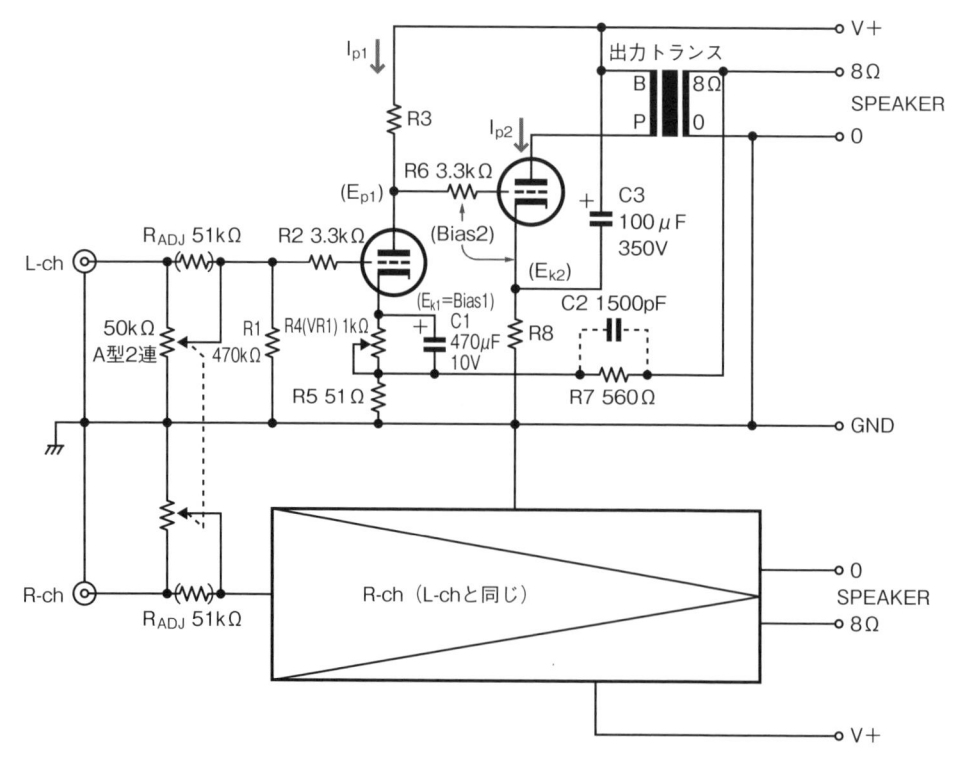

◆ 図6.3.1　試作2号機：アンプ部回路図

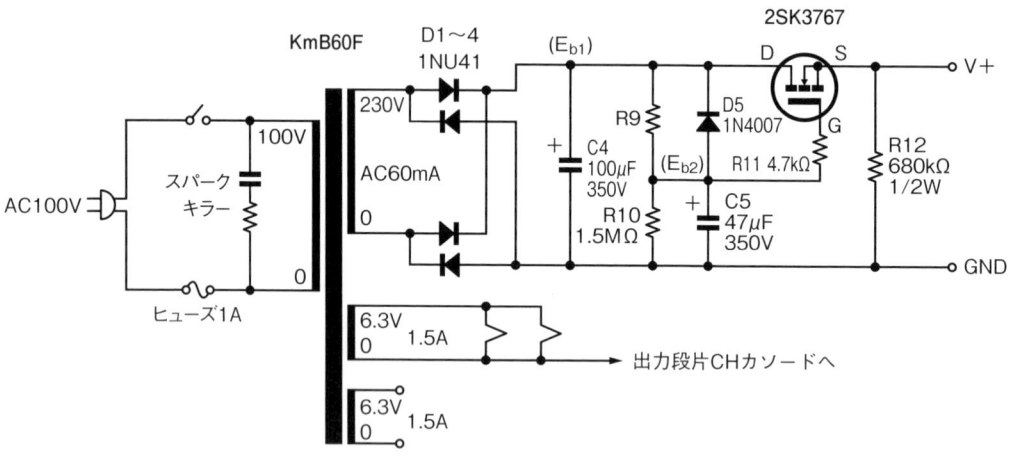

◆ 図6.3.2　試作2号機：電源部回路図

6-4 トランス配置の検討

　真空管アンプの製作で重要なのは電源トランスおよび出力トランスの向きと位置関係です。電源トランスは、ハムの原因となる50Hzあるいは60Hzの漏洩磁束を周囲に撒き散らし、出力トランスはそれを直接拾ってハムがスピーカーから出てきます。この影響の程度は両トランスのコアの向きと密接な関係があります。

　トランスの配置は製作後には変更や修正がききませんから、レイアウトの設計段階でトランスの配置を間違えてしまうと後からはどうにもなりません。真に低雑音で静粛なオーディオアンプを作りたいのであれば、トランス配置の事前検討は必須です。そのため、すべての試作工程に先立ってトランスの配置実験を行いました。

　実験の方法ですが、電源トランスと出力トランスを1つずつ用意し、電源トランス側はAC100Vを通電させておきます。出力トランスの2次巻き線に高感度な電子電圧計をつなぎ、そこに生じるハムの電圧を測定しながら両トランスの位置関係をいろいろに変えてみました。

　なお、0.1mV以下の微小信号を計測することになるので、トランスのコアやバンドはすべて測定系のアースにつなぎ、ノイズ源となる装置やパソコンから離れた場所で行っています。

6-4-1 コアの中心軸の関係

　トランスが相互に干渉し合うかどうかは、コアの中心線が互いに並行になっているか直交しているかで大きく異なります。並行になっているとは写真6.4.1（左）のような向きのことをいい、直交しているとは写真6.4.1（右）のような向きのことをいいます。

　並行パターンの時はもっとも強く影響し合い、直交パターンの時は影響の度合いは最小になります。実験では、さらに距離との関係や、斜めの位置関係になった場合も検証してみました。

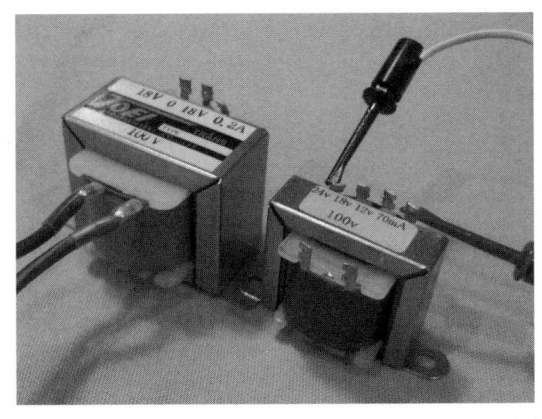

◆ 写真6.4.1　並行パターン（左）と、直交パターン（右）

6-4-2 並行パターン

写真 6.4.2 は、伏せ型の電源トランスを立てて配置し、電源トランスと出力トランス両方のコアの中心線がともに鉛直方向を向いて並行になるようにした配置です。

この配置が最も漏洩磁束を拾いやすく、両トランスを密着させた状態では 18mV ものハムが出ます。20mm 離した状態で 6.5mV、30mm まで離して 4.8mV、50mm まで離してもまだ 2.2mV ものハムが出ていますので、これでは実用になりません。

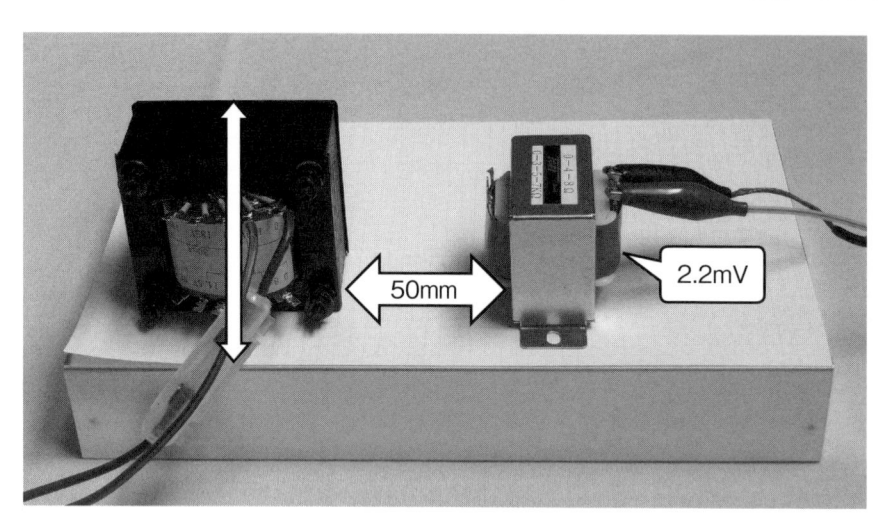

電源トランスと出力トランスのコアの中心線の向きが並行の場合は互いに影響しやすくなり、かなり離してもその影響は小さくなりません。このような事情から、縦型の KmB60（F なし）は使用することができません。

◆ 写真 6.4.2　並行パターン

6-4-3 直交パターン 1

写真 6.4.3 は、伏せ型の電源トランスを伏せた状態にして双方のトランスはコアの中心線が直交するように配置したケースです。

この配置では、たとえコアとコアの間隔が最も接近した 10mm の場合でも、ハムレベルは 0.28mV まで下がります。真空管アンプ用の電源トランスの標準が縦型ではなく伏せ型であるのは、ハムを拾わないための知恵だったわけです。

ハムが最小になる位置は電源トランスとほぼ一直線上にあります。20mm まで離すと 0.08mV まで下が

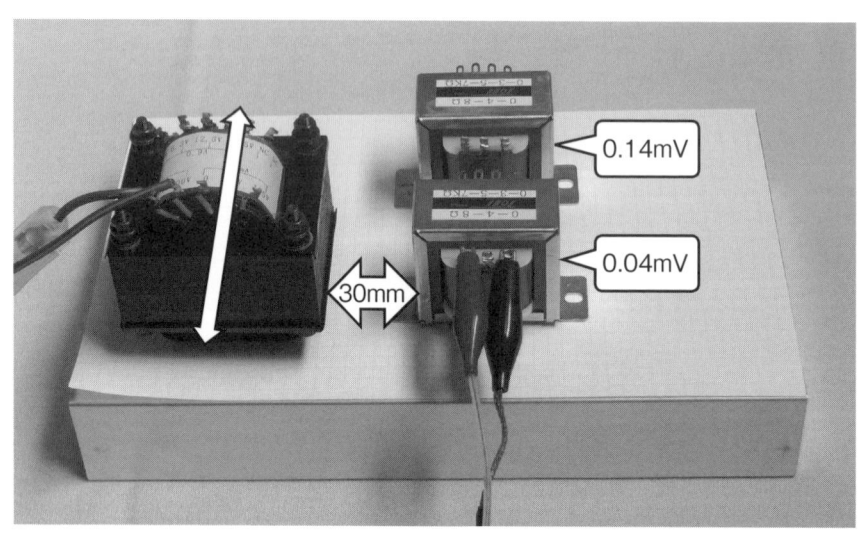

◆ 写真 6.4.3　直交パターン 1

り、30mm まで離すと 0.04mV とほとんど無視できるくらいまで低下しました。

　出力トランスを 60mm ほど横にずらしてみたところ、ハムは 0.14mV まで増加します。位置関係が斜めになった場合は、離れていてもハムは拾いやすくなるのです。

6-4-4 | 直交パターン 2

　写真 6.4.4 は、写真 6.4.3 と同じ直交パターンですが、出力トランスの向きを変えたものです。

　この配置で出力トランスの巻き線を電源トランスに密着させたところ、ハムレベルは 0.94mV になりましたが、密着させたまま出力トランスをずらしてみたところ、0.36mV まで下がるポイントが見つかりました。しかし、このポイントは一定ではないようです。

　一直線上に並べた状態で 20mm まで離すと 0.14mV まで下がり、30mm まで離すと 0.09mV とほとんど無視できるくらいまで低下しました。直交パターン 2 よりもやや数字が悪いのは、出力トランスのコアの中心でみるとこちらのケースの方が電源トランスに近くなるからではないかと思います。

　出力トランスを 60mm ほどずらしてみたところ、ハムは 0.24mV まで増加します。やはり位置関係が斜めになった場合は離してもハムは増加するようです。

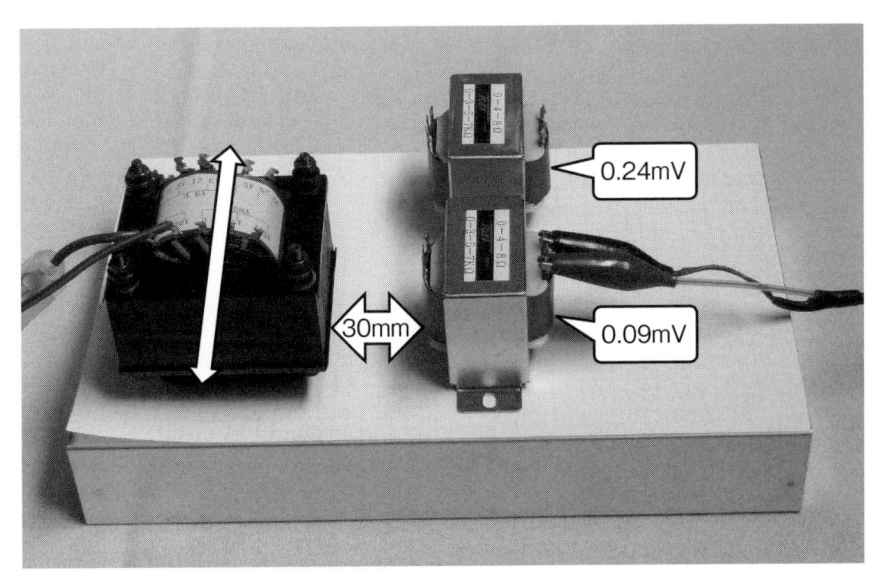

◆ 写真 6.4.4　直交パターン 2

6-4-5 | 直交パターン 3

　写真 6.4.5 は、写真 6.4.4 の状態で電源トランスの向きを 90°変えたものです。両トランスのコアの向きは直交していても、50mm の距離で 0.8mV ものハムが出ました。これは、電源トランスの漏洩磁束が最も強く出ている方向に出力トランスがあるためです。

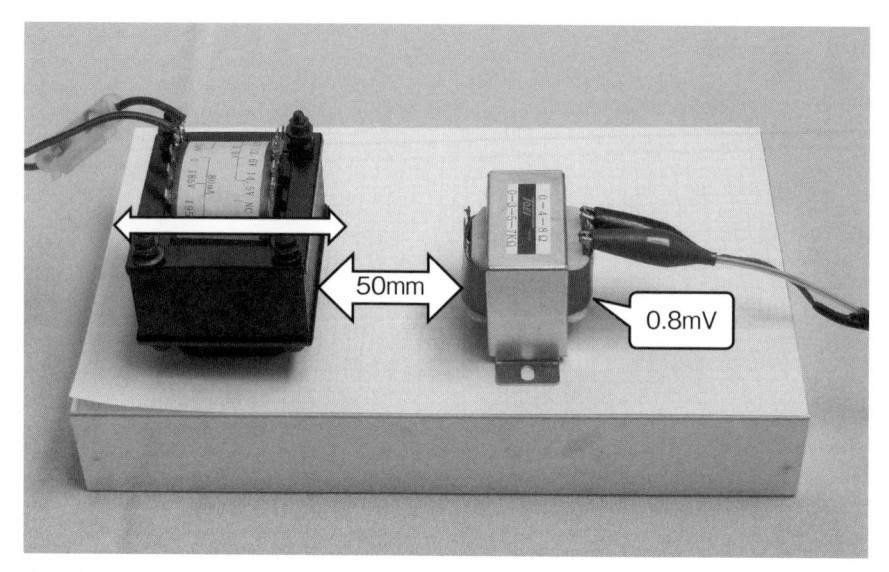

◆ 写真 6.4.5　直交パターン 3

6-4-6 トランス配置のまとめ

ハムを出さない電源トランスと出力トランスの向き及び位置関係は以下のとおりです。

① 両トランスのコアの中心線の向きを直交させる。
② 電源トランスの磁束が強く出る方向に出力トランスを配置しない。
③ 両者をできるだけ離す。
④ 斜めの位置関係は不利であるため、できるだけ一直線上に配置する。

試作 1 号機、2 号機ともにこの実験をもとにして「直交パターン 1」をベースにトランスの配置を決定しました。

6-5 試作機の製作

6-5-1 部品のレイアウト

　試作機のために用意したシャーシは、縦が150mmで横が250mm、高さが40mmのアルミ製の弁当箱型で、これを縦方向にして使いました。大きなサイズのアルミ電解コンデンサをシャーシ内に入れたいので、ほんとうはもう少し深いものが欲しかったのですが、既製品で適当なものが見つかりませんでした。

　トランス配置の検討結果をふまえて、各トランスを含む部品レイアウトを決定します。電源トランスを最奥に配置し、手前に出力トランスを縦に一直線に並べて配置します。コアの中心軸が一直線上からずれると電源トランスからの誘導ハムが増えます。電源トランスに近い側の出力トランスは、デザインを損ねない範囲で1mmでも電源トランスから離れるように位置を決めました。入出力端子の位置が1号機と2号機で違えてあるのは、どちらの方がいいかわからないので実際に使ってみて確かめるためです。

　シャーシ加工図の作成では必ず実部品を使って位置関係をチェックするようにします。図面上でOKであっても、実際に部品を当ててみると部品同士が中で当たってしまったり、取り付けビスがうまく通せなかったり、ドライバーが中まで届かなかったりします。部品のレイアウトの検討では、組み立てが可能かどうかも考えなければなりません。特に、ボリュームやヘッドホンジャック、ヒューズホルダーなどは内側の出っ張りが結構大きいので要注意です。たとえば、ヘッドホンジャックと音量調整ボリュームの位置ですが、この位置関係を正確に守らないとラグ板に当たってしまいます。

　試作機のシャーシには底板がありませんが、安全上の配慮および外部からのノイズ対策も考えて完成版では底板をつけます。その時は底板およびシャーシ上面に放熱孔を追加する予定です。

6-5-2 シャーシ加工

　シャーシの加工方法や手順については製作の章で詳しく説明しますので、ここでは試作機に関する説明にとどめます。シャーシ加工図は図6.5.1(a)(b)および図6.5.2(a)(b)のとおりです。

　使用した部品は新たに購入したものだけでなく、手持ちのジャンクもかなり使っています。試作機では、ACインレットはたまたま持っていた長円形のものを使いましたが、本製作では長方形のものに変更しています。シャーシ上面には出力トランスの交換を容易にするためのスピーカー端子板の穴が4つずつ開けてあります。1号機のスピーカー端子板の穴と15ピンのラグ板の取り付け穴は位置合わせをして兼用にしてあります。

　電源トランスの端子の出っ張りに対応して実寸ベースで穴を広げてあります。こういったあたりは実部品を当ててみないとわかりません。図面は省略していますが、1号機の右側面には電源ユニットを取り付けるための2個の3.5mm径穴があけてあります。

第6章 試作機の製作

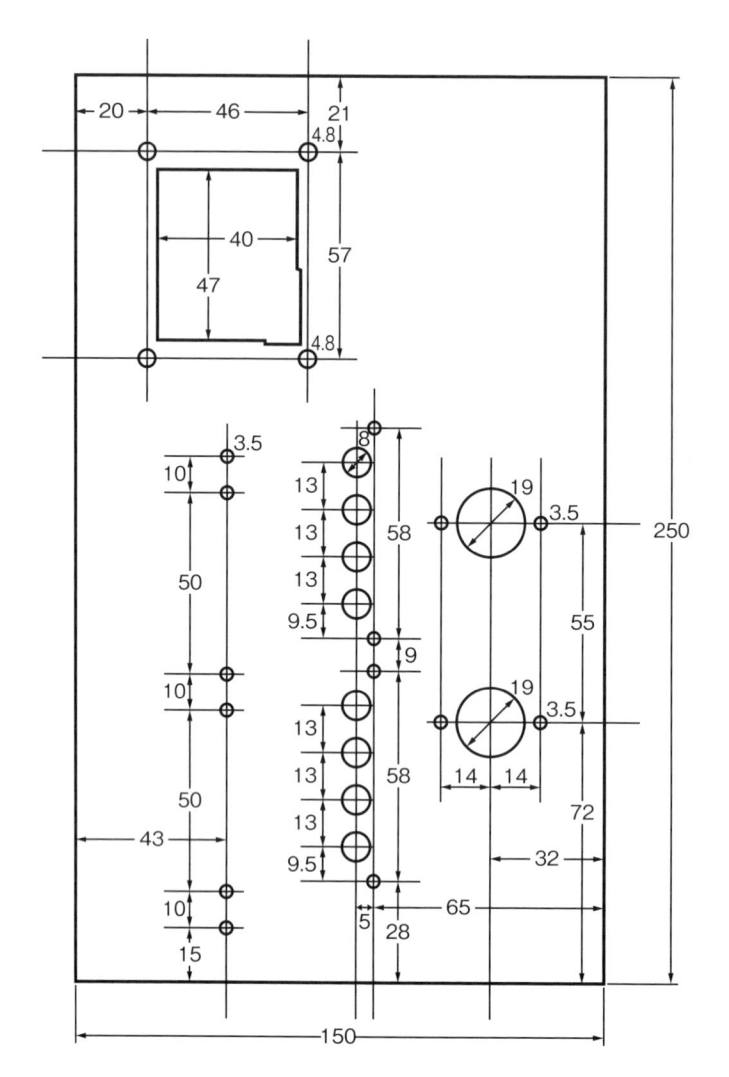

◆ 図 6.5.1(a) 1号機シャーシ加工図（上面図）

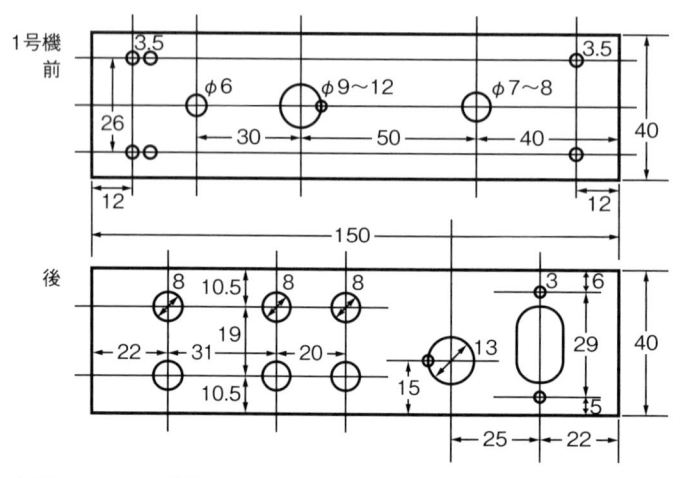

◆ 図 6.5.1(b) 1号機シャーシ加工図（前面図、後面図）

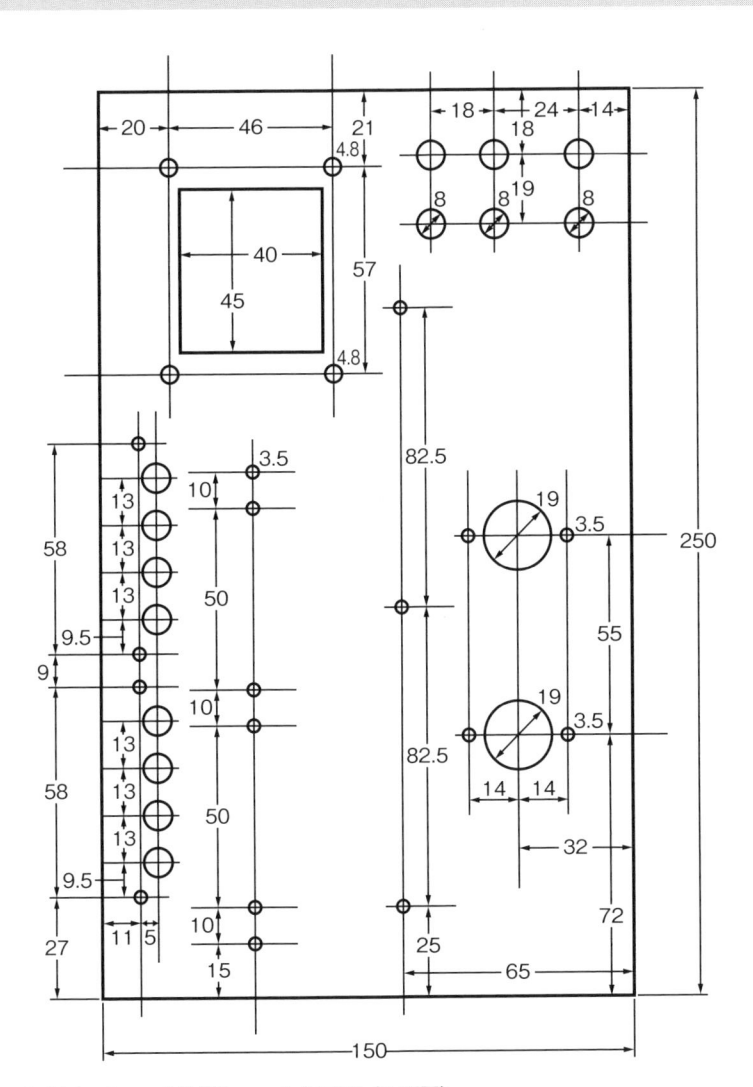

◆図 6.5.2(a)　2 号機シャーシ加工図（上面図）

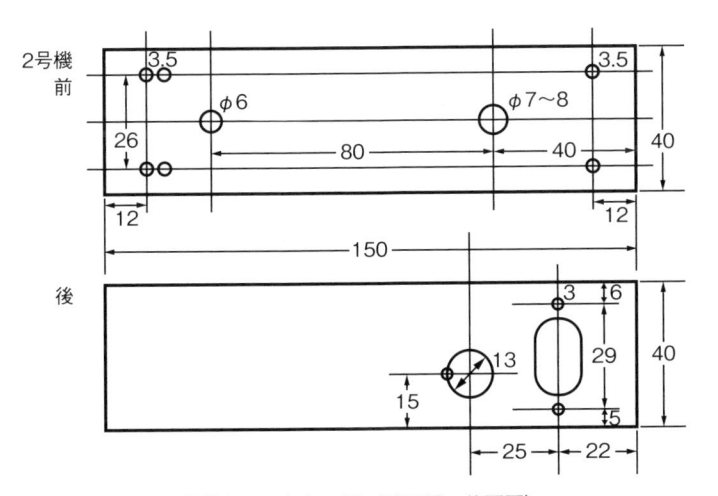

◆図 6.5.2(b)　2 号機シャーシ加工図（前面図、後面図）

第6章 試作機の製作

◆ 写真 6.5.1　2号機シャーシ（前面（左）と後面（右））

6-5-3 | ラグ板への部品の取り付け

　　ミニワッターでは、アンプ部および電源部の主要回路はあらかじめラグ板上に組み上げておいてから、これをアンプ内に組み込んで最小限の配線で仕上げます。

　　試作1号機および試作2号機それぞれのラグ板の配線パターンは、図6.5.3と図6.5.4のとおりです。

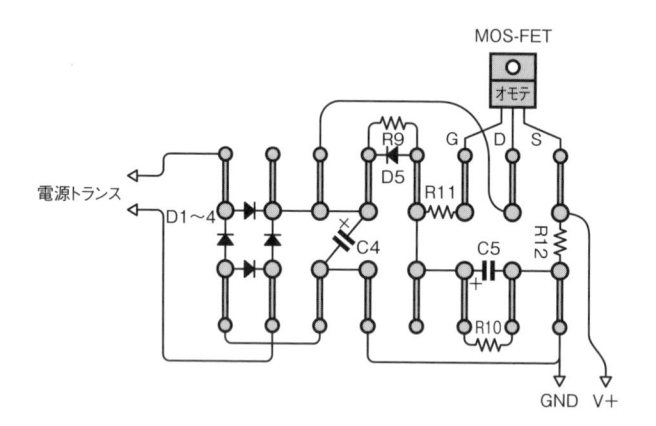

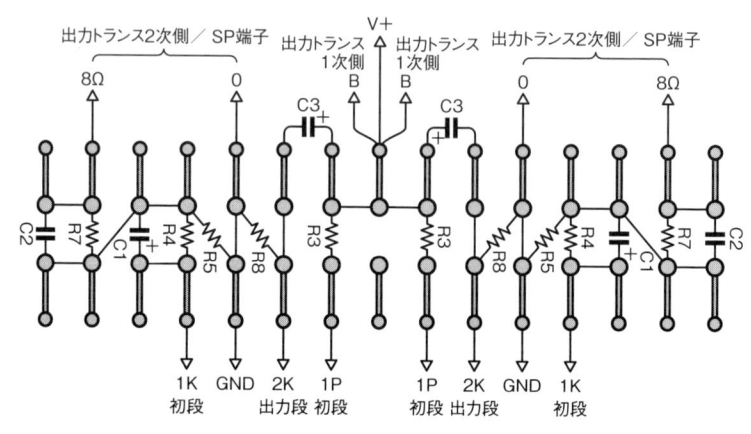

◆ 図 6.5.3　1号機の平ラグパターン

6-5 ◆ 試作機の製作

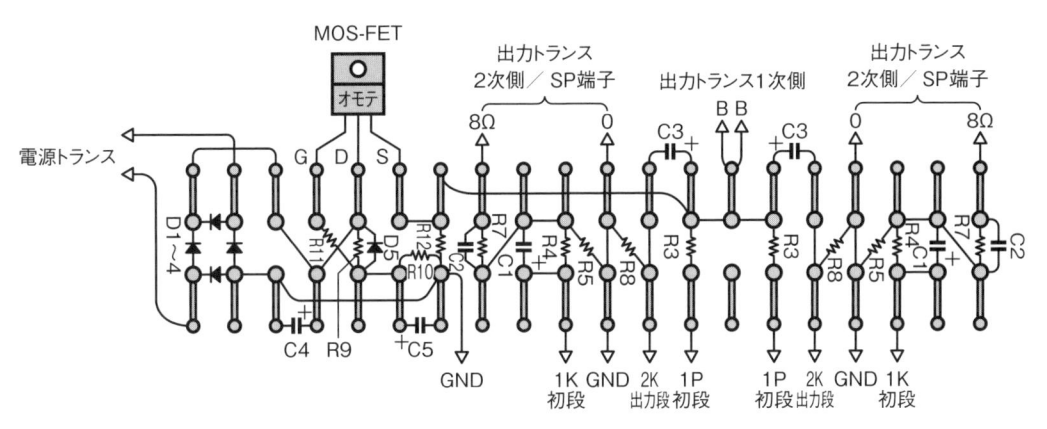

◆ 図6.5.4　2号機の平ラグパターン

◆ 写真6.5.2　試作1号機のアンプ部ユニット（上側）と電源部ユニット（下側）
画像ではカソード抵抗（R5）が固定抵抗になっている点が回路図と異なる。

　1号機では15ピン×2列の平ラグと8ピン×2列の平ラグを使いました。配線パターンは、1つのラグ穴の多くの線が集中しないこと、外部とつなぐ線材を通す穴と部品を取り付ける穴は別にすることを考えて決めました。

　2号機では実装密度を高めて20ピン×2列の平ラグ1枚に収めています。しかし、まだ特定のラグ穴に線が集中して実装しにくい面があるので、完成版ではさらに修正が入ることになります。

　半固定抵抗器は写真6.5.3のようにリード線をあらかじめ加工・ハンダ処理してから取り付けています。

◆ 写真6.5.3　半固定抵抗器の加工

6-5-4 | 試作機の全容

　写真6.5.4～写真6.5.6は、2台の試作機の全容です。各トランスは、実験結果にもとづいて電源トランスと出力トランスはコアの中心線を直行させつつ、全体を一直線上に配置しています。これで無帰還状態でも非常に低いハムレベルを実現しています。

　この配置を選択する限り、シャーシの奥行きはこれ以上縮めることはできませんが、幅はもう少し狭くできそうです。ただ、1号機では2つのラグ板上の部品が当たりそうになっていますし、2号機で使ったアルミ電解コンデンサの高さがあったためにシャーシの深さに収まりきれていません。

　内部の配線は実験で何度も付け替えを行うことを想定して長めにしてあります。本来は発振などのトラブルを防ぐためにもっと短く無駄のない配線が好ましいです。

　この2台を使ってさまざまな真空管、さまざまな出力トランスの試験を行います。また、このシャーシレイアウトをベースとして、頒布可能な汎用シャーシの製作に取りかかることにします。

◆ 写真6.5.4　前面から見た試作機（1号機（右）と2号機（左））

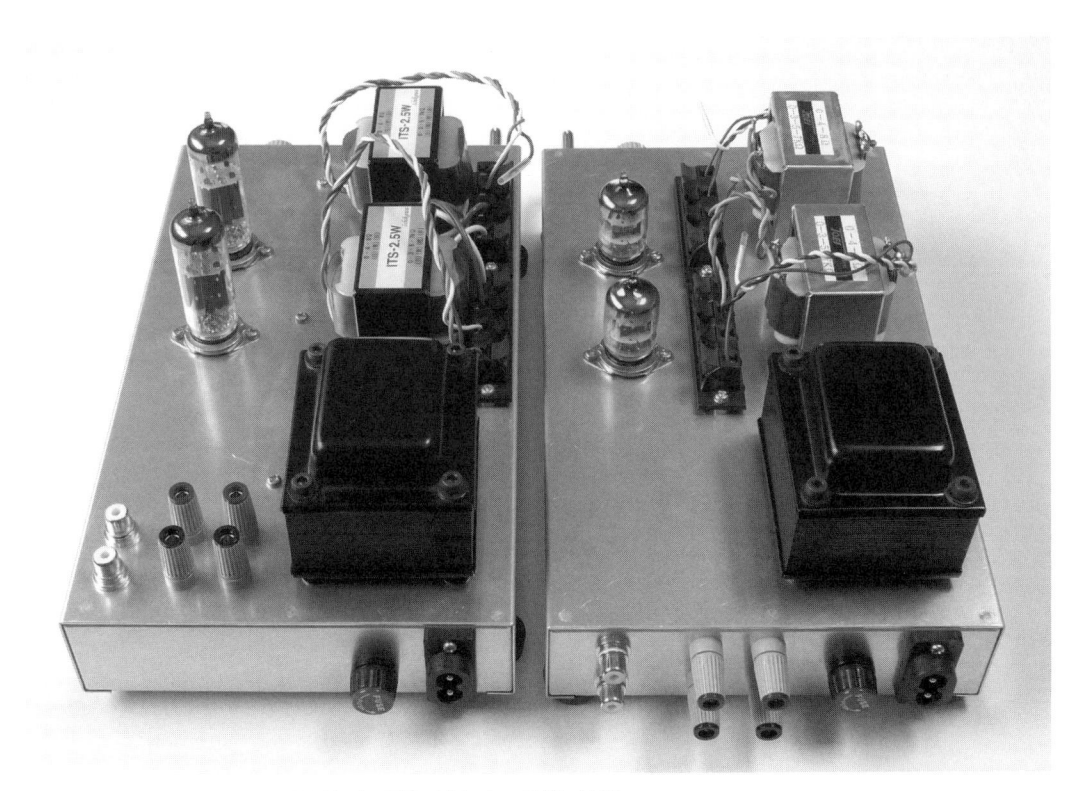

◆ 写真 6.5.5　後面から見た試作機（1 号機（右）と 2 号機（左））

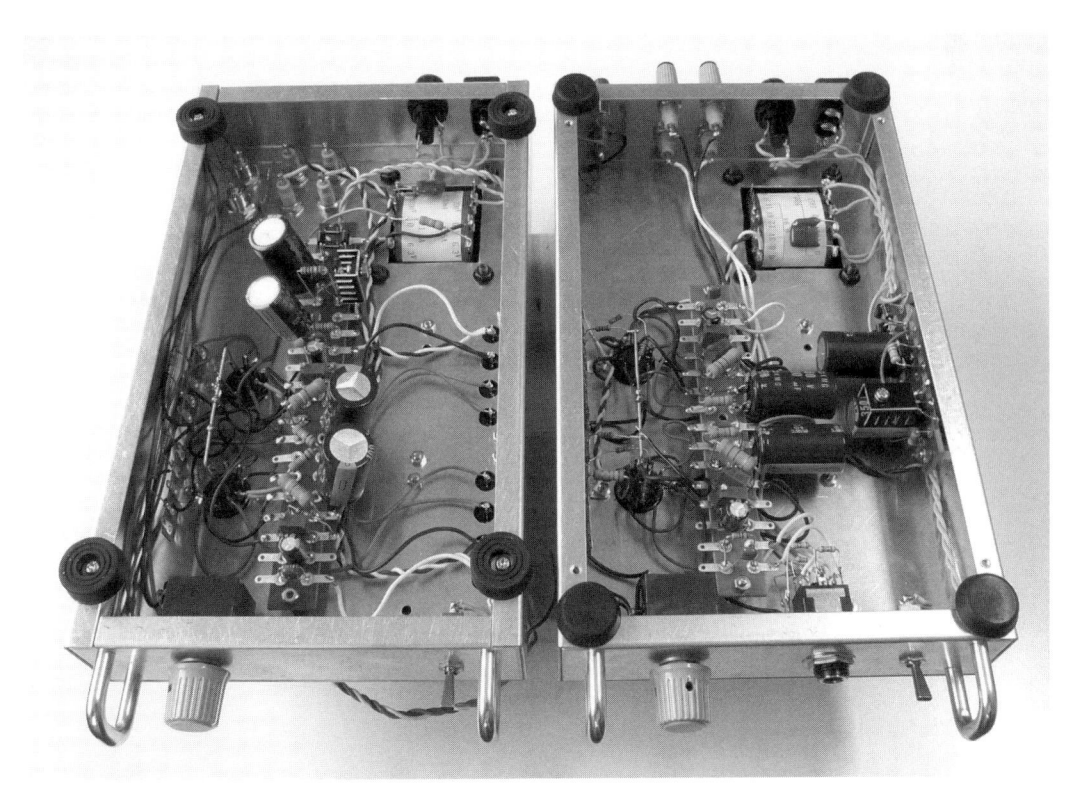

◆ 写真 6.5.6　試作機の内部配線（1 号機（右）と 2 号機（左））

第7章
試作機による実験データ

　時間のほとんどは本章のデータを取るために費やされました。
　これはデバイスをより深く理解するための章です。
　トランスや真空管の優劣のレポートではありませんので、お間違いのなきよう願います。

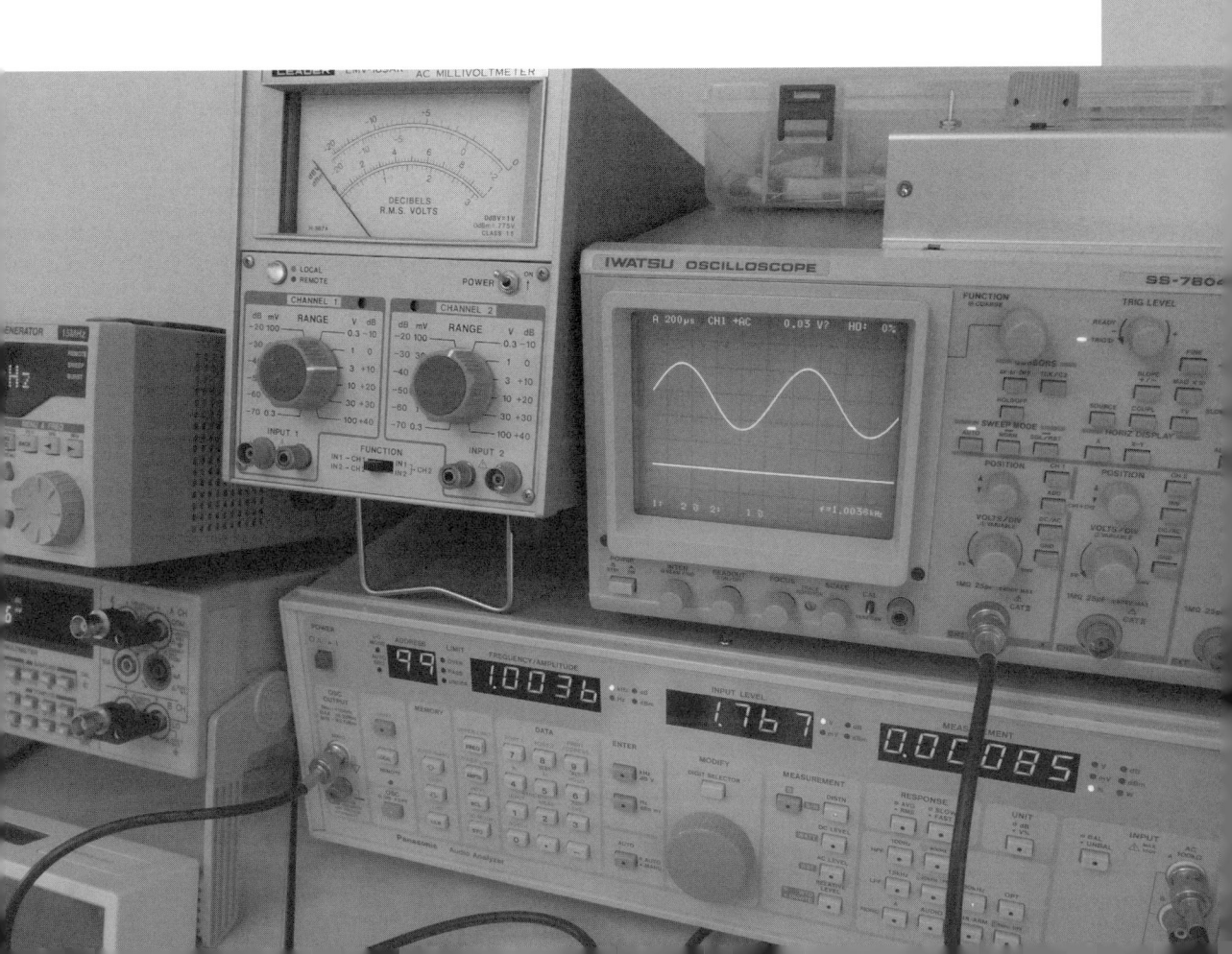

第7章 試作機による実験データ

7-1 五つの実験レポートの概要

　本章では、2台の試作機を使って得たさまざまな実験結果およびデータを整理してレポートします。

　最初にレポートするのは、ヒーターハム対策に関するものです。パワーアンプではヒーター回路の一端をアースにつないでアース電位を与えることでヒーターハムを一定値に抑えるのが普通です。ミニワッターは特に静粛性を求められるためこの方法では十分ではないことがわかりました。

　二つめのレポートは、左右チャネル間クロストークに関するものです。ミニワッターは回路を簡素化するために単一電源で左右チャネルを共用し、しかも初段と出力段を分離していませんので条件としてはかなり悪いです。その結果をレポートします。

　三つめのレポートは、ミニワッター用として候補となった11種類の小型出力トランスの実測データです。出力トランスごとの性能の違いだけでなく、一つ一つの出力トランスの背景や供給側のさまざまな事情を垣間見ることができました。疑問が湧くたびにお店まで足を運んで店主から話を聞くなどいろいろな調査を行いました。そのすべてをここに書くことはできませんが、多くのことを本文中から汲み取っていただけると思います。

　四つめのレポートは、試作2号機の実験を通じて得た6FQ7や12AU7といった内部抵抗が高めなグループの真空管のための設計情報です。T-1200の4Ωタップに8Ωの負荷をつないで14kΩ：8Ωの出力トランスとして使えるかどうかの追試を行いました。さてその結果や如何に…？

　五つめのレポートは、10種類の真空管ごとの設計データおよび実測データです。ミニワッターはできるだけ多くの種類の真空管が使えるような基本設計を行っています。これら異なる特徴を持った真空管を使った場合の製作の参考にしていただくための実践的データです。

7-2 レポートその1…ヒーターハム対策

　問題は6N6Pを使った場合の雑音歪み率特性を測定していて起きました。その時の特性データが図7.2.1です。

　0.01W以下の小出力の領域で歪み率が急激に悪化しています。歪み率特性が左上がりになるのは残留雑音が原因です。0.001Wの時の歪み率は2.3%ほどもありました。ところで、8Ω負荷における0.001Wというのは電圧に換算すると約90mVになります。90mVの出力において2.3%ですから雑音電圧は2.07mVということになります。この雑音の正体はヒーターハムです。2.07mVのハムというとスピーカーの近くに来れば明確に認識できる程度の大きさで、デスクトップなどで使うミニワッターとしては不合格点です。

　ヒーターハムを防ぐためには、ヒーター回路の一端をアースにつなぐ方法が一般的に行われます。この方法はヒーターハム対策としては最低限のレベルのものです。試作機も当

初はヒーター回路の一端をアースにつないでいました。

　より効果的な方法としてヒーター回路全体にアースに対してプラス十数V～数十Vを印加する方法が知られています。幸い出力段のカソードに+57Vが出ているので、これを流用することにしました。配線方法は簡単で、ヒーター回路とアースをつないでいる線をはずしてそれを出力段の左右いずれかのカソードにつなぐだけです。

　その結果が図7.2.2です。ヒーターハムはすっかり消えて歪み率特性は0.001Wまでまっすぐになりました。

　6N6Pほかほとんどの球では十分に効果的でしたがそれでもヒーターハムが若干出てしまったのが6FQ7です。その様子は、次の「レポートその5…真空管別データ」を見ていただければわかります。6FQ7はヒーターハムが出やすいことで知られています。

　なお、本書のデータは一部の例外を除いてヒーターを出力段のカソードにつないだ状態で得たものです。ヒーターハムをさらに減らすとなると直流点火しかありません。

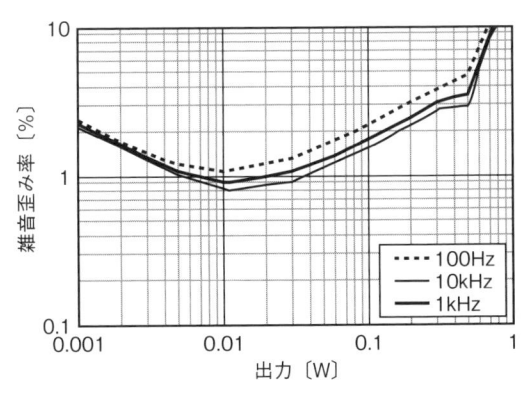

◆ 図7.2.1　ヒーターをアースにつないだ場合 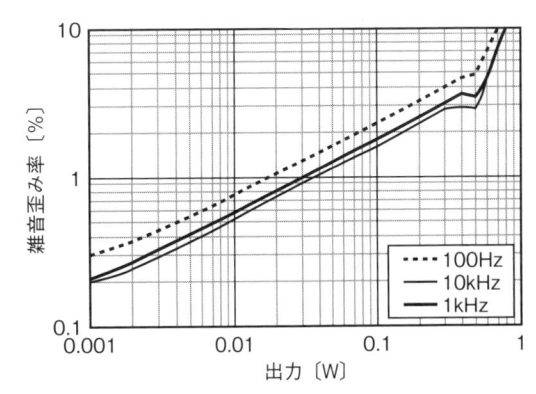　　◆ 図7.2.2　ヒーターに+57Vを印加した場合

7-3　レポートその2…左右チャネル間クロストーク

　丁寧に設計されたステレオ構成のアンプでは、左右チャネル間クロストークを悪化させないために電源のバイパスコンデンサを左右で分離する方法がよく採用されます。ステレオアンプを左右共通の電源から供給すると、必ずといっていいくらい低域において左右チャネル間クロストークが悪化します。特に、出力段の信号経路として電源とアースをつなぐバイパスコンデンサに依存するシングルアンプでは条件的に不利になります。

　ミニワッターは可能な限り少ない部品点数、簡素化された回路で構成しているため、電源の左右分離を行っていません。そのかわりMOS-FETを使ってシンプルながらも電源のインピーダンスを下げる工夫をしています。

　さて、その効果やいかに…というのがこのレポートのテーマです。

　図7.3.1は5687を使った場合の左右チャネル間クロストークデータで、図7.3.2は6DJ8の場合のデータです。測定条件はともに1.414V（0.25W、8Ω）を0dBとしています。

　5687の場合と6DJ8の場合の最大の違いは負帰還量です。5687の負帰還量は3.5dB程度でかなり浅いですが、6DJ8の負帰還量は10dBくらいで6.5dBほどの違いがありま

す。そのためもあって残留雑音は6DJ8の方がかなり低くなっており、その差は1kHz付近の最小値の差になって表れています。また負帰還は外部からの影響を抑圧する効果があるため、負帰還量が多いほど左右チャネル間クロストークは良い値になります。

まず低域側ですが、20Hzにおける値は5687では-65～66dB、6DJ8では-74～75dBです。この差は両アンプの負帰還量の違いによるものです。差こそありますが両者ともにシングルアンプとしては申し分のない値だといえます。

周波数が高くなって1kHzに近づくにつれてクロストーク量は減少してゆき、5687の場合の最小値は-76～77dB、6DJ8の場合は-83～84dBですからかなり優秀な成績です。

高域側は数kHzから上で徐々に悪化してゆき、10kHzではともに-70dBくらい、20kHzでは-62～66dBくらいに悪化します。高域における左右チャネル間クロストークの悪化の主たる原因は電源回路インピーダンスの高域における上昇です。この対策については今後の課題ということにします。5687の場合は6DJ8の場合に比べて高域側のレスポンスの低下が大きいので、20kHz以上の帯域の左右チャネル間クロストークは良くなっています。

全体としてみると、50Hz～10kHzの帯域で-70dB、10Hz～20kHzの帯域で-60dBを下回っていますので、シングルアンプとしてはかなり上等な部類に入るでしょう。

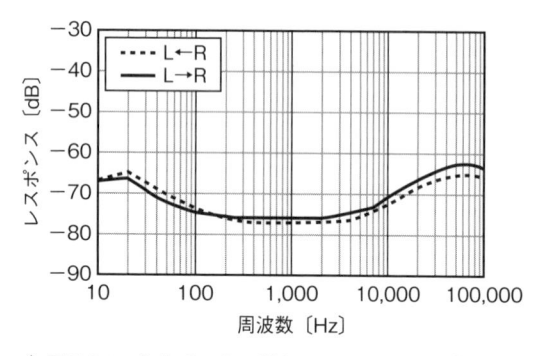

◆ 図7.3.1 左右チャネル間クロストーク実測データ（5687ミニワッター）

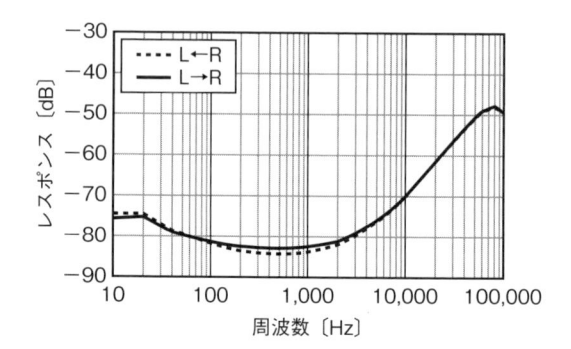

◆ 図7.3.2 左右チャネル間クロストーク実測データ（6DJ8ミニワッター）

7-4 レポートその3…出力トランス別実測データ

7-4-1 出力トランスのラインナップ

　ミニワッターで使用する真空管の内部抵抗は低いもので2kΩ強、高いもので9kΩくらいあります。ロードラインを引いてみればわかりますが、これらに適する1次インピーダンスは5kΩでは不足で7kΩ以上欲しくなります。シングルアンプ用の小型出力トランスは非常にたくさんの種類が販売されていますが、その中から本書の製作に適したものをできる限り集めてみました（表7.4.1、表7.4.2）。

　サイズ的には取り付け穴のスパンが60mm以下のものに限定し、重量が500g以上の大きなサイズのものは対象からはずしました。

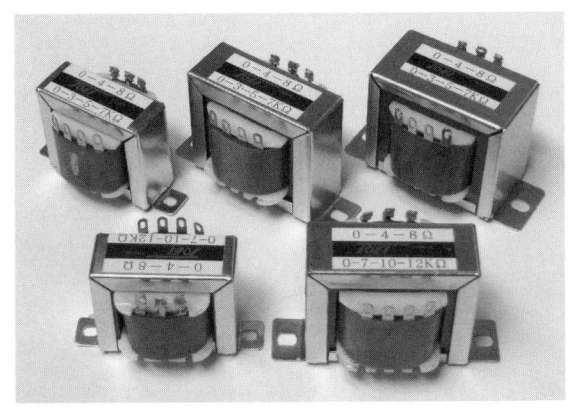

◆写真7.4.1　東栄変成器の出力トランス（上の3つが7kΩタイプで下の2つが12kΩタイプ。価格の手軽さは秋葉原No.1でファンも多い）

◆写真7.4.2　春日無線変圧器の出力トランス（KA-7520（左）とKA-5730（右）。小型だがオーディオ用としてよくチューニングされている）

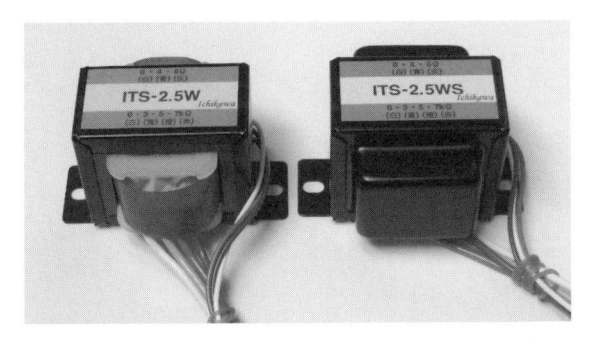

◆写真7.4.3　イチカワの出力トランス（ITS-2.5W（左）と高域特性を改善したITS-2.5WS（右）。どちらもかなりの実力を持っている）

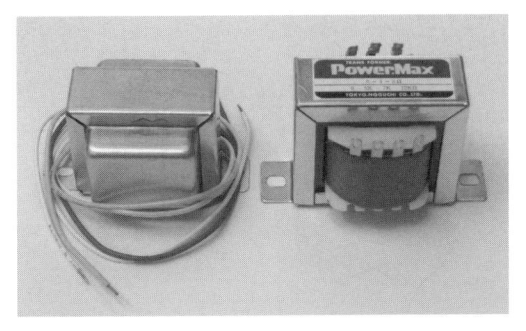

◆写真7.4.4　ノグチの出力トランス（ノグチは主に中型〜大型トランスを手がけるが小型も扱っている）

第7章 試作機による実験データ

◆ 表7.4.1　出力トランス（7kΩタイプ）

メーカー	東栄変成器			春日無線変圧器		イチカワ		ノグチ
型番	T-600	T-850	T-1200	KA-7520	KA-5730	ITS-2.5W	ITS-2.5WS	PMF-B7S
水平に対するコア中心線	90°	90°	90°	90°	0°	90°	90°	90°
カバー	なし	なし	なし	あり	あり	なし	あり	あり
端子・リード線	端子	端子	端子	リード線	リード線	リード線	リード線	リード線
外寸（最大長）	60	70	70	60	72	70	70	61
高さ	38	45	45	36	57	45	45	37
取付けネジ・スパン	50	60	60	52	60	60	60	53
取付けネジ数	2	2	2	2	2	2	2	2
一次インピーダンス	0-3-5-7kΩ	0-3-5-7kΩ	0-3-5-7kΩ	0-5-7kΩ	0-5-7kΩ	0-3-5-7kΩ	0-3-5-7kΩ	0-7kΩ
二次インピーダンス	0-4-8Ω	0-4-8Ω	0-4-8Ω	8Ω	0-4-8-16Ω	0-4-8Ω	0-4-8Ω	0-8Ω
一次DCR（実測）	404	227	321	333	324	328	361	393
二次DCR（実測）	0.78	0.71	0.67	0.69	0.73	0.63	0.55	0.7
公称出力	1.5W	2W	2.5W	3W	5W	2.5W	2.5W	2W（70Hz）
周波数特性（カタログ）	---	---	---	---	---	30〜18000Hz	30〜30000Hz	10〜20000Hz
周波数特性（単体実測）	70〜17000Hz	80〜30000Hz	15〜20000Hz	47〜57000Hz	20〜43000Hz	20〜22000Hz	20〜72000Hz	60〜20000Hz
測定条件	$r_p=2.7kΩ$、$I_p=15mA$							
一次重畳（カタログ）	---	---	---	20mA	30mA	40mA	40mA	30mA
重量（カタログ）	170g	295g	395g	---	---	0.4kg	0.4kg	---
重量（実測）	175g	285g	388g	176g	469g	405g	430g	196g
価格（2010.11）	735	1,050	1,428	2,450	3,200	1,890	2,310	1,260

◆ 表7.4.2　出力トランス（12kΩタイプ）

メーカー	東栄変成器		ノグチ
型番	T-600	T-850	PMF-230
水平に対するコア中心線	90°	90°	90°
カバー	なし	なし	なし
端子・リード線	端子	端子	端子
外寸（最大長）	60	70	70
高さ	38	45	43
取付けネジ・スパン	50	60	60
取付けネジ数	2	2	2
一次インピーダンス	0-7-10-12kΩ	0-7-10-12kΩ	0-5-7-12kΩ
二次インピーダンス	0-4-8Ω	0-4-8Ω	0-4-8Ω
一次DCR（実測）	538	305	301
二次DCR（実測）	1.2	0.74	0.73
公称出力	1.5W	2W	2W（70Hz）
周波数特性（カタログ）	---	---	10〜20000Hz
周波数特性（単体実測）	45〜22000Hz	58〜25000Hz	58〜25000Hz
測定条件	$r_p=9.1kΩ$、$I_p=10mA$		
一次重畳（カタログ）	---	---	25mA
重量（カタログ）	170g	295g	---
重量（実測）	169.5g	294g	292g
価格（2010.11）	735	1,050	1,050

7-4-2 | 測定条件および結果

用語解説

・重畳
　巻き線に直流電流を流して使うことを重畳という。
・コアボリューム
　コアとは鉄心のこと。低い周波数では鉄心が大きいほど有利。

　オーディオアンプで誰もが気になるのが出力トランスの性能、特に周波数特性と低域の伝達特性でしょう。出力トランスは「重いものを選べ」とよく言われます。シングルアンプ用の出力トランスは一次巻き線にプレート電流を重畳させるためにコアが磁化されて低域性能が著しく低下しますが、この問題をカバーしようとするとインダクタンスが犠牲になるため十分なコアボリュームが必要になるからです。

　プッシュプルアンプ用の出力トランスにもプレート電流を流しますが、2系統の巻き線に互いに逆方向に電流を流すためうまく打ち消されて磁化の程度はわずかなものになります。プッシュプル用の出力トランスは小型でも低域特性はわずかしか劣化しませんが、シングルアンプ用はそのような芸がありません。

　また、巻き方にもいろいろと技術があって高域特性に影響を与えます。無造作に巻くと個々のトランスの特性にばらつきが出るだけでなく、高域側の帯域はあまり広くとれません。かといって帯域特性を良くする巻き方は非常に手間がかかるので工賃が跳ね上がります。

　本書の製作では、廉価かつ小型のシングルアンプ用出力トランスを使いますので、最初からハンデを持っています。できるだけ性能の優れたものを選びたいので、予算と時間が許す限り多くの小型出力トランスの特性について以下の3種類のデータを実測することにしました。

(1) 周波数特性（トランス単体）

　アンプに組み込む前のトランス単体の周波数特性です。シングルアンプ用の出力トランスの周波数特性を正確に測定するには、実際の動作と同等の条件を与える必要があります。

　①電流の重畳…出力管のプレート電流にあたる。
　②信号源インピーダンスの設定…出力管の内部抵抗にあたる。
　③ダミーロードを与える…スピーカーのかわり。

　重畳電流値は一次インピーダンスが7kΩのものについては10mA、15mA、20mAの3ポイントとし、12kΩのものについては5mA、10mA、15mAとしました。

　信号源インピーダンスは出力管の内部抵抗にあたるもので、この値が低いほど低域特性が良くなります。ちなみに、5687の内部抵抗は2～3kΩ、6FQ7の内部抵抗は7～10kΩくらいです。測定条件としての信号源インピーダンスは、7kΩ巻き線の場合は2.7kΩ、12kΩ巻き線の場合は9.1kΩとしました。

　測定は二次側の8Ω巻き線で行いますので、スピーカーのかわりとして8Ωのダミーロードを使います。出力トランスはタップごとに主に高域特性が変化します。8Ω以外の他の巻き線（4Ωや16Ω）では8Ω巻き線と同じ特性にはなりませんのでご注意ください。

　定電流回路を使って一次巻き線に重畳電流を与えた状態で10Hz～1MHzの正弦波を信号源インピーダンスにあたる抵抗器を介して出力トランスの一次側に入力し、二次側の出力電圧を測定します。

　出力トランスごとに個性がありますが、100kHz以上のどこかに1つ以上のピークができるという点ですべて共通しています。トランスの宿命的な傾向です。ピークがあっても山の位置が充分に低ければほとんど無視できますが、－10dB以内の高い位置にある場合

（2）周波数特性（アンプ組み込み）

　これらの出力トランスを試作機に組み込んだ時の総合周波数特性も測定しました。一次インピーダンスが7kΩのものは試作1号機「5687直結シングルアンプ」に組み込んで測定し、12kΩのものは試作2号機「6FQ7直結シングルアンプ」に組み込んで測定しました。3.5dB程度の負帰還をかけた状態であるため、周波数特性はトランス単体の時に比べて若干改善されています。

　トランスの性質として出力が大きくなるにつれて主に低域における伝送特性が劣化するため、0.0125W、0.125W、0.5Wの3つの出力で測定しました。いずれのケースでも出力が大きくなるほど低域レスポンスが低下しています。この低下の度合いはコアボリュームが小さい出力トランスほど顕著です。コアの磁気飽和による低下なので負帰還をかけても改善はありません。

　高域側の特性は出力の大きさには依存しません。高域のレスポンスの低下は負帰還によって改善できます。

　なお、1次インピーダンスが12kΩの出力トランスは、0.0125W、0.125W、0.32Wの3つの出力で測定しています。

（3）雑音歪み率特性（アンプ組み込み）

　本書で試作した実機に組み込んだ時の雑音歪み率特性です。組み込んだ実機は（2）と同じ組み合わせです。

　歪み発生の主たる原因は出力管の特性によるものですが、100Hz、1kHz、10kHzの周波数ごとに歪の出方に差が生じる原因はもっぱら出力トランスの影響です。出力トランスは低い周波数ほど伝達特性が劣化しやすいので100Hzの数値が最も悪くなり、その傾向は小型のトランスほど顕著です。

　図7.4.1（左）は、T-600とT-1200の単体時の周波数特性別の歪み率データです。5kHz以下の帯域では周波数が低くなるにつれて歪み率はどんどん増加してゆきます。信号源インピーダンスは低い方が低歪みです。2kHz以下ではコアボリュームの差が数字にはっきり現れています。

　10kHzで歪み率が0.01%以下の出力トランスも、100Hzでは0.1%〜1%となり、20Hzでは1%〜10%ほどにもなってしまいます。トランスは低い周波数が苦手ということがおわかりいただけると思います。アンプに組み込んだ場合はこれに真空管で生じる歪みが加わります。

　図7.4.1（右）は、T-1200の単体時およびアンプ組み込み時の出力別データです。0.0125Wと0.125Wともに200Hz以上では出力管で発生する歪みが支配的ですが、200Hzよりも低い周波数では出力トランス由来の歪みの影響が現れています。真空管アンプの多くが100Hzと1kHzと10kHzの3ポイントで測定すると100Hzだけ数字が少し悪く出るのはこんな特性が隠れていたからです。

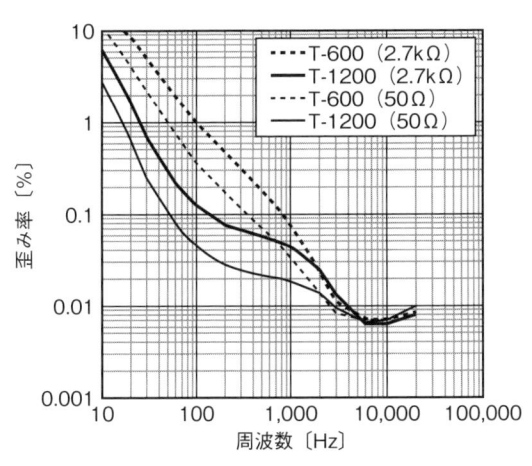

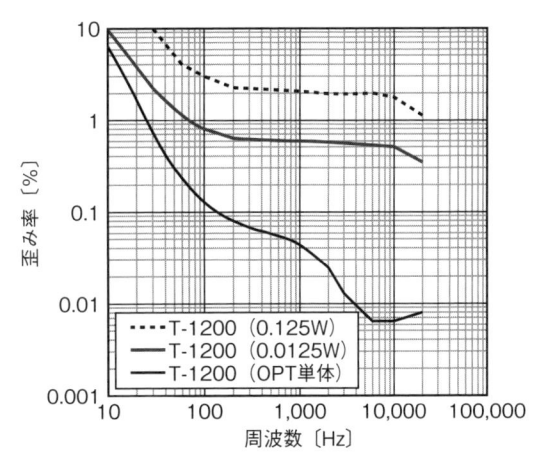

◆ 図 7.4.1　歪み率の周波数特性データ（T-600 と T-1200 の単体データ比較（左）、T-1200 の出力別比較（右））

　すべての音をマイクロフォンで拾っていたアナログ時代の音楽ソースの周波数帯域は低域、高域ともに一定の減衰をみせていましたが、音楽制作が電子化、デジタル化すると100Hz 以下の周波数成分がフルレベルでたっぷりと録音されるものが増えてきました。

　弦楽四重奏曲や 1970 年代のポップスでは全く問題がなかったのに、エンヤなどアイルランド系の音楽や、マドンナや、最近録音されたボサノバをかけたら大した音量でもないのに妙に歪みっぽい音になった、という現象が起きます。このような広帯域にわたってまんべんなく振幅の大きい信号が存在するソースを再生した場合、パワーアンプ側がいくら1kHz で充分な出力が得られていても 100Hz 以下の再生能力が低いと、その低いレベルでアンプの実質的な最大出力が決まってしまうからです。

　100Hz 以下の帯域の低歪み再生は、半導体アンプならばなんでもないことですが、シングル方式の真空管アンプにとっては越えるのがとても難しい壁です。

（4）出力トランスのまとめ

　「高域側の帯域特性」と「低域の歪み特性」に「重量」を加えて 7kΩ タイプをポジショニングしたのが図 7.4.2 です。重量に関してはカバーの有無によって差が出ますので大雑把にとらえてください。

　上にゆくほど低域の伝送特性が優れており、右にゆくほど高域側の帯域特性が優れていることになります。○の直径が大きいものほど重量があります。

　低域の歪みを重視する場合は重量のある 4 モデルからの選択になりますし、高域側の帯域特性を要求するのであれば右寄りの 3 モデルになります。低域特性に目をつぶってもコンパクト・軽量にまとめたいのであれば T-600 か KA-7520 で判断が分かれます。

　ミニワッターの目的すなわち「小音量であっても良い音で聞けるという贅沢はしたい」、「ミニパワーなりにスケール感、帯域感のある音をめざしたい」という趣旨を考えると400g クラスの重量を持った 4 モデルが望ましいということになります。

第7章 試作機による実験データ

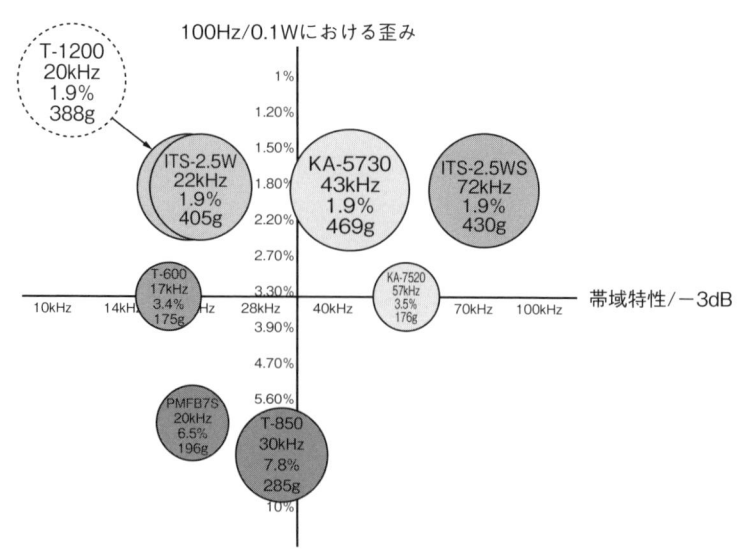

◆ 図7.4.2 小型出力トランスのポジショニング

以下に測定結果（周波数特性、雑音歪み率特性）を掲載しておきます。

7kΩタイプ　＜T-600（東栄変成器）＞

測定した中で最も廉価なシリーズです。コアサイズなりの低域特性です。高域側のレスポンスは早くから落ち始めていますが位相特性が良いので負帰還がきれいにかかります。100Hzで歪みが増加するのは、このコアサイズではやむを得ないところです。

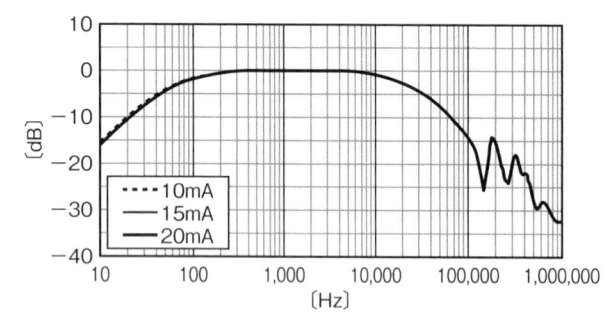

◆ 周波数特性（トランス単体）

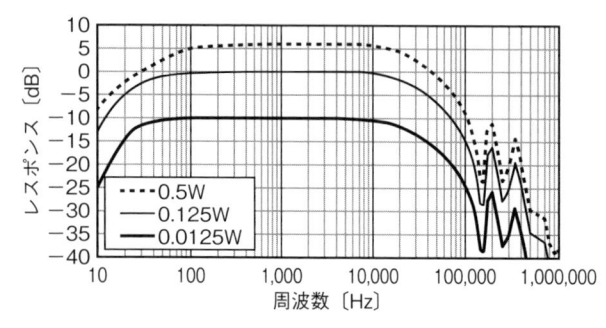

◆ 周波数特性（アンプ組み込み）

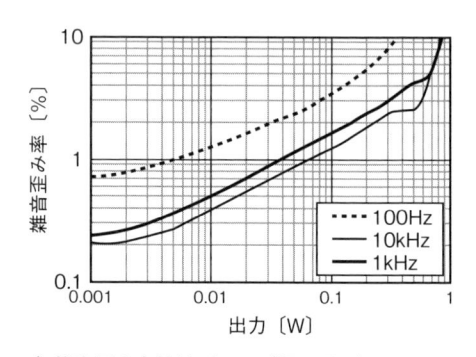

◆ 雑音歪み率特性（アンプ組み込み）

7-4 ◆ レポートその3…出力トランス別実測データ

7kΩタイプ ＜ T-850（東栄変成器）＞

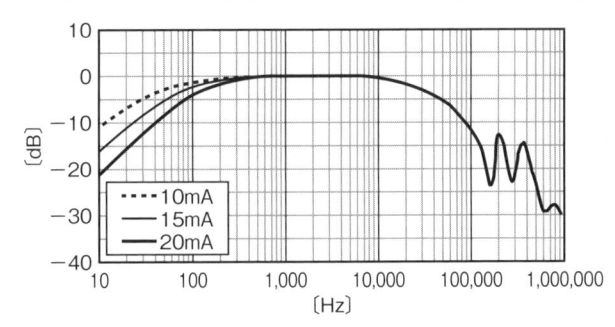

◆ 周波数特性（トランス単体）

◆ 周波数特性（アンプ組み込み）

◆ 雑音歪み率特性（アンプ組み込み）

　一次側に直流を重畳した時の電流依存度が高く、重畳電流を増やしてゆくと低域特性の劣化が著しく、少々問題を感じます。アンプ組み込みの周波数特性では、レスポンスこそ20～30Hzまで伸びているように見えますが、波形は大きく崩れて破綻しています。低域特性はより小型なT-600よりも劣ります。5%歪みにおいてわずか0.025Wしか得られません。

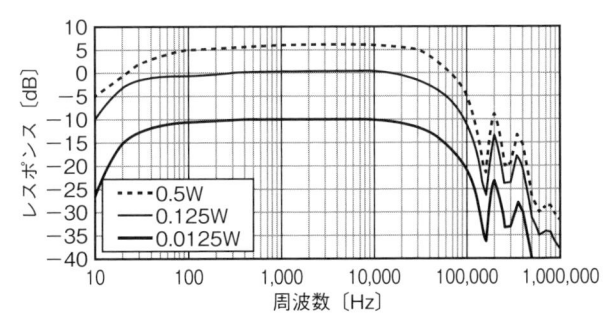

7kΩタイプ ＜ T-1200（東栄変成器）＞

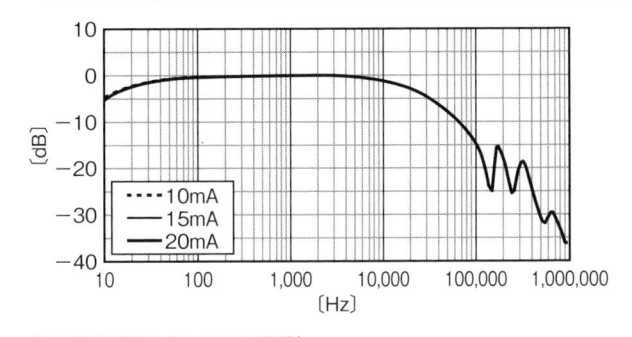

◆ 周波数特性（トランス単体）

◆ 周波数特性（アンプ組み込み）

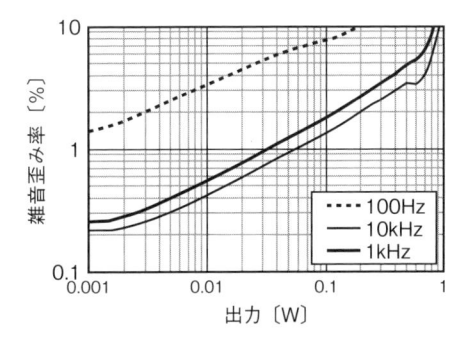

◆ 雑音歪み率特性（アンプ組み込み）

　一見狭い帯域に見えますが、総合的に見て非常に優れた出力トランスです。低域特性はT-600やT-850と比べても格段に優れています。本書におけるレファレンス的位置づけの出力トランスであり、実測した基礎データの多くはこのT-1200を使ったものです。内容的にはイチカワ製ITS-2.5Wと同じものとみていいでしょう。公表されていませんが、オリエントコアを使っているとのことです。

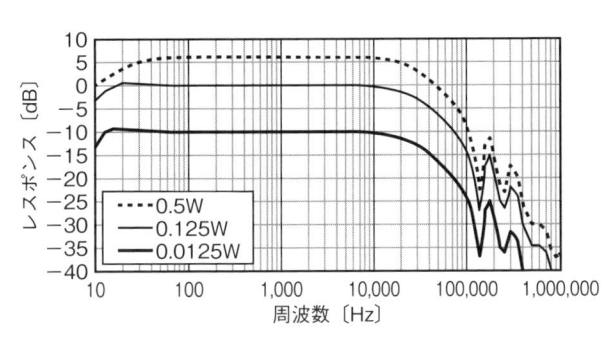

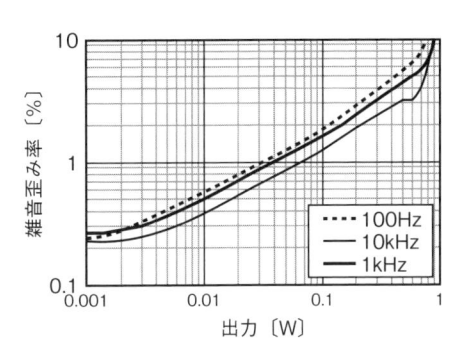

第7章 試作機による実験データ

7kΩタイプ ＜KA7520（春日無線変圧器）＞

◆ 周波数特性（トランス単体）

◆ 周波数特性（アンプ組み込み）

◆ 雑音歪み率特性（アンプ組み込み）

T-600よりも小型軽量ながら、このサイズにしては低域側、高域側共に優れた特性なだけでなく、中高域に独特の艶があり、200gに満たない小さな出力トランスでも設計如何でこんなものができるのだなあと感心させられます。価格がやや高めですが、それだけのものを持った出力トランスだといえます。このサイズから1つ選べと言われたら迷わずKA7520を選びます。

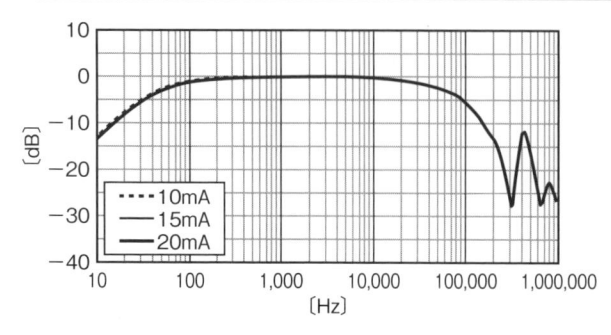

7kΩタイプ ＜KA5730（春日無線変圧器）＞

◆ 周波数特性（トランス単体）

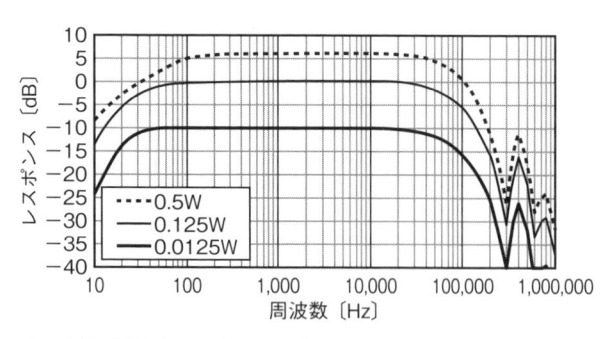

◆ 周波数特性（アンプ組み込み）

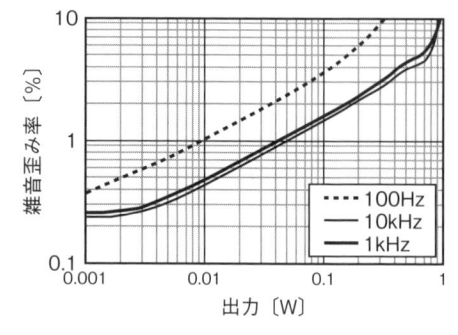

◆ 雑音歪み率特性（アンプ組み込み）

180kHzあたりにピークというより幅のある盛り上がりを持つ特徴的な周波数特性の出力トランスですが、位相特性は良好で負帰還をかけても安定しています。この出力トランスは他の出力トランスとコアの中心線の向きが異なります。実装時の向きを間違えると電源トランスからのハムを拾うことがあるので注意してください。

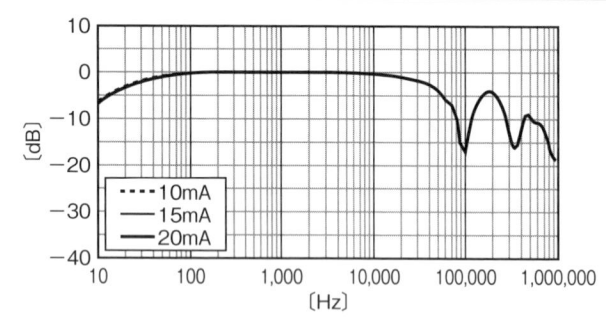

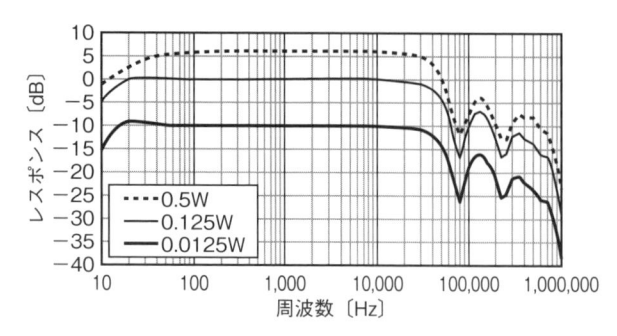

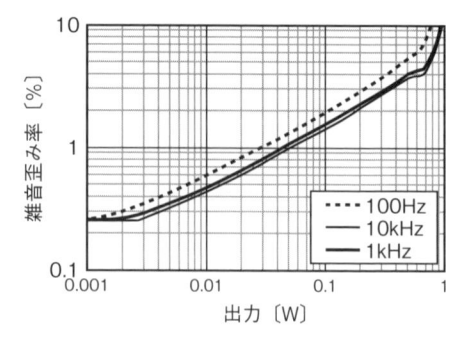

7-4 ◆ レポートその3…出力トランス別実測データ

7kΩタイプ ＜ITS-2.5W（イチカワ）＞

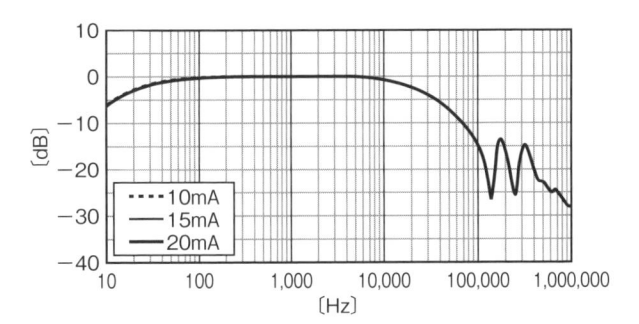

◆ 周波数特性（トランス単体）

◆ 周波数特性（アンプ組み込み）

◆ 雑音歪み率特性（アンプ組み込み）

スペック的にはT-1200と酷似していて、データだけでは区別がつきません。これは同じ基本仕様にもとづいて同じ工場で作られたものではないかと思います。T-1200が端子タイプであるのに対して、ITS-2.5Wはリード線タイプである点が異なります。出力トランスがシャーシ上でむき出しになるような実装をする場合、T-1200では感電の危険が伴いますがITS-2.5Wならば安全です。両者ともにもっと評価されてもいいのではないかと思います。

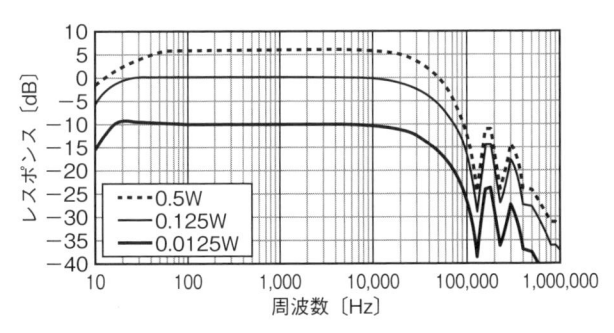

7kΩタイプ ＜ITS-2.5WS（イチカワ）＞

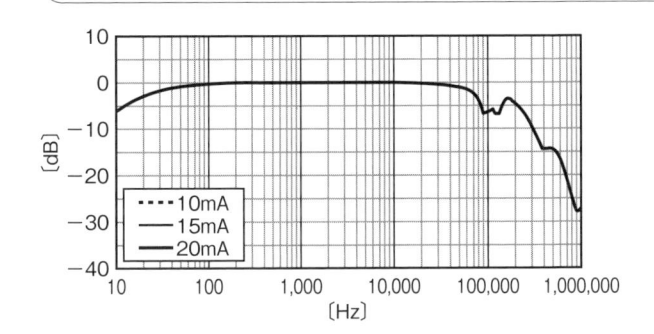

◆ 周波数特性（トランス単体）

◆ 周波数特性（アンプ組み込み）

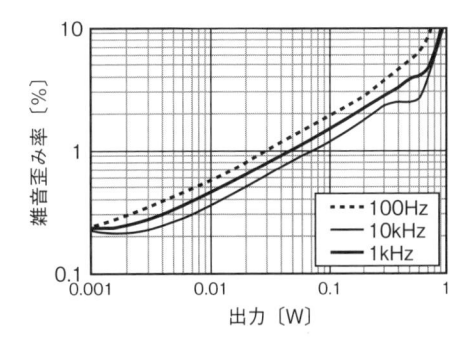

◆ 雑音歪み率特性（アンプ組み込み）

ITS-2.5WSは高域側の帯域特性の拡張を意図した設計になっており、今回測定したすべての出力トランスの中で最も広帯域となりました。位相特性は良好ですが150kHzのピークが多量の負帰還の邪魔をする可能性があるので、無帰還あるいは浅い負帰還で使うのであればITS-2.5WS、多目の負帰還をかけた設計ならばITS-2.5Wが適します。

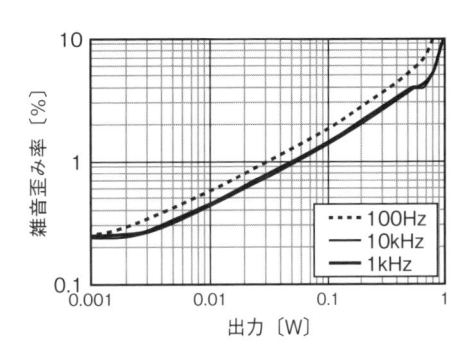

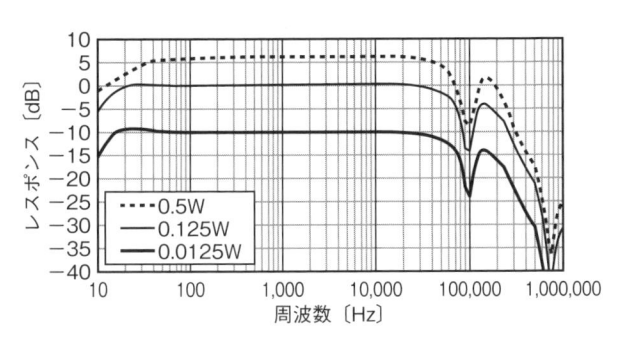

第7章 試作機による実験データ

7kΩタイプ ＜ PMF-B7S（ノグチ）＞

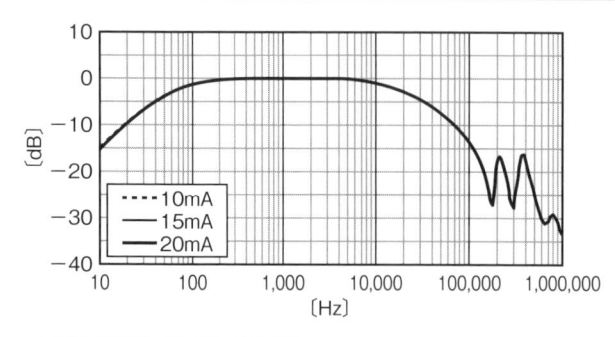

◆ 周波数特性（トランス単体）

◆ 周波数特性（アンプ組み込み）

◆ 雑音歪み率特性（アンプ組み込み）

ノグチは中大型の出力トランスのラインナップが充実していますが、小型のものではこのPMF-B7SとPMF-230の2モデルがあります。このPMF-B7Sのデータは T-600 と非常によく似ていますが、カバーをはずすと T-600 と同じと思われるものが出てきますので、実質的には同一とみていいでしょう。カバーなしが T-600 で、カバー付きが PMF-B7S という認識でいいのではないかと思います。

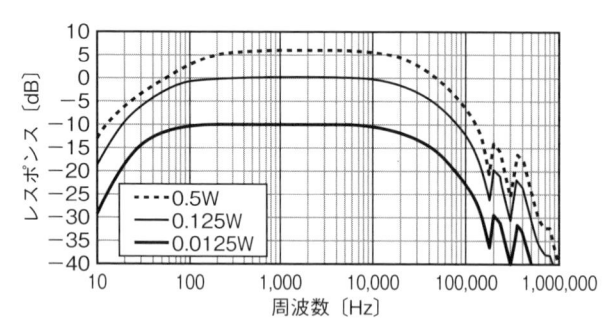

12kΩタイプ ＜ T-600（東栄変成器）＞

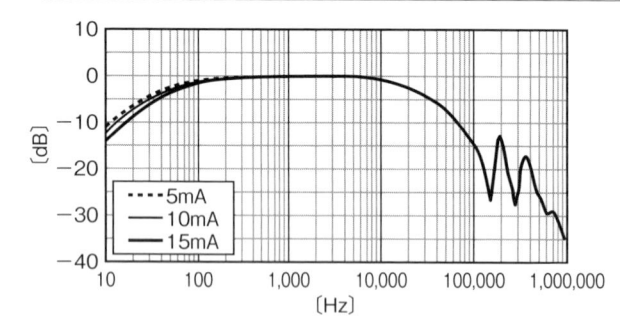

◆ 周波数特性（トランス単体）

◆ 周波数特性（アンプ組み込み）

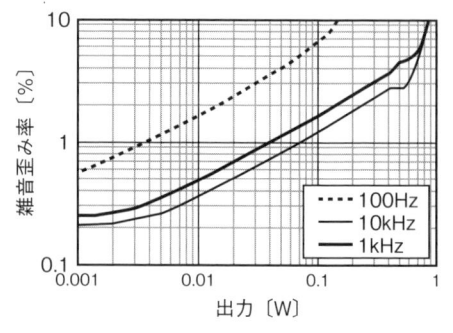

◆ 雑音歪み率特性（アンプ組み込み）

7kΩタイプの T-600 と同系統の特性です。実測データ上はわずかに重畳電流依存が認められます。アンプ組み込み時の周波数特性は 200Hz くらいから下に向ってゆるい傾斜となり、レスポンスは維持されていますが耳で聞くとすでに音とはいえないものになっています。この傾向は次ページ以降の2モデルにも共通しています。

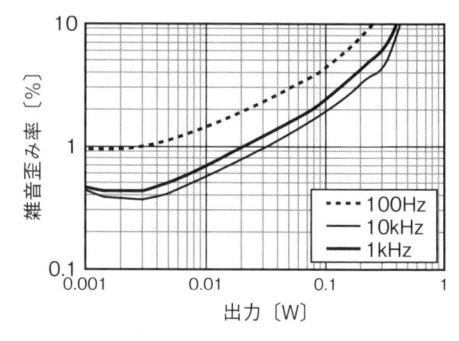

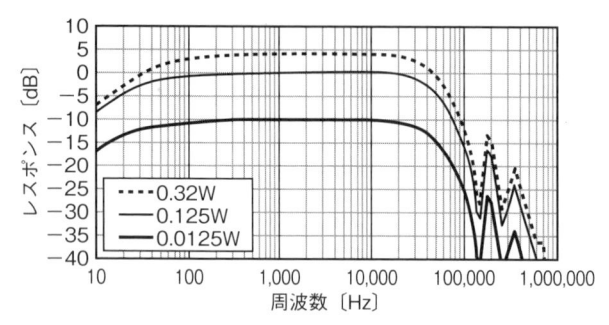

7-4 ◆ レポートその3…出力トランス別実測データ

12kΩタイプ ＜ T-850（東栄変成器）＞

いいところも悪いところも7kΩタイプのT-850と同系統の特性です。小型出力トランスの12kΩタイプは数が少ないので、6FQ7のような内部抵抗が高めの球に使えないかと期待していたのですが少々残念です。この出力トランスは次のPMF-230と同じ基本設計と思われます。

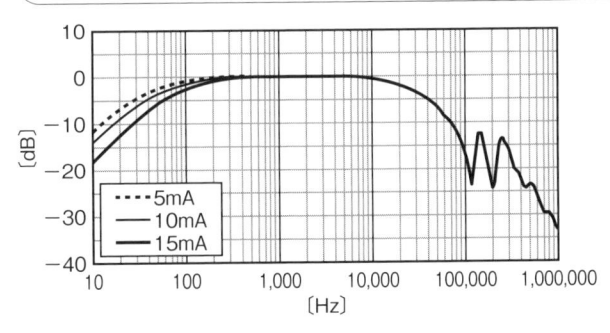

◆ 周波数特性（トランス単体）

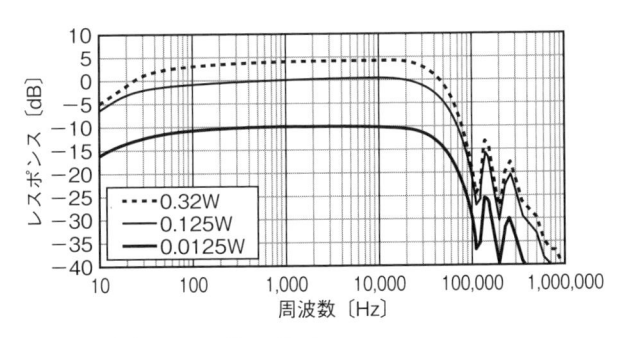

◆ 周波数特性（アンプ組み込み）

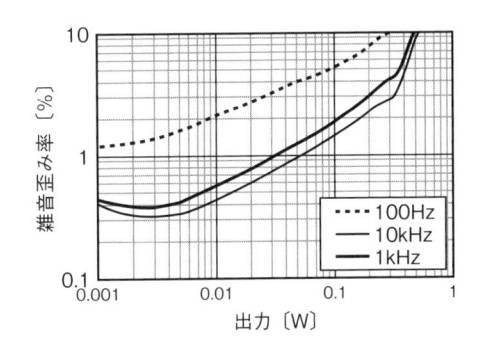

◆ 雑音歪み率特性（アンプ組み込み）

12kΩタイプ ＜ PMF-230（ノグチ）＞

実測データも形状も12kΩタイプのT-850と元は同じ設計で同じ工場による製造とみていいでしょう。一次側のタップの出し方が、T-850は「0 − 7kΩ − 10kΩ − 12kΩ」であるのに対して、PMF-230は「0 − 5kΩ − 7kΩ − 12kΩ」である点が若干異なります。これは表記ミスではなく、実測したところ両者ともそれぞれに正しくタップが出されています。

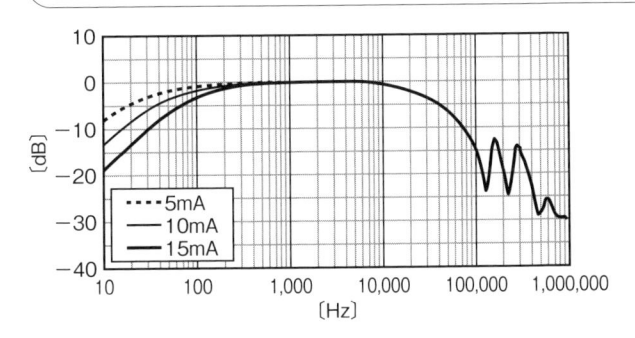

◆ 周波数特性（トランス単体）

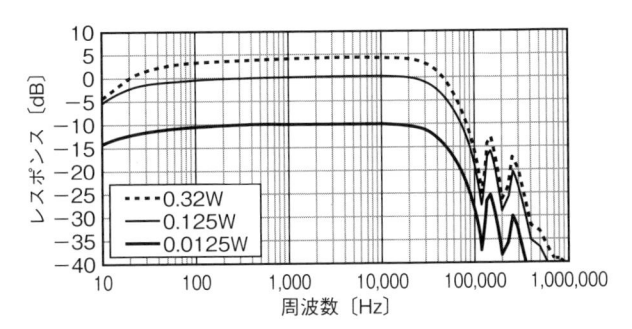

◆ 周波数特性（アンプ組み込み）

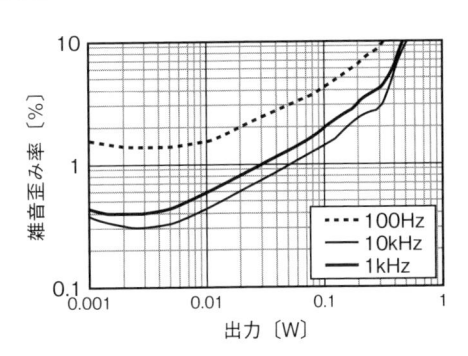

◆ 雑音歪み率特性（アンプ組み込み）

7-4-3 | 小型出力トランスのブランド事情

　本書の執筆にあたっていくつもの小型出力トランスを購入して実測した結果、同一工場で製造されたと思われるモデルが複数見つかりました。この背景にはどんな事情があるのか興味があったので調べてみました。

　これらのトランスを製造しているのは、基本的に中小規模あるいは零細なトランス専門の工場です。中にはかなり知られたトランスメーカーによって作られて、トランス販売店のブランドのシールが貼られたものもあります。いずれにしても、売り手であるトランス販売店すなわちブランド側と作り手である工場側とは別物であるわけです。そのため、異なるブランドであっても同じ工場が供給しているということが起きてもおかしくありません。

　店頭に並んでいるさまざまなトランスの生い立ちには大きく分けて3種類あります。

- ・1つめは、ブランド側としてのトランス販売店が仕様を決めてどこかの工場に設計・製造を依頼して販売しているケースです。
- ・2つめは、トランス工場側が「こういうのを作ったから売ってくれ」と言ってトランス販売店に持ち込んだケースです。
- ・3つめは、昔から付き合いのある工場で昔の仕様のまま延々と作り続けてきたものです。中にはおじいさんが昔ながらの紙巻きで1人でこつこつ作っているトランスもあって、これらが入り混じって秋葉原の店頭に並んでいるわけです。東栄変成器の電源トランス PT-35 はその代表です。

　したがって、同じブランドのラベルが貼ってあっても、それらが同じ生い立ちであるとは限りませんし、工場が同じでないものもあります。トランスは歴史がある部品であるがゆえに、さまざまに異なるいきさつで作られたものが一見一連のシリーズのように見えて店頭に並んでいるのです。

　東栄変成器の T-1200 とイチカワの ITS-2.5W は、外見はかなり違いますが中身はほぼ同一ですので、私はこの2モデルは同じ工場で作られたとみています。塗装をした上に手間のかかるリード線出しにしたイチカワの方が製造コストがかかりますから、当然両者の価格には差が出ます。その価格差はリーズナブルなものであり、東栄変成器もイチカワもよく勉強した値付けをしているといえます。

　この2つの出力トランスの生い立ちがどうであるかはわかりませんが、いい出力トランスであることはトランス工場側も認識しているようですし私の評価も同様です。安くていいものは幅広く流通するのです。

　トランス販売店の店主の考え方や好き嫌いの傾向もあります。あるトランス販売店の店主はあまり高い販売価格になるのを好まないらしく、その結果、意図して立派なケースに入れたりしないものが多いといいます。

　私も時々トランス工場に仕様を提示してまとまった数を作ってもらうことがありますが、どのトランス工場も規模が小さくかつ真面目です。彼らはトランス作りのプロではありますが、回路技術には通じていないのが普通です。あるトランス工場の社長は「私はトランスのことしかわからないので回路図を見せられてもわかりません。でも、こんなトランスを作れといわれたらできるものはちゃんと言うとおりに作ります」と語っていました。

　本書で取り上げたトランスもこんな人達が作っているのです。たった400gもしないおもちゃのような出力トランスにもちゃんと作られた背景や歴史があるのです。

ここで取り上げた小型の出力トランスは、オーディオ用として賞賛されている多くの大型で高価な出力トランスと比べるといろいろな意味でスペック的に劣りますし、売る側からみれば取り扱いの手間がかかるわりにわずかな利益しか生みません。しかし、このような小さくて廉価でもそれなりに優れた出力トランスがいくつも存在し、手軽に楽しめる自作オーディオの強い味方となっています。今後もより良い小型出力トランスのラインナップが充実し、市場を賑わしてくれることを願っております。

7-5 レポートその4…実験レポート 7kΩか 14kΩか

7-5-1 実験の目的

12kΩタイプの出力トランスには、東栄変成器のT-600とT-850、そしてノグチのPMF-230の3モデルがありますが、すでにレポートしたとおりいずれも低域特性が十分でないため採用を見送ることにしました。そこで、T-1200など重量が400gクラスの出力トランスが代わりに使えるかどうかの実験を行いました。

出力トランスの一次および二次インピーダンスの関係は、設計上の最適値はあるものの基本的には相対的なものでもあります。7kΩ：4Ωの出力トランスは、14kΩ：8Ωとして使うことが可能です。このような使い方は自作アンプビルダーの間でも広く知られています。

同時に7kΩ：8Ωのままで6FQ7や12AU7で使えるかどうかの実験も行いました。内部抵抗が8kΩほどもある球でこのような使い方をすると、ダンピングファクタが低く（1以下）なってしまう、ロードラインに無駄が生じて最大出力が低下してしまうといった欠点があります。私もこのような動作条件の設定はこれまで敬遠してきましたが、実際のところどの程度のディスアドバンテージなのか知りたかったというのもあります。

先に結論を述べますと、当初のもくろみは大きくはずれて14kΩ：8Ωの使い方は惜敗を喫し、不利なはずの7kΩ：8Ωの使い方のほうがはるかに良い結果が得られました。これは私にとっても新しい発見でした。

7-5-2 動作条件

試作2号機に6FQ7を載せて実験を行いました。実験における動作条件は表7.5.1のとおりです。負荷インピーダンスが異なるため出力管の動作条件も一定ではありませんし、実験の手順の都合もあって、個々に最適化された条件とは言えないことをお断りしておきます。

T-1200（14kΩ）とT-1200（7kΩ）とでプレート電圧が同じなのは、電源回路の都合でこれ以上高い電圧が得られなかったためです。そのためケースごとのプレート損失値は同じではありません。同じプレート損失で比較したならば、1kHzにおける最大出力はT-1200（14kΩ）の場合が最も大きくなるのは自明です。

しかしこれらの実験から、音質的にはT-1200（7kΩ）が圧倒的に有利であることが確認できましたので、実験の使命は十分に果たせたと思います。

◆表 7.5.1 動作条件および最大出力

	T-600 (12kΩ)	T-1200 (14kΩ)	T-1200 (7kΩ)
プレート電圧	220V	228V	228V
プレート電流	9.3mA	8.8mA	11.6mA
プレート損失	2.05W	2.00W	2.64W
負荷インピーダンス	12kΩ	14kΩ	7kΩ
最大出力（1kHz、THD＝5%）	0.245W	0.35W	0.35W
最大出力（100Hz、THD＝5%）	0.12W	0.12W	0.26W

7-5-3 実測結果の比較

図 7.5.1 は 3 種類の出力トランスを使った場合の周波数特性の比較データです。

低域側に着目すると、最も良い結果を得たのは T-1200（7kΩ）の場合で、次いで T-600（12kΩ）、最も悪かったのが T-1200（14kΩ）でした。T-1200 は 7kΩ で使っても 14kΩ で使っても一次側のインダクタンスは変わりませんから、1kHz では 14kΩ として使えても、100Hz では 14kΩ に遠く及ばなかったわけです。むしろ T-600 の方が条件的には有利であったようです。

高域側については、4Ω巻き線と 8Ω巻き線とでわずかな差があるのみで大きな違いは認められませんでした。T-600 が低い周波数からレスポンスが低下しはじめているのは、T-600 固有の特性が原因です。

図 7.5.2(a)(b)(c) は、歪み率特性の比較データです。T-600（12kΩ）と T-1200（14kΩ）とは 100Hz での歪み率の悪化が顕著ですが、T-1200（7kΩ）は 100Hz における歪み率の悪化がだいぶ少なくなっています。

1kHz における 5% 歪み時の出力は、T-600（12kΩ）が 0.245W、T-1200（14kΩ）は 0.35W、そして T-1200（7kΩ）も 0.35W でしたので心配された最大出力の目減りはありませんでした。

100Hz における 5% 歪み時の出力は、T-600（12kΩ）が 0.12W、T-1200（14kΩ）も 0.12W であるのに対して、T-1200（7kΩ）は 0.26W と圧倒的に有利な結果となりました。

この違いは音で聞くと明確な差を認識できます。T-1200（14kΩ）の低域は腰砕けで音になっていないのですが、T-1200（7kΩ）はしっかりとした芯のある低域が鳴っています。

これらの結果から、ミニワッターでは 6FQ7 や 12AU7 といった比較的高内部抵抗の球においても T-1200 クラスの出力トランスを 7kΩ のままで使用することにします。こうすることで 1kHz における最大出力は若干低下しますが、ボトルネックである 100Hz における最大出力は増加しますので、アンプとしての総合力はアップします。

このようなケースを相談された場合、これまでは迷うことなく T-1200（14kΩ）の使い方を推奨したと思いますが、この機会に考え方を改めたいと思います。

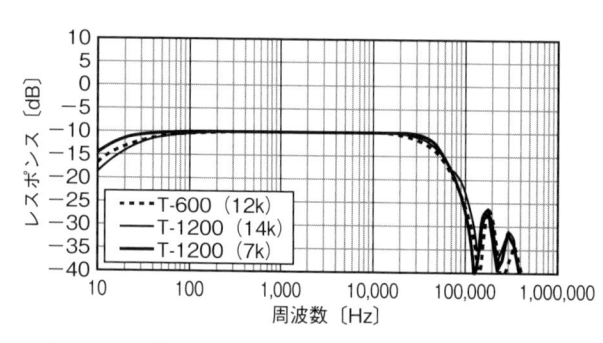

◆図 7.5.1 負荷条件の違いによる周波数特性の比較

(a) T-600 (12kΩ)

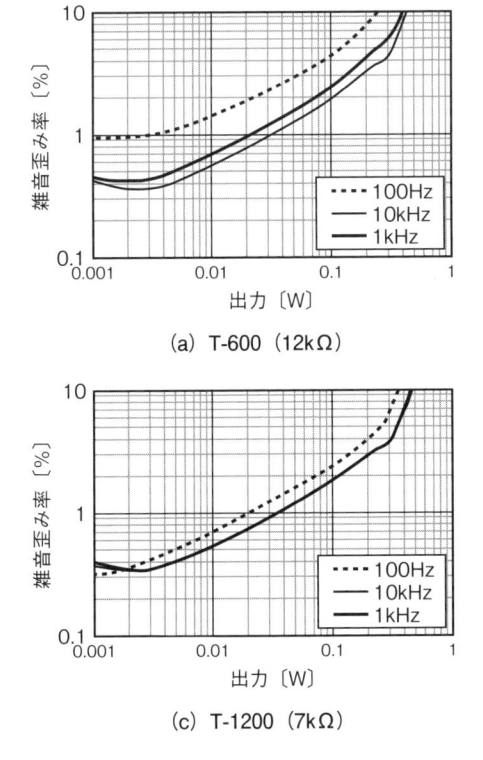

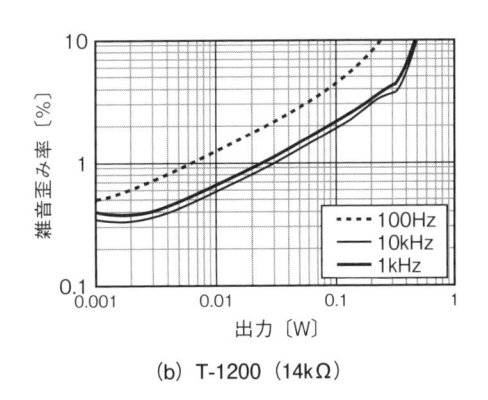

(b) T-1200 (14kΩ)

(c) T-1200 (7kΩ)

◆図 7.5.2(a)(b)(c) 負荷条件の違いによる歪み率特性の比較

7-6 レポートその 5…真空管別データ

　ミニワッターで使用可能なさまざまな真空管の一つ一つについて、その基本特性と動作条件と実測結果をまとめました。

　実測データに関しては、複数の真空管のデータを取った上で概ね中心値となるであろう数値を表記しましたが、真空管や個々の部品にはかなりのばらつきがありますので、必ずしもここに記述したとおりの結果にはならないことをあらかじめお断りしておきます。

　たとえば、6FQ7 は GE 製のものはほぼデータどおりの動作をしますが、NEC 製のものは内部抵抗が規定値よりもかなり高いようで、設計値からかけ離れた動作をします。

　また、測定時の AC100V 電圧も常に正確に 100V 一定ではなく、99V 〜 103V くらいの範囲で変動があるため、これだけでも ± 2% の変動要素が生じています。したがって、表中の電圧や電流値を使って計算した場合、すべての数値がきれいに一致するわけではありません。

　そういった大いなるあいまいさの中でなんとかまとめあげたデータですが、参考にしていただければ幸いです。

　各ページの各項目の表記方法は次のとおりです。

第7章 試作機による実験データ

ピン接続

真空管を下から見たピン配置図です。記述法は次のとおりです。

1P	：プレート（第1ユニット）
1G	：グリッド（第1ユニット）
1K	：カソード（第1ユニット）
2P	：プレート（第2ユニット）
2G	：グリッド（第2ユニット）
2K	：カソード（第2ユニット）
H	：ヒーター
HCT	：ヒーターが2つに分かれている場合のセンタータップ
IS	：内部シールド（Internal Shield）…アースにつなぐ
NC	：無接続（Non Connection）…遊びピン

真空管基本データ

- **名称**：同じ特性の真空管名をリストアップしました。
- **ヒーター**：ヒーター定格の電圧と電流値です。センタータップを持つ真空管の場合は、2つのパターンを書き込んであります。
- **内部容量**：C_{in}、C_{out}、C_{gp} のユニットごとの値です。ミラー効果など高域側の特性に影響を与えるポールの計算で使います（負帰還の章参照）。
- **最大定格**：$E_{p\,max}$ はプレート電圧、$P_{p\,max}$ はプレート損失の許容最大値です。$P_{p\,total}$ はプレート損失の2ユニットの合計値です。R_{g1} はグリッド抵抗の許容最大値で、Fは固定バイアスの場合、Cはカソードバイアスの場合です。

動作データ

ミニワッターの基本回路で製作する場合に、その真空管を使うための回路定数および主要ヶ所の電圧値・電流値を記載した表です。

- **① 電源トランス**：実験で使用した電源トランスおよび使用した二次巻き線の電圧です。
- **② 整流出力電圧**：電源回路の整流ダイオードの出口のところの電圧です。測定時のAC100Vの電圧に変動があるので数V程度の変動が生じます。同じ二次電圧の巻き線を持った電源トランスでも、型番やメーカーが違えば整流出力電圧は同じ値にはなりません。
- **③ R9 + R10**：簡易リプルフィルタのMOS-FETのゲート電圧を決定するための2つの抵抗値です。R10は1.5MΩ固定としてR9を変えて調整しています。整流出力電圧をR9とR10の比で分圧すればMOS-FETのゲート電圧を求めることができます。
- **④ V +電圧**：アンプ部に供給される電源（V +）の電圧です。V +電圧は、『③ R9 + R10』で決定されるMOS-FETのゲート電圧よりも約3V低い値になります。
- **⑤ E_p**：初段管および出力段管のプレート電圧です。プレート電圧はプレート～カソード間にかかる正味の電圧で、アースを基準とした電圧ではありませんのでご注意ください。ロードラインを引く時の右下のポイントはこの電圧を使います。
- **⑥ R_L**：初段ではR3（プレート負荷抵抗）をさしており、出力段では出力トランスの

一次インピーダンスをさします。
- ⑦ Bias：初段管および出力段管のバイアス値です。グリッド〜カソード間の相対的な電圧のことです。
- ⑧ R_k：初段ではR4およびR5の2つのカソード抵抗の合計値です。たとえば、5687ではこの値が802Ωになっていますが、R4とR5を足した値がこの値に近くなるようにします。R5の値は51ΩですのでR4の値は751Ωとなり、E24系列でいうと750Ωを使えばいいことになります。R5の値は『⑬負帰還抵抗』のところに記載してあります。

  出力段ではR8の値です。消費電力が大きいのでほとんどのケースで3W型が必要です。
- ⑨ E_k：初段では『⑦ Bias（バイアス）』と同じ値になります。

  出力段のカソード電圧は特に重要です。この電圧とR8とで出力段のプレート電流値が決まり、最大出力などの要素がほぼこれで決まってしまうからです。
- ⑩ I_p：初段管および出力段管のプレート電流値です。電流計を入れて測定したわけではなく、測定された各部の電圧と抵抗値から計算で求めています。
- ⑪ g_m、r_p、μ：それぞれの動作条件における真空管の3定数（g_m、r_p、μ）です。プレート特性データから推定した値をもとにして、実測結果を使って修正した参考値です。
- ⑫ 利得（無帰還、負帰還）：負帰還をかけない状態とかけた状態での総合利得の実測値です。真空管のばらつきやメーカーの違いによってはこの表の値と10%以上異なる値になる場合があります。
- ⑬ 負帰還抵抗：R7の値は560Ω固定で、R5の値が51Ω〜82Ωの間で設定しています。負帰還量を変えたい場合はR5の値を増減したらいいでしょう。
- ⑭ DF値：ダンピングファクタの実測値です。測定はON／OFF法を使い、出力電圧＝100mV、周波数＝1kHz、負荷インピーダンス＝8Ωで行いました。
- ⑮ 残留雑音：残留雑音は真空管の個体によってかなりの差があります。それでも管種によって特徴があり一定の傾向を示しました。帯域は1MHzで測定していますが、雑音成分のほとんどはハムおよびその高調波ですので、帯域を20kHzに狭めても測定値は変化しませんでした。

初段および出力段ロードライン

メーカー発表のプレート特性図にミニワッターで設定した動作条件を描き込んだものです。ロードライン上のデータを見ていただければわかると思いますが、メーカー発表のプレート特性図から得た値と実測した値の間にはかなりの食い違いが生じています。実際の真空管の特性はマニュアル上のデータともかなりかけ離れているわけです。

メーカー発表のデータが正しいのか、実際の値が正しいのか、どちらが正しいのかはとても難しい問題です。結局どちらのデータも設計の参考としてある程度の幅を持って割り切るしかないのでしょう。

周波数特性および雑音歪み率特性

試作1号機または試作2号機を使って測定した周波数特性データです。

使用した出力トランスはT-1200で、二次側は8Ωタップに8Ωのダミーロードを与え

ています。雑音歪み率の測定では 80kHz の帯域の LPF を通しています。

< 5687 >

5687 という真空管については第 2 章で詳しく触れましたので、ここでは動作条件についてのみ触れることにします。

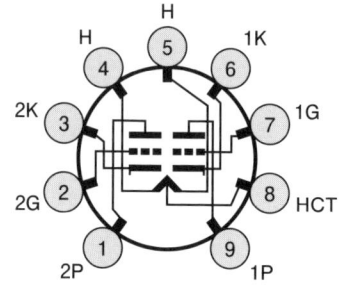

◆ 5687 いろいろ（左から SYLVANIA、PhilipsECG（中味はおそらく SYLVANIA）、RCA、東芝通測用、NEC 通測用）

◆ 5687 ピン接続

◆ 基本データ〔5687〕

名称	5687 5687WA 6900＊	
ヒーター	6.3V/0.9A 12.6V/0.45A 6.3V/1A＊ 12.6V/0.5A＊	
ユニット	Unit-1	Unit-2
C_{in}	4.0pF	4.0pF
C_{out}	0.6pF	0.5pF
C_{gp}	4.0pF	4.0pF
$E_{p\,max}$	300V	300V
$P_{p\,max}$	4.2W	4.2W
$P_{p\,total}$	7.5W	
$R_{g1(F)\,max}$	100kΩ	100kΩ
$R_{g1(C)\,max}$	1MΩ	1MΩ

◆ 動作データ〔5687〕

電源トランス	KmB90F（195V）	
整流出力電圧	265V	
R9＋R10	120kΩ＋1.5MΩ	
V+電圧	243V	
	初段	出力段
E_p	46V	180V
R_L	82kΩ	7kΩ
Bias	－1.9V	－8V
E_k	1.9V	56V
R_k	802Ω	3.3kΩ
I_p	2.38mA	17mA
g_m	2.78	6.1
r_p	5.5kΩ	2.8kΩ
μ	15.3	17
利得（無帰還）	5.6倍	
利得（負帰還）	3.8倍	
負帰還抵抗	560Ω＋51Ω	
負帰還量	3.4dB	
DF値	2.85	
残留雑音	120〜150μV	

　初段のロードライン（初段ロードライン〔5687〕の図参照）ですが、プレート特性図から読み取ったバイアスが －2.6V くらいであるのに対して、実測値は －1.9V とかなりの隔たりがあります。プレート特性図に誤差があり、実際の真空管にもばらつきがあるためです。特にプレート電流が少ない領域では、精度が得られないためこのようなことが起こります。

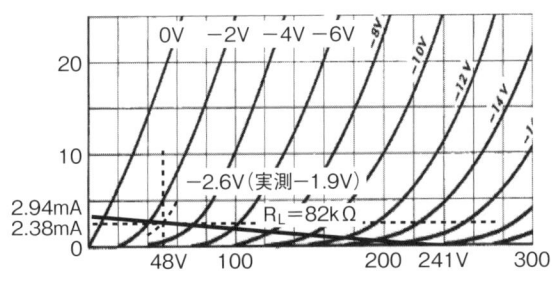

7-6 ◆ レポートその5…真空管別データ

◆ 初段ロードライン〔5687〕

◆ 出力段ロードライン〔5687〕

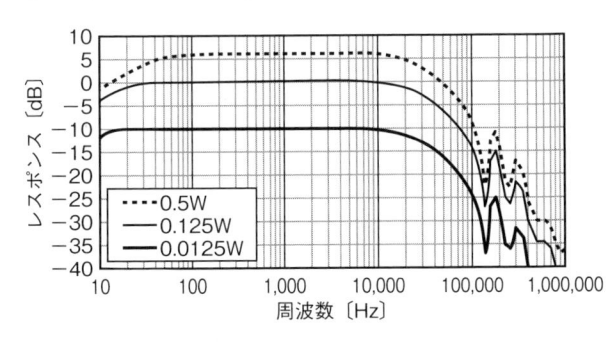

◆ 周波数特性〔5687〕

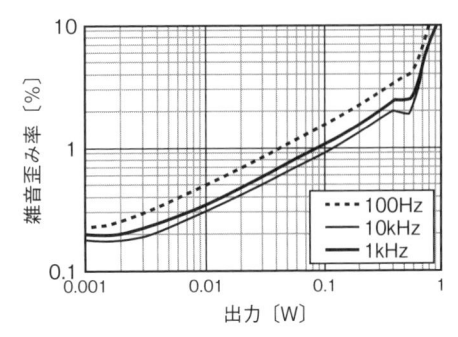

◆ 雑音歪み率特性〔5687〕

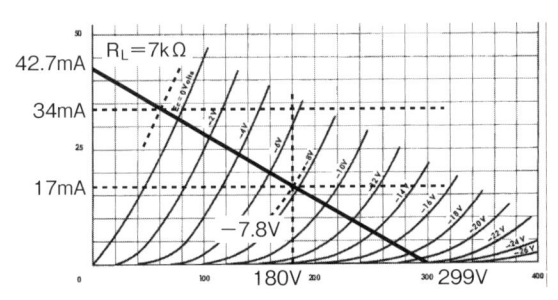

出力段の動作条件は、プレート電圧＝180V、プレート電流＝17mAですので、プレート損失は3.06Wとなり、5687の能力にはまだ余裕があります。ロードライン（出力段ロードライン〔5687〕の図参照）からは、バイアスがプラスの領域まで使うようなA2級動作であることがわかります。

無帰還時の総合利得が5.6倍とパワーアンプにしてはかなり低めです。そのために負帰還量はわずかに3.4dBに抑えてあります。ダンピングファクタは2.85ですから決して高いとはいえません。しかし、実際に音を聞いてみると、シングルアンプでよく感じるダンピングの不足感はありません。

残留雑音は100μV台とかなり良い値が得られました。これくらいの値ですと、スピーカーに耳を近づけてもほとんど無音に近いといっていいでしょう。

周波数特性は、わずかな負帰還が功を奏して0.125Wでは13Hz～30kHzを－3dBでカバーしていますが広帯域とはいえません。

> **用語解説**
>
> ・サグ
> Sag：落ち込み。方形波において内側に傾斜する波形。低い周波数で減衰があることを示唆する。
>
> ・オーバーシュート
> Overshoot：波形の突出。方形波において頭が外側に出っ張る波形。高い周波数にピークが存在することを示唆する。

図7.6.1は方形波応答です。測定条件は、8Ω負荷で出力電圧は0.5Vです。周波数特性上10Hzで若干の減衰がありますから、当然のことながら100Hzでサグが出ています。また10kHzで減衰が始まっていますから、10kHzの方形波も台形になっています。波形がわずかにでこぼこしているのは180kHzにあるピークの影響です。方形波上の全体に帯域の狭さが現れていますが、オーバーシュートもなく波形はおしなべて素直で帯域特性上に問題がないことがうかがえます。

雑音歪み率特性は、0.1Wですでに1%くらいあり、数字だけみるとパワーアンプとしてはあまり良い成績とはいえませんが耳障り感はありません。帯域感、定位ともになかなか良好で心地よい鳴り方をするアンプです。

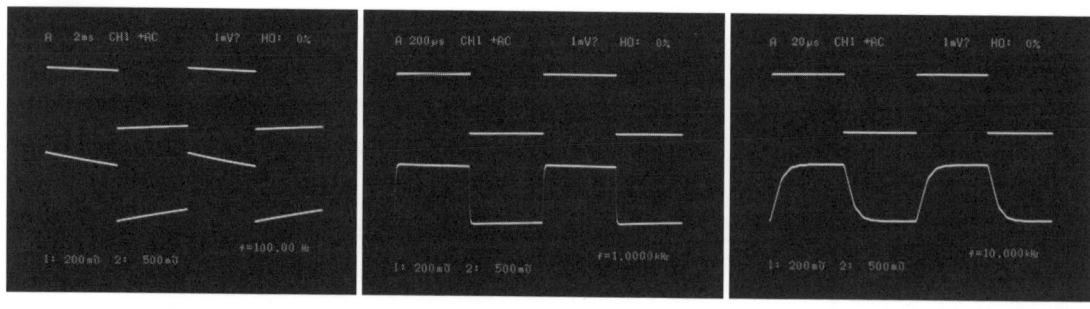

◆ 図 7.6.1 方形波応答（左から、100Hz、1kHz、10kHz）

< 6N6P（6Н6П） >

　英語名 6N6P という球は、ロシア生まれのオーディオ球です。プレート特性は 5687 に非常によく似ており、ミニワッターにはうってつけの球です。ヒーターの消費電力が 5687 よりも 22% ほど少ないのもありがたいです。

◆ 6N6P（向きを変えて撮影。プレートは平たい形状をしている）

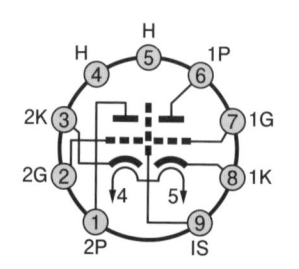

◆ 6N6P ピン接続

　注意点としては、5687 よりも背が高いこと、ピン接続が 5687 とは異なるのでそのまま差し替えできないこと、プレート電流が少ない領域での特性は 5687 とはかなり異なることなどです。利得、周波数特性、歪み率特性、DF 値いずれも予想どおり 5687 に非常に近い値になりました。5687 の代替として十分に通用する球です。なめらかで密度の高い音がしますのでオーディオ用として注目していい球ではないでしょうか。

　ロシアおよび旧ソ連各国に多数散在しているらしく、ここ数年日本国内でも容易に手に入るようになりました。ロシア球はばらつきが大きいようで、球によってはバイアスが相当に異なる値になったり、無帰還利得が 5 倍程度しかないこともあります。左右で利得が揃わないと困りますので、購入される場合は必要数プラス 1～2 本の余裕を持たせた方がいいでしょう。

7-6 ◆ レポートその5…真空管別データ

◆ 基本データ〔6N6P〕

名称	6N6P (6Н6П)	
ヒーター	6.3V/0.75A	
ユニット	Unit-1	Unit-2
C_{in}	4.4pF	4.4pF
C_{out}	1.7pF	1.85pF
C_{gp}	3.5pF	3.5pF
$E_{p\,max}$	300V	300V
$P_{p\,max}$	4.8W	4.8W
$P_{p\,total}$	8W	
$R_{g1(F)\,max}$	-	-
$R_{g1(C)\,max}$	1MΩ	1MΩ

◆ 動作データ〔6N6P〕

電源トランス	KmB90F (195V)	
整流出力電圧	266V	
R9+R10	120kΩ+1.5MΩ	
V+電圧	243V	
	初段	出力段
E_p	49.5V	180V
R_L	82kΩ	7kΩ
Bias	−1.45V	−6V
E_k	1.45V	57V
R_k	617Ω	3.3kΩ
I_p	2.37mA	17.3mA
g_m	2.15	6.87
r_p	7.2kΩ	2.4kΩ
μ	15.5	15.8
利得（無帰還）	5.8〜6.0倍	
利得（負帰還）	3.8〜3.9倍	
負帰還抵抗	560Ω+51Ω	
負帰還量	3.7dB	
DF値	3.3	
残留雑音	140〜270μV	

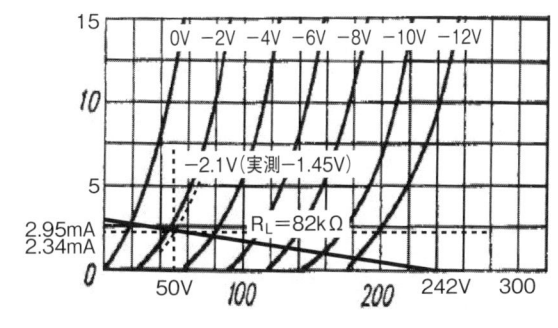

◆ 初段ロードライン〔6N6P〕

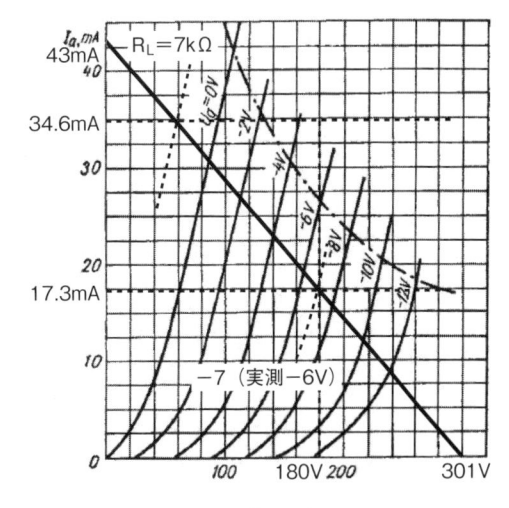

◆ 出力段ロードライン〔6N6P〕

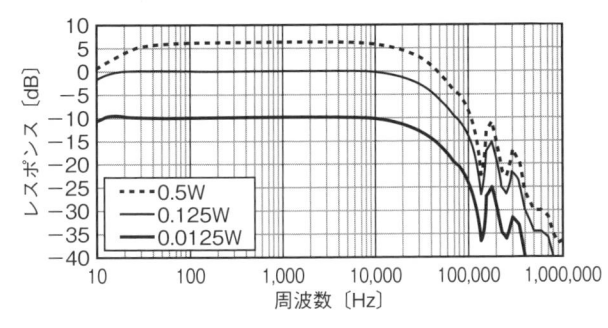

◆ 周波数特性〔6N6P〕

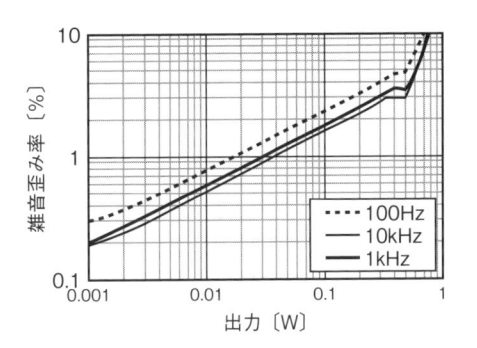

◆ 雑音歪み率特性〔6N6P〕

< 6350 >

6350はあまり名前を聞かない球ですが、ON／OFF処理が繰り返されるコンピュータ用に開発された高信頼管で、5687の内部抵抗を少しだけ高くしたような特性の使いやすい球です。コンピュータ用というとぴんと来ないかもしれませんが、ごく短期間ですが真空管がデジタルデータ処理に使われた時代があったのです。ベテランアンプビルダーの中には、数少ないこの球を捜してきて好んで使っている方もいらっしゃるくらいです。

◆ 6350（プレートは6FQ7とほぼ同サイズだが丸い変わった形状をしている）

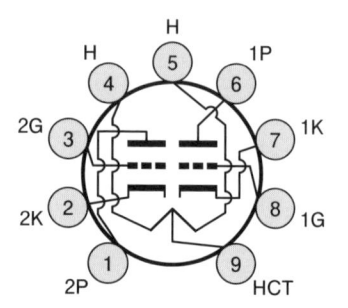

◆ 6350 ピン接続

ピン接続が変則的で他に例がありませんので配線には注意してください。標準的なピン接続を暗記しているベテランほど間違えやすいです。

ロードラインを見ればわかるとおり、出力段の動作はA2級ではなくほぼA1級になっています。初段カソードのR4の値をもう少し大きくして出力段のカソード電圧を上げるか、出力段カソード抵抗値を3.9kΩから3.6kΩに変更するなど、動作条件を修正してA2級に近づけてやれば動作はより最適化されます。

COLUMN　コンピュータ用真空管

1946年に作られたコンピュータ"ENIAC"は真空管式で、オーディオ用でおなじみの6SN7GTや6SJ7、6L6などが合計18,000本も使われていました。このような球をON/OFFを保持する回路で使用すると寿命が安定しないことがわかり、後に5964や6414といったデジタル用の真空管が開発されました。本書に登場する5687、6350、7119もコンピュータ用です。この種の真空管はアナログ用として優れた直線性を持つので、オーディオ用としても魅力ある存在です。

7-6 ◆ レポートその5…真空管別データ

◆ 基本データ〔6350〕

名称	6350	
ヒーター	6.3V/0.6A 12.6V/0.3A	
ユニット	Unit-1	Unit-2
C_{in}	3.6pF	3.6pF
C_{out}	0.6pF	0.6pF
C_{gp}	3.2pF	3.2pF
$E_{p\,max}$	330V	330V
$P_{p\,max}$	4W	4W
$P_{p\,total}$	7W	
$R_{g1(F)\,max}$	100kΩ	100kΩ
$R_{g1(C)\,max}$	500kΩ	500kΩ

◆ 動作データ〔6350〕

電源トランス	KmB90F（195V）	
整流出力電圧	269V	
R9+R10	120kΩ+1.5MΩ	
V+電圧	246V	
	初段	出力段
E_p	43V	189V
R_L	82kΩ	7kΩ
Bias	−1.55V	−6.6V
E_k	1.55V	51V
R_k	625Ω	3.9kΩ
I_p	2.46mA	13.1mA
g_m	2.47	5.2
r_p	6.4kΩ	3.8kΩ
μ	15.8	19.7
利得（無帰還）	5.6倍	
利得（負帰還）	3.8倍	
負帰還抵抗	560Ω+51Ω	
負帰還量	3.4dB	
DF値	2.85	
残留雑音	120〜150μV	

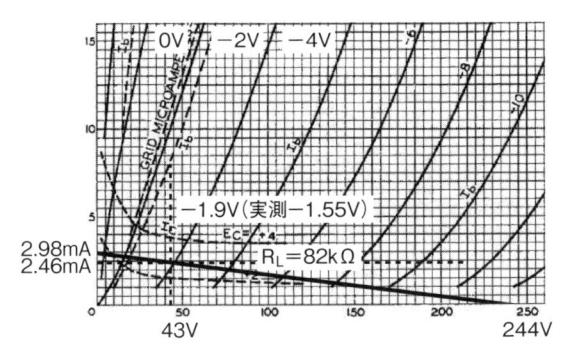

◆ 初段ロードライン〔6350〕

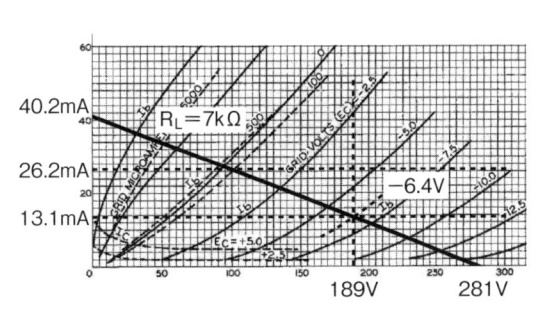

◆ 出力段ロードライン〔6350〕

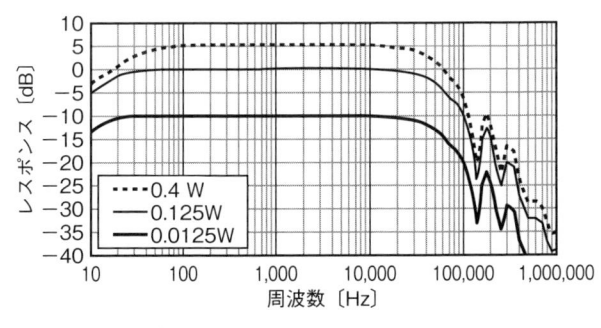

◆ 周波数特性〔6350〕

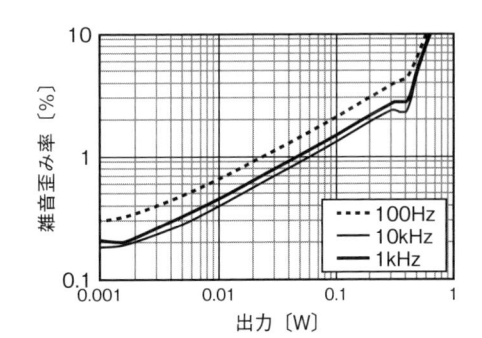

◆ 雑音歪み率特性〔6350〕

< 7119 >

7119は6350と同様にコンピュータ用に開発された高信頼球です。7119は5687と同じピン接続で特性もよく似た球ですが、プレートの大きさがかなり違います。全体に5687よりも大型であるのにヒーター電力は少なく、プレート損失にも余裕があります。本書では5687に準じた動作条件を与えていますが、もう少し高いスペックの動作条件を与えてやった方がいいかもしれません。

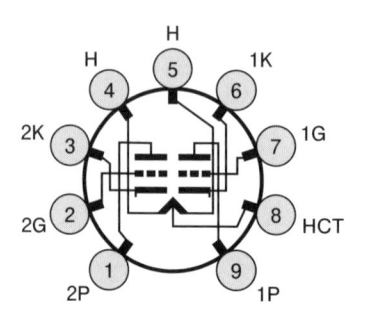

◆ 7119 ピン接続

◆ 7119

◆ 基本データ〔7119〕

名称	7119 E182CC	
ヒーター	6.3V/0.64A 12.6V/0.32A	
ユニット	Unit-1	Unit-2
C_{in}	6pF	6pF
C_{out}	1.1pF	1.1pF
C_{gp}	4pF	4.1pF
$E_{p\,max}$	300V	300V
$P_{p\,max}$	4.5W	4.5W
$P_{p\,total}$	8.0W	
$R_{g1(F)\,max}$	500kΩ	500kΩ
$R_{g1(C)\,max}$	1MΩ	1MΩ

◆ 動作データ〔7119〕

電源トランス	KmB90F (195V)	
整流出力電圧	265V	
R9+R10	120kΩ+1.5MΩ	
V+電圧	243V	
	初段	出力段
E_p	47.5V	180V
R_L	82kΩ	7kΩ
Bias	−2.05V	−6.5V
E_k	2.05V	56V
R_k	872Ω	3.3kΩ
I_p	2.35mA	17mA
g_m	4.24	9.1
r_p	4.6kΩ	2.3kΩ
μ	19.5	21
利得（無帰還）	8.9倍	
利得（負帰還）	5倍	
負帰還抵抗	560Ω+51Ω	
負帰還量	5dB	
DF値	4	
残留雑音	180〜240μV	

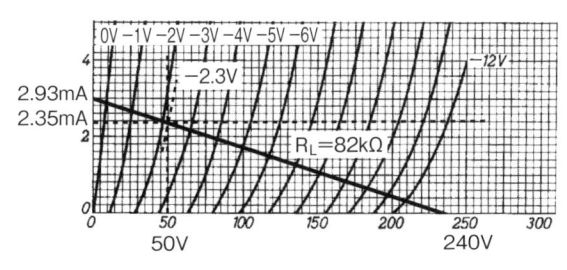

7-6 ◆ レポートその5…真空管別データ

◆ 初段ロードライン〔7119〕

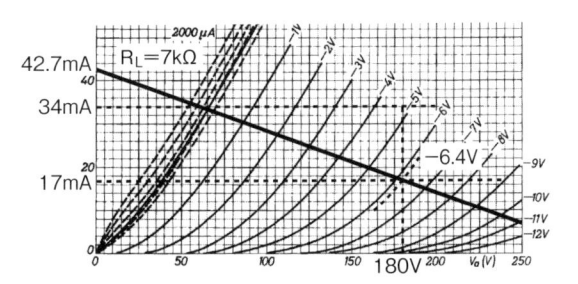

◆ 出力段ロードライン〔7119〕

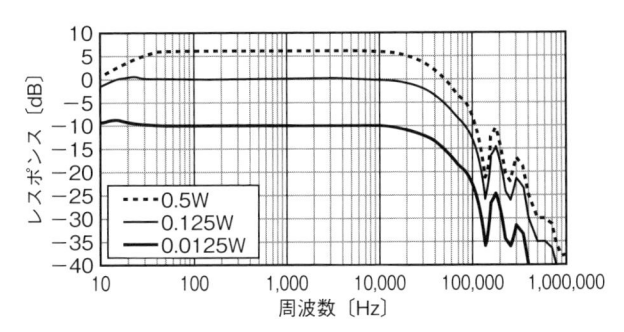

◆ 周波数特性〔7119〕

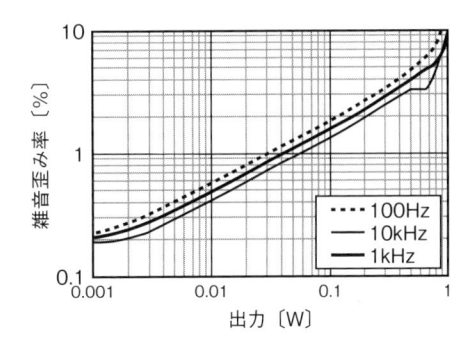

◆ 雑音歪み率特性〔7119〕

特性的には 5687 よりも μ が高く内部抵抗が低いので、総合利得はやや大きくなり負帰還量も 5dB となりました。歪み率特性で 100Hz の値が他の球に比べて良好なのは内部抵抗が低い証拠です。それでも歪みは 5687 よりも多いですから、直線性という点では 5687 の方が上で、6N6P や 6350 と同等程度のようです。

コンピュータ用途に開発された球は、いずれもオーディオ用として優れた特性を発揮します。なかなか手に入らない球ですが音色的にも良い素質を持った球なので、見つけたら試してみることをおすすめします。7119 と非常によく似た球に 7044 というのもあります。

COLUMN　真空管の呼称

　6DJ8 は米国式呼称で、ECC88 は欧州式呼称です。6DJ8 の「6」はヒーター電圧が 6.3V であることを表しており、末尾の「8」は電極が全部で 8 個（1P、1G、1K、2P、2G、2K、H、H）あることを表しています。

　ECC88 の「E」はヒーター電圧が 6.3V であることを表しており、2 つの「C」は 3 極管ユニットが 2 つあるという意味です。

　同特性の 6922 や 7308 といった数字 4 桁の呼称は高信頼であることを表しており、各桁には意味はありません。

< 6DJ8 >

6DJ8 は高い周波数帯域において低雑音が要求される高周波用途（テレビチューナのカスコード回路）として開発されましたが、直線性が良いこと、内部抵抗が低いこと、その割りには高い μ を持つことなどから広範な用途に使われ、後にオーディオ球としても注目されるようになった球です。

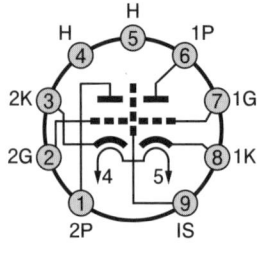

◆ 6DJ8 の仲間（左から Westinghouse、PhilipsECG、SYLVANIA、東芝通測用、東芝共聴用 Hi-S）

◆ 6DJ8 ピン接続

基本データに列挙したように、類似球が非常に多いのが特徴です。ただし、ヒーター電流が微妙に異なり、しかもメーカーによっては必ずしも基本データのとおりの値ではないので、6DJ8 類似球を混在させてヒーターを直列にして使う場合は要注意です。

g_m が高い球なので、油断すると MHz 帯で簡単に発振します。オーディオ回路で使う場合、発振防止のためのグリッド抵抗は必須です。

◆ 基本データ〔6DJ8〕

名称	6DJ8、ECC88 7DJ8*、PCC88* 6922**、E88CC** 7308***、E188CC***	
ヒーター	6.3V/0.365A 7.6V/03A* 6.3V/0.3A** 6.3V/0.335A***	
ユニット	Unit-1	Unit-2
C_{in}	3.3pF	3.3pF
C_{out}	1.8pF	2.5pF
C_{gp}	1.4pF	1.4pF
E_p max	130V	130V
P_p max	1.5W	1.5W
$R_{g1(F)}$ max	-	-
$R_{g1(C)}$ max	1MΩ	1MΩ

◆ 動作データ〔6DJ8〕

電源トランス	KmB90F（185V）	
整流出力電圧	260V	
R9＋R10	270kΩ＋1.5MΩ	
V＋電圧	216V	
	初段	出力段
E_p	69V	138V
R_L	68kΩ	7kΩ
Bias	−2.1V	3.5V
E_k	2.1V	74.5V
R_k	977Ω	7.5kΩ
I_p	2.13mA	10mA
g_m	3.6	7.5
r_p	7.5kΩ	4kΩ
μ	27	30
利得（無帰還）	17倍	
利得（負帰還）	5.3倍	
負帰還抵抗	560Ω＋82Ω	
負帰還量	10.1dB	
DF値	6.9	
残留雑音	80〜90μV	

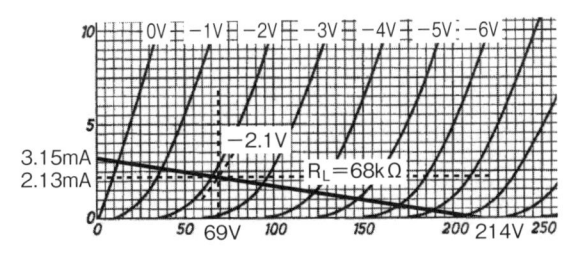

7-6 ◆ レポートその5…真空管別データ

プレート損失の最大定格は1.5W程度しかなく、とてもパワーアンプ向きとはいえない球ですが、メーカー発表のマニュアルにはプッシュプルアンプの出力管として使った時のデータが載っています。ミニワッターではプレート電圧138V、プレート損失は1.38Wという定格一杯の条件で使っています。

残留雑音が測定したどの真空管よりも低い値なのは負帰還量が多いためです。

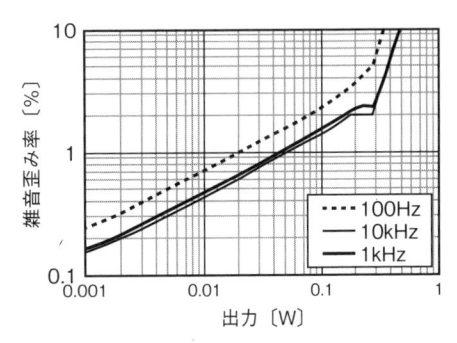

◆ 初段ロードライン〔6DJ8〕

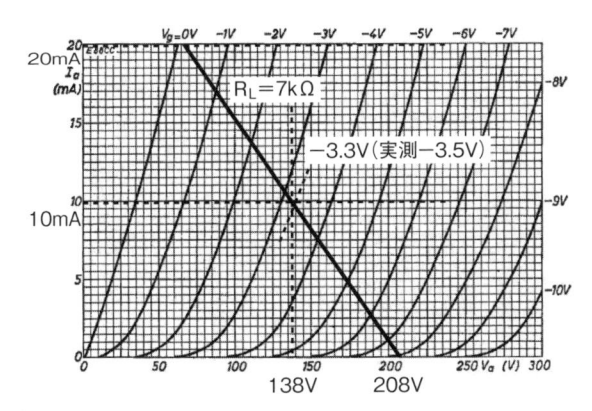

◆ 出力段ロードライン〔6DJ8〕

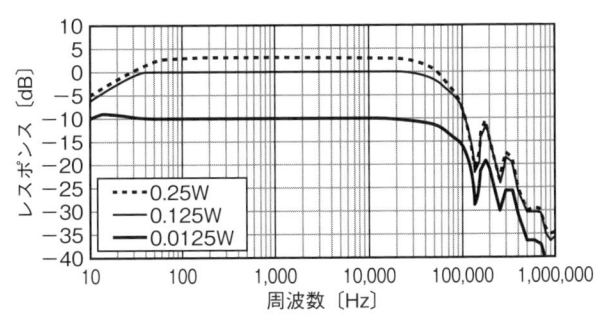

◆ 周波数特性〔6DJ8〕

◆ 雑音歪み率特性〔6DJ8〕

< 5670 >

　5670はどんぐりかクヌギの実を思わせる小さな球で、ミニワッターで採用した真空管の中では最小サイズです。5670はオーディオ帯域からVHF帯域まで幅広く使える多用途球で、高信頼の軍用バージョンもあります。AB級プッシュプルで使って1Wを出す動作例がよく知られています。

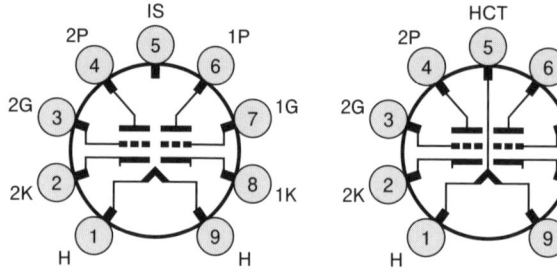

◆ 5670（左がGE製の5670WAで右がSYLVANIAの5670。プレートの色が違う）

◆ 5670 ピン接続（左）、407A ピン接続（右）

　類似管としてヒーター定格が異なる2C51や407Aがあります。407Aはオークションなどで5670同等球などとうたって出品されていますが、ヒーター電圧が特殊な上にピン接続が微妙に異なるので注意してください。

　最大定格は6DJ8よりもさらに小さく、こんな小さな球を使ってシングルアンプに仕上げるのはまさにミニワッターの極みといっていいでしょう。最大出力は0.2Wほどですが、こんなアンプでも実に立派な音がします。

◆ 基本データ〔5670〕

名称	5670/W/WA 2C51＊ 396A＊		407A	
ヒーター	6.3V/0.35A		40V/0.05A	
	6.3V/0.3A＊		20V/0.1A	
ユニット	Unit-1	Unit-2	Unit-1	Unit-2
C_{in}	2.2pF	2.2pF	2.2pF	2.2pF
C_{out}	1.0pF	1.0pF	1.0pF	1.0pF
C_{gp}	1.1pF	1.1pF	1.1pF	1.1pF
$E_{p\,max}$	330V	330V	330V	330V
$P_{p\,max}$	1.4W	1.4W	1.35W	1.35W
$R_{g1(F)\,max}$	500kΩ	500kΩ	500kΩ	500kΩ
$R_{g1(C)\,max}$	500kΩ	500kΩ	500kΩ	500kΩ

7-6 ◆ レポートその5…真空管別データ

◆ 動作データ〔5670〕

電源トランス	KmB90F（195V）	
整流出力電圧	276V	
R9＋R10	120kΩ＋1.5MΩ	
V＋電圧	253V	
	初段	出力段
E_p	70V	176V
R_L	82kΩ	7kΩ
Bias	−1V	−2.8V
E_k	1V	74V
R_k	452Ω	8.2kΩ
I_p	2.22mA	9mA
g_m	5.5	4.7
r_p	15.9kΩ	6.8kΩ
μ	32	32
利得（無帰還）	16.5倍	
利得（負帰還）	5.5倍	
負帰還抵抗	560Ω＋75Ω	
負帰還量	9.5dB	
DF値	4.5	
残留雑音	90〜145μV	

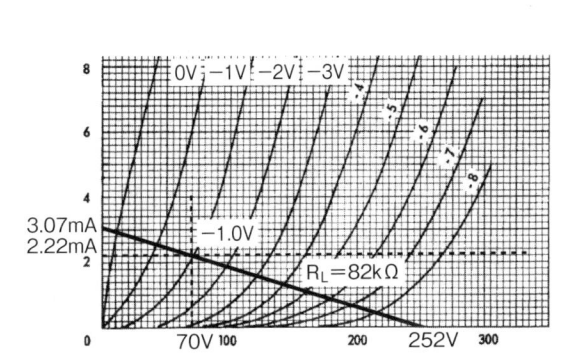

◆ 初段ロードライン〔5670〕

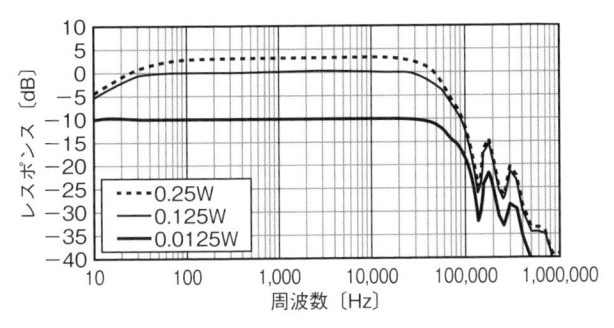

◆ 出力段ロードライン〔5670〕

◆ 周波数特性〔5670〕

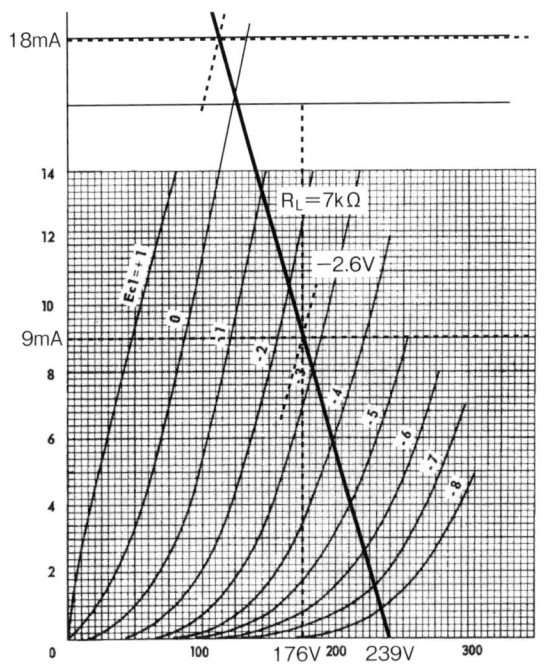

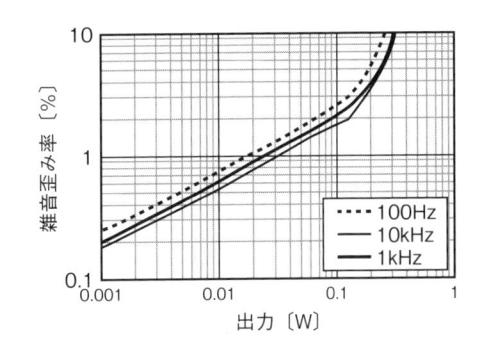

◆ 雑音歪み率特性〔5670〕

< 6FQ7 >

6FQ7 の原型はメタル管の 6J5 で、これが双 3 極管化されたのが 6SN7GT、そして mT 化されたのが 6FQ7 です。ほとんど同じ球として 6CG7 があり、この 2 つを区別していないメーカーもあります。

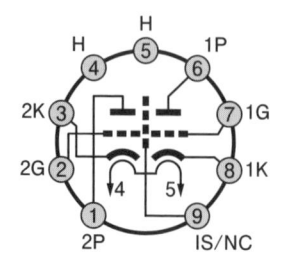

◆ 6FQ7 の仲間（左から GE、日立、NEC、三洋の 8FQ7、松下の 12FQ7。左から 2 番目の 6FQ7 にだけ 2 ユニットを仕切る内部シールドがついている）

◆ 6FQ7/6CG7 ピン接続

非常にタフな球で、テレビからオーディオ、制御用など多用途に使われています。テレビ用としては、ヒーター電圧が 8.4V の 8FQ7 や 12.6V の 12FQ7 がよく使われました。今でも、街の電器店の倉庫を探すとこういった球が見つかります。

特性的には 12AU7 によく似ていますが、こちらの方があらゆる点において高いスペッ

◆ 基本データ〔6FQ7〕

名称	6FQ7/6CG7 8FQ7/8CG7＊ 12FQ7＊＊	
ヒーター	6.3V/0.6A 8.4V/0.45A＊ 12.6V/0.3A＊＊	
ユニット	Unit-1	Unit-2
C_{in}	2.4pF	2.4pF
C_{out}	0.34pF	0.26pF
C_{gp}	3.6pF	3.8pF
$E_{p\,max}$	330V	330V
$P_{p\,max}$	4W	4W
$P_{p\,total}$	5.7W	
$R_{g1(F)\,max}$	1MΩ	1MΩ
$R_{g1(C)\,max}$	1MΩ	1MΩ

◆ 動作データ〔6FQ7〕

電源トランス	Km60F（230V）	
整流出力電圧	317V	
R9＋R10	82kΩ＋1.5MΩ	
V＋電圧	297V	
	初段	出力段
E_p	58.5V	228V
R_L	100kΩ	7kΩ
Bias	−1.1V	−5.5V
E_k	1.1V	65V
R_k	462Ω	5.6kΩ
I_p	2.38mA	11.6mA
g_m	1.8	2.73
r_p	11.1kΩ	7.5kΩ
μ	20	20.5
利得（無帰還）	6.9倍	
利得（負帰還）	4.35倍	
負帰還抵抗	560Ω＋51Ω	
負帰還量	4.0dB	
DF値	2.03	
残留雑音	450〜540μV	

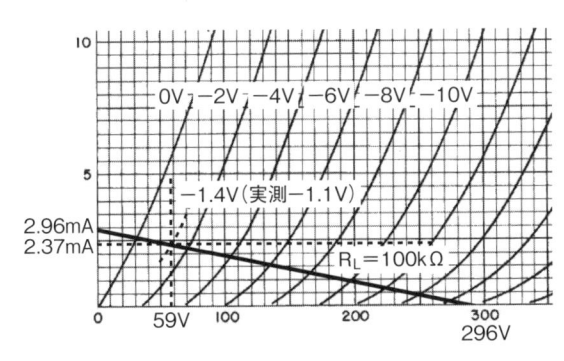

7-6 ◆ レポートその5…真空管別データ

◆ 初段ロードライン〔6FQ7〕

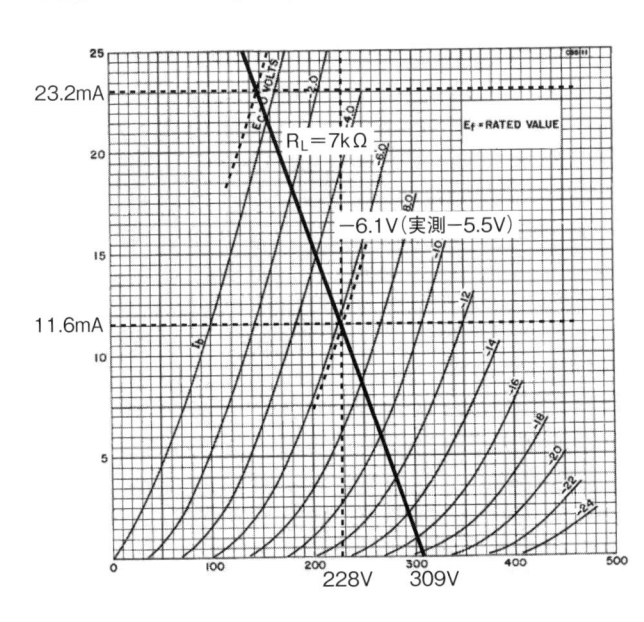

◆ 出力段ロードライン〔6FQ7〕

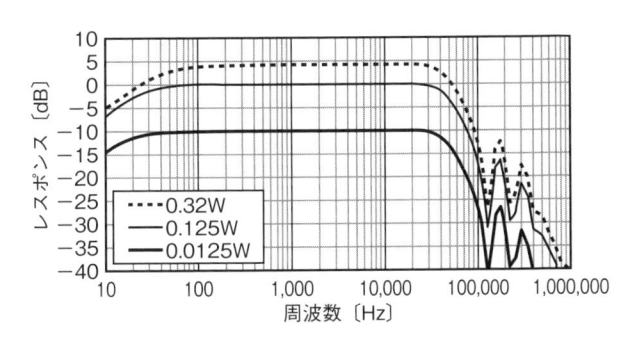

◆ 周波数特性〔6FQ7〕

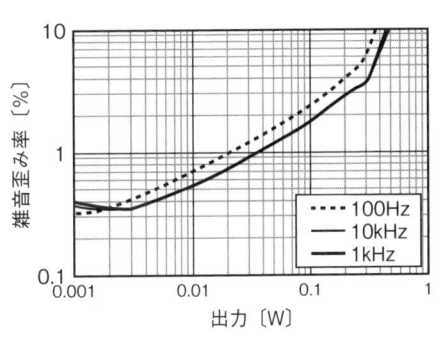

◆ 雑音歪み率特性〔6FQ7〕

クを持ちます。ただし、雑音対策は十分ではなく、ヒーターハムを拾いやすいという6SN7GTからの弱点は継承しています。実測データを見ても残留ハムの大きさは群を抜いています。

9番ピンの扱いが球によって異なり、2つのユニットを仕切る内部シールド（IS）につながっているものと、シールドがなく内部ではピンの延長が内部に出てはいるもののどこにもつながっていない（NC）ものとがあります。実装上は9番ピンはアースにつないでおくのがセオリーです。

NEC製の6FQ7はどれも定格に対して内部抵抗が高めなようで、ミニワッターで使用する場合は動作条件に若干の工夫が必要です。初段カソード抵抗（R4とR5）の合計値を330Ω〜390Ωくらいに変更してください。

< 12AU7 >

12AU7は、12AX7とともに第二次大戦終了直前に登場したmT管の草分けのような存在の球です。原型は6C4という高周波球で、特性的にはより大型の6FQ7にとてもよく似ています。違いは12AU7の方がヒーター電力が半分しかないこと、直線性という点では6FQ7にやや劣ること、6FQ7よりもμが10～20%ほど低いこと、しかし内部容量が非常に小さいので高周波特性が優れている点などです。直線性の悪さは歪み率特性にはっきりと現れています（歪み率が多めで特性が一直線になる）。

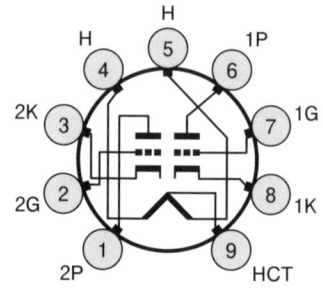

◆ 12AU7の仲間（左からSYLVANIA、PhilipsECGの5814A、東芝、NEC、LUXMAN（中味はNEC）、東芝の5963（12AU7酷似））

◆ 12AU7 ピン接続

◆ 基本データ〔12AU7〕

名称	12AU7/A/WA ECC82、6680 6189/E82CC ECC802/S、M8136 7AU7*、9AU7** 5814/A/WA***	
ヒーター	6.3V/0.3A、12.6V/0.15A 3.5V/0.6A、7V/0.3A* 4.7V/0.45A、9.4V/0.225A** 6.3V/0.35A、12.6V/0.175A***	
ユニット	Unit-1	Unit-2
C_{in}	1.6pF(1.8pF)	1.6pF(1.8pF)
C_{out}	0.4pF(2pF)	0.32pF(2pF)
C_{gp}	1.5pF(1.5pF)	1.5pF(1.8pF)
$E_{p\ max}$	300V	300V
$P_{p\ max}$	2.75W	2.75W
$P_{p\ total}$	5.5W	
$R_{g1(F)\ max}$	250kΩ	250kΩ
$R_{g1(C)\ max}$	1MΩ	1MΩ

◆ 動作データ〔12AU7〕

電源トランス	KmB60F（230V）	
整流出力電圧	323V	
R9+R10	180kΩ+1.5MΩ	
V+電圧	280V	
	初段	出力段
E_p	54.5V	214V
R_L	82kΩ	7kΩ
Bias	−1.5V	−6.3V
E_k	1.5V	62.5V
R_k	669Ω	5.6kΩ
I_p	2.45mA	11.2mA
g_m	1.75	2
r_p	10kΩ	8.4kΩ
μ	17.5	16.8
利得（無帰還）	4.9倍	
利得（負帰還）	3.38倍	3.06倍
負帰還抵抗	560Ω+51Ω	560Ω+75Ω
負帰還量	3.2dB	4.1dB
DF値	1.7	2.06
残留雑音	110～160μV	100～150μV

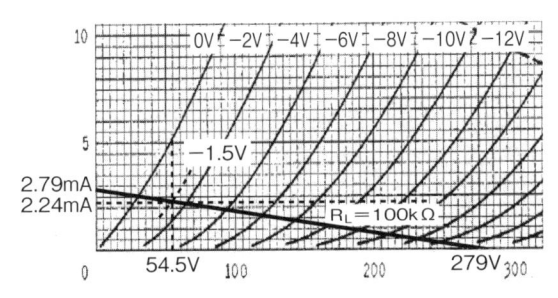

7-6 ◆ レポートその5…真空管別データ

◆ 初段ロードライン〔12AU7〕

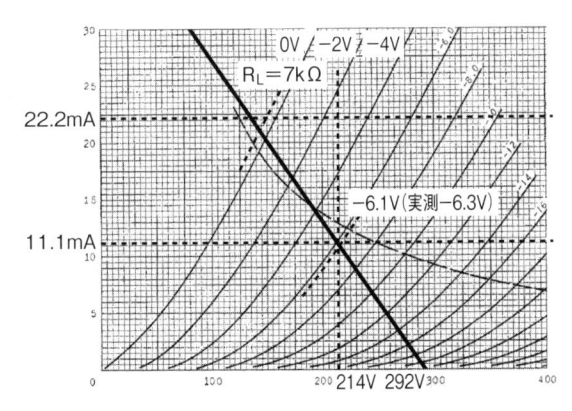

◆ 出力段ロードライン〔12AU7〕

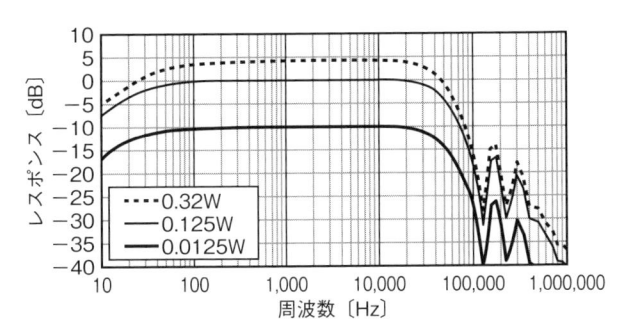

◆ 周波数特性〔12AU7〕

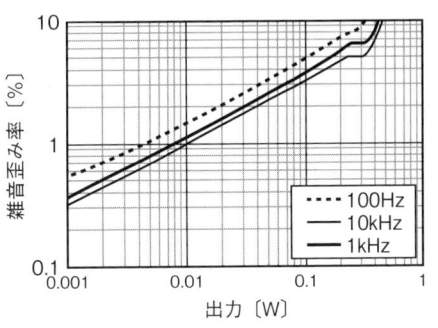

◆ 雑音歪み率特性〔12AU7〕（負帰還＝4.1dBの時）

ミニワッターで使った場合、パワーは得られませんが他の球にはない透明感のある音がします。

μが低いためアンプとしての総合利得は他のどの球を使った場合よりも低く、無帰還時で4.9倍しかありません。そのためダンピングファクタも最も小さく1.7にとどまります。試しに負帰還抵抗（R5）の値を51Ωから75Ωに変更したところ、負帰還量は3.2dBから4.1dBに増加し、ダンピングファクタも2.0くらいまで増やすことができました。当然総合利得は3.4倍から3.1倍に落ちていますが、製作されるのであればこちらの動作条件を推奨します。

< 12BH7A >

　12BH7Aは垂直発振・垂直増幅用などテレビ用途として開発された球で、その原型は末尾にAがつかない12BH7です。12BH7Aは、基本特性は変わらずにヒートアップタイムが11秒に規定され、ヒーターを他の球と直列にしてトランスレス方式で給電ができるようになったものです。

　元々はオーディオ球ではありませんし、メーカー発表のプレート特性を見る限り直線性もいいようには思えないのですが、音質的に優れたものを持っているため、オーディオ用として賞用されています。

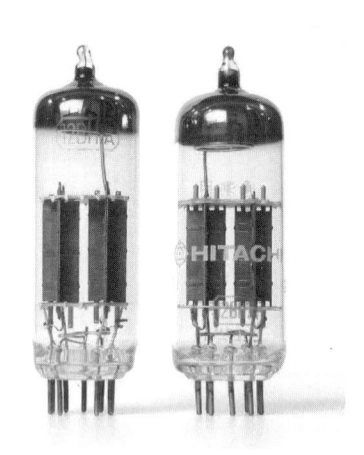

◆ 12BH7A（中古テレビから抜き取ったメーカー不明の12BH7Aと日立の12BH7A）

◆ 12BH7A ピン接続

基本データ〔12BH7A〕

名称	12BH7 12BH7A	
ヒーター	6.3V/0.6A 12.6V/0.3A	
ユニット	Unit-1	Unit-2
C_{in}	3.2pF	3.2pF
C_{out}	0.5pF	0.4pF
C_{gp}	2.6pF	2.6pF
$E_{p\,max}$	300V	300V
$P_{p\,max}$	3.5W	3.5W
$P_{p\,total}$	7W	
$R_{g1(F)\,max}$	250kΩ	250kΩ
$R_{g1(C)\,max}$	1MΩ	1MΩ

◆ 動作データ〔12BH7A〕

電源トランス	KmB60F（230V）	
整流出力電圧	316V	
R9＋R10	82kΩ＋1.5MΩ	
V＋電圧	286V	
	初段	出力段
E_p	50.5V	221V
R_L	100kΩ	7kΩ
Bias	−1.9V	−8.7V
E_k	1.9V	60V
R_k	812Ω	3.9kΩ
I_p	2.34mA	15.4mA
g_m	1.86	2.54
r_p	7.75kΩ	6.07kΩ
μ	14.4	15.4
利得（無帰還）	5.6倍	
利得（負帰還）	3.7倍	
負帰還抵抗	560Ω＋51Ω	
負帰還量	3.5dB	
DF値	2.4	
残留雑音	120〜220μV	

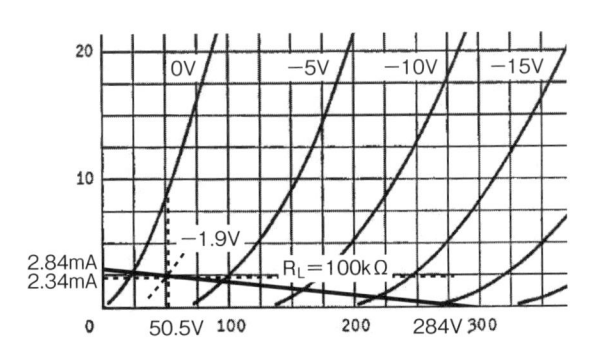

7-6 ◆ レポートその 5…真空管別データ

◆ 初段ロードライン〔12BH7A〕

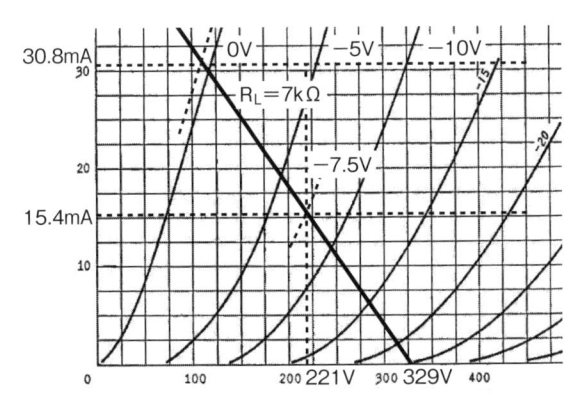

◆ 出力段ロードライン〔12BH7A〕

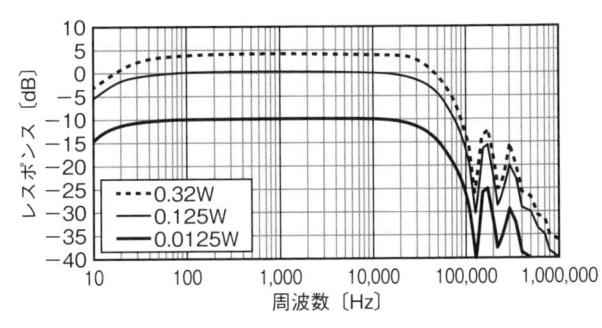

◆ 周波数特性〔12BH7A〕

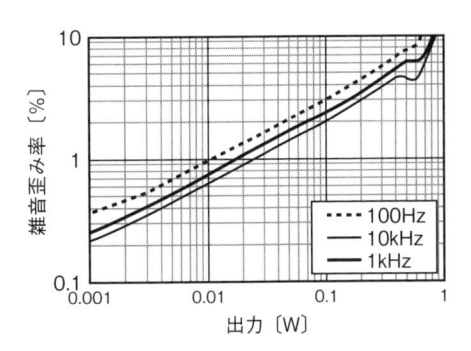

◆ 雑音歪み率特性〔12BH7A〕

μが低いため 12AU7 に次いで総合利得が低いですが、12AU7 よりも内部抵抗が低いおかげで、少ない負帰還でも 2.4 のダンピングファクタを得ています。

見かけもスペックも 6FQ7 と似ていますが、トーンキャラクタはかなり異なります。6FQ7 が高域寄りのタイトで澄んだ感じの音であるのに対して、12BH7A は中庸で地味ですがバランスの良い音がします。

COLUMN テレビ球 12BH7A の思い出

昭和 30 年代から 40 年代にかけて、道端に放置されていたテレビからこの 12BH7A を抜いて持って帰ったラジオ少年がたくさんいました（現在「資源ごみ持ち去り禁止条例」を実施している自治体が増えています。勝手に持ち去ることはしないでください）。もちろん私もその一人です。形のよい 2 つのユニットが行儀よく並んだ 12BH7A は見るからに持って帰りたくなる格好のよい球のひとつでした。

<12AX7…番外編>

このページは番外編です。遊びのページと思っていただいていいと思いますが、大真面目な実験ととらえていただいてもいいかもしれません。

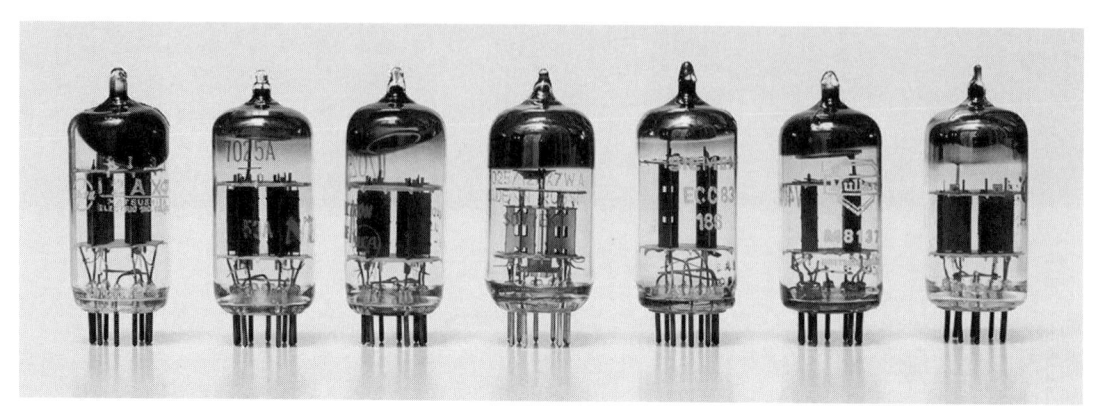

◆ 12AX7/ECC83（実にさまざまな 12AX7 たち）

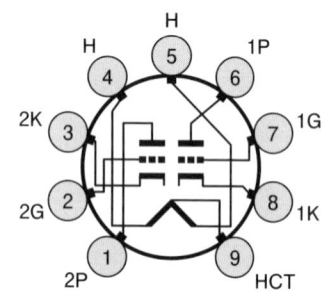

◆ 12AX7 ピン接続

12AX7というもっぱら小信号増幅で使われるおおよそ出力段とは無縁のオーディオ管をご存知だと思います。12AX7を使ってミニワッター？ ご冗談を！ というくらいの球です。これをミニワッターで使ったら一体どんなことになるだろう、という興味に負けて実験をしてみました。

結果はご覧のとおりでして、実用出力は 10〜20mW というところですからミニワッターというよりもミリワッターと呼ぶべきでしょうか。

◆ 基本データ〔12AX7〕

名称	12AX7 ECC83	
ヒーター	6.3V/0.3A 12.6V/0.15A	
ユニット	Unit-1	Unit-2
C_{in}	1.6pF	1.6pF
C_{out}	0.46pF	0.34pF
C_{gp}	1.7pF	1.7pF
$E_{p\,max}$	300V	300V
$P_{p\,max}$	1W	1W
$R_{g1(F)\,max}$	-	-
$R_{g1(C)\,max}$	2MΩ	2MΩ

◆ 動作データ〔12AX7〕

電源トランス	KmB60F（230V）	
整流出力電圧	339V	
R9＋R10	120kΩ＋1.5MΩ	
V＋電圧	310V	
	初段	出力段
E_p	93V	215V
R_L	330kΩ	14kΩ
Bias	−0.7V	−1.2V
E_k	0.7V	94V
R_k	1060Ω	47kΩ
I_p	0.65mA	2mA
g_m	1.54	2.1
r_p	65kΩ	50kΩ
μ	100	105
利得（無帰還）	33倍	
利得（負帰還）	8.8倍	
負帰還抵抗	560Ω＋51Ω//3900pF	
負帰還量	11.4dB	
DF値	4.3	
残留雑音	90〜110μV	

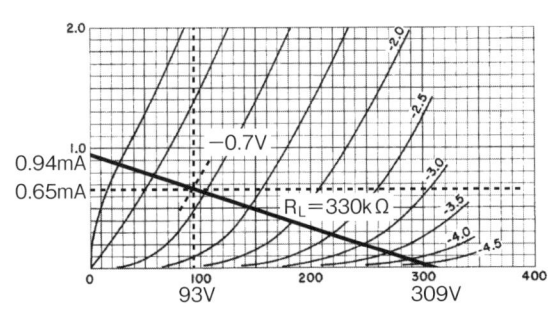

7-6 ◆ レポートその5…真空管別データ

◆ 初段ロードライン〔12AX7〕

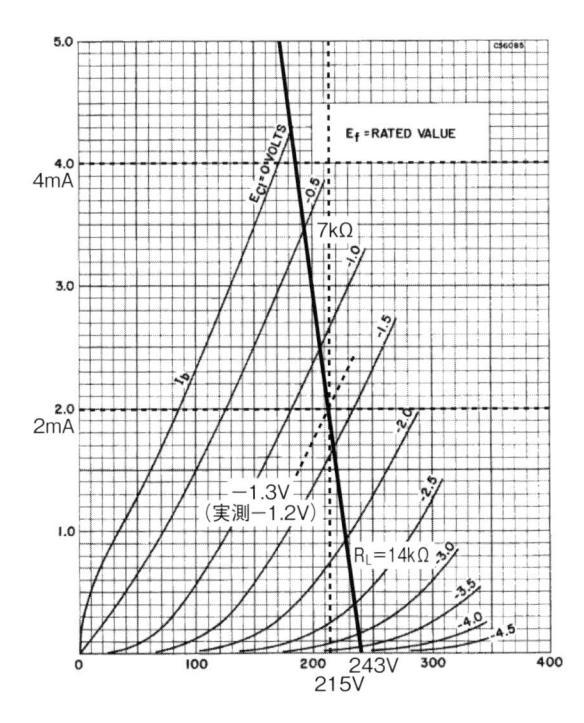

◆ 出力段ロードライン〔12AX7〕

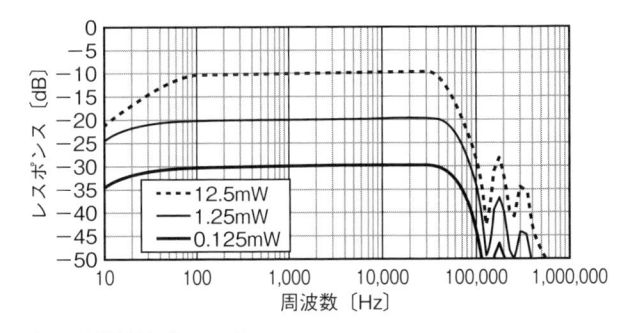

◆ 周波数特性〔12AX7〕

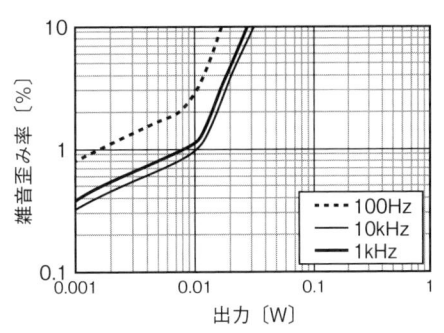

◆ 雑音歪み率特性〔12AX7〕

負荷インピーダンスは12AX7に限って例外的に14kΩとしました。内部抵抗が高いために高域ポールの周波数が低くなってしまったので、位相補正コンデンサを1500pFから3900pFに増量しています。

ヘッドホンを直接鳴らすのであればかなりの大音量ですが、相手がスピーカーとなるとささやかなる音量で鳴らさないとたちまち歪みます。しかし、音は悪くありません。12AX7のような球も複数本をパラレルにしてやれば、結構面白いミニワッターができるかもしれません。

第7章 試作機による実験データ

【7章のロードラインデータ】

レポートその5に掲載した初段ロードライン、出力段ロードラインは、以下のWebサイトよりダウンロードしたものを掲載しています。

http://www.tubedata.org/

〔原典〕

5687 Raytheon Electron Tubes, 1958
6N6P（出典不明、ロシア）
7119 PHILIPS Data Handbook, 1968
6350 RCA
6DJ8 PHILIPS Data Handbook, 1968
5670 Raytheon Electron Tubes, 1955
6FQ7 Sylvania Technical Manual, 1957
12AU7 General Electric Tube Manual　（年度不明）
12BH7A General Electric Tube Manual　（年度不明）
12AX7 Sylvania Technical Manual, 1956

第 **8** 章

製作ガイド

完成度を決める要素の半分は設計ですが、残りの半分は作り方。
「良いものを時間をかけて丁寧に作る」ことと「早く音を出してみたい」
という二つの願いは両立しません。
製作にかけた時間や手間と仕上がりの良さは比例するのです。

第8章 製作ガイド

8-1 自作の三つのポイント

「自作アンプ作りを成功させるポイントを三つあげよ」と言われたら、私は以下の三つを挙げます。

　一、急がないこと　　　… 日数をかけて作る。
　二、丁寧な作業　　　　… 手順を省略したり横着をしない。
　三、自己を過信しない　… 自分はミスをするという自覚を持つこと。

　自作アンプの出来の良さは、かけた日数に比例します。3日で完成させたアンプよりも、3ヶ月かけて作ったアンプの方がいろいろな意味で良くできています。作業を急ぐとろくなことがありません。「今日中に仕上げよう」と思って突貫作業で夜も更けた頃にようやく完成した。早速、電源スイッチをONにしたら盛大なハムが出た、なんていう経験はベテランの方なら必ずお持ちだと思います。

　丁寧な作業は自作アンプの出来の良さを決定づけます。パネル面は傷が目立つので必ず養生して作業するのが鉄則なのですが、「気をつけて作業すれば大丈夫」などと横着をした時に限って、手がすべって落としたドライバーの先端がパネルを直撃してしまうものです。ハンダづけは丁寧にやれば不良を限りなくゼロにできますが、雑な作業をするとたちまち「芋」や「天ぷら」の山ができます。

　人間は必ずどこかでミスをします。かくいう私も本書のための製作中に何度もミスを冒しています。後戻りできない頃になってから撮影した画像中に配線忘れが一本あることに気づいたり、スピーカー端子の接続を逆にしていておかしな測定結果が出てしばらく頭をひねっていたり、数えればきりがありません。

　ミスをしていても、そのミスが大事に至らないような製作途中での段階的な導通チェックや通電テストを推奨します。そうすることで、ミスの範囲が特定しやすくなり、一度に発生するミスの数も少なくできます。

　「良いものを自分で時間をかけて丁寧に作る」ということと「自分で作ったアンプの音を早く聞きたい」という二つの願いは両立しません。どちらを優先するかはみなさんが決めることですが、悪いことは言いませんから前者を優先してみてください。

8-2 シャーシ加工

8-2-1 シャーシ加工事（こと）始め

　オーディオアンプの自作で肉体的に最もつらいのがシャーシやパネルなどの金属加工だと思います。回路の設計やハンダごてを握っての配線は結構楽しいものですが、力仕事はどうも苦手です。しかも、シャーシ加工でのミスはやり直しがきかないので、ここでミス

をしてしまうと泣きたくなります。

　シャーシ加工はいい道具を持っていれば持っているほどそのつらさはなくなり、楽しく快適な作業になってゆきます。つまり、楽をしようと思ったら道具を買わねばならず、買うためにはお金がいります。プロが高精度できれいな仕上がりの金属加工ができるのは、もちろん技術もありますがなんといってもいい道具を持っているからです。

　真空管アンプの製作では、直径3mmくらいの丸穴からはじまって数cm角くらいの角穴まで、大小とりまぜて30個以上の穴を開けなければなりません。相手は1mm～3mmくらいの厚さのアルミニウムですので、スチールに比べればとても柔らかいですが、それでも限られた工具しか持たない私達にとっては結構な難作業になります。

　ここでは主に初心者の視点に立って、はじめての真空管アンプのシャーシ加工について考えてみたいと思います。

　もちろん、それなりの工賃を支払って専門の業者に加工してもらうという方法もあります。量産ではない自作のための1台のシャーシ加工をしてくれる業者はたくさんあります。彫刻機があれば穴開けから文字入れまでできるのでそういったところに頼む方法もあります。簡単な加工なら数千円くらいからやってくれます。

8-2-2 大きな穴を開けずに済ます方法

◆写真 8.2.1　ロッカースイッチとトグルスイッチ

　自作におけるシャーシ加工の賢い方法は、ひたすら高価な工具を揃えたり根性で頑張るのではなく、手持ちの道具で楽に開けられる穴しか開けないように工夫をするということです。

　たとえば、本製作で使った電源スイッチは、ロッカースイッチといって13mm×19mmくらいのきれいな角穴が必要ですが、試作機の電源スイッチは6mm径の丸穴で取り付け可能なトグルスイッチを使っています（写真8.2.1）。スイッチの選び方ひとつでシャーシ加工がうんと楽になります。

　AC100V用のケーブルは、コネクタを使って着脱可能にすると、コネクタ用の不定形な穴や直径が大きな穴を開けなければなりませんが、コネクタを使わずに丸穴にブッシュを通してケーブルのじか出しにすれば、8mm～10mm径くらいの丸穴で済ませることができます（写真8.2.2）。

　ヒューズには30mm長のものと20mm長のものがあります（写真8.2.3）。20mm用のヒューズホルダーの方が丸穴の直径は小さいですから穴開けは楽です。ちなみに30mm用の丸穴の直径は15.2mmで、20mm用は13.2mmです。

　ビス穴だけで取り付けられるタイプもあります。このタイプには、端子をパネルに貫通させて反対側で配線するものと、端子が取り付けた側に出ていてシャーシの内側に取り付けて配線するものとがあります。このタイプであれば3mmビス穴1個で足ります。

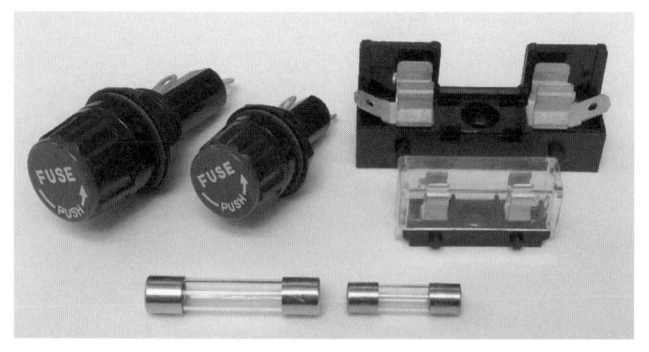

◆ 写真 8.2.2　AC コネクタとブッシュ　　　　◆ 写真 8.2.3　大きさも構造も異なるヒューズホルダー

8-2-3 | 加工図

　　　　　穴はどこにでも開けられるわけではありません。工具によってはケースの隅や狭いところに入りません。その狭いところにビス穴を開けることができても、そのビスを締めるためのドライバーが入らなければ、そこに穴を開けても意味がありません。

　　　・どんな方法で穴を開けるか。
　　　・そこに穴を開けて大丈夫か。
　　　・その穴を開けずに済ます方法はないか。
　　　・開けやすい穴の形状をした部品はほかにないか。
　　　・手持ちの工具で開けられるか、新たに工具を買う必要はあるか。
　　　・その新しい工具は買う価値があるか。

　　　　　そういったことを考えながら、シャーシ加工の作戦を立てます。自分で加工するにしても、業者に依頼するにしても、シャーシ加工の第一歩は加工図の作成です。
　　　　　業者に依頼する場合でも、必要な情報が伝わればいいので専門的な作図を真似る必要はありません。業者側で正確な作図をして確認図面を送ってくれますから、それをチェックして返送すれば加工してもらうことができます。むしろ加工内容に矛盾がないこと、必要な情報がしっかりと記載されていることが大切です。
　　　　　加工穴のサイズの確認は、実物を採寸する方法とメーカーサイトから図面をダウンロードする方法とがあります。最近は図面付の通販サイトも増えています。
　　　　　ミニワッターで使用している電源スイッチのミヤマ製の標準品 DS-850 シリーズですが、ミヤマのホームページから図 8.2.1 のような寸法図をダウンロードできます。穴に押し込むと自力で固定されるタイプなので精密な穴が必要です。パネル厚によって穴の寸法が微妙に変わるので、図 8.2.2 の取付穴参考寸法の表にある指定値を参考にします。

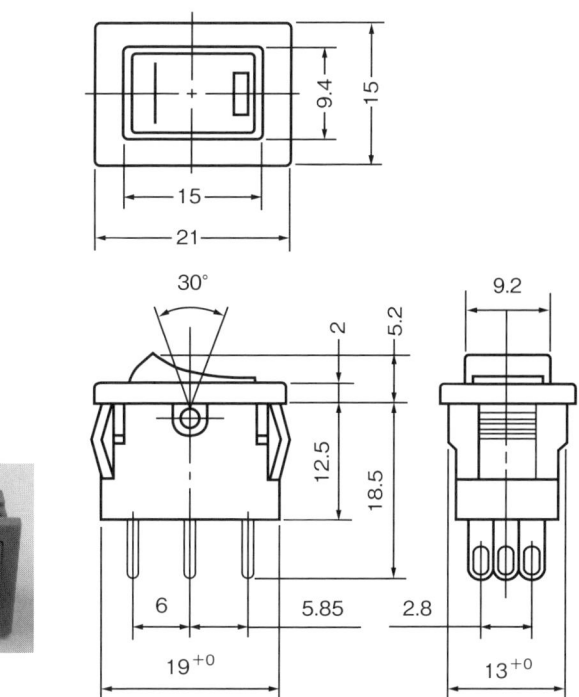

8-2 ◆ シャーシ加工

◆ 図 8.2.1　ロッカースイッチの寸法図（出典：ミヤマ電器製品情報 http://www.miyama.co.jp/）

◆ 図 8.2.2　取付穴参考寸法（出典：ミヤマ電器製品情報 http://www.miyama.co.jp/）

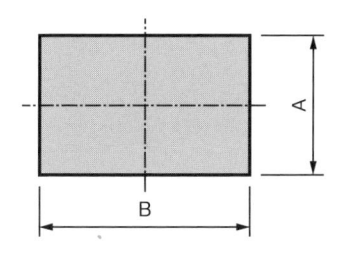

パネル板厚	A寸法	B寸法
1mm	$13^{+0.2}_{0}$mm	$19.1^{+0.2}_{0}$mm
1.5mm		$19.2^{+0.2}_{0}$mm
2mm		$19.4^{+0.2}_{0}$mm
2.5mm		$19.6^{+0.2}_{0}$mm

　　図面が手に入らない場合は部品の現物を採寸するわけですが、定規を当ててもなかなか正確な値が得られません。こういう時 0.1mm の精度で採寸できるノギスがとても便利です（**写真 8.2.4**）。ノギスは、外側のサイズだけでなく穴の内のりや深さも測れます。最近ではデジタル式のノギスが廉価に売られていますので是非一つ手に入れてください。
　　加工図には、穴の位置と形状と大きさがわかるように記載します。

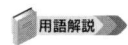

用語解説

・**内のり**
　内側の長さ。

3mm 径のビス穴の直径は 3.4mm～3.6mm くらいで、4mm 径のビス穴は 4.5mm～5mm くらいがいいでしょう。電源トランスを固定するためのビスは、個体ごとに微妙に位置がずれていることがあるので大きめの 5mm の方が確実です。

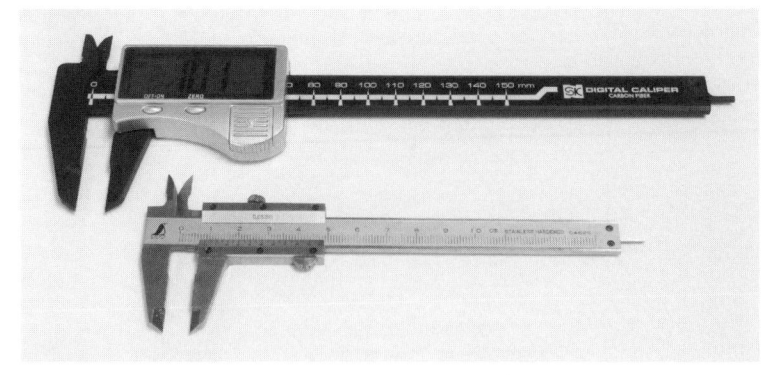

◆ 写真 8.2.4　ノギス（上：デジタル式、下：アナログ式）

8-2-4 材質

　ステンレス板への穴開けは素人にはまず無理だと思ってください。かりに穴を開けることができたとしても、そこから先の加工が全くできないに等しいです。スチール板への穴開けも相当に手ごわいですから可能な限り避けましょう。市販のケースでは、ケース本体はアルミニウムでも、天板や底板がスチール製のものがたくさんあります。

　アルミニウムはやわらかいので加工が楽ですが、厚さが 2mm になるとたちまち使える工具の種類が限られてしまい、3mm になるとやはり手ごわい相手になります。そういったことを念頭に入れてシャーシの材質を選ぶようにします。

　はじめての方は、後述する穴開け加工済みのミニワッター汎用シャーシ（p.297 参照）を使うか、厚さ 1.2mm 以下のアルミシャーシを選ぶことを推奨します。

　もちろん厚い板を使った方が強度が得られますが、たとえ薄い材質のシャーシでも L 字のアルミ材を 1 本当てるだけで高い強度が得られますので工夫次第です。本書のために製作した汎用シャーシは 1mm 厚でシャーシ本体だけですとひ弱な感じがしますが、底板とトランスカバーを取り付けると一気に強度が増します。

8-2-5 シャーシ加工工具フルコース

　シャーシ加工は目的とする穴を開けることができればいいので、これでなければいけないという決まった方法はありません。また、工具はこれさえ持っていれば OK という最適解もありません。

　アンプを何台も作ってきたベテランならばいろいろな工具を持っているかもしれませんが、はじめたばかりの初心者が手にしている工具の種類はそう多くないと思います。その限られた工具を使ってなんとか目的の穴を開けるための作戦を立て、財布の事情なども考えつつ最低限どの程度の工具を追加購入したらいいかを考えることになります。

　部品を手にしてシャーシ加工図を描いてみると、どんな穴加工が必要であるか見えてきます。3mm 径のビス用の穴ならばドリルで簡単に開けられそうですが、13mm 径くらいのヒューズホルダーや 18～19mm 径の真空管ソケットの穴となると、ドリルでは無理そうですからちょっと考えてしまいます。伏せ型の電源トランスの 5cm 角くらいの角穴は、初心者にとってはかなり手ごわいのではないでしょうか。

8-2 ◆ シャーシ加工

じつは、これらの穴すべて、廉価な**ハンドドリル**（写真8.2.5）とニッパと半丸やすり1本あれば開けることができます。地道な作業になるので手間はかかりますが、その仕上がりは十分にきれいなものになるでしょう。

ドリルの先に取りつける刃のことを**先端工具（ドリルビット）**と呼び、おなじみのドリルの刃は**ツイストドリル**といいます。

もしハンドニブラー（写真8.2.6）があれば角穴はもっと楽に開けられます。しかし、ハンドニブラーの刃を通すための丸穴はちょっと直径が大きいので、追加で**テーパーリーマー**（写真8.2.7）が必要になるでしょう。ハンドニブラーはどんなサイズの穴も廉価で手軽に開けることができますが弱点もあります。頑張りすぎると手を傷めてお箸が持てなくなるのと（そのかわり握力だけはアップします）、廉価に入手可能なものは厚さが1.5mmを越えるとダメなのです。

電源トランスの角穴はドリル穴をいくつも開けて地道にやすりで仕上げるか、ハンドニブラーで頑張るとしても、ヒューズホルダーの13mm径の穴はもう少し楽に開けられないでしょうか。テーパーリーマーで頑張れば開けることができますが、油断をすると丸穴になるはずがコンペイトウ状の穴になります。ドリルの先に**ステップドリル**（写真8.2.8）をつければ、もっと楽にきれいに開けられます。ただし、ステップドリルは2千円以上する高価な工具です。

ステップドリルならば少々大きな丸穴もきれいに開けられるからといって、18～19mm径の真空管ソケットの穴開けをやろう

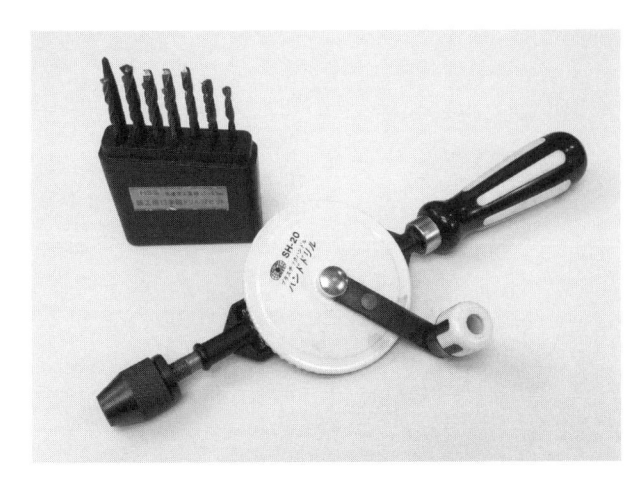

◆ 写真8.2.5　ハンドドリルとツイストドリルセット

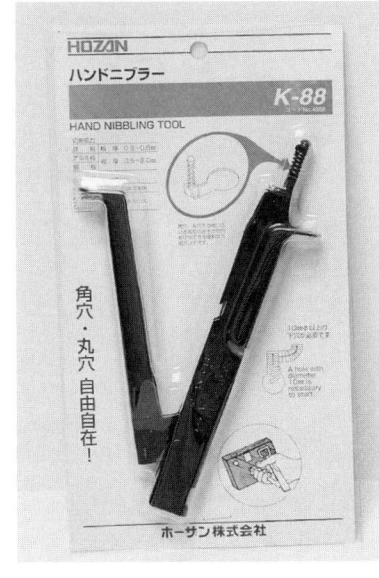

◆ 写真8.2.6　ハンドニブラー

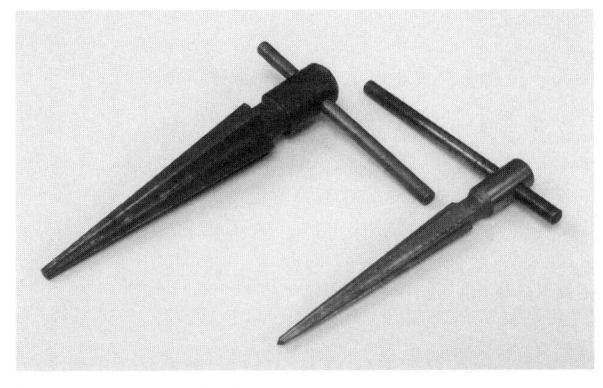

◆ 写真8.2.7　テーパーリーマー

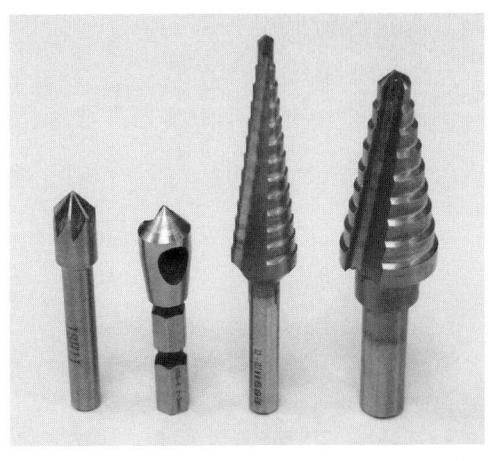

◆ 写真8.2.8　ステップドリル（右）とバリ取り（左）
（バリ取りは右側の方が使い勝手がよいが、太目のドリルビットでも代用になる）

第8章 製作ガイド

◆ 写真 8.2.9 ドリルスタンドに取り付けた電動ドリル（作業性を高めるために市販の廉価な木工用作業台に取り付けている）

◆ 写真 8.2.10 シャーシパンチ

とすると、ハンドパワーではちょっと無理な感じになってきます。ここはひとつ**電動ドリル**（写真 8.2.9）が欲しくなります。

ハンドドリルを電動ドリルに変えた途端に作業効率がアップしますが、ドリルの保持が結構大変です。部材を押さえつつドリルを持ってスイッチの操作もしなければなりません。そこで**ドリルスタンド**（写真 8.2.9）の登場となります。電動ドリルをドリルスタンドに取り付けて作業をすると、さらに作業が楽になるだけでなく精度がぐっと良くなります。なお、ドリルスタンドに固定するには、ドリル側の首のところが 42mm 径で 18mm 長の筒状になっている必要があります。バッテリー式のドリルにはこれがありませんので取り付けできません。

ところで、**シャーシパンチ**（写真 8.2.10）という便利な工具があります。16mm、18mm、20mm、25mm、30mm というふうに、段階的なサイズの丸穴を一発で開けてくれるものです。これさえあれば真空管アンプに必要な 16mm 径以上のほとんどの丸穴を開けることができます。しかし、これも厚さ 1.5mm になると決して楽な作業ではなくなります。

はなはだ高価ではありますが、**油圧パンチ**というありがたい道具があります。これを使うと私のような力なしでも楽々と丸穴を開けることができます。ただし、穴のサイズは限定されますし、器具が入らない狭い所に開けることはできません。

ドリルの先につけて丸穴を開ける工具として**ホールソー**（写真 8.2.11）があります。エアコンのパイプを通すための直径 5cm くらいの壁穴を開けるあの道具です。ホールソーは 1mm 単位でさまざまなサイズがあるので、どんな直径でもほぼ希望サイズの穴を開けることができます。ただし、1つのサイズごとに 3 千円くらいの出費になりますから、5 サイズ分も揃えたら結構なお値段になります。

ドリルスタンドも使っているうちに若干のガタが気になってきます。いくら神経を遣っても微妙に穴位置がずれたりするからです。そこで思い切って**卓上ボール盤**（写真 8.2.12）を手に入れてみると、今まで部材と格闘でもするように行っていた穴開けが格段の精度ですいすいとできるようになります。ただし、最低でも 20kg という重量物を置くスペースと頑丈な作業台があればのはなしですが。

そんな使いやすい卓上ボール盤でも、30cm 角のアルミ板の中央に穴を開けようとすると、支柱に当ってしまってドリルの先が届きません。仕方がないので**電動ドリル**を手に持って、両足をふんばっての作業に後戻りです。

ボール盤を上手に使うと、一直線上に並んだたくさんの小穴を短時間に楽に開けることができます。何も一発で大穴を開ける必要はないわけです。ハンドドリルで苦労した地道

◆写真 8.2.11　ホールソー（左の精密級（ユニカ製）が格段に使いやすく、中央のはまあまあ、右の廉価タイプはアルミの削り屑が詰まって実用にならなかった）

◆写真 8.2.12　卓上ボール盤（30kg の重量があるのでキャスター付の強固な作業台上に固定し、さらに作業テーブルを取り付けている。作業台はすべて手製）

な方法が、ボール盤ではむしろ効率的な方法として再登場します。この方法の究極の姿が、小さな 1 本の歯を回転させながらコンピュータ制御でさまざまな加工を一度にやってしまう **NC フライス盤**です。卓上 NC フライス盤を自作してしまう人もいるようで自作の道はきりがありません。

必須	あると便利	選択
・ドリル（ハンド or 電動）	・ステップドリル	・ハンドニブラー
・ドリルの刃（ツイストドリル）	・ドリルスタンド	・シャーシパンチ
・テーパーリーマー	・木工作業台	・ホールソー
・やすり	・ベンチバイス	・卓上ボール盤
・金鋸		

8-2-6 ｜ 小さい丸穴

　シャーシ加工の基本は丸穴の穴開けです。穴開けは、ハンドドリルまたは電動ドリルの先にツイストドリル（いわゆるドリルの刃）を取り付けて行いますが、贅沢をいいますと卓上ボール盤がベストです。

　穴の直径が大きいほど確実な保持と回転パワーがいりますから、可能な穴の大きさも仕上がりの程度も「ハンドドリル＜電動ドリル＜卓上ボール盤」の順番になります。

　これらドリルの先端に取り付けるのは、ツイストドリルのほかに段階的に大きな穴が開

◆写真 8.2.13　通常タイプ（左）と薄板（バリなし）タイプ（右）

用語解説

・バリ
切断、切削の際に発生するぎざぎざの出っ張り（素材の余分な部分）。

けられるステップドリルがあります。

　まず、穴を開けたいポイントにポンチを打って金属板に凹みをつくり、ドリルの先が泳がないようにします。しかしやってみるとポンチを打っても穴の位置がずれてしまうことがあります。ツイストドリルは太いほど穴位置のずれが大きくなり、しかも穴の仕上がりの形状がオニギリ型になりやすいです。原因はドリル本体が揺れるためです。精密な位置に穴開けしたい場合は、2mmくらいの細めのツイストドリルを使ってガイド穴を開けてから段階的に太いものに変えて作業してゆくと穴位置がずれにくくなり、しかもきれいな丸穴を開けることができます。

　ドリルで穴を開けると穴の周囲にバリと呼ばれるぎざぎざの出っ張りができます。これをきれいにとるのがバリ取り（写真8.2.8）ですが、より太いサイズのツイストドリルでもなんとか代用になります。

　通常のツイストドリルの先端は写真8.2.13（左）のように全体が尖っていますが、薄板用と称して写真8.2.13（右）のように扁平で中央だけ小さく出っ張った形状のものがあります。この形状のドリルはポンチなしでも位置ずれがなく、バリも非常に少なく、しかも真円に近い形状の穴が開けられるので、多くのメーカーが製造するようになってきています。アルミ板の穴開けにはこのタイプが適しており、やや高価ですが一度これを使ってしまうと通常タイプのものには戻れなくなります。

8-2-7 ｜ 大きい丸穴

　ツイストドリルで開けることができる丸穴のサイズは7mmくらいがほぼ限界です。5mm～10mmくらいのサイズであればテーパーリーマーが適します。テーパーリーマーさえあれば、最大で16mmくらいまでの丸穴はなんとか開けられますので、トグルスイッチやボリューム、ヒューズホルダーの穴はこれで対応が可能です。テーパーリーマーの弱点は、10mm以上のサイズになると穴の形がコンペイトウのようにガタついてしまうこと、そして板厚が2mm以上になると作業効率が落ちる上に手を痛めやすいことです。

　8mm～16mmくらいの丸穴を楽にきれいに開けるにはステップドリルがベストです。少々値段が張りますが1個でさまざまなサイズの穴を開けられるのでこれは持っていて損はないでしょう。

　16mm以上のサイズになると、ドリルとやすりで地道に頑張るか、シャーシパンチやホールソーの出番になります。シャーシパンチは、1mm厚ならば楽勝ですが1.5mm厚だとちょっとつらくて2mm厚はほとんど無理です。ドリルスタンドを併用した電動ドリルをお持ちなのであれば、長い目でみたら3mm厚でも難なく開けられるホールソーの方が有利です。ホールソーもピンキリで、廉価なものは精度が出なかったり削り屑で歯が詰まりやすいです。削り屑がうまく排出される精密タイプをおすすめします。

　ミニワッターで開ける丸穴の最大径は19mmですが、真空管アンプでは30mm径の穴を開ける機会がとても多いです。EL34や300Bといった大型管用には30mm径のUSあるいはUXと呼ばれる真空管ソケットを使います。大型出力トランスのほとんどで30mm径の丸穴を開けて取り付けます。この30mm径の穴を開けるにはテーパーリーマー

やステップドリルでは困難で、シャーシパンチかホールソーを使うか、ドリルとやすりで地道に開けることになります。

　USソケットとしては廉価で品質の良いOMRON製のリレー用がよく使われます。OMRON製のソケットは直径が31mmなのでシャーシパンチで開けた30mm径の穴には入らずこれが結構不便なのです。やすりで時間をかけて穴の径を広げるしかないのですが、31mm径のホールソーならばどちらのサイズにも対応可能です。

8-2-8 角穴・不定形穴

　角穴や不定形な穴は、穴の形状に沿ってドリルで多数の穴をつなぐように開けておき、それらを切り取ってからやすりで仕上げます。

用語解説
・バイス
　万力。

　やすりがけのポイントは、シャーシ側をしっかりと固定することで、固定には木工台やバイスを使うといいでしょう。やすりによる仕上げは金属加工の基本でもあり、仕上がりも精度も良好なものができます。

　1.5mm厚以下のシャーシが相手で直線的な穴開けであればハンドニブラーも有効です。ハンドニブラーは握力のトレーニングをするような動きで穴を開ける工具で、幅5mmで1mmくらいずつ嚙んで切り取ってゆきます。ハンドドリルで地道に穴開けするよりは効率的ですが、電動ドリルには負けます。仕上がりがでこぼこになりやすく、結局最後はやすりの出番になるので微妙な位置づけの工具だと思います。

8-2-9 その他の加工

　シャーシの穴開け以外で加工が必要な部品のひとつに、可変抵抗器やロータリースイッチのシャフトの切断があります。

　これらツマミを回転して操作する部品のシャフトにはいろいろな長さのものがあります。これをパネルに実装してツマミを取り付けた時にちょうどいい高さになるように、シャフトの長さを調整しなければなりません。

　シャフトはアルミニウムまたは真鍮製なので、金鋸で比較的容易に切断できます。ただし、注意しないと金属屑が中に入ってしまったり、部品そのものを痛めます。シャフトの切断では、部品本体に力がかからないようにシャフト側をバイスで固定してから切るようにします。

　写真8.2.14は、ベンチバイスでシャフト側を固定して、これから金鋸で切ろうとしているところです。ベンチバイスがなくても、プライヤーを手で持ってしっかり保持すればなんとか切ることができます。

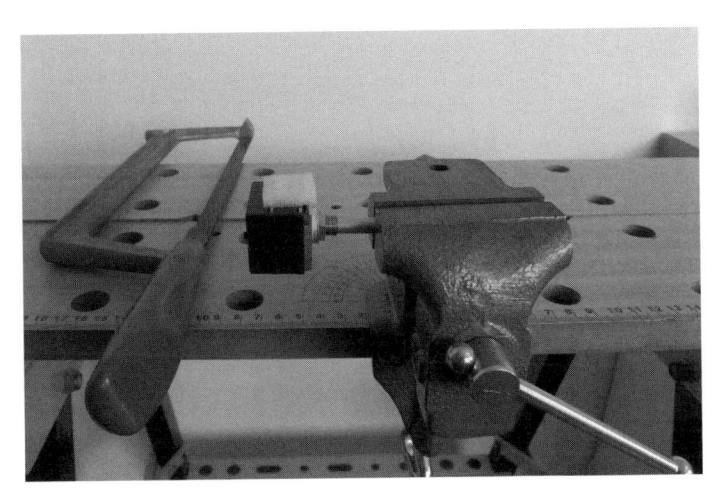

◆ 写真8.2.14　シャフトの切断

第8章 製作ガイド

8-3 ミニワッター用汎用シャーシ

　本書では、試作機は手作業による穴開け加工をしましたが、本製作用のシャーシは工場に製造を依頼しました。このシャーシは、ミニワッターだけでなく工夫次第でいろいろな小型オーディオアンプが作れるように工夫してあり、希望される方には頒布することも視野に入れています。

　廉価な小型出力トランス T-1200 は、端子がむき出しであるため感電の危険があります。そこでトランスカバーをつけるようにしました。

　1mm 厚のアルミ製ですので、強度はいまひとつですが追加工が容易です。前面パネル側は必要最小限の電源スイッチと音量調整ボリュームの穴だけ開けてあります。後面パネル側は、入出力端子用の穴が 8 個※とヒューズホルダーおよび AC インレット用の穴があります。8 個の穴の使い方は自由です。2 個を入力用の RCA ジャックに使って、残りの 6 個を 4Ω と 8Ω に対応したスピーカー端子としてもいいですし、入力セレクタスイッチを追加して 2 系統の入力が使えるようにしてもいいでしょう。使わない穴はホールプラグで目隠しすることもできます。

　シャーシ上面には 2 個の mT9 ピンソケット用の穴と通気孔があります。スペースに若干の余裕がありますから、あと 1 個くらいなら真空管ソケット用の穴を追加できます。

　この汎用シャーシを 2 つ使ってモノラルアンプを 2 台作ることもできますし、プリアンプに使うことも可能です。

　汎用シャーシの図面は、図 8.3.1 のとおりですので参考にしてください。

　なお、この汎用シャーシの頒布については、筆者の Web サイト（http://www.op316.com/）に情報を掲載しています。

> **アドバイス**
> ※：本書掲載の画像のシャーシは穴が 6 個ですが頒布版は 8 個。

> **アドバイス**
> 制作するアンプにヘッドホンジャックなどを追加する場合は、汎用シャーシに各自で追加の穴開けを行ってください。

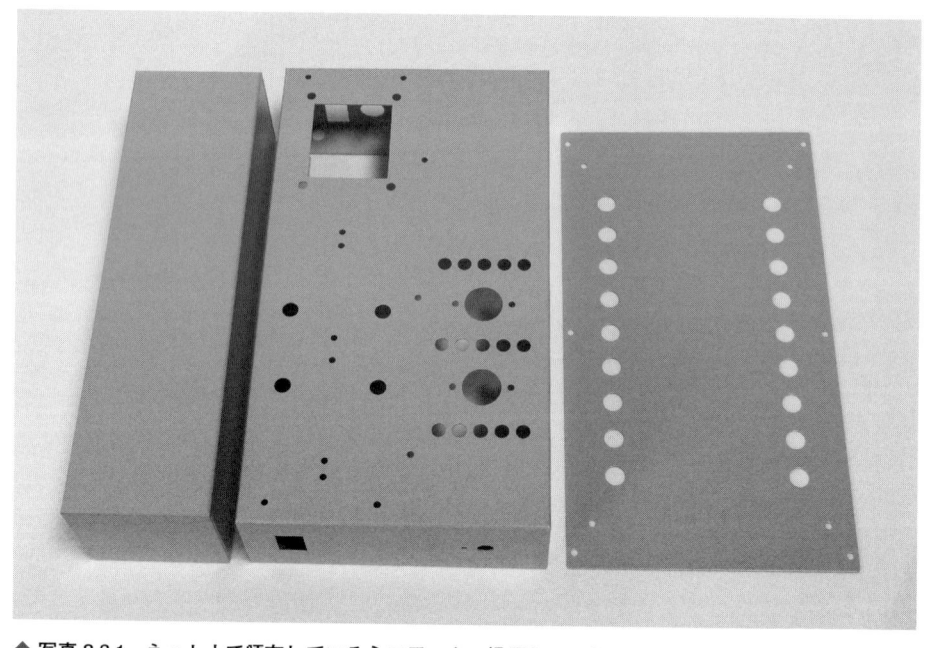

◆ 写真 8.3.1　ネット上で頒布しているミニワッター汎用シャーシ

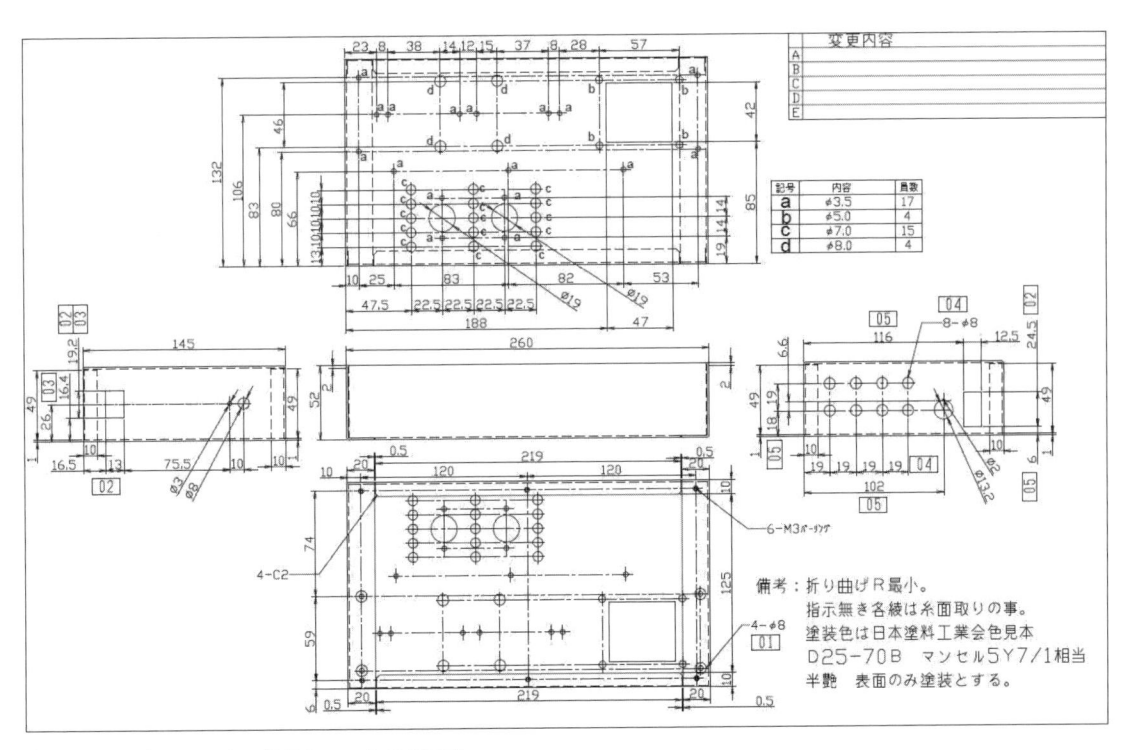

◆ 図 8.3.1　ミニワッター汎用シャーシの加工図
（筆者の Web サイト（http://www.op316.com/）よりダウンロードできます）

8-4　テスターと工具

8-4-1 | デジタルテスター

◆ 写真 8.4.1　デジタルテスター（左）とアナログテスター（右）

　オーディオアンプを何台も製作してきたベテランならともかく、多くの方はテスター一丁で自作に挑んでいると思います。オーディオ測定器はいずれも高価なものですので、それらを手に入れるかどうかの是非は本書の意図するところではありません。

　本書の製作では、**デジタルテスター**（デジタルマルチメーター）の標準機程度のものがあればすべてのチェックや測定ができます。

　デジタル式テスターは、廉価なものでも1mV単位かそれ以上の精度で交流電圧が測定でき、しかも測定時に回路に与えるロスがほとんどありません。アナログ式は3V以下の交流電圧を正確に測定できないばかりか、メーターを動かすために被測定回路からエネル

ギーを取ってしまうためどうしても測定結果にかなりの誤差が出ます。

　デジタルテスターにも限界はあります。400Hzよりも高い周波数では測定精度が得られないことです。もちろん、数万円以上の高性能なデジタルテスターならば20kHz以上の高い周波数でも一定の確度が得られるものがありますが、スタンダードなテスターでそれを期待することはできません。これから説明する測定では最低限デジタルテスターが必要です。

　デジタルテスターの選定基準のボトムラインは以下のとおりです。

確度　　　　：0.5%（直流）、1.2%（交流）
分解能　　　：0.1mV（直流）、1mV（交流）
入力抵抗　　：10MΩ
周波数特性：50Hz ～ 400Hz

　　（デジタルテスター CD731a：説明書より）

　テスターには、先端が尖った赤・黒のテスター棒が付属していますが、これでは常に手で支えていなければならなくて不便です。先端にICクリップかミノムシクリップ付きのリード線を購入（あるいは自作）されることをおすすめします（写真8.4.2）。

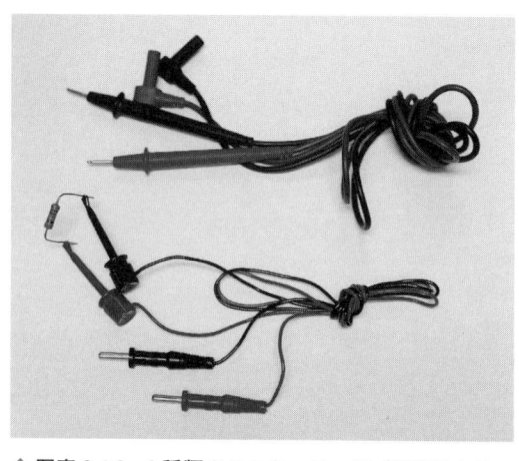

◆ 写真 8.4.2　2種類のテスターリード（標準的なテスター棒（上）と手を離していても測定できる IC クリップ付き（下））

8-4-2 ハンダごて一式

　ハンダごては30W～60Wくらいの範囲がいいでしょう。半導体基板など細かい作業用には30W以下で先端が細いものが適しますが、真空管アンプではかなり太い端子や線材も相手にしますので、40Wかそれ以上で熱慣性が大きいものの方が作業がしやすいように思います。

　ハンダは1mm径かそれよりもやや細いくらいの方が作業がしやすいです。汚れがついたこて先ではきれいなハンダづけができませんので、**クリーナー**と呼ばれる水を含ませた耐熱スポンジ（写真8.4.3）を使って常にこて先をきれいにして作業をします。

　ハンダ吸取線（写真8.4.4）は、毛細管現象を使ってハンダを吸い取る道具で、ハンダづけをやり直す時の必需品です。これを使うとほぼ完全にハンダを除去できますので、やり直した時の仕上がりが良くなります。

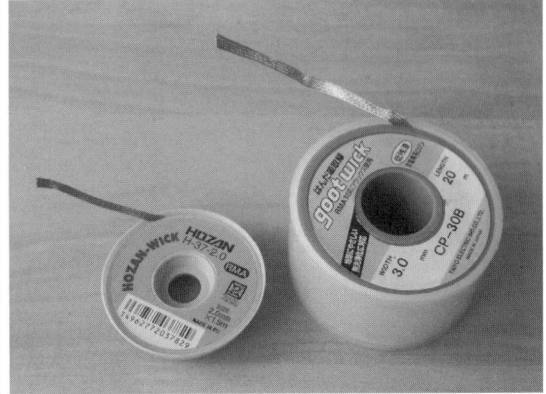

◆ 写真 8.4.3　ハンダごてと耐熱スポンジ　　　　　◆ 写真 8.4.4　ハンダ吸取線

8-4-3 | ハンダづけの方法

　　初心者が製作した自作オーディオアンプの半数以上が初期トラブルをおこしますが、その原因の8割以上がハンダの不良という事実があります。ハンダづけはかなりの熟練を要する作業です。ハンダづけは練習すればするほど腕が上がり、品質が良くなります。

　　以下にハンダづけを職業としない方向けの、ハンダづけ手順をご紹介しておきます。

(1) 錆や汚れを落とす

　　端子の表面に錆や汚れがついているとハンダも乗りが悪いので、サンドペーパーで汚れを落としておきます。東栄製の出力トランスT-1200の1次巻き線端子はきれいな光沢がありますが、この端子もこのままではハンダの乗りが悪いのでサンドペーパーで磨いておくといいでしょう。

(2) ハンダ下処理

　　むいた線材や抵抗器のリード線は、あらかじめ薄くハンダ処理をしておきます（予備ハンダ）。こうすることで線材のヒゲが出にくくなり、ハンダはすみずみまで浸透しやすくなります。線材の先端が適度な硬さになるのでからげやすくなります。自作ではミスや改造などで後から手を加えることが多いので、端子へはからげすぎない方がいろいろな点で有利です。

(3) ハンダづけ

　　ハンダづけは、こて先とハンダとハンダづけしたい場所の三点をタイミングよく合流させることできれいかつ確実に仕上がります。

　　まず、こて先でハンダづけしたい場所を少だけ熱してやり、そこにハンダごてを当てたままハンダ側をこて先に当てます。こて先で溶けた直後のハンダが流れるように、ハンダづけしたい場所にするすると浸透するようにしてやります。この時に、端子や線材にハンダがからみつくように浸透していることを確認します。溶けた直後のハンダはつきが良いですが、いつまでも持続しませんのでこのタイミングを逃さないようにしてください。少し浸透させては様子をみて足りないようであれば追加でしみこませつつ形を整えてゆきます。

(4) 1ヶ所1回で済ませる

ハンダづけはできるだけ1ヶ所を1回で済ませるようにします。何度も重ねると不良になりやすい、ハンダが疲労する、強度が得られないといった問題が生じるからです。そのためには、ハンダづけの順序をよく考えて作戦を立ててから作業を開始します。どうしても2回に分けたい場合は、1回目は少ないハンダでチョン付けだけして最低限の固定にとどめておき、2回目の仕上げで充分な量のハンダを流し込みます。

(5) ダンゴより毛細管現象

ハンダづけは線材や端子の隙間に毛細管現象でハンダがまんべんなく浸透することが大切で、浸透していない時ほど大きなダンゴばかりできます。大きなダンゴの中は空洞だと思うくらいの方がいいかもしれません。

(6) 古いハンダは除去する

こて先で長時間熱せられたハンダは不純物が混ざってきて付きが悪くなり、いくらこて先を当てても状況は悪化するばかりです。一度作業してみてきれいに仕上がらなかった時は、疲労したハンダをハンダ吸取線で除去して新しいハンダでやり直すようにします。

はじめて自作にチャレンジされる方はラグ板や適当な抵抗器を余分に購入し、ハンダづけの練習をしてから本製作に取り掛かってください。これをやるのとやらないのとではでき上がりに歴然とした差が出ます。

8-4-4 ラジオペンチとニッパ

ラジオペンチは先が細くなった小型のものが使いやすいです。先が太い大型のものはオーディオアンプのような細かい作業には向きません。ニッパも同様で刃先の仕上げが精密で小型のものが使いやすいです。ラジオペンチ、ニッパともに先端に大きな力をかけるような使い方はしてはいけません。

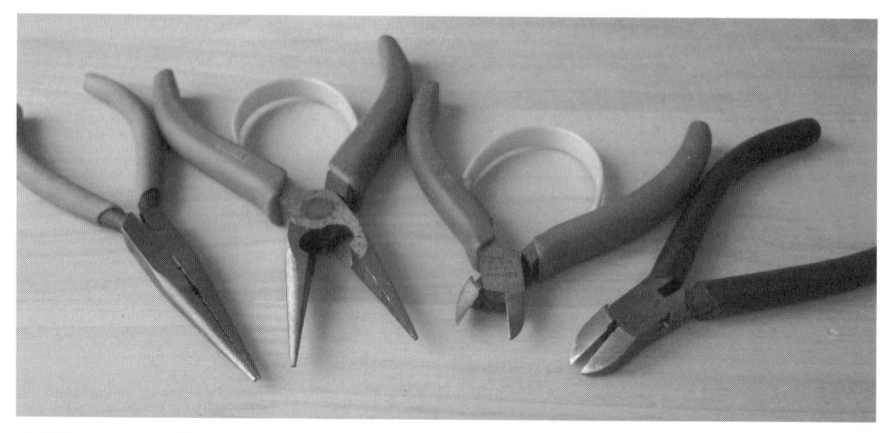

◆ 写真 8.4.5　ラジオペンチ（左の2つ）、ニッパ（右の2つ）

8-4-5 ワイヤーストリッパー

　線材の被覆をむくにはワイヤーストリッパーが圧倒的に便利です。ワイヤーストリッパーには、電気工事用の太い線材に適する穴の径が大きいもの（AWG12〜AWG24くらい）と、電子工作に適する穴の径が小さいもの（AWG18〜AWG30くらい）とがあります。オーディオアンプの自作で使用する線材の太さをほとんどカバーできるのは後者ですが、シールド線の被服を一発で剥くには前者の方が都合がいいので悩ましいところです。

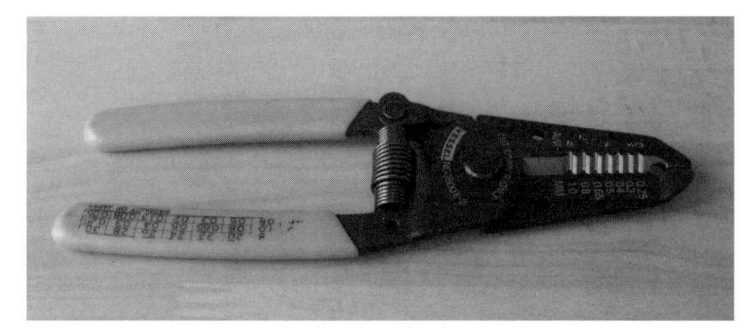

◆ 写真8.4.6　ワイヤーストリッパー

8-4-6 両口スパナ、モンキーレンチ

　音量調整ボリュームやロータリースイッチ、ジャック類のナットの締め付けで使います。いろいろなサイズがセットになった薄型スパナや小型のモンキーレンチが扱いやすいです。パネル面をこすって傷つけやすいので、角を面取りしたスパナを選び、パネル面をテープなどで保護してから締め付けるようにします。

◆ 写真8.4.7　モンキーレンチ、薄型両口スパナ

8-4-7 プラスドライバーとナットドライバー

　プラスドライバーには＃1、＃2、＃3の3サイズがあります。＃2と表記されたサイズのものが最も一般的で使用頻度が高いですが、先端がそれよりもやや細身の＃1と表記されたサイズもよく使いますのでこの2種類は必須です（写真8.4.8左）。

　ナット側をしっかりつかんで締め付けるには、ナットドライバーがとても便利です（写真8.4.8右）。一般的な3mm径のISO規格のナットを回すには、対辺が5.5mmと表記されたナットドライバーが適合し、電源トランスの4mm径のナットに対応するのは対辺7mmのものが適合します。やや小さい2.6mm径のナットに対応するのは対辺5mmのものです。

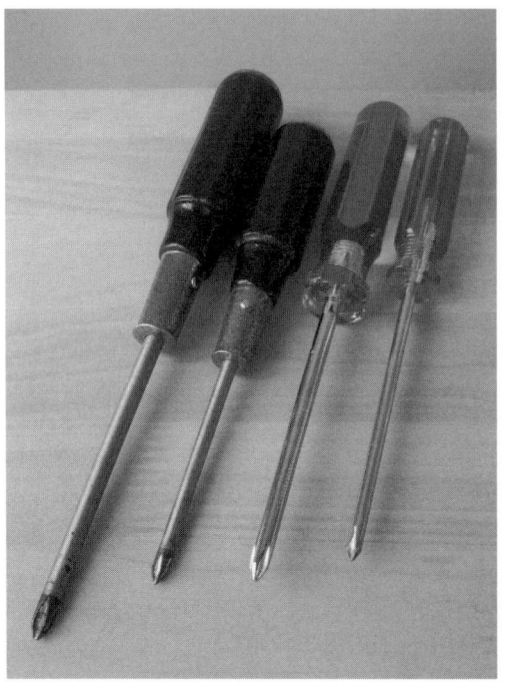

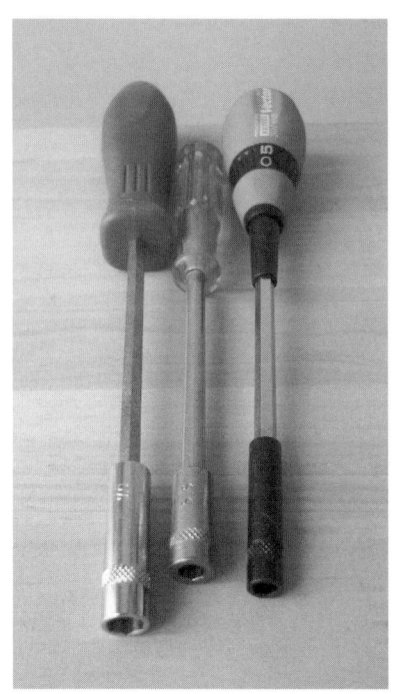

◆ 写真 8.4.8 プラスドライバー（左）とナットドライバー（右）

8-4-8 六角レンチ

本機で使用したリーダー電子製のツマミでは、1.5mmタイプの六角レンチが適合しました。ホームセンターや100円ショップでも廉価に入手できます。

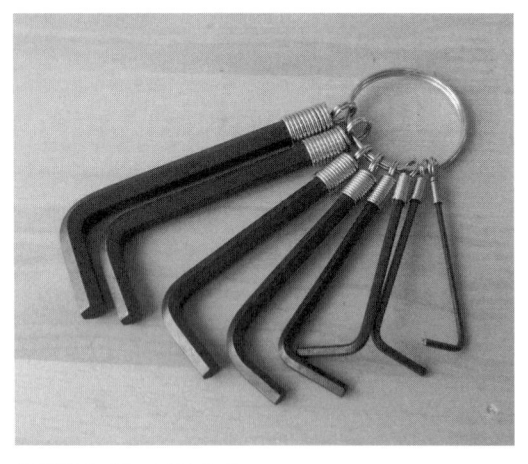

◆ 写真 8.4.9 六角レンチ

8-5 構造部品の取り付け

8-5-1 部品の取り付けが先か配線が先か

　シャーシができると早々に部品を取り付けたくなりますが、ひと呼吸おいてじっくりと作戦を立てます。それは「部品の取り付けが先か配線が先か」という問題です。

　部品には、先にシャーシに取り付けておいた方が配線しやすいものと、先に配線しておいてから取り付けた方がいいものとがあります。

　前者としては電源トランスや出力トランス、ヒューズホルダー、ACインレット、真空管ソケットなどがあり、後者としては音量調整ボリュームやヘッドホンジャック、大型のラグ板があります。微妙なのは端子まわりの配線に手間がかかるLED内蔵の電源スイッチです。

　ここで判断を誤ると、作業がやりにくくなったり、仕上がりがきたなくなります。

8-5-2 部品の取り付けと養生

　後で配線してもかまわないあるいは後で配線した方が都合がよい部品をシャーシに取り付けます。

　電源トランスは、取り付ける前にコアを締め付けているネジがゆるんでいないかチェックし、ゆるみがあるようでしたら増し締めをしておきます。

　出力トランスと真空管ソケットは3mmビスとナットで固定しますが、ワッシャを使って力が均等にかかるようにし、スプリングワッシャを追加してゆるみにくくなるように配慮します。

　写真8.5.1～写真8.5.3では、スピーカー端子はシャーシに取り付けてありますが、入力端子のRCAジャックはまだ取り付けていません。RCAジャックの扱いについて

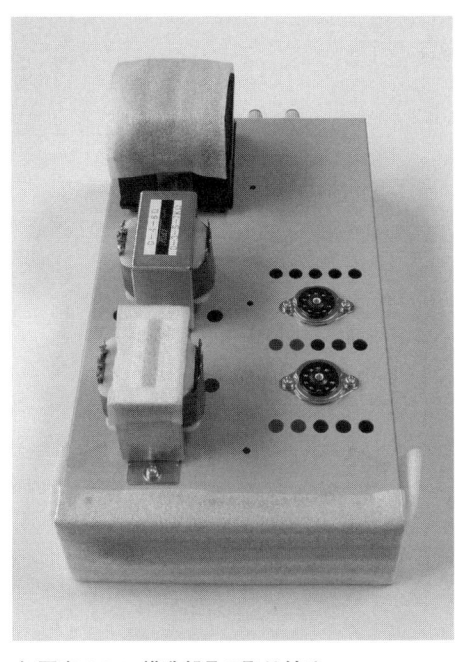

◆ 写真 8.5.1　構造部品の取り付け
　（トランス、パネルの前面を養生してある）

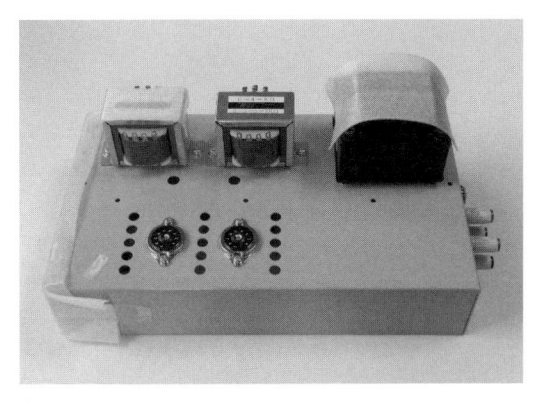

◆ 写真 8.5.2

◆写真8.5.3 底面（前面パネルやトランスは養生してある）

は後述します。

　部品を取り付けたら、シャーシや部品の角を傷めないように緩衝材などで養生（傷がつかないように緩衝材などで覆うこと）しておきます。アンプの製作作業では、ドライバーやニッパなど先端が硬くて尖った工具が非常に多く、余程に注意を払っていても必ずどこかに傷をつけてしまうからです。特に、シャーシの塗装面は汚れやすく傷つきやすいので養生は欠かせません。

8-5-3 │ RCAジャックのアース端子の前処理

　RCAジャックの取り付けでは、ナットで締め付けてゆくとどうしてもリング状のアース端子がナットとともに回転してばらばらの方向を向いてしまいます。写真8.5.4のように、シャーシの穴を利用して裏側から取り付け、あらかじめ2つのアース端子をハンダでつないでおくといいでしょう。こうしておけば、ナットで締め付けた時にアース端子が回ったりしないので、RCAジャックを取り付けた時のおさまりがいいです。

　RCAジャックのアース側とシャーシとを接触させてシャーシアースの導通を確保しますので、シャーシ側の塗装をサンドペーパーで落としておきます。同様に音量調整ボリュームのシャフトもシャーシと接触させることでアースへの導通を得ますので、穴の周辺の塗装を落とします。これらの導通がとれていないと不安定なノイズに悩まされることになります。

◆写真8.5.4 RCAジャックのアース端子の事前加工（ハンダを薄く浸透させてつないでいる。白く見えるのはハンダ飛沫による汚れ防止の紙）

8-5-4 | 電源スイッチまわり

　LED内蔵のロッカースイッチを使った場合、LED点灯のための配線が少々混み入っているので逆向きダイオードの取り付けだけでも事前に配線を済ませておくと後が楽です。

> **参照**
> 配線材にに関しては、9章「9-2-25 配線材」を参照してください。

　写真8.5.5は、AC6.3VまたはAC12.6Vといった低圧交流電源でLEDを点灯する場合の配線です。回路と直列に制御抵抗が1本入れてあり、LEDと並列に小型ダイオードが入れてあります。この場合、ラグ板が前面パネルのスイッチ穴を通ることを確認してください。

　LEDには極性があり、ロッカースイッチの端子の根元に小さく「＋」「－」が刻印されていますので見逃さないようにしてください。並列に取り付けるダイオードはLEDとは逆向きですから、ダイオードのマーキング（電流方向を示す線）がある側をロッカースイッチの「＋」表示側につなぎます。

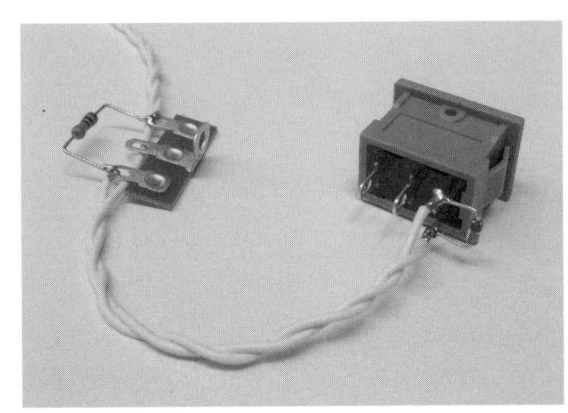

◆ 写真8.5.5　LED内蔵ロッカースイッチまわりと拡大画像（スイッチ側の＋マークとダイオードのマーカーの位置に注意）

8-5-5 | 電源トランスまわりの配線と初回通電テスト

　AC100Vインレット、電源スイッチ、ヒューズ、電源トランスをつなぐAC100V側およびヒーター回路を配線します（図8.5.1）。

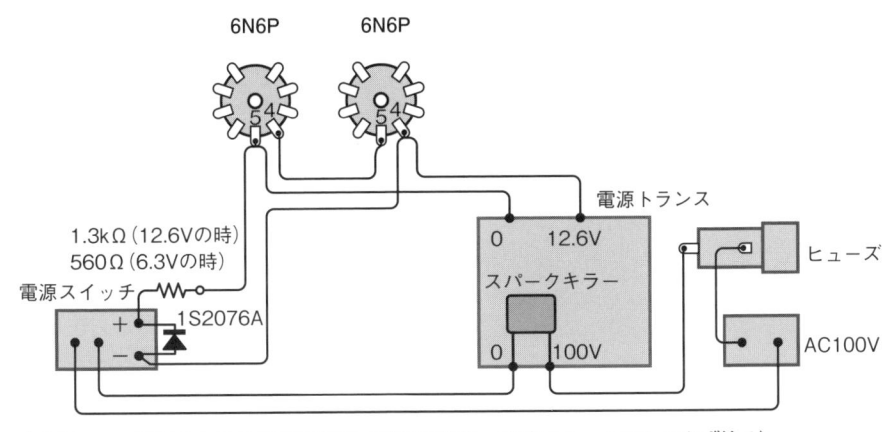

◆ 図8.5.1　電源まわりの実体配線図（電流の往路・復路でセットにして必ず捻る）

第8章 製作ガイド

　作業のポイントは、AC100Vラインは電流の往復で対になるようにねじることです。これを怠るとハムの原因になります（写真8.5.6）。

> **参照**
> 配線材に関しては9章「9-2-25 配線材」を参照してください。

　ヒーター回路の配線は使用する電源トランスや使用する真空管によって異なりますので、必ずしも図8.5.1や写真8.5.8と同じにはなりません。この画像は6N6PとKmB90Fを使用した場合の配線例です。ヒーター回路は他の回路に比べて電流が多いので、つい太い線材を使いたくなりますが、あまり太い線材を使うとかえって失敗します。電源トランスや真空管ソケットの端子はかなり接近しているため、太い線をからめると隣と接触しそうになって安全が確保できません。ミニワッターのヒーター回路に流れる電流は、多くても1A程度でそれほどの大電流ではありません。

◆ 写真8.5.6　電源トランス周辺

◆ 写真8.5.7　電源スイッチ周辺

　写真8.5.7はLED周辺の配線ですが、さきに説明した写真8.5.5とは少々異なる配線方法をしています。
　ここまでの配線が完了したら初回の通電テストを行います。
　1Aのヒューズをヒューズホルダーに入れます。安全確認のためにΩレンジにしたテスターでAC100Vケーブルのプラグの先端の導通チェックをします。電源スイッチがOFFの時は∞（OL表示）で、電源スイッチをONにすると10Ω前後を示せばOKです。数Ω以下だったり、導通がなかったら配線ミスかハンダの不良で、このまま通電試験をしたら事故になります。
　導通確認がOKになったら、電灯線のコンセントにAC100Vケーブルのプラグをつなぎ、電源スイッチをONします。
　LEDが点灯し、電源トランスの各巻き線に電圧がきていることを確認します。まだ回路に電流が流れていないので、いずれの巻き線にも表示よりも数%～10%くらい

◆ 写真8.5.8　ヒーターの配線

高めの電圧が出ています。この時、AC100V に何 V がきているのかもチェックしておきます。100V 〜 102V くらいの電圧ならば本書記載の値に近い電圧になると思いますが、AC100V の電圧が異なる場合は、その違いの比率に応じた電圧が測定されます。これ以後、アンプの通電試験では、必ず AC100V の電圧のチェックもするようにしてください。

　この状態で真空管を挿して通電すると、ヒーターがほんのり点灯していかにも火が入ったという気分になります。ヒーターは明るすぎず暗すぎず、お線香くらいの明るさで橙色に光っていれば OK です。電圧を間違えた場合は、ほとんど光らなかったり、電球のように明るく光ります。定格電圧が 6.3V のところに誤って 12.6V がかかっていたり、逆に定格電圧が 12.6V のところに 6.3V しかかかっていなかったり、ヒーターまわりの配線ミスは結構多いのです。

　電源スイッチを ON にした直後にヒーターが一瞬だけ明るく光る真空管がありますが、これは異常ではありません。これが原因で真空管を痛めることもありません。

　ここで通電中にヒーターにかかっている電圧を測定しておきます。今の段階では、まだ他の回路電流が流れていないためにヒーターにかかる電圧は定格値よりも若干高いと思います。

　このようにして、できたところから少しずつ通電テストをやって確認しながら作業を進めてゆきます。人間は必ずどこかでミスを冒す生きものです。一気にすべての配線をしてから通電してトラブルが出ても、問題個所がどこにあるのかはわからないどころか、1 箇所なのか 2 箇所なのかすらわかりません。

8-5-6 | 出力トランスの配線

出力トランスの一次側は、一方は出力管のプレートへつなぎ、もう一方は V ＋電源につなぎます。V ＋側は左右が 1 本になってから 20P のラグ板につなぎますから、写真 8.5.9 のようにあらかじめ先端処理をしておきます。

　二次側からの線は長めにして捻った状態でシャーシ内に引き出しておきます。

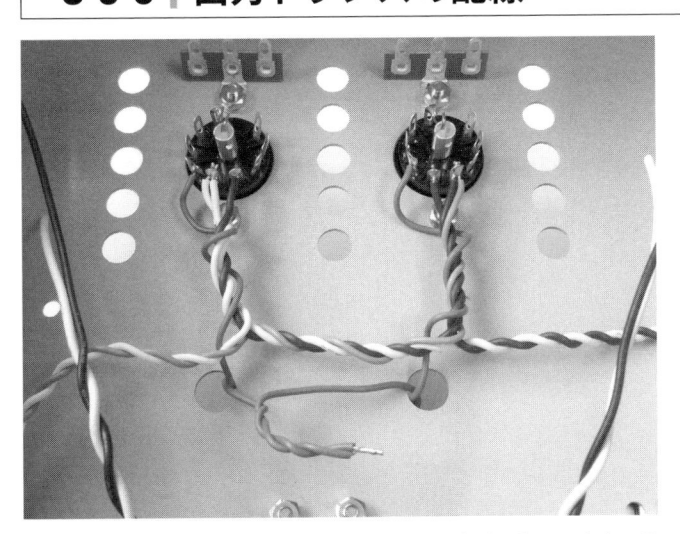

◆ 写真 8.5.9　出力トランスの二次側からの配線（画像では出力トランスからの線をからめているがからめない方がよい）

8-5-7 | アース母線

　これから先の配線作業をスムーズに行うために、アースの集中を一手に引き受ける母線部分をつくります。

1mm径くらいのすずメッキ線または銅単線を「コ」の字型にしたものを2つの真空管ソケットのセンターピンをつなぐように渡してしっかりと半田づけします（写真8.5.10）。真空管ソケットのセンターピンを放置すると、時々悪さをするためアースにつないでおくのが安全ですのでこれを流用します。

適当な太さのすずメッキ線または銅単線が入手できない場合は、細めの単線を2～3本束にして捻ったものでも十分に代用になります。

アンプ各部からのアースは、このアース母線に集中させるようにします。

◆写真 8.5.10　アース母線の様子

8-5-8 音量調整ボリュームまわりの仕込み配線

音量調整ボリュームまわりは配線が集中するのと、取り付けてからでは配線が難しいので取り付ける前に配線を済ませておくことをおすすめします。

入力端子からのアース（GND）は、1本の線で音量調整ボリュームまで来たら、ここで音量調整ボリュームの両チャネル側のアースとひとつになり、さらに1本の線でアンプ側のアースラインに至ります。

それぞれの線はともすると長さが足りなくなるので、思い切って長めのものを付けておくことをおすすめします。

写真8.5.11では抵抗が2個取り付けてありますが、これはミニワッターの総合利得が少ない場合に利得の不足感を解消するための補助抵抗です。総合利得が5倍以上得られている場合は不要です。細かい作業が苦手な方も無理せず省略してください。

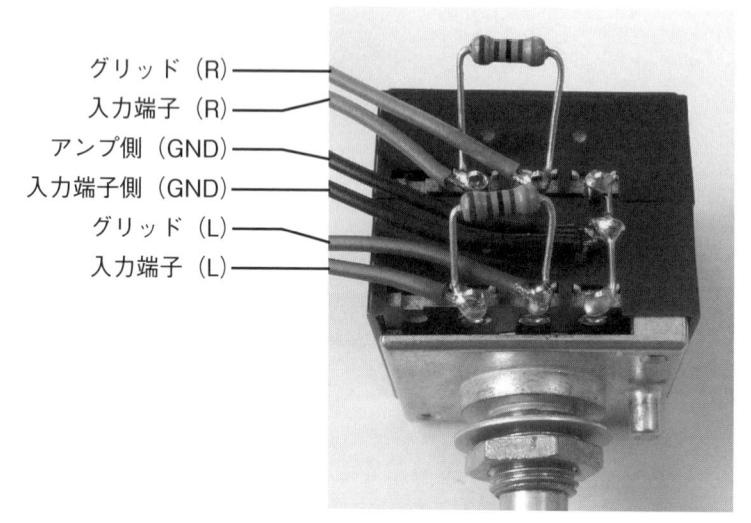

グリッド（R）
入力端子（R）
アンプ側（GND）
入力端子側（GND）
グリッド（L）
入力端子（L）

◆写真 8.5.11　音量調整ボリューム端子の配線（細めの線材を使い端子へは線をからげすぎないのがポイント）

8-5-9 入力信号ラインと真空管ソケットまわりの配線

RCAジャックから音量調整ボリュームを経て初段グリッドまでの配線を行います。

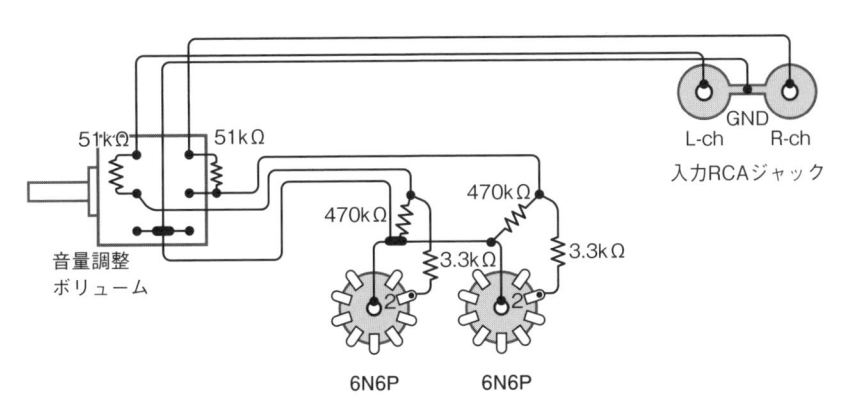

◆ 図8.5.2 入力まわりの実体配線図

すでに前処理をしておいた音量調整ボリュームを前面パネルに取り付け、RCAジャックまでの配線をつなぎます。画像ではシールド線を使っていませんが、ケース自体が外部に対して強力なシールドとなっているので、シールド線は使っても使わなくてもノイズの大きさはほとんど変わりません。ただ、複数の入力系統を使い分ける場合は、チャネル間の信号の飛びつきを防ぐためにシールド線を使う意味があります。

シールド線を使う場合は、第10章に製作例が2つありますからそちらを参考にしてください。

音量調整ボリュームから出た線を真空管ソケットのそばのラグにつなぎます。同じくアースをアース母線につなぎます。初段グリッドまわりのR1とR2は3Pラグ板と真空管ソケットを使って配線します。初段プレートと出力段グリッドをつなぐR6は真空管ソケットにじか付けします。これで入力まわりの配線は完了です。

写真8.5.12では、初段プレートと出力段グリッドをつなぐR6（3.3kΩ）の真空管ソケット側への取り付けも行っています。6N6Pをはじめとするほとんどの球で1番ピンと7番ピンに取り付けますが、5670など一部の球では異なるので必ずピン配置図をチェックしてください。

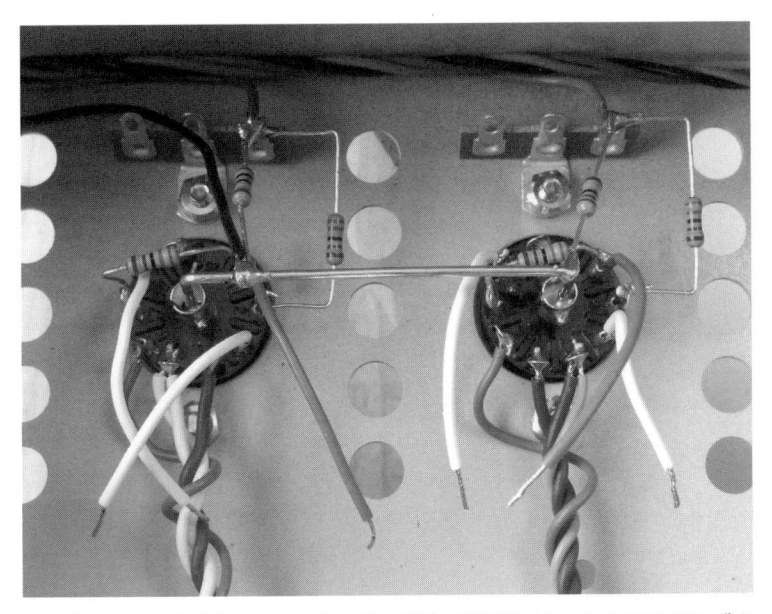

◆ 写真8.5.12 真空管ソケットまわりの配線（真空管ソケットと20P平ラグをつなぐ6本の短い線も準備している）

8-5-10 | 20P 平ラグユニットの部品実装と配線

20P 平ラグは、シャーシに取り付ける前にラグ板側への部品の取り付けと配線を済ませておきます。この時、細字の油性ペンでラグ端子上に接続先を書き込んでおくと間違いを回避できます（写真 8.5.13）。

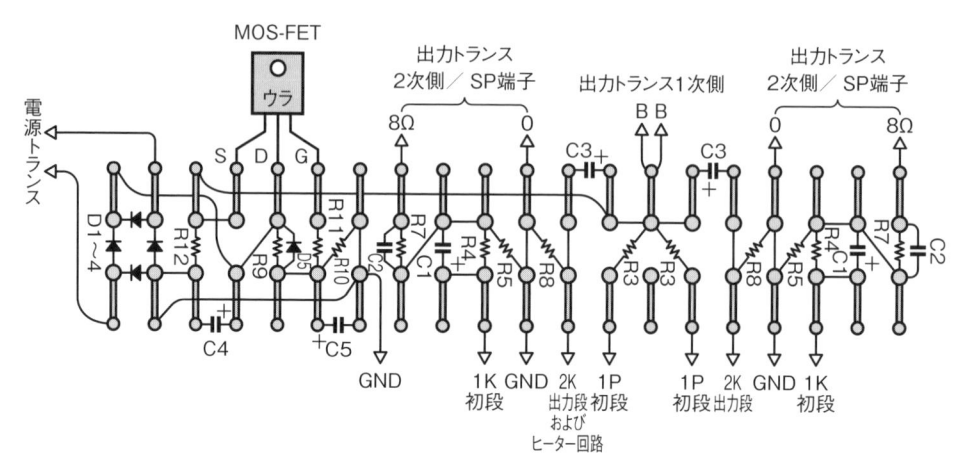

◆ 図 8.5.3　20P 平ラグユニットの配線パターン（できるだけ配線が 1 ヶ所に集中しないように工夫してある）

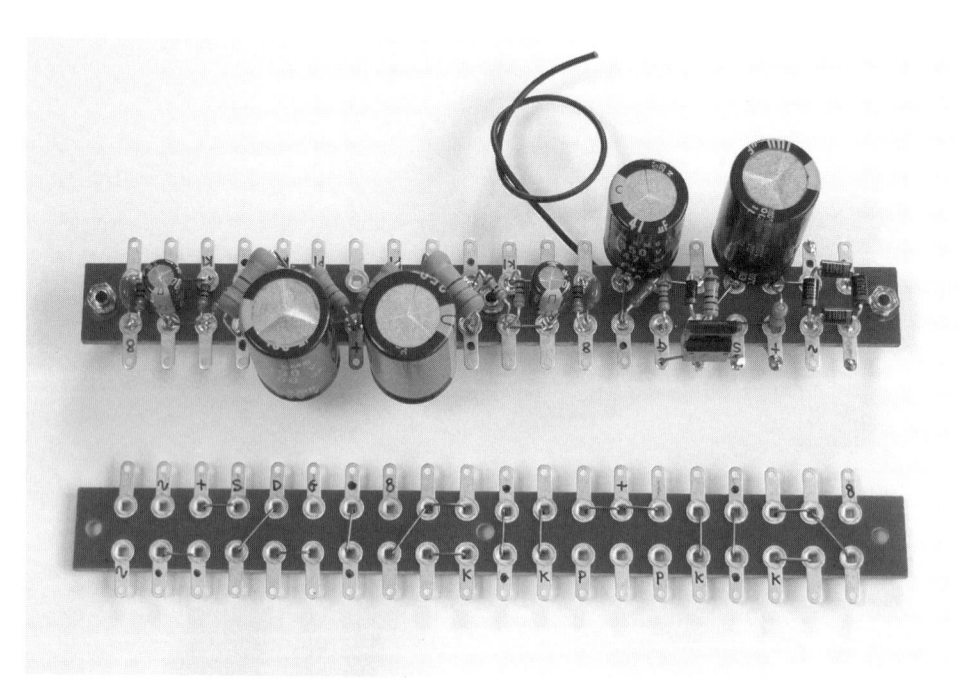

◆ 写真 8.5.13　作成した 20P 平ラグユニット（図 8.5.3 と向きが逆なので注意）

まず、平ラグにジャンパー線をからめておき、次いでコンデンサや抵抗器を挿入してハンダづけしてゆきます。隣り合うラグ穴をつなぐジャンパー線には、切り落とした抵抗器のリード線を流用するか、ホームセンターで売られている工作用の 0.5mm 径以下のやや細めの銅単線が扱いやすいです。電子部品店で扱っているポリウレタンコーティングされ

たものは、コーティングをハンダごてで溶かすことは可能ですが作業が非常にやりづらいのでおすすめしません。ジャンパー線は裏側での折り曲げしろを長めにした方がきれいに仕上がります。

> **アドバイス**
> アルミ電解コンデンサの極性に注意し、向きを間違えないようにして取り付けてください。

配線を間違えないこと、漏れをつくらないことはもちろんですが、アルミ電解コンデンサの極性にも注意してください。特に、高圧がかかる4個のアルミ電解コンデンサの極性が逆になった状態で通電すると、過電流のために内部の温度が急上昇し、やがて破裂して非常に危険です。大型のアルミ電解コンデンサはラグ板から浮かせないで密着するようにして取り付けます。

3W型と2W型の酸化金属皮膜抵抗器は比較的発熱量が大きいので、すぐ隣にあるアルミ電解コンデンサに接近しすぎないようにしてやります。この抵抗器はリード線を長めにしてラグ板から少し浮かせるように取り付けたらいいでしょう。

中央の穴はシャーシへの取り付け時に使いますから、この穴の周辺の部品はリード線を長めにして余裕を持たせて、後々にネジ止め作業がしやすくなるようにしておいてください。これを怠ると取り付け時に大変な苦労をすることになります。

MOS-FETは両側の足を広げてからハンダづけしますが、足の根元が平たくて曲げにくいのでラジオペンチで根元を90°捻じってから曲げると無理なく曲げられます。

ラグ板への配線をきれいに仕上げるポイントは、ジャンパー線および配線材は細めのものを使うことと、ラグ板の1つの穴は1回でハンダづけを完了できるように手順を工夫すること、穴全体にハンダがまわるまでこて先を当て続けることです。

ラグ穴はあまり大きくないので、ラグ穴に通らないような太い線材を選んでしまうとどうにもならなくなります。ラグ板の回路に流れる電流は最大でも20mA程度なので太い線材を使う必要は全くありません。また、細い線材を使ってもハムが増えることも性能が劣化することもありません。むしろことさらに太い線材を投入すると端子まわりがきたなくなり信頼性を損ねます。

8-5-11 | 20P平ラグユニットの取り付けと配線

次は、20P平ラグユニットの取り付けの準備です。

真空管ソケットと20P平ラグをつなぐ短い線は片チャネルあたり3本（初段カソード、初段プレート、出力段カソード）、左右合わせて6本ありますので、20P平ラグユニットを当てながら位置関係を見て適当な長さの線を真空管ソケット側に配線しておきます（写真8.5.12）。

取り付け手順としては、先にラグ板側にスペーサを取り付けてからシャーシに当てた方が作業はスムーズです。20P平ラグの中央の穴は周囲の4つのラグ端子に接近していますので、金属製のスペーサやナットを使うのは危険です。できるだけ樹脂製のスペーサやナットを使うようにしてください。

20P平ラグユニットをシャーシに取り付けたら以下の配線を行います。

- ラグ板と真空管ソケットをつなぐ6本の線。
- ラグ板とアース母線をつなぐ3本の線。
- ラグ板と出力トランスの一次側をつなぐ（前処理済みの）2本の線。
- ラグ板と電源トランスの二次巻き線をつなぐ2本の線。

第8章 製作ガイド

・ヒーター回路のどこかの一端と左右いずれかの出力段カソードをつなぐ1本の線（写真8.5.14では未配線）。

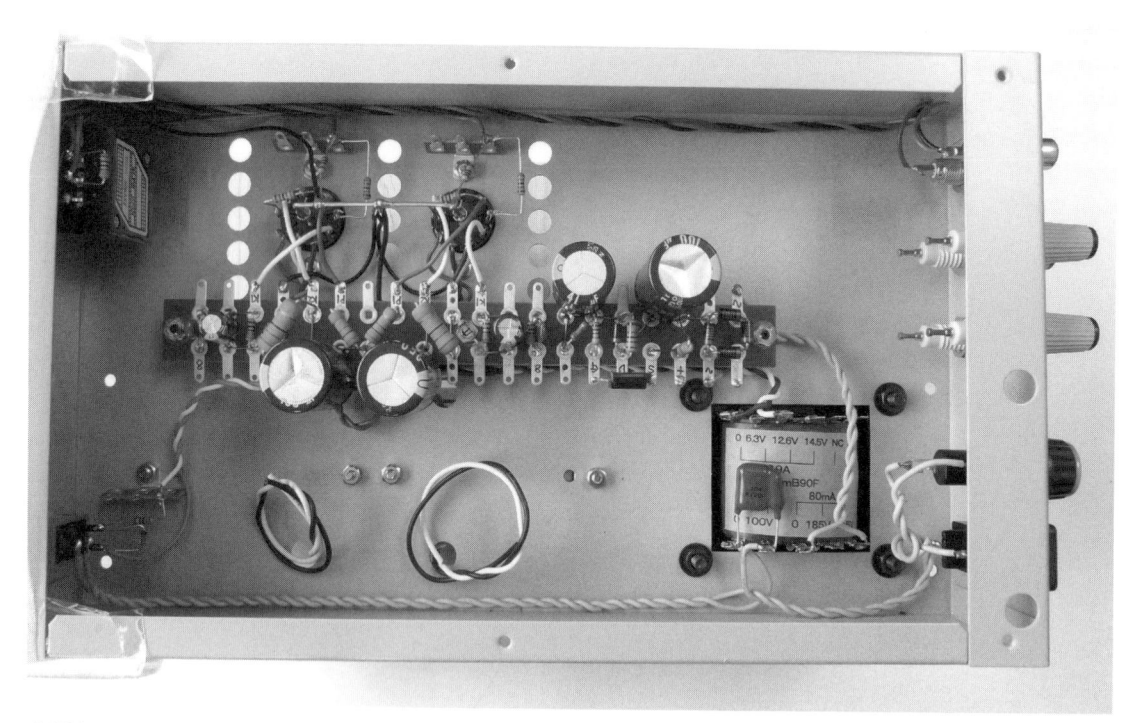

◆写真8.5.14　20P平ラグユニットの取り付け

ここまでが完了したら、まだ音は出ませんが回路すべてに電流を巡らして動作の様子を確認する最終通電試験ができます。その前にΩレンジにしたテスターを使って導通チェックをやっておきましょう。特に注意していただきたいのは、すべてのアースがつながっていて相互に導通があるかどうかということと、V＋電源がどこかでアースとの間でショートしていないかです。

・音量調整ボリュームのシャフト〜RCAジャックのアース側〜アース母線間＝約0Ω。
・アース母線〜電源回路のアルミ電解コンデンサ（$47\mu F$と$100\mu F$）のマイナス側＝約0Ω。
・アース母線〜電源回路のアルミ電解コンデンサ（$47\mu F$と$100\mu F$）のプラス側＝数百kΩの高抵抗値で時間と共に徐々に変化する。
・アース母線〜ヒーター回路の一端＝出力カソード抵抗値と同じ。

異常値が見つかったらハンダづけの不良か配線ミスがありますので、解決するまで次に進めません。

8-5-12 真空管なし通電試験

まず、真空管を挿さないで電源部ユニットが正常に動作することを確認します。確認の方法は以下のとおりです。

DCV レンジにしたテスターで R12（680kΩ）の両端電圧を測定できるようにして電源を ON にします。電源 ON 後、電圧はゆっくり上昇をはじめてさらに十数秒～数十秒かけて徐々に上昇してゆき、やがて設計値よりもやや高めの電圧で安定すれば合格です（図 4.10.2 参照）。電圧が一気に上昇したり、10% 以上かけ離れた電圧が出た場合は、ハンダづけの不良や配線のミスがあるとみていいでしょう。

- KmB90F を使い、5687 や 6N6P の回路定数の場合…約 285V
- KmB90F を使い、6DJ8 の回路定数の場合…約 270V
- KmB60F を使い、6FQ7 や 12BH7A の回路定数の場合…約 340V

通電テストでは、手がすべってテスター棒が他の部品や端子に当たることによるショート事故が起きやすいのでくれぐれも注意してください。また、誤ってアルミ電解コンデンサの極性を逆に取り付けていた場合は、早々にアルミ電解コンデンサが過熱して破裂し、高温・有害な電解液が噴出しますのでテスト中は決して顔を近づけてはいけません。異音、発煙、発火、破裂、異臭がしたら深刻なトラブルが起きていますので、直ちに電源を切ってください。

テストが終了して電源 OFF 後も数分間は回路中のコンデンサに 100V 以上の高圧の電荷が残っているので触らないように注意します。

8-5-13 真空管あり通電試験

真空管をソケットに差し込み、DCV レンジにしたテスターを用意します。テスターは、出力段カソード抵抗の両端電圧が監視できるようにつないでおきます。

電源スイッチを ON にします。テスターの表示は電圧の上下変動を 2 回ほど繰り返しながら一旦数十 V くらいまで上昇し、やがて下降して 50V ～ 70V くらいで落ち着けば正常です（図 4.10.2 参照）。その間、異音、発煙、発火、破裂、異臭などがないか注意します。

左右両チャネルについて以下のポイントの電圧をすばやくチェックします。詳細は第 7 章「7-6 レポートその 5」の真空管ごとのデータを参照してください。

- チェックポイント 1 … 出力段カソード電圧（50V ～ 75V）
- チェックポイント 2 … 電源電圧（200V ～ 300V）
- チェックポイント 3 … 初段カソード電圧（1V ～ 2V）
- チェックポイント 4 … 出力段バイアス電圧 = チェックポイント 1 と初段プレート電圧の差（数 V）

上記とかけ離れた電圧が測定された場合は、左右の同じ場所の電圧が比較分析できるように測定・記録してからすみやかに電源を切ってください。何回かにわたって通電テストをしてきていますから、もし今の段階で異常が発見された場合は、トラブルの範囲は最後

に作業したアンプ部周辺だと推定できます。

　異常値が測定されても慌てることはありません。自作アンプでは、完成直後に全くミスがなくすべてが正常に動作することの方が珍しいのです。そして、異常値が出たということは、そうなるように配線したからであって、そうなる原因が必ずあります。少し頭を使ってそれを発見すればいいのです。

8-5-14 ｜ スピーカー端子まわりの配線

　スピーカーまわりの配線は、基本回路どおりに出力トランスの8Ωタップだけを使うのであれば、出力トランスの二次側からの線とスピーカー端子からの線をそれぞれ一緒にして20P平ラグにつなげばすべての配線は完了です。

　スピーカー端子を増やして4Ωと8Ωとする場合や、ヘッドホンジャックを追加する場合については、第10章に製作例がありますので参考にしてください。

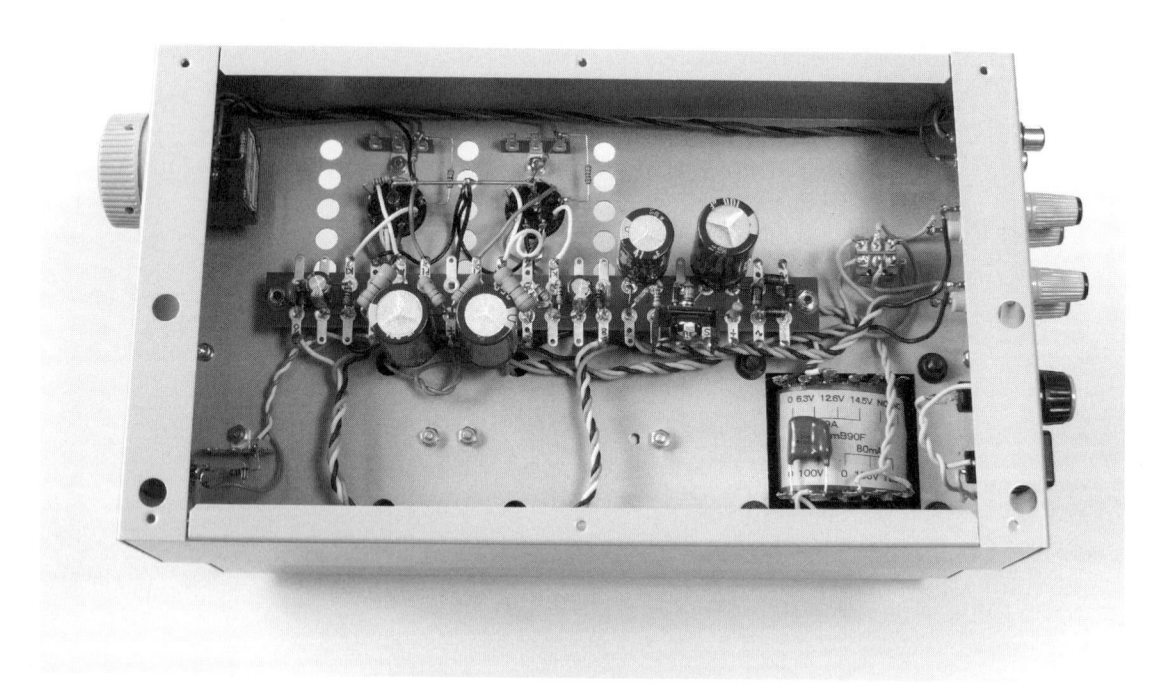

◆ 写真 8.5.15　配線完了（後にスイッチを追加してスピーカーインピーダンスを4Ωと8Ωの切り替えができるようにしている）

8-6 測定と調整

8-6-1 測定は健康診断

　自分で作ったオーディオアンプがどんな特性であるのかはとても気になると思います。ミニワッターは、本書掲載と同じ回路、同じ真空管、同じ回路定数、同じトランス類を使う限り特性の再現性がありますので、本書に掲載したデータとほぼ同じ結果が得られます。配線材の種類や部品メーカーの違いは特性には現れません。

　しかし、真空管には時々定格外の不良品があります。ちゃんと音が出て何の問題もなさそうに見えても、どこかで配線ミスをしているかもしれません。測定は、装置の健康診断と同じで、測定結果をチェックすることで異常を発見することができます。

　測定の目的は、そのオーディオアンプの特性をグラフ化してその性能を誇ることが主目的なのではなく、ひとつの装置としてどんな状態であるかを知るためのものです。

8-6-2 各部の電圧の測定

　測定メニューの最初は主要ポイントの電圧の精密な測定と回路動作状態の把握です。

　確認するのは、AC100V電圧、V+電圧、ヒーター電圧、各管のプレート電圧とカソード電圧といった順序でいいと思います（表8.6.1：5687の場合）。抵抗器の両端電圧を測定し、オームの法則を使って各部に実際にどれくらいの電流が流れているかを計算します。

　あらかじめ想定される設計値を書き込んだ表を作成しておき、その隣に測定値を書き込んでゆきます。設計値と実測値がかけはなれていたら、直ちに電源を切り、回路図を見ながら何故そのような電圧になってしまったのか検討します。

　最終段階の通電テストにおいてもヒーター電圧が10%以上高くなってしまった場合は、ヒーター回路に直列に0.22Ω〜2.2Ω程度のドロップ抵抗を割り込ませて、定格値の±5%くらいの範囲に収まるように調整することを推奨します。その場合は、電源トランスに近いところにある出力トランスの止めビスを流用して中継用のラグを立てたらいいでしょう。

COLUMN　テスターの電池残量に注意

　デジタルテスターの電池が消耗してくると、画面上にバッテリーマークが表示されて電池がないことを教えてくれます。しかし、この表示には案外気が付かないもので、電池残量が低下して正常な測定ができなくなっていることがあります。テスターの電池切れは忘れた頃にやってきます。テスターを使うときは必ず電池残量をチェックしてください。

◆ 表8.6.1 電圧・電流チェックシート（表中の設定値は5687の場合）

	L/R共通	
	設計値	実測値
AC100V	100V	V
整流出力電圧	265V	V
V＋電圧	243V	V
ヒーター巻き線電圧	12.6V	V

	L-ch		R-ch			値の関係
	設計値	実測値	設計値	実測値		
初段プレート電圧（対アース）	48V	V	48V	V	A	
初段プレート電圧（対カソード）	46V	V	46V	V	B	＝A－C
初段カソード電圧（＝－バイアス）	1.9V	V	1.9V	V	C	
出力段プレート電圧（対アース）	236V	V	236V	V	D	
出力段プレート電圧（対カソード）	180V	V	180V	V	E	＝D－F
出力段カソード電圧	56V	V	56V	V	F	
出力段バイアス	－8V	V	－8V	V	G	
出力段カソード抵抗（設定値）	3.3kΩ	3.3kΩ	3.3kΩ	3.3kΩ	H	
出力段プレート電流（計算値）	17.0mA	0.0mA	17.0mA	0.0mA	J	＝F/H
出力段プレート損失（計算値）	3.1W	0.0W	3.1W	0.0W	K	＝E＊J/1000

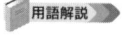

8-6-3 ダミーロード

用語解説

・ダミーロード
スピーカー等の実際の負荷のかわりとなる抵抗器のこと。

　パワーアンプのテストや測定では、スピーカーの代わりにスピーカーにインピーダンスと同じ抵抗値を持った抵抗器をダミーロードとして使います。
　ダミーロードを使う理由は、スピーカーをつないでテスト信号を入力したらとてもうるさくて我慢できないからであり、事故でスピーカーを壊さないためであり、スピーカーのインピーダンスは周波数によって一定でないため測定精度が得られないからでもあります。
　ここでは8.2Ω/2W～3W型の酸化金属皮膜抵抗器を2本用意して、ダミーロードとして使うことにします。0.2Ωの違いは部品の誤差、測定誤差に含まれますので気にしないことにします。

8-6-4 テスト信号

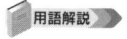

用語解説

・ファンクションジェネレータ
オーディオジェネレータよりも広帯域の発振器。

　オーディオアンプの測定用の正弦波信号の生成には、普通は**オーディオジェネレータ**あるいは**ファンクションジェネレータ**を使いますが、わざわざそのような測定器を入手しなくても代わりにパソコンを使えば必要なテスト信号を得ることができます。
　インターネット上には"WaveGene"という優れたオーディオジェネレータのフリーソフトがあり、誰でも以下のサイトからダウンロードできます。

　　efu（Webサイト）：http://www.ne.jp/asahi/fa/efu/index.html

　設定は実に簡単で、いわゆるインストール作業はありません。ダウンロードしたファイルを解凍したらそれをクリックするだけで起動します。好きなフォルダに入れておけばど

8-6 ◆ 測定と調整

こにあっても動作します。

WaveGene を使うと、10Hz 以下の非常に低い周波数から 20kHz くらいまでの任意の周波数の低歪みな正弦波信号が得られますので、パソコンのヘッドホン端子と被測定アンプをつなぐだけで測定が始められます。

なお、WaveGene は Windows 版だけで MacOS 版はありません。Macintosh をお使いの方、WaveGene の使い方がわからない方は、以下のサイトにアクセスすれば 5Hz から 21kHz までのスポット周波数でテスト信号をパソコンから出力することができます。

情熱の真空管アンプ（正弦波テスト信号サイト）:
http://www.op316.com/tubes/tips/wav2.htm

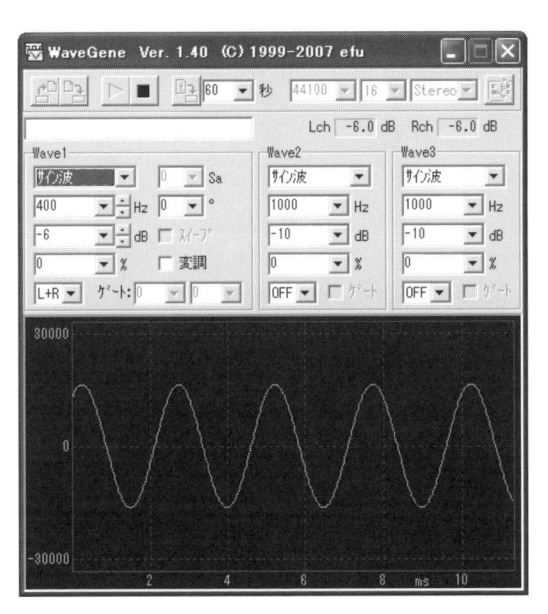

◆ 図 8.6.1　WaveGene の操作画面（400Hz、－6dB の正弦波を 60 秒間出力中）

8-6-5 | 利得の測定

ミニワッターのスピーカー端子に、ダミーロードと ACV レンジ（ACV：交流電圧）にセットしたデジタルテスターをつなぎます。WaveGene の周波数を 400Hz に設定し、正弦波信号の出力をミニワッターに入力します。

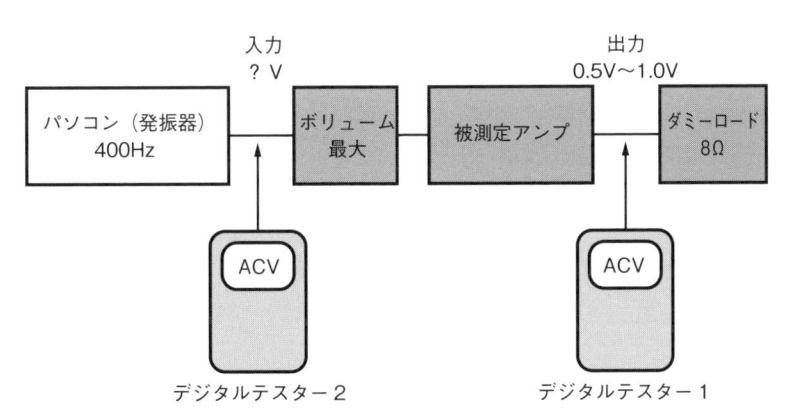

◆ 図 8.6.2　利得測定のブロックダイヤグラム

WaveGene 側の設定は図 8.6.1 を参考にしてください。設定するのは Wave1 だけで Wave2 と Wave3 は OFF にします。周波数は 400Hz、レベルは －6dB あたりが無難です。この状態でパソコンのヘッドホンジャックからは 0.4V ～ 0.7V くらいの信号が出力されます。このままでは出力がまだ大きすぎるので、パソコン側の音量調整をゼロにならない程度に下げておきます。

ミニワッター側の音量調整ボリュームは最大にしておきます。スピーカー端子側につないだデジタルテスターに電圧が表示されますのでその値を読み取ります。出力電圧が 0.5V

~1Vになるようにパソコン側の出力を調整します。

このままの状態でデジタルテスターをはずし、RCAジャックのところのミニワッターの入力信号を測定し値を読み取ります。

$$利得 = \frac{スピーカー端子の信号電圧}{入力信号電圧}$$

スピーカー端子のところの信号電圧が0.69Vで入力信号電圧が0.15Vならば、利得は

0.69V ／ 0.15V = 4.6 倍

になります。出力電圧が2V以上では、最大出力近くあるいは最大出力オーバーして正確な測定ができませんので注意してください。

左右の利得を測定し、10%以上違っているようですと、耳で聞いて左右のバランスが偏って聞こえるはずです。回路が正常なのに利得が異なる原因は真空管のばらつきにありますので、ストックにしておいた別の球でも測定してみて、できるだけ揃った組み合わせにしたらいいでしょう。

8-6-6 周波数特性の測定

ほとんどのデジタルテスターは、400Hzあるいは1kHzよりも高い周波数では測定精度が得られませんが、低い周波数側は50Hzまでは確実に高精度が得られます。50Hz未満の周波数でもそれなりの精度で周波数特性が測定できます。

アンプ側の周波数特性を測定する前に、測定系の周波数特性を測定しておきます。パソコンのヘッドホン出力とACVレンジにセットしたデジタルテスターとを直接つなぎます。WaveGeneで400Hzを発生させ、デジタルテスターの表示を記録します。続いて周波数を100Hz、50Hz、30Hz、20Hzというふうにどんどん変化させて、その時の表示を記録してゆきます。おそらく、50Hz以下で少しずつ表示電圧が下がってくるはずです。今度は1kHz以上の高い周波数についても測定してみてください。10kHzになっても表示電圧がほとんど変化しないのであれば、お持ちのデジタルテスターはかなり優秀です。

こうやって得たデータを使って修正すれば、ある程度広い周波数帯域にわたって測定が可能になります。

8-6-7 ダンピングファクタの測定

アンプ内部を負荷（スピーカー）側から見ると、図8.6.3の点線の枠内のように見えます。すわなち、増幅回路は一種の発電機でオーディオ信号電圧E_oを発生させて、これでスピーカーを駆動しようとするのですが、その途中に多かれ少なかれ見えない抵抗r_o（内部抵抗）が存在します。無負荷の状態でアンプの出力電圧を測定するとE_oが表示されますが、負荷（8Ω）を与えて測定すると、このr_o（内部抵抗）が存在するために出力電圧E_Lは低く表示されます。そして、このr_oの存在は、スピーカーの低域における挙動に少なからず影響を与えます。

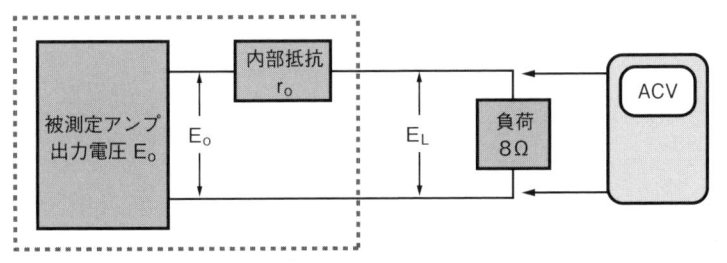

◆ 図 8.6.3　ダンピングファクタ測定のブロックダイヤグラム

フルレンジスピーカーやウーファーなど低域を受け持つスピーカーは、30Hz〜150Hzくらいのどこかに共振周波数（f_0という）を持ちます。r_o（内部抵抗）が高いアンプは共振周波数における振動の制御が弱いため、低域の鳴り方にしまりがない感じになります。スピーカーのインピーダンスとr_o（内部抵抗）との比率を**ダンピングファクタ**（略して**DF**）といいます。

$$\text{ダンピングファクタ（DF）} = \frac{\text{スピーカーのインピーダンス}}{r_o（\text{内部抵抗}）}$$

一般にダンピングファクタは高いほうがいいとされています。ミニワッターのダンピングファクタ値は5687や6N6Pで3くらいとかなり低く、6DJ8でやっと7くらいですが、6DJ8の方が低域が優れていて5687や6N6Pはダメかというとそのようなことはありません。同じダンピングファクタ値でも、あるアンプの低域はしまりがなく、あるアンプの低域は制動が利いた感じに聞こえることがごく普通に起こります。単純にダンピングファクタ値で音が決まるものではないようです。

ダンピングファクタの測定法には、ON／OFF法、注入法などがありますが、ここでは特別な機材がいらない簡易な**ON／OFF法**をご紹介します。

測定手順は簡単です。無負荷状態でアンプのスピーカー端子に0.1V〜0.3V程度のやや低めの出力電圧が得られる状態にしておき、そこに8Ωのダミーロードをつなぎます。ダミーロードをつなぐと、r_oが存在するために出力電圧は若干低下します。その「減衰率」からr_oを逆算すればいいのです。話を簡単にするために、ダミーロード8Ωを使った時のダンピングファクタ直読表を作りましたので、ご利用ください（図8.6.4：簡易計算表）。

グラフの使い方は、まずON／OFF法で出力電圧を測定し「減衰率」を求めます。

$$\text{減衰率} = \frac{8\Omega\text{負荷時の出力電圧}（E_L）}{\text{無負荷時の出力電圧}（E_o）}$$

グラフ上の減衰率目盛から、ダンピングファクタ（太い線）とr_o値（細い線）が直読できます。

たとえば、「減衰率」が0.5の時のダンピングファクタは1、$r_o = 8\Omega$です。「減衰率」が0.75の時のダンピングファクタは3、$r_o = 2.67\Omega$です。

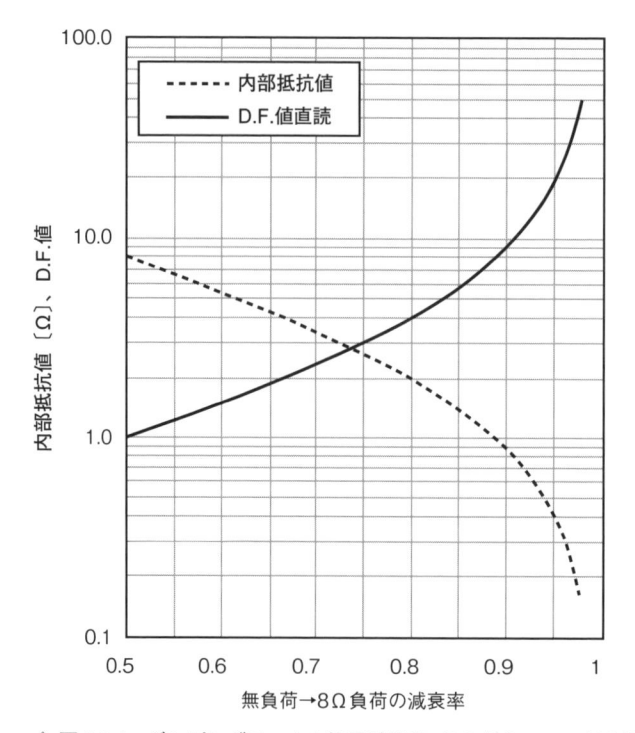

◆ 図 8.6.4　ダンピングファクタ簡易計算表（8Ωダミーロードを使った ON ／ OFF 法の換算表）

第 **9** 章

部品ガイド

部品点数は限りなく少なくしたつもりですが、それでも結構な数になりました。
　特殊な部品はできるだけ使わない、がコンセプト。
　本書の作例にこだわらず、あるものを工夫して使うというのもアリですよ。

第9章 部品ガイド

9-1 部品リストを作る

　自作オーディオの製作で是非やっていただきたいのが、ご自身による部品リストの作成です。

　部品には回路図に載っている部品と載っていない部品とがあり、同じ機能を持った部品でも形や大きさが異なりますし取り付け方法もさまざまです。これらを実装する様子を具体的にイメージしながら部品リストを作ることで、製作の手順や注意点などが見えてきます。

　どんな部品があるのか調べることで、より自分の好みに合った部品をみつけることができます。そうやって自分で考え、選ぶことも自作のうちだと思います。

　自分で部品リストを作ることでひとつひとつの部品が頭に入ります。人が作った借り物の部品リストをコピーして部品を集めたのでは、製作の具体的なイメージをつくることができません。ものづくりでは、設計に加えて部品表作りと部品調達計画がもっとも手間がかかる作業で、組み立てはあっという間なのです。

　アンプ作りを真にご自分のものにするには、やはり自力で一から部品リストを作るしかないように思います。

9-2 部品解説

9-2-1 真空管

　真空管の入手経路は多彩です。真空管を扱っている店舗は国内にもたくさんあり、そのほとんどは通販にも対応しています。オークションにも多数出品されており、私もよく利用しています。海外にも日本向けの通販サイトが多数あります。

　購入ルートを問わず真空管購入で共通していえることは、価格の高いものほどリスクが高いこと、宣伝文句の派手なものは敬遠した方がいいということです。真空管の特性は価格に関係なく一定ですので、わざわざ高価なものに手を出す必要はありません。一部の球を除いて本書で使用した真空管はすべて1本あたり1,000円以下から上は2,000円くらいまでで入手できるものがほとんどです（2011.8現在）。

　以下、管種別に簡単に解説します。

5687

　本書を執筆しはじめた頃はまだ入手は容易でしたが、いつの間にか品薄になってしまいました。末尾にWAあるいはWBがついたものは、耐震・高信頼規格のものですが、電気的特性はすべて同じです。この球の用途からいって、どの銘柄を選んでも特性は安定しており安心して使えるものばかりです。

6N6P

特性的には 5687 に似ていますがロシア独自規格の球です。それほど人気がないのと、数が豊富なので当分の間廉価に入手可能だと思います。

6350

絶対数が少ないので店頭でみつけるのは困難でしょう。あまり知られていないせいか人気のない球なのでオークションで適価で入手できる可能性が高いです。

7119/E182CC

数が少ないせいか例外的に少々高価な部類に入ります。非常によく似た球に 7044 があり、ほぼそのまま差し替えができます。7044 はさらに数が少ないようです。

6DJ8/ECC88

テレビ球だったことと後にオーディオ用として注目されたこともあって、市場における数は豊富ですが価格がばらついています。安いものでも十分に高品質な球なので、ことさらに高価なものに手を出す必要はありません。同規格球として 6922/E88CC、7308/E188CC があります。テレビ用としてはヒーター規格が 7V/0.3A の 7DJ8/PCC88 の方がよく使われました。KmB90F は 14.5V 巻き線がありますから 7DJ8 も使えます。

5670

店頭およびオークションで廉価に出ています。407A はプレート特性は同じですが、ヒーターの定格が特殊なので間違えないように注意してください。

6FQ7/6CG7

そんなに値が高くなるような球ではないのですが、需要と供給のバランスから徐々にではありますが値が上がってきています。特性が安定しており、銘柄に影響を受けない球のひとつです。ヒーター規格違いに 8FQ7 や 12FQ7 があります。6FQ7 の前身はひとまわり大きなサイズの 8 ピン US ベースの 6SN7GT で、電気的特性は同じです。

12AU7/ECC82

いまだ数が豊富なので無理なく廉価に入手できると思います。これも銘柄の影響を受けにくい球です。末尾に A あるいは WA がつくものも同じに使えます。高信頼球として 6189、6680、5814A があり、ヒーター電圧違いで 7AU7 があります。特性的にわずかな違いがあるものの、事実上そのまま差し替え可能な球に 5963 があります。このほかにも同等球はたくさんあります。

12BH7A

6FQ7 と同様に高い値がつくような球ではないのですが、6FQ7 よりも早くから値が上がってきています。本書の製作・測定ではオークションで廉価に手に入れた中古球を使いました。

14GW8/PCL86

元になった球は 6GW8/ECL86 です。現在のところ供給が豊富なのでかなり廉価ですが、この状態がいつまで続くかはなんともいえません。

真空管はそれなりにばらつきがあり、品質も安定していないので、購入してきた 2 本のうち 1 本が不良だったり、ステレオで使ったら左右で音量が違ったりということが起こります。購入される時は 2 本ではなくできるだけ 3 本以上で入手してください。

マッチドペアと称して特別扱いの価格設定をしたものや、いかにも特殊な選別をしているかの宣伝文句を連ねて売られている球がありますが、私はそういった誇張された商業ベースのビジネスについては全く否定的です。マッチドペアは、プレート特性上のある1ポイントにおけるプレート電圧とプレート電流とバイアスの組み合わせが揃っているにすぎないので、ペア球と称するものでも特性の傾向が揃うわけでもなく、利得が揃うことを意味するものでもないことは本書を通読された方ならよく理解されていると思います。双3極管で2ユニットのばらつき具合の組み合わせまで揃えることの非現実性を考えると、いかにナンセンスであるかがわかります。真空管の性質をよく理解した良心的な店ほど多くを語らず、マッチドペアの扱いもやっていません。

オークションで「○○互換」と称しているものには確かに互換といえるものと、とても互換があるとは言えないものが多く見つかります。本書中の記述で互換かどうかの確認ができない場合は、ご自身で真空管データをダウンロードして比較するか、筆者のサイトの掲示板にて問い合わせるなどしてください。

一部には特定の銘柄の真空管を愛でる風潮もあり、異常ともいえる値づけがされて取引されていますが、そのようなアプローチで良いオーディオアンプが手に入るものでもありません。

9-2-2 シリコン整流ダイオード

ミニワッターで使用する**シリコン整流ダイオード**は、耐圧が1000V以上、定格電流が1A以上であればほとんどのものが使えます。本書の製作で使用したのは東芝製の1NU41というファースト・リカバリ・ダイオードですが、残念ながら今日現在製造中止になっています。1NU41以外では1N4007、1S1830、UF2010、PS2010などが使えます。

電源回路で逆電圧防止のために使っているのは、耐圧が1000V、定格電流が1Aの1N4007ですが、ここでの耐圧は400V以上あれば十分なので、耐圧が低い1N4005～1N4006も使えます。

LED点灯用の逆電圧防止ダイオードは1N2076Aを使いましたが、小信号スイッチング用として売られている耐圧が50V以上のシリコンダイオードならば何でも使えます。1N400XシリーズもOKです。

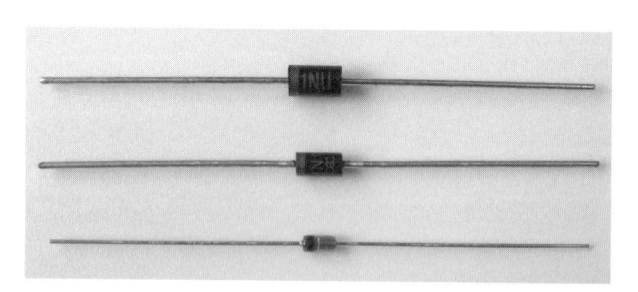

◆ 写真9.2.1　シリコンダイオードのいろいろ（上から1NU41、1N4007、IS2076A）

9-2-3 シリコン整流ダイオードスタック（ブリッジダイオード）

ヒーターのDC点火をしたい場合は、耐圧が100V以上、定格電流が3A以上で4本の整流ダイオードをブリッジ接続したものを内蔵した**ダイオードスタック（ブリッジダイオード）**が便利です。本書の製作で使用したのは新電元製のS4VB20です。S4VB20と同サイズで耐圧600VのS4VB60も使えます。

この種のダイオードスタックは図9.2.1のような接続になっており、4本のリード線は

◆ 写真 9.2.2　ダイオードスタック（左から S4VB20（200V/4A）、S2VB20（200V/2A）、W02G（200V/1.5A））

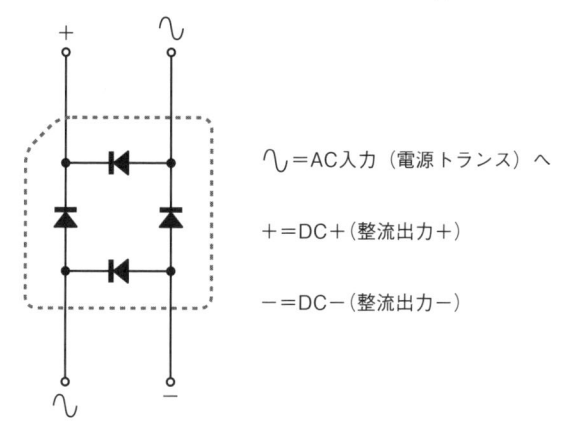

◆ 図 9.2.1　ブリッジ・ダイオード・スタックの内部接続

〰 = AC入力（電源トランス）へ
＋ = DC＋（整流出力＋）
－ = DC－（整流出力－）

対角線ごとに電源トランスにつなぐ側と整流出力側とに分かれます。整流出力側は「＋」と「－」のマーキング、電源トランスにつなぐ側には「〰」のマーキングがあるのが一般ルールですが、S4VBシリーズのように「＋」と「－」だけの表示のものもあります。

これら以外にも平たい形状のものもありますし、3A以上の電流定格を持った個別のダイオードを4個組み合わせてもかまいません。

ダイオードは案外発熱する部品です、S4VB20やS2VB20の中央に穴があるのは、大電流で使う時にネジ止めして放熱するためです。ダイオードの実装では放熱についても考慮してください。

【注意】本書執筆中に S4VB20 は製造中止になりました。S4VB60 は製造しています。

9-2-4 ｜ MOS-FET

◆ 写真 9.2.3　高耐圧 MOS-FET：2SK3067（左から G（ゲート）、D（ドレイン）、S（ソース）の順）

V＋電源のリプルフィルタで使用する **MOS-FET** は、耐圧（V_{DSS}）が 400V 以上、ドレイン電流（I_D）が 1A 以上、許容損失が 20W 以上であれば大概のものが使えます。

写真 9.2.3 は東芝製の 2SK3067 ですが製造中止となったので、後継でほぼ同定格の 2SK3767 を推奨します。このサイズの半導体の許容損失は放熱板なしの理想条件で 1.5W～2W 程度ですので、消費電力が 0.6W を超えるようであれば放熱板が必要です。

9-2-5 抵抗器

本書掲載の回路図では、特に指定がないものは1/4W型で、1/2W型以上が必要なものはすべてW数が記入してあります。製作に使用したのは、1/4W型および1/2W型はともにKOA製の1%級の**金属皮膜抵抗器**ですが、一般的な5%級の**カーボン抵抗器**で何ら問題ありません。

2W～20WくらいのMAの発熱量が大きい電力用では、セメント抵抗器を使います。抵抗器自体がかなり高温になりますので、実装では放熱や周囲の部品への配慮が必要です。セメント抵抗器では、数kΩ以上の高抵抗値のものはなかなか見かけません。

酸化金属皮膜抵抗器（略して酸金）は1W～5Wくらいのものがあり、抵抗値は0.1Ωから100kΩ以上まで幅広くあります。通常売られているのは5%級です。ミニワッターでは2W型と3W型を使っています。

1/4W～1/2Wくらいの抵抗器は5%級のカーボン抵抗器か1%級の金属皮膜抵抗器（略して金皮）が適します。高精度や低雑音性能が要求される回路では、金属皮膜抵抗器がよく使われます。

抵抗器は電力容量一杯で使うと相当に高温になります。定格に対して1/3以下、できれば1/4以下にディレーティングして使うことを推奨します。それでもセメント抵抗や酸化金属皮膜抵抗器などは触れないくらいの温度になります。

抵抗器のカラーコードについては「第1章：基礎知識（1-15）」に詳しい説明があります。

◆写真9.2.4 抵抗器のいろいろ（上からセメント抵抗器2種（10Wと5W）、酸化金属皮膜抵抗器2種（3Wと2W）、金属皮膜抵抗器2種（1/2Wと1/4W））

9-2-6 可変抵抗器（ボリューム）

音量調整で使ういわゆる**ボリューム**のことです。可変抵抗器にはユニットが1つだけの単連のものと、2つのユニットが連動する2連のものがあり、ステレオアンプの音量調整では2連のものを使います（写真9.2.5）。

可変抵抗器は、軸を回転させて摺動子が抵抗体上を動くことで抵抗値を変化させるしくみです。回転角に比例して抵抗値が増減するものを**B型**と呼びます。B型を音量調整で使うと12時の位置でかなり大きな音量になってしまい、それ以上まわしていっても音量が大きくなってゆく感じがしません。抵抗値の変化と人間の耳の感覚とは一致しないのです。回転角と人間の耳の感覚とが一致するような変化特性を持たせたのが**A型**です。可変抵抗器には

◆写真9.2.5 2連可変抵抗器のいろいろ

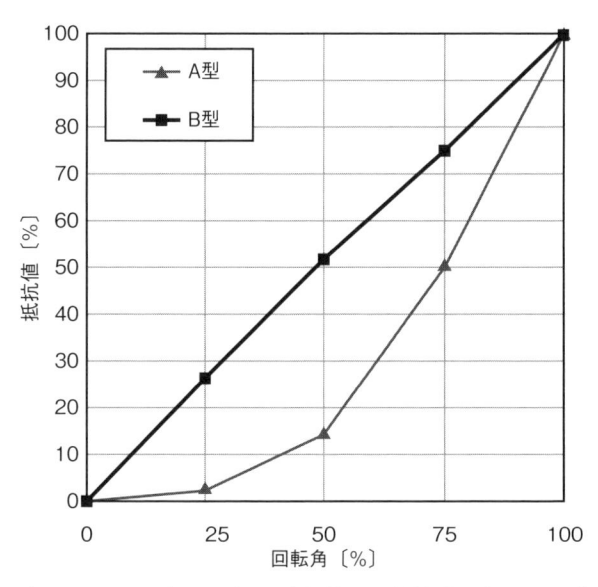

◆ 図9.2.2　A型とB型の可変抵抗器の抵抗値の実測カーブ
（ALPS製RK27型5ポイント実測値）

「A」とか「B」とか印字されているので間違えないようにしてください（図9.2.2）。

音量調整で使うものは、10kΩ、50kΩ、100kΩあたりが一般的で、ミニワッターでは50kΩのものを使いましたが100kΩも使えます。この抵抗値によってアンプの入力インピーダンスがほぼ決まってしまうので、10kΩあるいはそれ以下の抵抗値のものを使う場合は、ソース側にどんな機材をつなぐのか考慮する必要があります。

50kΩの可変抵抗器の場合、Ωレンジにしたテスターを A～C 間に当てると回転角にかかわらず常に約50kΩを示しますが、A～B間とB～C間の抵抗値は軸の回転とともに変化します。どのように変化するのかは是非ご自身で確かめてください。

回路図と端子の関係は図9.2.3のとおりです。これを音量調整で使う場合は写真9.2.6のように配線します。この結線を間違えると、ツマミを廻すと逆の動きをしたり、ボリュームポジションにかかわらず大音量で鳴ったり、全く音が出なかったり、一応音量は変化するが歪みっぽいなど不自然な感じがしたりします。

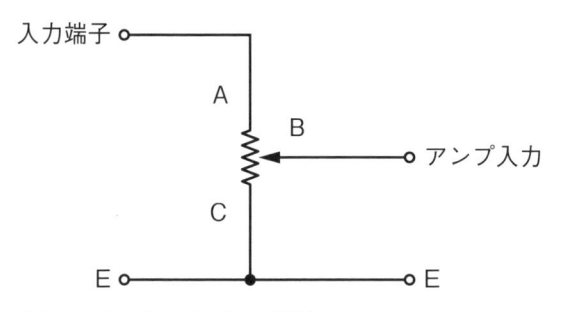

◆ 図9.2.3　回路図と端子の関係

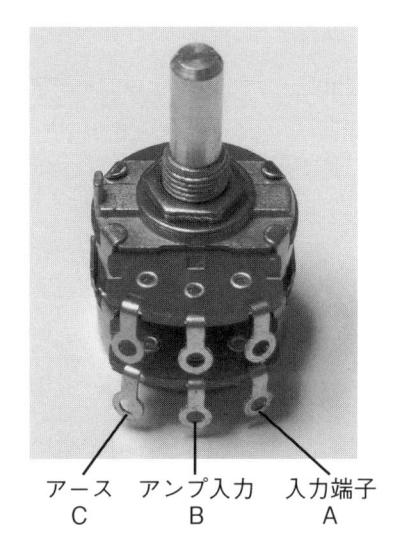

◆ 写真9.2.6　音量調整ボリュームの結線法

9-2-7 | アルミ電解コンデンサ

アルミ電解コンデンサは、コンデンサの中でもサイズの割りに格段に大容量のものが作れるので、電子回路では欠かせない部品のひとつです。

アルミ電解コンデンサには極性があり、マイナス側に帯のマーキングがあります。また、リード線の長さも違えてあって、長い方がプラスです。コンデンサ類は種類を問わず耐圧

が規定されていますが、アルミ電解コンデンサでは特に重要で、逆電圧をかけないように耐圧オーバーにならないように注意してください。

逆電圧は数V以下でごく短時間であればさほどのダメージはありませんし、耐圧オーバーも10%～20%程度でごく短時間であればその後も問題なく使うことができます。しかし、これを超えた使い方をすると、寿命が縮んだり内部が過熱してやがて破裂します。破裂すると人体に有害な電解液が噴出しますので、テスト動作中は決して覗き込まないようにしてください。

アルミ電解コンデンサ本体は金属ケースでできており、その周囲に定格を印字した薄い樹脂スリーブがかぶせてありますが、メーカーはこの樹脂スリーブの絶縁性は保証していません。写真9.2.7のような縦型の場合、金属ケースはコンデンサの各リード線との間で数百kΩ～数MΩくらいの不安定な抵抗値を示します。つまり絶縁されているわけではないのです。実装にあたっては、コンデンサ本体と周囲の部品やリード線などと接触しないように注意してください。

アルミ電解コンデンサは、周囲温度が10℃高くなるごとに寿命が半分程度縮むという性質があります。アンプ内に実装する以上ある程度の温度上昇は不可避なわけですが、できるだけ高温部品からは離すように心がけてください。

写真9.2.7は、左端の小さいのが初段カソードで使った470μF/10Vのもので、その隣の2つが電源回路および出力段で使った日本ケミコン製KMGシリーズの47μF/350Vと100μF/350Vです。右端の2つは東信工業製UTWHSシリーズで耐圧が400Vのものです。

アルミ電解コンデンサは、フィルムコンデンサなど他のタイプのコンデンサに比べて周波数特性などいくつかの点で特性的に劣るので、オーディオファンの間では悪者扱いされてきたという過去があります。中にはアルミ電解コンデンサを使うと高域が出なくなると思い込んでいる方もいらっしゃるようですがそのようなことはありません。

◆ 写真9.2.7　アルミ電解コンデンサ
（左から 470μF/10V、47μF/350V、100μF/350V、47μF/400V、100μF/400V）

9-2-8 | フィルムコンデンサ

フィルムコンデンサは、数μF以下の小容量のものがたくさん作られています。コンデンサを形成する膜（誘電体という）が樹脂フィルムであるために、総称して**フィルムコンデンサ**と呼ばれていますが、誘電体にもポリエステル、ポリプロピレン、ポリカーボネート、ポリスチレンなどさまざまなものがあり電気的特性も異なります。

フィルムコンデンサにはアルミ電解コンデンサのような極性はありませんが、耐圧はありますので超えないように注意してください。また、耐温度は85℃程度と半導体や抵抗器と比べてかなり低いものが多いことも覚えておいてください。

コンデンサとして単純に電気的特性を評価すると、ポリスチレンが最も優れており、次いでポリプロピレンとポリカーボネート、それからポリエステルの順になります。特性的に優れたポリプロピレンに特有の音の傾向はあるという意見はよく聞きますし、私は低く

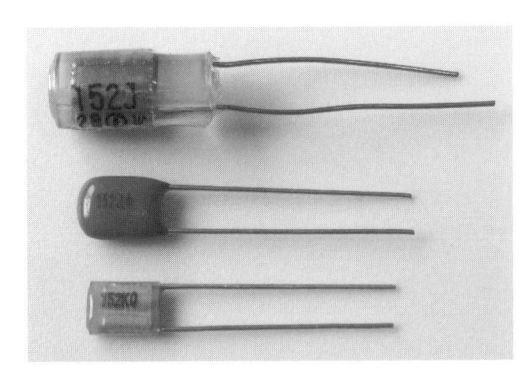

◆写真 9.2.8　フィルムコンデンサ
（上から誘電体にポリスチレン（スチコンという）、ポリプロピレン、ポリエステルを使ったもの。すべて 1500pF）

9-2-9 | コンデンサ定格の表記法

　コンデンサの容量表示は、「0.47K400V」あるいは「.68 ± 10% 250」というふうに定格をかなりそのまま表記したものもありますが、ほとんどのものは「2G474M」とか「152J 1H」というふうに記号で表記されています。JISで決められた表記ルールは以下のとおりです。

　「2G474M」の場合は、頭の2桁「2G」が耐電圧表示、続く3桁「474」が容量表示、末尾の文字「M」が許容差表示です。それぞれの表示コードの体系を表9.2.1～表9.2.3にまとめました。これによると「2G474M」は、「耐電圧 400V、容量 $0.47\mu F$、許容差 ± 20％」のコンデンサということになり、「152J　1H」というのは「耐電圧 50V、容量 1500pF、許容差 ± 5％」になります。

◆表 9.2.1　定格電圧（耐電圧）表示

	A	C	P	D	E	F	V	G	W	H	J	K
0	–	–	–	–	–	3.15V	3.5V	4V	4.5V	5V	6.3V	8V
1	10V	16V	18V	20V	25V	31.5V	35V	40V	45V	50V	63V	80V
2	100V	160V	180V	200V	250V	315V	350V	400V	450V	500V	630V	800V

◆表 9.2.2　容量表示

	0	1	2	3	4	5
10	10pF	100pF	1000pF ($0.001\mu F$)	10000pF ($0.01\mu F$)	100000pF ($0.1\mu F$)	1000000pF ($1\mu F$)
15	15pF	150pF	1500pF ($0.0015\mu F$)	15000pF ($0.015\mu F$)	150000pF ($0.15\mu F$)	1500000pF ($1.5\mu F$)
22	22pF	220pF	2200pF ($0.0022\mu F$)	22000pF ($0.022\mu F$)	220000pF ($0.22\mu F$)	2200000pF ($2.2\mu F$)
33	33pF	330pF	3300pF ($0.0033\mu F$)	33000pF ($0.033\mu F$)	330000pF ($0.33\mu F$)	3300000pF ($3.3\mu F$)
47	47pF	470pF	4700pF ($0.0047\mu F$)	47000pF ($0.047\mu F$)	470000pF ($0.47\mu F$)	4700000pF ($4.7\mu F$)
68	68pF	680pF	6800pF ($0.0068\mu F$)	68000pF ($0.068\mu F$)	680000pF ($0.68\mu F$)	6800000pF ($6.8\mu F$)

第9章 部品ガイド

◆ 表9.2.3 許容差表示

記号	許容差
B	許容差±0.1%
C	許容差±0.25%
D	許容差±0.5%
F	許容差±1%
G	許容差±2%
J	許容差±5%
K	許容差±10%
M	許容差±20%

3桁表示の上2桁が容量値、下1桁が乗数です。表示が「474」ならば $0.47\mu F$、「152」ならば 1500pF（$0.0015\mu F$）です。「100」や「470」を 100pF や 470pF と勘違いしやすいので注意がいります。正しくは、10pF と 47pF です。なお、容量表記にはもうひとつの方法があって、「3.3」のことを「3R3」というふうに整数値はそのままで小数点を「R」で表わすことがあります。

9-2-10 スパークキラー

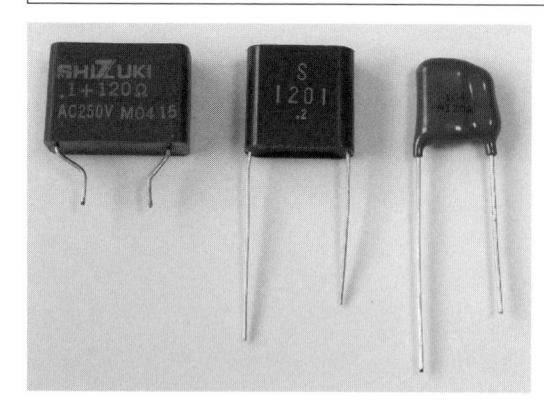

電源スイッチなど大きな電流の ON／OFF を行った際に接点に生じる火花を抑制し、接点の劣化を防ぐのが**スパークキラー**です。スパークキラーの外観は写真9.2.9のようなもので、その中身は 120Ωくらいの抵抗器と $0.1\mu F/630V$ くらいのフィルムコンデンサを直列にしたものと同じですので、スパークキラーが手に入らない時は、抵抗器とフィルムコンデンサを組み合わせて自作できます。スパークキラーには極性はありません。

◆ 写真9.2.9　スパークキラー

9-2-11 入力端子…RCAジャック

おなじみのRCAプラグ付きのオーディオケーブルを差し込むジャックです。オーディオ信号が通る心線を外来ノイズから守るためにアース側が囲む同心円構造になっています。RCAジャックは、パネルに取り付けた時に本体（アース側）がシャーシに接触しないように樹脂製のリングなどで絶縁したタイプと、絶縁なしで接触するタイプとがあります。写真9.2.10の左側の2つは白い絶縁板がついていますが、この絶縁板ははずすことができますのでどちらの使い方もできます。

通常、アースはどこか1ヶ所でケースとの導通を確保しますが、RCAジャックのところでケースに落とすことにした場合は絶縁は不要になります。

ミニワッターでは、絶縁板をはずしてRCAジャックのアース側をシャーシに接触させる使い方をしています。

◆ 写真9.2.10　RCAジャック（左側の2つがミニワッター汎用シャーシの8mm径穴にフィットする）

9-2-12 | ステレオ・ヘッドホン・ジャック

　ヘッドホンプラグを差し込むジャックには、大型の 1/4 インチ径のフォーンジャックと小型の 3.5mm 径の 2 種類があります。本書の製作例では 1/4 インチ・フォーン・ジャックを使用しています。

　これらジャックには端子が 2 つのモノラルタイプと端子が 3 つのステレオタイプとがありますので購入時は間違えないようにしてください。

　フォーンジャックにはさまざまな形状のものがありますが、その多くは取り付けた時にアース側のスリーブ（アース側）がパネルに接触・導通する構造になっています。このタイプのフォーンジャックを取り付けた場合は、アンプのアースがここでシャーシと接触します。

　アンプのアースがシャーシと接触するポイントは、1 ヶ所でないとループができてハムと誘導しますから、フォーンジャックにどんなタイプのものを使うかはよく考えなければなりません。本書の製作例では、シャーシへのアース接続は RCA ジャック側でとっていますので、フォーンジャックはすべて絶縁タイプを使用しています。

　ヘッドホンプラグをジャックに差し込んだ時に連動して動作するスイッチがついたものもあります。スイッチと連動させる方法については、第 6 章の試作機の製作と第 10 章の製作例に詳しい説明がありますので参考にしてください。

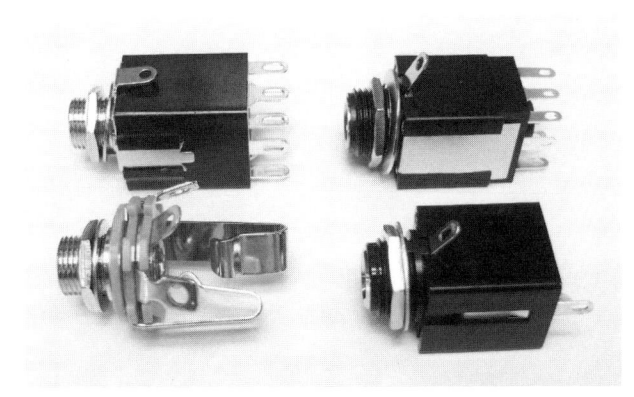

◆ 写真 9.2.11　1/4 インチ・フォーン・ジャック（アースが接触するタイプ 2 種（左）と絶縁タイプ 2 種（右）。それぞれ上側がスイッチ連動型、下側がスイッチなし）

COLUMN　フォーンプラグとジャック

　1/4 インチサイズのフォーンプラグとジャックが最初に使われたのは今から 100 年以上も昔のことで、手動の電話交換機でも使われました。今ではこれが電話用に使われることはなくなったわけですが、ヘッドホン用だけでなく、民生用のマイクロフォン用、スタジオのライン接続用、そしてギターアンプにも使われています。

　融通がききすぎて接続方法の規格が乱立してしまい、全く同じ形状なのに用途が違うと全く互換性がないというのが難点です。

9-2-13 | スピーカー端子

スピーカー端子には実にさまざまな方式、大きさのものがあります。ミニワッターでは8mm径の丸穴に取り付けるタイプのものを使用しましたが、どのようなものを使うかは製作者の自由です。

写真9.2.12に挙げたものは、すべて丸穴あるいはそれに近い形状の穴に取り付けるタイプのものですが、穴の直径は一律ではなく回転止めの突起がついたものもあります。ここに挙げたものはいずれも中央にバナナプラグが挿し込めるようになっています。

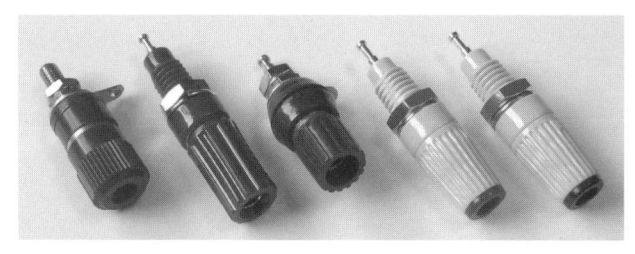

◆ 写真9.2.12　スピーカー端子のいろいろ（右の2つがミニワッターの製作で使用したもの）

9-2-14 | ACコネクタとケーブル

ケース内にAC100Vラインを引き込む場合、コネクタ等を利用してアンプ本体とケーブルとを切り離せるようにする方法と、単に丸穴を開けてブッシュをはめた穴にケーブルを通す方法とがあります。

業務用機器やパソコンでは、写真9.2.13右のような3端子の**ACインレット端子**がよく使われます。ミニワッターの試作機では写真9.2.13中央のメガネコネクタを使い、ミニワッター汎用シャーシでは写真9.2.13左のメガネコネクタを使いました。メガネコネクタは形状が豚の鼻に似ていることから**ブタコン**とも呼ばれています。ほかにもAC100Vの引き込みに使えそうなコネクタはいろいろありますが、互換性を考えるとこの2つから選ぶのがいいでしょう。

◆ 写真9.2.13　ACコネクタ（左の2つがメガネコネクタで右が3Pインレット）

写真9.2.14はACコネクタを使わずに丸穴を開けてケーブルを通すためのブッシュです。これがないと穴に通したAC100Vケーブルを傷つけてしまいます。ブッシュを使う場合は、ケーブルが引っ張られないようにブッシュの内側で結び玉を作ってストッパーにします。

◆ 写真9.2.14　ブッシュ（穴に押し込むタイプ（左）とネジで締めるタイプ（右の2つ））

9-2 ◆ 部品解説

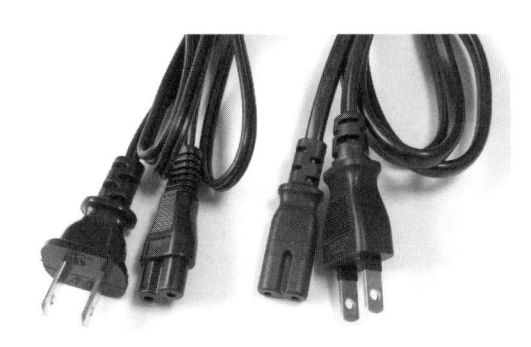

◆ 写真 9.2.15　メガネコネクタがついた AC ケーブル

9-2-15 ｜ ヒューズとヒューズホルダー

ヒューズには、30mm タイプと 20mm タイプの 2 サイズがあります。

ヒューズの切れ方にも通常タイプと短時間ですばやく切れる速断タイプとすぐに切れないスローブロータイプなどがありますが、本書の製作では通常タイプで十分です。

シャーシ加工のしやすさを考えると、取り付け穴が小さい 20mm タイプのヒューズホルダーが楽です。写真 9.2.16 の右端のように、大きな丸穴を開けないでビスで取り付けるタイプもあります。

◆ 写真 9.2.16　ヒューズホルダーとヒューズ
（上側：左から 30mm タイプと 20mm タイプのヒューズホルダー 2 つ。下側：30mm タイプと 20mm タイプのヒューズ）

9-2-16 ｜ 電源スイッチ

本書の製作では 2 種類の電源スイッチを使用しました。ひとつは小さな棒をパチパチと上下させる**トグルスイッチ**で、もうひとつは LED を内蔵したシーソー型の**ロッカースイッチ**です。

トグルスイッチの ON 〜 OFF の動作では、倒した棒の反対側の端子間が ON になります。はじめて自作される方はΩレンジにしたテスターを端子に当ててスイッチ操作と導通の関係を確認してみてください。

LED 内蔵のロッカースイッチは、スイッチ用の端子が 2 つと LED 用の端子が 2 つ別個に出ています。LED には極性がありますので「＋」と「−」の表示があります。

◆ 写真 9.2.17　トグルスイッチ（左）とロッカースイッチ（右）

289

9-2-17 | ロータリースイッチ

プリアンプの入力セレクタなどで使う回転スイッチです。写真 9.2.18 左は ALPS 製 SRRN 型（ノンショーティング）、右は SRRM 型（ショーティング）でいずれも一般品です。【注意】本書執筆中に SRRN 型は一部の製品を残して製造中止となりました。

◆ 写真 9.2.18　2 種類のロータリースイッチ（ALPS 製の SRRN 型（左）と SRRM 型（右））

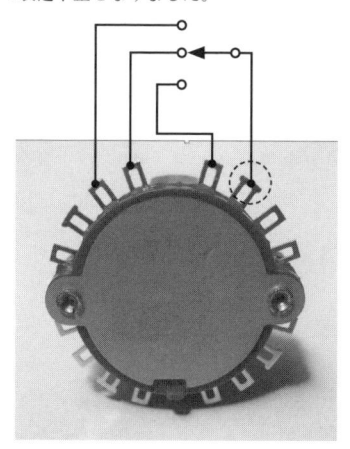

◆ 写真 9.2.19　ロータリースイッチの接続例（これは 4 回路 3 接点タイプ。点線内の端子の形状で識別できる）

標準タイプのものは 360°を 12 クリックに分割した構造であるため、12 接点ですと 1 回路分、6 接点では 2 回路分、4 接点では 3 回路分、3 接点では 4 回路分、そして 2 接点では 6 回路分がとれます。2 段重ね構造になると上記の 2 倍の回路がとれます。

端子の配列に一般ルールはないため、テスターを使ってどの端子とどの端子とが接触するのか必ず確かめてください（写真 9.2.19）。

回転させた時の接触のしかたで**ショーティングタイプ**と**ノンショーティングタイプ**の区別があります。回転とともに、切り替える瞬間にどちらにもつながっている状態が生じるのがショーティングタイプで、切り替える瞬間にどちらにもつながっていない状態が生じるのがノンショーティングタイプです。どちらのタイプが適切かは回路の性質で判断します。

たとえば、図 9.2.4 のようにスイッチで増幅回路をバイパスさせるようにした場合、ショーティングタイプを使うと、切り替える瞬間に増幅器の出力と入力がショートしてしまうので発振してしまいます。

一般に売られているロータリースイッチのほとんどは耐圧 30V 以下、定格電流 0.25A 以下ですので、この種のスイッチを電源スイッチや高電圧・大電流の目的に使うことはできません。

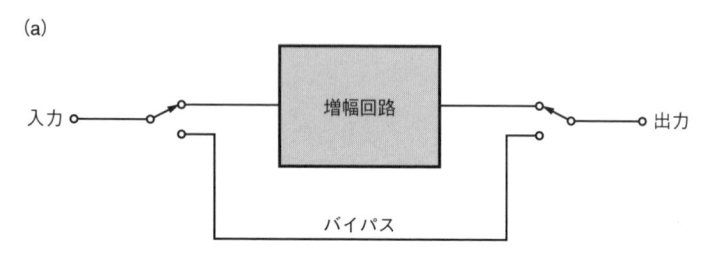

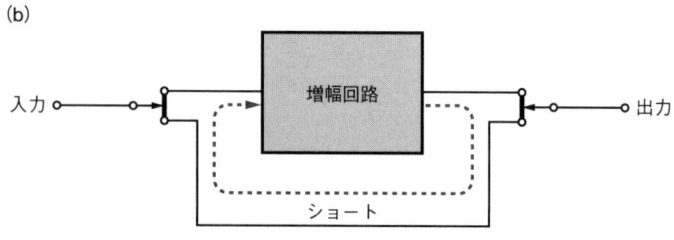

◆ 図 9.2.4　ショーティングタイプが使えないケース

9-2-18 ツマミ

◆写真 9.2.20　ツマミのいろいろ（下の列の 4 個が本書の製作で使用したもの。左から L13Y、L18S、L26S、L35S）

テレビのリモコンもオーディオ機器もあらゆる操作がデジタル式でボタン操作のロジック制御になってしまいましたが、自作オーディオではかろうじて機械式操作が残っています。音量調整のボリュームも入力ソース切り替えのロータリースイッチも回転ツマミを使って操作します。

どんなツマミを使うかは製作者の好みで自由に選んでください。

ツマミの多くは側面からネジで締め付けるタイプで、ドライバーまたは六角レンチを使います。

9-2-19 真空管ソケット

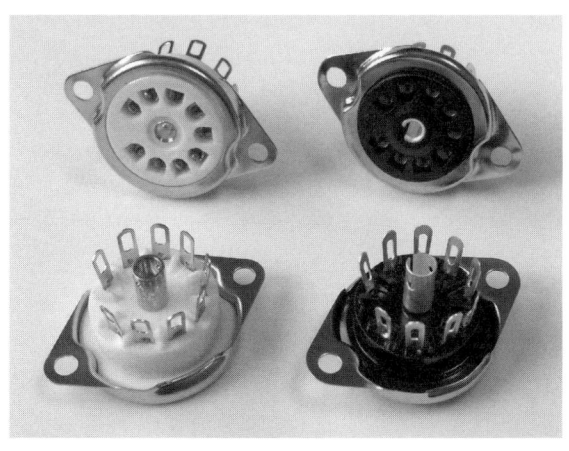

◆写真 9.2.21　9 ピン mT 管用ソケット（ステアタイト（セラミック）製（左）と樹脂モールドタイプ（右））

真空管ソケットには、mT 管用に 7 ピンと 9 ピンがあり、そのほかに大型の US8 ピン、古典球で使われる UX、UY、UZ タイプ、欧州管用の UF タイプなどさまざまなものがあります。

写真 9.2.21 はミニワッターで使用する **mT 管用 9 ピンソケット**です。ステアタイト製は高温に耐え、絶縁性・高周波特性・耐酸性・耐アルカリ性が優れているので高信頼回路で使われますが、やや高価なのと欠けやすいのが欠点です。樹脂モールドタイプは廉価かつ必要十分な性能を持っているので、ミニワッターではこちらを使いました。どちらを使ってもかまいません。

mT 管用ソケットには、シールドケース付きのものもありますが、ミニワッターでは真空管の放熱が必要なのでシールドケース付きのソケットは適しません。シールドケースなしでもノイズが増加しないような回路定数に設定してあります。

9-2-20 放熱器

MOS-FET やトランジスタなど、半導体の放熱を促進するのがこれら**放熱器**です。小型の放熱器にはさまざまなタイプがありますが、電源回路の MOS-FET に取り付けるのは写真 9.2.22 の左側か中央のものがいいでしょう。放熱効果を良くするためには、MOS-FET と放熱器とを熱的に密着させて隙間を埋める必要があります。シリコングリスを塗

布するか、写真 9.2.22 左端のシリコンラバーシートを使用します。

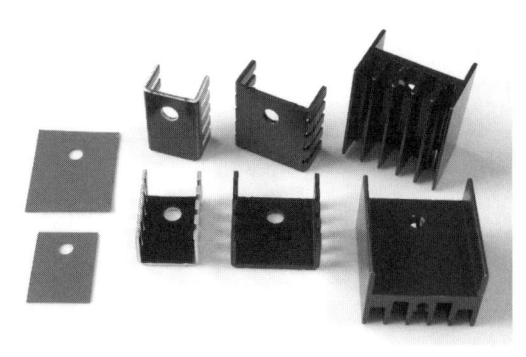

◆ 写真 9.2.22　放熱板とラバーシート

9-2-21 ｜ ラグ板

本書の製作で使用した**ラグ板**は写真 9.2.23 にある 4 種類です。

最も大きい 20P 平ラグは 3 ヶ所ある穴にスペーサを取り付けてシャーシに固定しますが、中央の穴と周囲の 4 つの端子が非常に接近しているため、スペーサやワッシャやナットと接触しそうになります。そこで、すくなくともこの部分には樹脂製のスペーサやナット、ワッシャを使いました。

L 型縦ラグは、入力まわりや LED 点灯回路などで使います。中央の支柱はシャーシと接触するので配線の中継には使えません。

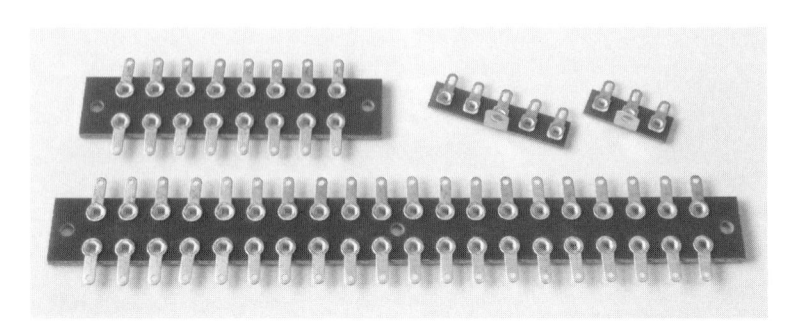

◆ 写真 9.2.23　ラグ板（ラグが 2 列になった平ラグと L 型縦ラグ）

9-2-22 ｜ ゴム足

地味ですがないと困る部品が**ゴム足**です。ゴム足はテーブルや棚などを傷つけないためだけでなく、シャーシを浮かせて放熱効果を高めるという役割もあります。

ゴム足には、接着式のものとネジ止め式のものがあり形状もさまざまです。本書の製作ではもっぱら、臭わず色移りしにくいエラストマ製のものを使用しました（写真 9.2.24 上列中央）。

◆ 写真 9.2.24　ゴム足のいろいろ

9-2-23 | スペーサ

◆ 写真 9.2.25　スペーサのいろいろ

平ラグユニットをシャーシから浮かせて取り付けるために**スペーサ**を使います。スペーサには金属製のものと樹脂製のものがあり、高さは 5mm、6mm、8mm、10mm、12mm…と実にさまざまなものがあります（写真 9.2.25）。形状もさまざまで、両側ともにビス留めのもの、片側がナット留めのもの、ただの輪っかなどがあります。

ミニワッター汎用シャーシを使う場合、スペーサの高さは使用するアルミ電解コンデンサの高さを考慮して選ぶ必要があります。

ミニワッター汎用シャーシの高さの内のりは 51mm ですが、アルミ電解コンデンサの高さは写真 9.2.7 の 100μF/350V（日本ケミコン製 KMG シリーズ）で 32mm あり、100μF/400V（東信工業製 UTWHS シリーズ）では 37mm あります。平ラグの厚みは約 2mm ですので、51mm からこれらを引いた残りがスペーサおよびすきまの余裕になります。

100μF/350V の場合：51mm － （2mm ＋ 32mm） ＝ 17mm
100μF/400V の場合：51mm － （2mm ＋ 37mm） ＝ 12mm

100μF/350V の場合は 10mm サイズのスペーサが使えますが、100μF/400V の場合は 8mm サイズでないと十分な余裕が確保できないでしょう。

9-2-24 | ビス、ナット、ワッシャ類

自作オーディオアンプでは特別な事情がない限り、ほとんどの部品の取り付けで 3mm 径のビス／ナットを使い、大型のトランスなど重量部品では 4mm 径を使います。また、小型の部品の取り付けでは時々 2.6mm 径も使うことがあります。

ビスの頭部形状には、テーパーした「皿」、丸い頭の「ナベ」、頭がナベネジより大きく頑丈な「バインド」、丸く平たい「トラス」などがあります。

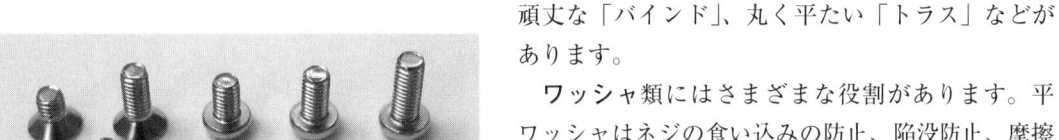

ワッシャ類にはさまざまな役割があります。平ワッシャはネジの食い込みの防止、陥没防止、摩擦の確保、強度の分散、回転傷の防止、穴のサイズが合わない時の調整などの働きがあります。切れ目のあるスプリングワッシャは緩みを防ぐ働きがあり、緩みが生じても食い込みがあるために脱落を防いでくれます。

ホームセンターで売られているものはスチール製かステンレス製がほとんどですが、電子回路では主

◆ 写真 9.2.26　ビスとナットとワッシャ類（左の 2 つが皿、右の 3 つがナベ。下は左からナット、スプリングワッシャ、平ワッシャ）

にクロムメッキされた真鍮（黄銅）製を使います。

9-2-25 | 配線材

オーディオアンプの配線材に何を使うか、線材の音の違いはどうかといったことが時々オーディオファンの間で議論の材料になっているようですが、私はもっぱら作業のしやすさで選んでいます。何故なら、自作オーディオアンプで最も多いトラブルはハンダづけや配線の不良であり、なによりも確実な配線と電気的接続が求められているからです。

ハンダづけによる配線では、端子と線材のすきまに十分な量のハンダがまんべんなく浸透して確実に導通させることが何よりも重要であり、それが良い音への近道です。ミニワッターではそれほど太い線材は必要ありません。むしろ太すぎる線材は仕上がりが雑になり誤接触やハンダ不良の原因になります。

線材の心線には、銅より線と銅単線がありますが、作業のしやすさや仕上がりの自然さという点で**より線**を推奨します。単線は傷がつくと折れやすく、思い通りに這ってくれないという欠点があります。

線材の太さは断面積を**スケア**（平方ミリ、スクエアがなまったもの）で表記する方法と、米国のUL規格である**AWG**（アメリカン・ワイヤー・ゲージ）による方法とがあります。表9.2.4はそれらを一覧にしたものです。表中の最大電流は温度上昇からみた安全管理上の目安であり、現実にこの電流を流してもいいというものではありません。

本書の製作では、ヒーターとAC100Vラインとスピーカー端子への配線に0.3Sqを使い、それ以外の電流が少ないところでは0.18Sqのビニール線を使いました。

20P平ラグのジャンパー用として0.3mm～0.5mmくらいの銅線、アース母線用として1mm径くらいのスズメッキ線あるいは銅線を使います。ホームセンターで売られている銅針金がハンダの乗りがよく扱いやすいです。

ポリウレタンコーティングされた銅線も売られています。ポリウレタンはハンダごての温度で溶かすことは可能ですが、作業性が悪いのでおすすめしません。

◆ 表9.2.4 UL規格（AWG）一覧

AWG	断面積	スケア〔Sq〕	線径〔mm〕	抵抗値〔Ω/m〕	最大電流〔A〕
28	0.081		0.32	0.213	1.4
27	0.1021		0.3607	0.169	1.7
26	0.1288		0.4094	0.134	2.2
25	0.1623	0.15、0.18Sq	0.4547	0.106	2.7
24	0.2047	0.2Sq	0.5105	0.084	3.5
23	0.2581		0.5733	0.067	4.7
22	0.3256	0.3Sq	0.6438	0.053	7
21	0.4105		0.7229	0.042	9
20	0.5174	0.5Sq	0.8118	0.033	11
19	0.6529		0.9116	0.026	14
18	0.8226	0.75Sq	1.024	0.021	16

9-3 部品データと販売サイト

どんな部品が必要なのかリストができたら、実際にどんな部品を選ぶかを決めます。インターネットで調べれば個々の部品の情報は容易に入手できます。部品メーカーのサイトだけでなく、通販サイトでも個々の部品データを提供しているところが増えました。

9-3-1 真空管

真空管データのサイトはいくつもありますが、最も充実しているのが以下の2つのサイトです。本書で使用した真空管のデータはすべてここで入手できます。ここで見つからないような真空管でも、リンクページを探せばまず見つかると思います（どうしても見つからなかったら筆者のサイトの掲示板でおたずねください）。

> http://www.tubedata.org/
> http://tdsl.duncanamps.com/tubesearch.php

真空管を販売している店舗やサイトはたくさんあります。店ごとに品揃えの傾向が異なり、すべての管種をまんべんなく揃えているところはありません。いろいろあたってみて納得できそうなところを選んだらいいでしょう。

日本は世界に冠たる自作真空管オーディオの市場なので、海外通販サイトの日本向けの対応は充実しています。

オークションを上手に使うとかなり廉価に入手可能です。オークションをうまく利用するポイントとしては、高額商品には手を出さないこと、価格を優先して中古でも気にしないこと、リスクは落札側が負い同時に複数本を入手することです。

> ・アムトランス㈱（秋葉原ラジオセンター、http://www.amtrans.co.jp/index.shtml）
> ・サンエイ電機（秋葉原ラジオデパート3F）… 主に火・木・土に営業。
> ・㈱キョードー（秋葉原ラジオデパート3F、http://www.kydsem.co.jp/）
> ・アトモス（http://www.atmos-audiolabo.com/）
> ・バンテックエレクトロニクス（http://www.soundparts.jp/index.htm）
> ・**Antique Electronic Supply**（米国、http://www.tubesandmore.com/）… 日本の利用者多い。
> ・**BOI Audioworks**（米国、http://www.boiaudioworks.com/）… 日本語対応あり。

9-3-2 電源トランス

ミニワッターで推奨している電源トランスは春日無線変圧器で扱っており、店頭販売のほか地方発送もしてくれます。各電源トランスのページにアクセスすれば、ミニワッターで使用したKmB60FとKmB90Fなどの詳しいデータが手に入ります。

- ㈲春日無線変圧器（秋葉原ラジオセンター、http://www.e-kasuga.net/）
- 東栄変成器㈱（秋葉原ラジオセンター、
  http://www1.tcn-catv.ne.jp/toei-trans7arc-net/）

9-3-3 出力トランス

　ミニワッターで使用できる出力トランスは以下の店で扱っており、すべての店で地方発送に応じてくれます。各出力トランスの実測データは第7章に掲載していますが、価格やサイズ等最新の情報は下記の各店のサイトで手に入れることができます。

- 東栄変成器㈱（秋葉原ラジオセンター、
  http://www1.tcn-catv.ne.jp/toei-trans7arc-net/）
- ㈲春日無線変圧器（秋葉原ラジオセンター、http://www.e-kasuga.net/）
- ㈱イチカワ（http://www.ichikawa.co.jp/）
- ノグチトランス販売㈱（秋葉原ラジオデパート B1、http://noguchi-trans.co.jp/）

9-3-4 その他部品

　残念ながらすべての部品を一つの店舗から調達することはできません。また、部品の価格は各店舗ごとに個性的で決まった価格というものがありません。部品は本来企業が製品製造のために組織的に大量発注する性質のものであるため、これを1個ずつ小売りするには非常な手間がかかりますので、小売価格の大半が手数料であるという事情があります。
　そういった中で、自作オーディオで使える部品の品揃えがあって、しかもリーズナブルな価格設定の店舗をいくつかご紹介しておきます。

- ㈱千石電商（http://www.sengoku.co.jp/）
  … 抵抗器、コンデンサ、平ラグ、スイッチ、半導体。
- ㈱秋月電子通商（http://akizukidenshi.com/）… 品揃えは偏るがとにかく廉価。
- 門田無線電機㈱（秋葉原、ラジオデパート 3F、
  http://www.monta-musen.com/shop/）… ボリューム、端子、コネクタ、スイッチ。
- 瀬田無線（秋葉原、ラジオデパート 2F）… 抵抗器、コンデンサ、メガネコネクタ。
- 三栄電波㈱（秋葉原、ラジオセンター、http://www.san-ei-denpa.com/）
  … ボリューム、コンデンサ。
- 海神無線㈱（秋葉原、ラジオデパート 2F、http://www.kaijin-musen.jp/）
  … オーディオグレードの抵抗器、コンデンサ。
- ㈱奥澤（秋葉原、ラジオデパート B1、http://www.case-okuzawa.co.jp/）
  … ケース、シャーシ。
- ㈲エスエス無線（秋葉原、ラジオデパート 2F、http://www.ss-musen.co.jp/）
  … ケース、シャーシ、ツマミ、ゴム足。
- 西川電子部品㈱（秋葉原、http://nishikawa.or.tv/）… ネジ類、工具。

- 共立電子産業㈱（大阪、http://www.kyohritsu.com/）… 品数豊富。
- マルツパーツ館（全国各都市、http://www.marutsu.co.jp/）… 品数豊富。
- 各地のホームセンター … ビス、ナット、スペーサ、工具。

9-4 ミニワッター汎用シャーシおよび部品の頒布

　自作オーディオを楽しんでいらっしゃる方の8割以上はご近所に秋葉原などの手頃な部品販売店がない地域にお住まいです。通販は便利ですが、複数店舗にまたがって注文すると梱包・送料がばかにならず、小物部品になると取り扱いがなかったり1個売りをしてくれなかったりします。

　ミニワッター汎用シャーシおよび本書の製作で使用したものと同じ部品のうち、筆者の手元にストックがあるものについては希望される方に頒布しています。店舗あるいは通販価格よりも安いか同等になるように努力していますが、部品によってはより安い店もありますので、ご都合に合わせて取捨選択していただいてかまいません。

　詳しくは以下のサイトにアクセスしてください。

- 「情熱の真空管」トップページ　：http://www.op316.com/
- **Mini Watters**　：http://www.op316.com/tubes/mw/

【注意】部品の頒布に関して

- 筆者の手持ちにないものは頒布できません。
- 必要な部品リストはご自身で作成してください（「○○ページで使用した部品すべて」という書き方には対応できません）。
- その他、頒布のルールは、筆者のWebサイトに書いてありますので、よくお読みになってください。

第10章

製作例

いろいろなものを作ってみたくなって、つい遊んでしまいました。
　みなさんが同じようなアンプを作ったとしたら、どんなものになったでしょうか。
　ここから先は、好きな山を目指していただいていいと思います。
　下山して、裾野をゆっくり歩くことも…。

第10章 製作例

10-1 入出力機能を充実させた6N6Pミニワッター

10-1-1 概要

◆ 写真10.1.1 6N6Pミニワッター

アンプ部および電源部は6N6Pを使ったミニワッターの基本回路をそのまま採用し、入出力まわりだけを充実させた改良版です。そのため、汎用シャーシに穴開けの追加工をしただけでなく、内部のレイアウトを若干修正しています。

3系統のソースをセレクタスイッチで切り替えられるようにしたい、スピーカーは4Ωと8Ωの両方に対応できるようにしたい、そしてヘッドホンジャックもほしい、という欲張りな設計です。

スピーカーのインピーダンスが4Ωと8Ωの両方に対応することと、ヘッドホンジャックを両立させるのには少々の工夫が必要でした。以下に変更ポイントを絞ってその製作記をまとめてみます。

10-1-2 6N6Pについて

6N6Pはあまり知られていない球です。それはロシアで独自に設計された球であり、米国や欧州には該当する球がないためです。すでに第7章でご紹介したとおり、オーディオ用として使いやすい上に優れた特性を持っており、価格もリーズナブルで供給も豊富なようなので注目してよい球でしょう。私はすでに6N6Pを使った小出力アンプを何台も作りましたが、なかなか高水準の音を出します。

6N6Pのμ値は12BH7Aと同等で6FQ7の80%くらいですが、内部抵抗が半分以下であるため低域側・高域側共に帯域特性が優れたアンプが容易に作れます。5687に非常によく似た特性を持っているわけですが、ヒーター電力は5687の83%と効率が良くなっています。そしてプレート損失の最大定格は5687を上回ります。ミニワッター用として大いに期待できる球だといえます。

10-1-3 | 全回路と動作条件

図10.1.1、図10.1.2は本機のアンプ部および電源部の回路です。

回路は入出力部分を除いてミニワッターの基本回路をそのまま使っています。回路定数および動作条件は、「第7章：レポートその5」の6N6Pのものをそのまま採用しました。周波数特性や歪み率特性も基本的に同じですのでそちらを参照してください。

出力段の動作条件は、負荷インピーダンス=7kΩ、プレート電圧=180V、プレート電流=17.3mAです。このときのプレート損失は3.1W程度ですが、6N6Pの最大定格は4.8Wですのでまだまだ余裕があります。

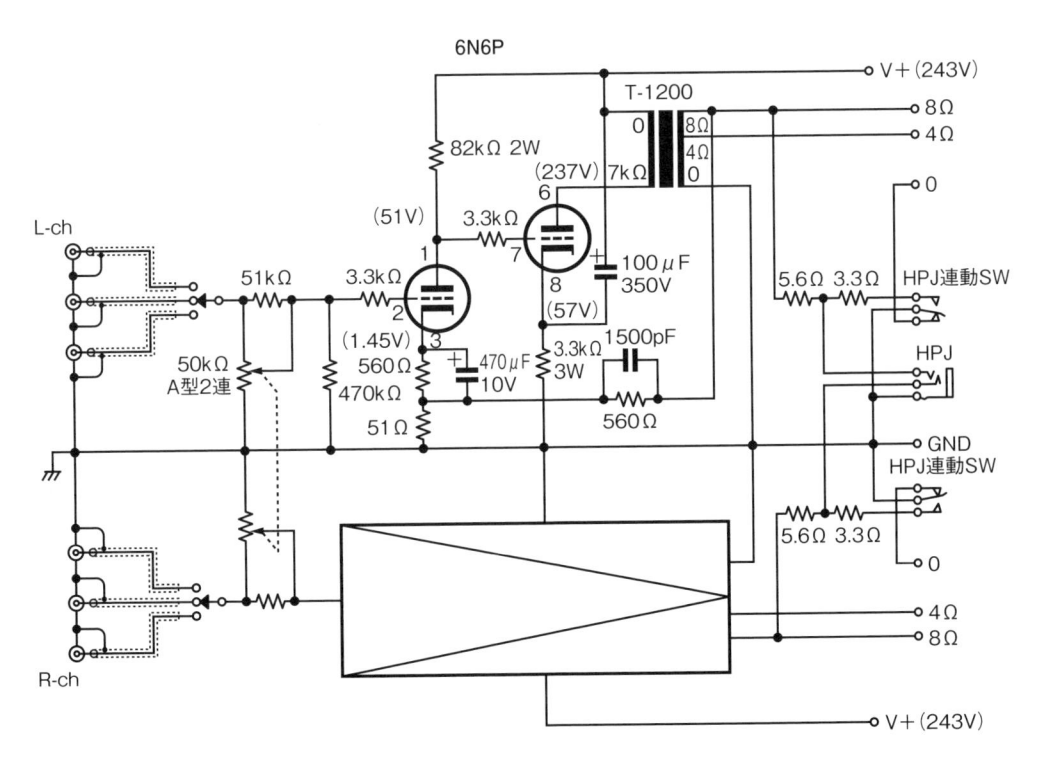

◆ 図10.1.1 アンプ部回路図

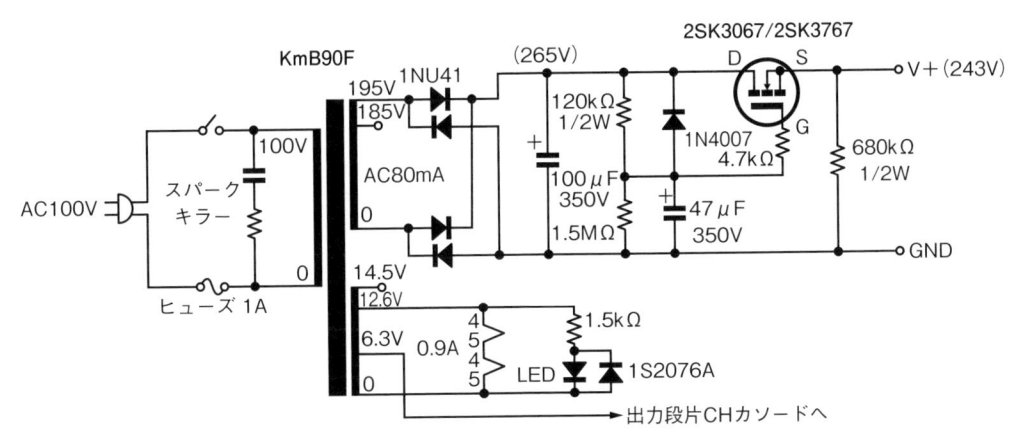

◆ 図10.1.2 電源部回路図

第10章 製作例

◆ 写真 10.1.2　内部配線の全容

10-1-4 | 入力まわりの配線

　　　　入力端子が3系統あり、セレクタスイッチで切り替えてから音量調整ボリュームが続きます。セレクタスイッチは、4回路3接点のロータリースイッチの標準品を使い、4回路のうち2回路分をL／R各チャネルで使用しています。

　　　　シャーシにRCAジャック用の穴を追加して実際に配線をしようとしたところ、入力端子のすぐそばに電源回路のブリッジダイオードがあることに気がつきました。ここには200V以上の高電圧の交流が通っている上にダイオードによってスイッチングされているため、いわばノイズの巣のような場所でもあります。

　　　　問題の整流ダイオードとRCAジャックとが2cm以内の至近距離にあるため、このままの配置で配線してしまったらハムを拾う可能性が大きいです。そこでブリッジダイオードには周囲に迷惑をかけない少し離れた場所にお引越し願うことにしました。別のラグ板に4個の整流ダイオードを取り付けて出力トランスの取り付けビスを流用して固定しています（写真10.1.3）。20P平ラグ上のブリッジダイオードがあった端子は、すべてアースにつないでラグ端子自体がシールド効果が出るようにしてあります。

　　　　RCAジャックからロータリースイッチまではシールド線を使っています。このシールド線は2本が対になったステレオ仕様のもので、いらなくなったビデオデッキに付属していたものの再利用です。

　　　　アルミシャーシ自体が外部ノイズに対して十分なシールド効果を持っていますので、シールド線を使っても使わなくても残留ノイズレベルは変わりません。ここにシールド線を使う意味は、ノイズ対策ではなく3つのソース相互の信号の飛びつきによるチャネル間クロストークの悪化を防ぐためです。

　　　　1つめのチャネルにCDプレーヤなどのソースをつないで信号を入力している時、隣の

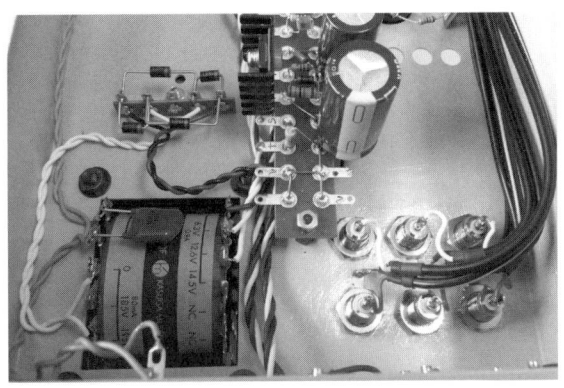

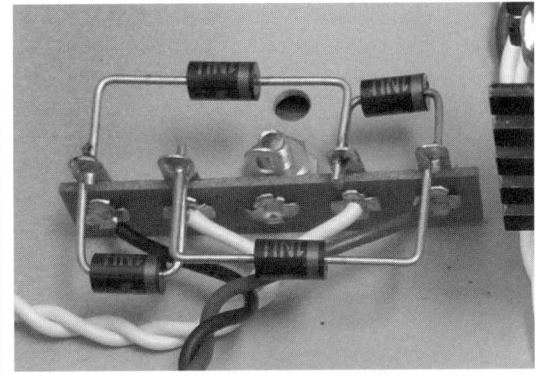

10-1 ◆ 入出力機能を充実させた 6N6P ミニワッター

◆ 写真 10.1.3　ブリッジダイオードの退避（右はブリッジダイオードの部分を拡大した写真）

◆ 写真 10.1.4　RCA ピンジャックまわりの配線（心線を長めにするのがポイント）

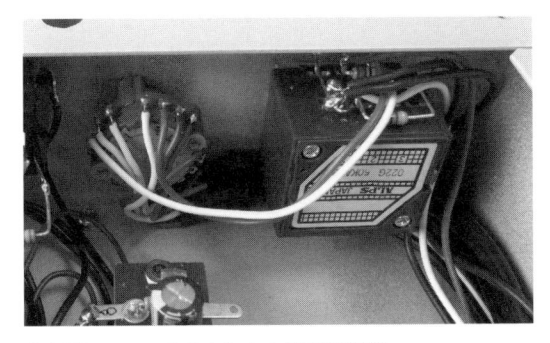

◆ 写真 10.1.5　入力セレクタ付近の配線

2つめのチャネルに何もつながない状態で音量調整ボリュームを上げてゆくと、小さく音が漏れてきてあまり感じがよくありません。ソース側に何もつないでいない場合は、回路インピーダンスが高いためこのような現象がおきます。

実は、すべてのチャネルにソース機材をつなぐと、チャネル間クロストークはほとんど発生しません。何故なら、すべてのチャネルに低出力インピーダンスのソース機材がつながっていることで回路インピーダンスが低くなり、信号の飛びつきが起こりにくくなるためです。

このように実害はないのですが、たまたま何もつないでいないチャネルに切り替えた時に音漏れがあるのはやはり気持ちの良いものではないので、あえてシールド線を使ったわけです。ロータリースイッチ以降、アンプ部の初段に至る配線はシールド線は使っていません。

アンプ内でシールド線を使う場合は、シールド編組（シールド線の銅線を編んだ部分）はどちらか一方の側だけをアースにつなぎます。両端をアースにつないでしまうと、アースループができてハムを誘引します。どちら側をアースにつなぐかですが、本機程度の長さであればどちら側をアースしても同じです。むしろ、無理なく配線処理ができることを優先してください。

音量調整ボリューム側は、シールド編組を切り落として熱収縮チューブ※をかぶせて絶縁してあります。

熱収縮チューブは115℃くらいの温度で収縮しますが、一般のドライヤーでは十分な収縮が得られません。専用のヒートガンを使うか、ライターやコンロの火であぶるなどの方法が効果的です。少々時間がかかりますが熱したハンダごてを近づけてあぶる方法でも可能です。

> **アドバイス**
> ※：住友電工製をスミチューブ、三菱樹脂製をヒシチューブという。

シールド線の処理ですが、心線が短いと引っ張られたようになってきれいに仕上がりません。思い切って長めにして少したるみ気味の方が収まりが良いです。

10-1-5 | スピーカー出力とヘッドホンジャック

出力トランスは $4Ω$ と $8Ω$ のタップが出ていますので、$4Ω$ と $8Ω$ の両方に対応したスピーカー端子を増設するだけなら簡単です。しかし、これら2系統のインピーダンスを可能にしつつ、連動スイッチ内蔵型のヘッドホンジャックを追加するのはたやすいことではありません。いろいろ考えた末に思いついたのが少々トリッキーな本機の回路です。

この回路では、ヘッドホンジャック内蔵のスイッチはスピーカー側およびヘッドホン側両方をアース側で ON ／ OFF を行っています。その動きを比較したのが図 10.1.3 です。ヘッドホンジャックにヘッドホンプラグが挿入されていない時は、スピーカーへはすべての線がつながっています。ヘッドホン出力側には抵抗2本によるダミーロードを兼ねたアッテネータがありますが、スイッチが切れているのでアッテネータ兼ダミーロードは機能しません。ヘッドホンジャックには出力信号が出てしまいますが、ヘッドホンプラグは挿入されていませんからこれで問題ないわけです。

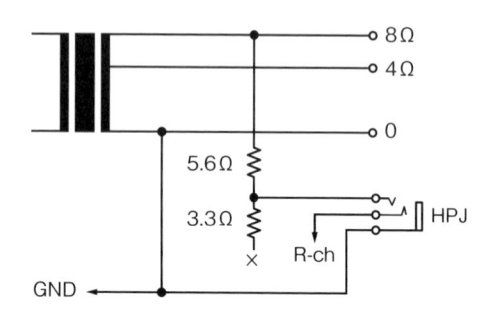

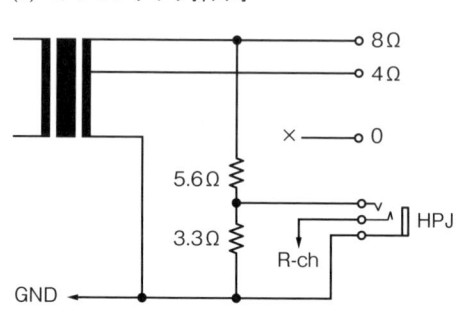

(a)ヘッドホンプラグを挿入していない時 　　　(b)ヘッドホンプラグ挿入時

◆ 図 10.1.3 ヘッドホンジャック内蔵スイッチの動き

ヘッドホンジャックにヘッドホンプラグが挿入されると、スピーカーのアース側が切り離されると同時にダミーロード兼アッテネータが有効になりますので、適度に減衰された出力信号がヘッドホンに送り出されるというわけです。

スイッチ内蔵ヘッドホンジャックは写真 10.1.6 のように端子が出ています。Sleeve がヘッドホンプラグの左右共通アースに該当し、Tip がプラグの先端部分で左チャネルにつながっています。Ring がプラグの中央のリング部分で、右チャネルにつながっています。それ以外の6つの端子が連動スイッチです。ヘッドホンプラグが挿し込まれていない状態が ON、挿し込まれた状態が OFF にあたります。実物を手にしたら、実際に操作しながらテスターの導通を確認してください。

この回路はひとつだけ弱点があります。それはヘッドホンを鳴らしている間もスピーカー端子の HOT 側には信号電圧がかかっているという点です。スピーカーをつなぐ限り実害はありませんが、スピーカー端子を流用してスピーカー以外のオーディオ装置を接続するような使い方はできません。

10-1 ◆ 入出力機能を充実させた 6N6P ミニワッター

◆ 写真 10.1.6　スイッチ内蔵ヘッドホンジャックの端子

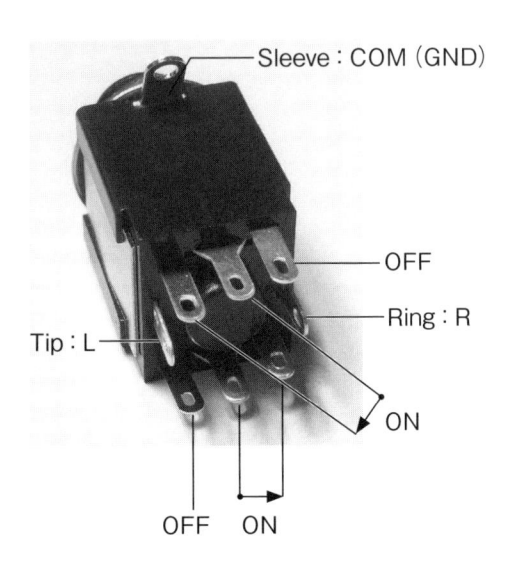

◆ 写真 10.1.7　ヘッドホンジャックまわりの配線（非常に入り組んでおり、正解はないので各自で考えて工夫するしかない）

10-1-6 | 汎用シャーシの追加工

　前面パネルには、ロータリースイッチとヘッドホンジャック用に穴を追加してあります。

　この2つの穴位置は、シャーシ内で20P平ラグに当たらないようによく考えて決める必要があります。

　アンプのアースラインのシャーシアースは、RCAジャックのところでとっていますので、ヘッドホンジャック側は絶縁タイプを使っています。市販のヘッドホンジャックの多くは、パネルに取り付けた時にSleeve（アース側）がパネルと接触する（非絶縁）タイプですが、これを使うとシャーシアースが2点になってしまうのでハムの原因になります。もし、非絶縁タイプのヘッドホンジャックを使う場合は、RCAジャックのアース側はシャーシと絶縁する必要があります。

　本機の入出力機能を満足するためには、端子用の穴は全部で12個必要です。後面パネルの穴をスピーカー端子用として使うことにして、入力端子用の穴をシャーシ上面に開けることにしました。いい加減な場所に開けると、中でラグ板やスピーカー端子に当ってしまうので慎重に位置決めしてください。

　汎用シャーシは1mmという薄さなので加工作業自体は比較的簡単です。ドリルで穴を開け、それをテーパーリーマーまたはステップドリルで広げるだけです。それぞれの穴の内側はサンドペーパーで塗装をはがしてRCAジャックのアース側が電気的に接触するようにしておきます。

10-1-7 | 総合特性

本機の総合特性は以下のとおりです。

```
総合利得          :3.8 倍（11.6dB）
負帰還量          :3.8dB
残留雑音          :0.2mV（帯域 80kHz）
周波数特性        :10Hz ～ 30kHz（− 3dB、0.125W、8Ω）
ダンピングファクタ:3.3
最大出力          :0.6W（1kHz、THD = 5%）
```

周波数特性や雑音歪み率特性の詳細は、「第 7 章：レポートその 5」の 6N6P の項を参照してください。

利得はやや低めです。音量調整ボリュームに取り付けた 51kΩ の補助抵抗が有効に機能し、利得の低さをうまくカバーしてくれています。

高域側の帯域はお世辞にも広いとはいえませんがハイが落ちた感じはしません。バランスは良い方だと思います。

ダンピングファクタは、数値だけみるともう少し欲しい気もしますが、実際にスピーカーを鳴らしてみると不足感はあまり感じません。スピーカーにもよるとは思いますが、英国製のコンパクトスピーカーを相手にする限り、十分に制動の効いた鳴り方をしています。

本機は、ある CD レーベルのオーナー氏の許に嫁入りし、プライベートルームにて音楽制作の仕事の疲れを癒すお役目というミニワッターのコンセプトにぴったりな使われ方をしているそうです。

◆ 写真 10.1.8　本機の外観（横）

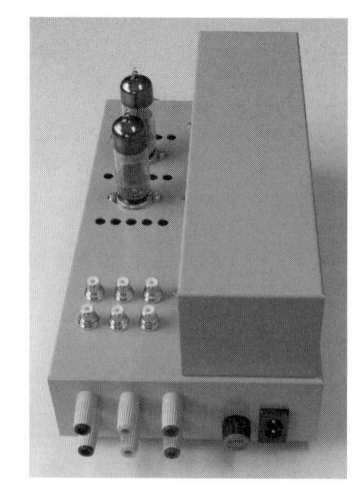

◆ 写真 10.1.9　本機の外観（後）

10-2 ヒーター DC 点火 6DJ8 ミニワッター

10-2-1 概要

ヒーターを DC 点火したミニワッターです。

アンプ部は 6DJ8 を使い基本回路を変更しないでそのまま採用しましたが、ヒーターは直流点火しているので専用の電源回路を追加しています。ヒーターの直流点火については「第 4 章：電源回路の基礎…ヒーターの交流点火／直流点火」で触れましたが、実際に製作してみましたのでその詳細をレポートしたいと思います。

追加でヘッドホンジャックを取り付けていますが、6N6P ミニワッターのような凝った回路ではなく、ごくシンプルな回路を使っています。

◆ 写真 10.2.1　6DJ8

◆ 写真 10.2.2　内部配線の全容

10-2-2 全回路と動作条件

図 10.2.1、図 10.2.2 は本機のアンプ部および電源部の回路です。

アンプ部および電源部の回路はミニワッター基本回路をそのまま使っています。回路定数および動作条件は「第 7 章：レポートその 5」の 6DJ8 の動作条件をそのまま採用しま

第10章 製作例

> **参考**
> ※メーカー発表のデータによって違いがある。

したので、周波数特性や歪み率特性も基本的に同じですのでそちらを参照してください。

出力段のプレート電流はわずか 10mA しかありませんので最大出力は 0.4W に届きません。電源電圧は 216V とミニワッター中最も低いのは 6DJ8 という球のプレート損失が 1.5W※しかないためです。

なお、本機には LED 等の照明類はついていませんが、もちろんつけることは可能です。

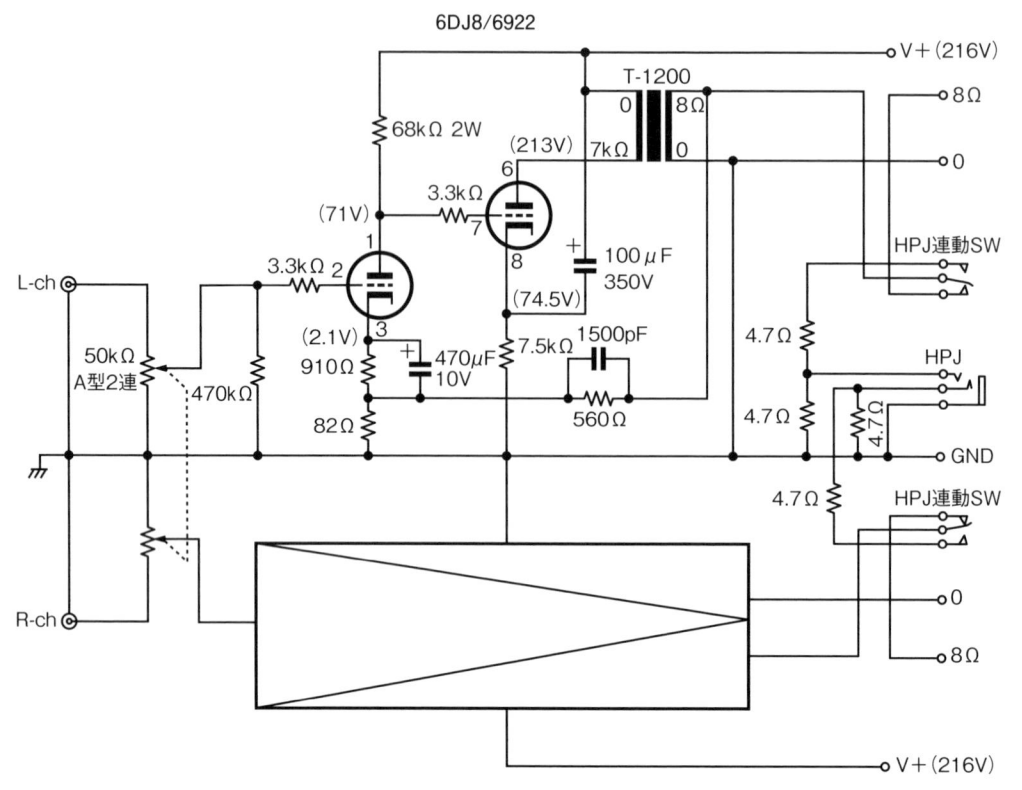

◆ 図 10.2.1　アンプ部回路図

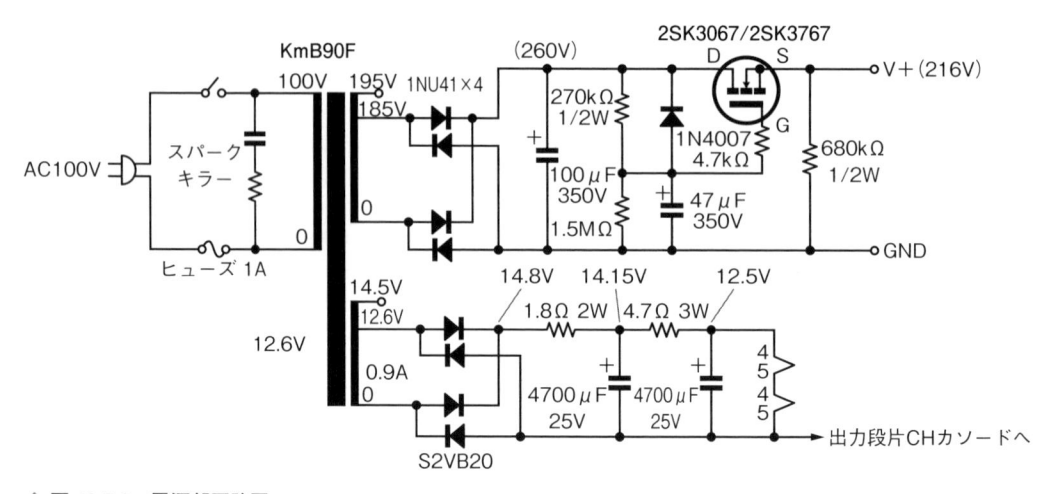

◆ 図 10.2.2　電源部回路図

10-2-3 ヒーター DC 電源

実験的な意味をこめて、ヒーターの DC 点火をやってみました。

KmB90F のヒーター巻き線は電流容量が 0.9A ですが、これをブリッジ整流した時に取り出せる直流の最大電流は 0.9A の約 63% ですので 0.57A です。6DJ8 ファミリーのヒーター電流は 0.3A 〜 0.375A の範囲なので十分に余裕があります。

12.6V 巻き線をブリッジ整流すると 14V 〜 16V くらいが得られます。12.6V を単純に $\sqrt{2}$ 倍すると整流出力電圧の理論値となるわけですが、ブリッジ整流した場合は、回路と直列に整流ダイオードが 2 個分割り込みますので、ダイオードの順電圧（0.6V 〜 1.2V くらい）を引かなければなりません。単純計算すると以下のようになります。

$$(12.6V \times \sqrt{2}) - (0.6V \sim 1.2V \times 2) = 16.6V \sim 15.4V$$

現実にはもう少しロスが生じることがあり、本機の場合は 14.8V となりました。

使用したブリッジ整流ダイオード S4VB20（耐圧 200V、4A）は、4 個のダイオードがモールドされたダイオードスタックと呼ばれるものです。角が斜めに切ってある側が整流出力のプラスで、その反対側がマイナスです。残った 2 本が交流入力です。S4VB20 は製造中止となりましたが、600V 耐圧の S4VB60 がまだ作られているのでこれで代用できます。ダイオードスタックを使わずに個別ダイオードを 4 本組み合わせる場合は、放熱上の理由から定格電流が 3A 以上のものを選んでください。

整流後の最初の 4700μF のコンデンサのところにおける残留リプルは 145mV で、ヒーターに供給されるポイントでは 12.5mV となっています。

10-2-4 ヒーター電源ユニット

ヒーター電源は別の平ラグに組んで（図 10.2.3）、側面に取り付けました。

ヒーター直流電源のユニットの製作で間違いを一つやってしまいました。写真 10.2.3 の 2 つのユニットです。どう間違えたのかわかりますか。どちらも配線は正しいですが部品配置の上下関係が入れ替わっています。正しいのは上側のユニットの方です。

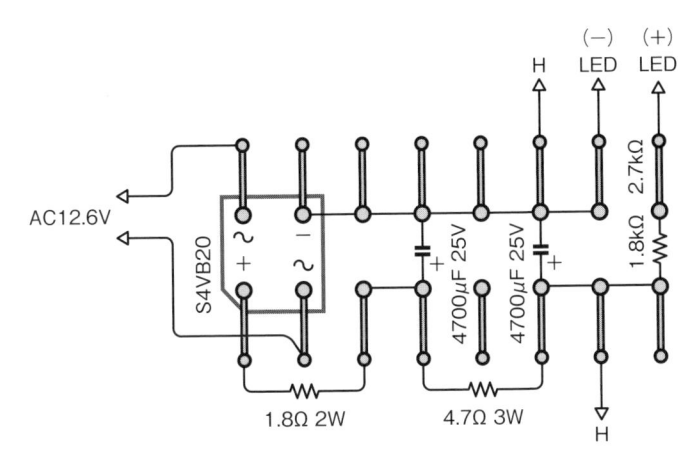

◆ 図 10.2.3　ヒーター電源ユニットの結線図

◆ 写真 10.2.3　正しく作ったユニット（上）と間違えて作ったユニット（下）

下側のユニットをシャーシに取り付けると酸化金属皮膜抵抗が下側になります。この抵抗器はかなりの熱を出しますから、この上にあるアルミ電解コンデンサは常時熱せられることになり、確実に寿命が縮みます。

回路が優れていても特性が優れていても、実装で部品の温度についての配慮がなければいいアンプとはいえません。

10-2-5 | 総合特性

本機の総合特性は以下のとおりです。

```
総合利得        ：5.3倍（14.5dB）
負帰還量        ：10.1dB
残留雑音        ：0.075mV（帯域80kHz）
周波数特性      ：18Hz～64kHz（−3dB、0.125W、8Ω）
ダンピングファクタ：6.9
最大出力        ：0.38W（1kHz、THD＝5％）
```

周波数特性や雑音歪み率特性の詳細は「第7章：レポートその5」の6DJ8の項を参照していただくとして、ここでは残留雑音と方形波応答についてレポートします。

ヒーターをDC点火したことによって、ヒーター由来のハムはほぼ根絶できました。そのため残留雑音レベルは75μVと全作品中最も低い値を記録しました。残留雑音成分にハム成分はみられません。もっとも、試作1号機を使っての測定でも残留雑音は80～90μVという低さだったので、ヒーターのDC点火がどれほどの効果があったのかは少々疑問です。

方形波は概ね癖のない応答ですが、出力トランスのT-1200が180kHzにピークを持っているため、10kHzの応答波形に小さなリンギングが観察されます。真空管アンプでこれくらいの応答特性が得られていれば申し分ないでしょう。

パワーは小さいですが、デスクトップスピーカーを十分すぎる音量で鳴らします。スケール感に多くのものは望めませんが、広帯域を感じさせる癖のない素直な音がこのアンプの身上ではないかと思います。

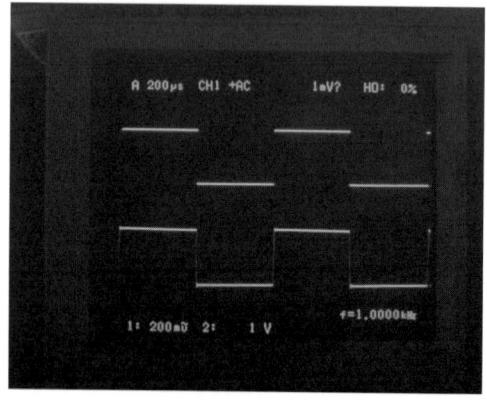

◆ 図10.2.4　方形波応答（1kHz） 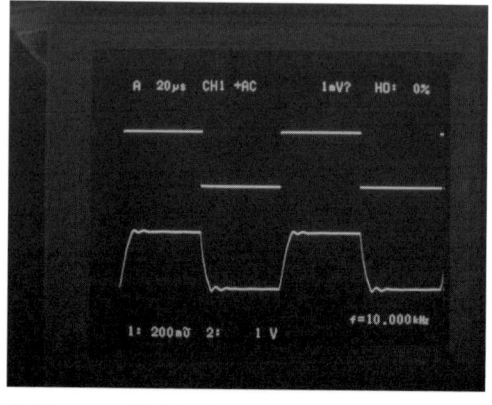　　　　◆ 図10.2.5　方形波応答（10kHz）

10-3 14GW8 ミニワッター

10-3-1 | 14GW8 について

> **アドバイス**
> 7章の「レポートその5」には14GW8に関しての情報を掲載していません。

　真空管時代の最後の一時期を飾ったともいうべきオーディオ管のひとつに6GW8（欧州名 ECL86）という複合管があります。オーディオ電圧増幅管の定番ともいえる12AX7のユニットと、近代オーディオパワー管の代表である6BQ5の性能はほとんど変えないでひとまわり小さくしたような5極管ユニットを1本のmT9ピンベースに入れた球です。

　私はこの6GW8には特別な愛着があります。はじめて製作した真空管式3球スーパーのオーディオ段で使ったからです。つまり、自作アンプで最初にスピーカーから出た音は6GW8の音だったわけです。

　6GW8はコンパクトさと効率を追求した複合管であるため、この球が2本あれば3〜4Wくらいのコンパクトなステレオアンプができます。4本あれば12Wクラスのプッシュプルステレオアンプが作れてしまうというありがたい球です。

　6GW8のヒーター電流を0.3Aとしてトランスレスでヒーター点火できるようにヒーター電圧を約14Vに変更したのが **14GW8**（欧州名 **PCL86**）です。この **14GW8** が今頃になって非常に廉価に市場に出回るようになりましたので、これをミニワッターとして使ってみようというわけです。

　この球は新しい設計であるために、真空管製造技術の粋を極めた感じがします。ヒーターは細かい螺旋状になったスパイラルヒーターでヒーターハムが出にくい構造であり、内部シールドも凝ったもので巧みに3極管部を護っています。5極管部は感度が非常に高く、ドライブが楽な上に多量の負帰還をかけることができます。

　6GW8とよく比較されるのが6BM8ですが、6BM8はテレビ球であるためオーディオ用として最適化されているわけではありません。最大出力においても利得においても、そして雑音性能においてもスペック上は後発の6GW8の方が優れています。

　オーディオ球としてこの2管を見た場合、音の傾向は大きく異なります。アンプとして仕上げた時、どちらが好ましいと感じるかは意見が分かれます。

◆ 写真 10.3.1　14GW8 ミニワッター

第10章 製作例

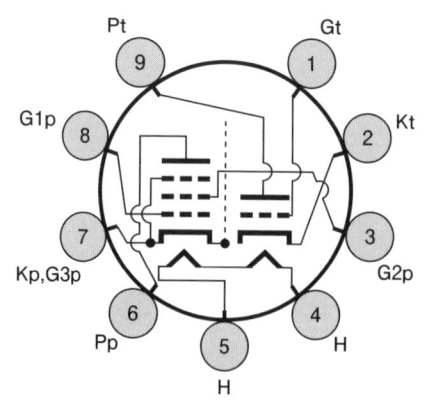

◆ 図 10.3.1　6GW8/14GW8 ピン接続（管内シールドは7番ピンにつながっている）

◆ 写真 10.3.2　14GW8/PCL86（手前が3極部で奥が5極部。丁寧にシールドが張り巡らされている）

10-3-2 | 全回路と動作条件

全回路は図 10.3.2、図 10.3.3 のとおりです。初段プレートと出力段グリッドとは直結でない点がミニワッターの基本回路と異なっています。その理由は、初段管である3極管部の内部抵抗が非常に高い（75kΩくらい）ためにプレート電圧が高くなり、直結すると出力段の有効電源電圧が確保できなくなってしまうからです。

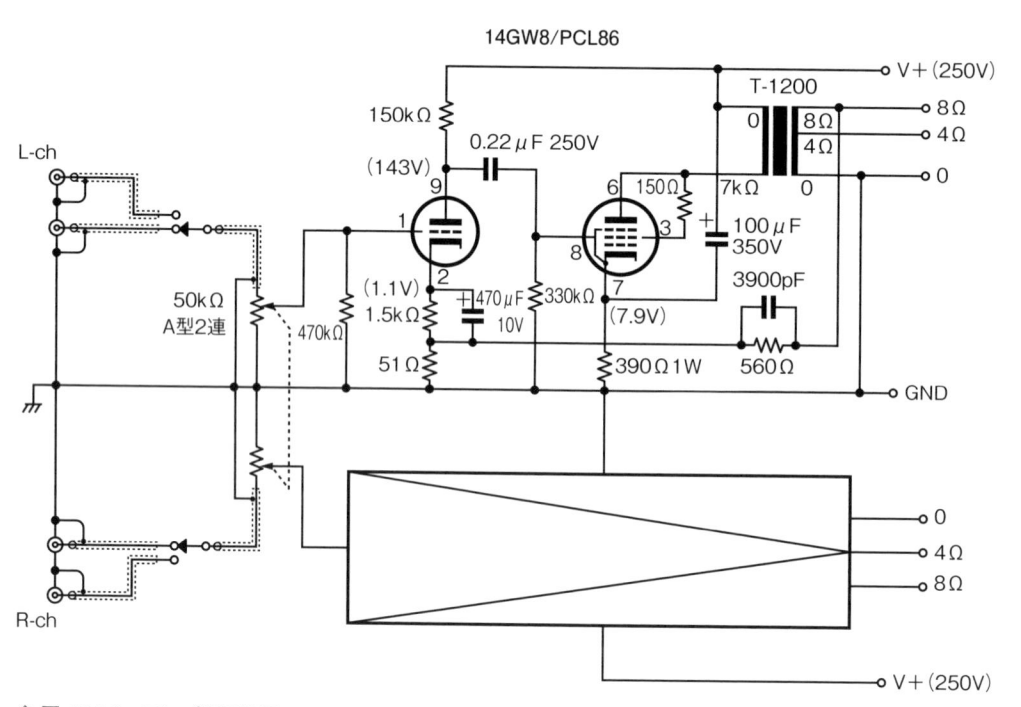

◆ 図 10.3.2　アンプ部回路図

10-3 ◆ 14GW8 ミニワッター

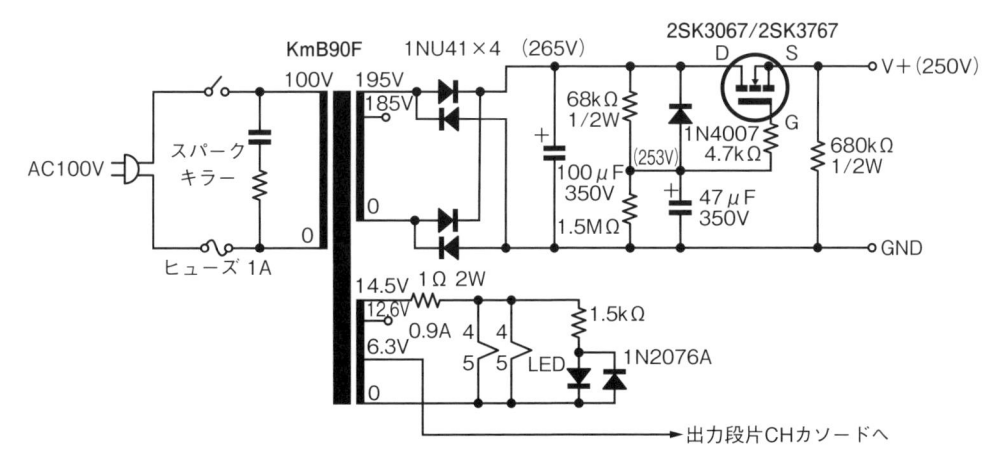

◆ 図 10.3.3　電源部回路図

　14GW8 の 3 極管部のプレート特性は事実上 12AX7 と同じものです。図 10.3.4 は初段のロードラインですが、電源電圧 = 250V、プレート負荷抵抗 = 150kΩ、プレート電流 = 0.72mA に設定しています。交流的にはプレート負荷抵抗（150kΩ）と出力段グリッド抵抗（330kΩ）が並列になるため、初段負荷は 103kΩ としてロードラインを描き足してあります。

　出力段は、5 極管部のスクリーングリッドをプレートにつないで 3 極管接続としています。このようにすると 5 極管の特徴である高感度・高能率の特徴は失われますが、5 極管の弱点でもある高内部抵抗の問題が解消され、オーディオ的に有利な低内部抵抗の 3 極管に化けさせることができます。プレート～スクリーングリッド間に入れた 150Ω の抵抗は発振防止対策です。

　出力段のロードラインは図 10.3.5 のとおりで、プレート電圧 = 235V、プレート負荷インピーダンス = 7kΩ、プレート電流 = 20mA です。理想的な条件であればこの動作で最大出力は 1.4W くらいになります。14GW8 にしてはかなり軽い動作です。電源電圧をもっと高くすれば 2W 強の出力が得られますが、ミニワッターのコンセプトからはずれてしまうので、これくらいのところでよしとします。

　電源回路は基本回路どおりで特に説明を要するところはありません。

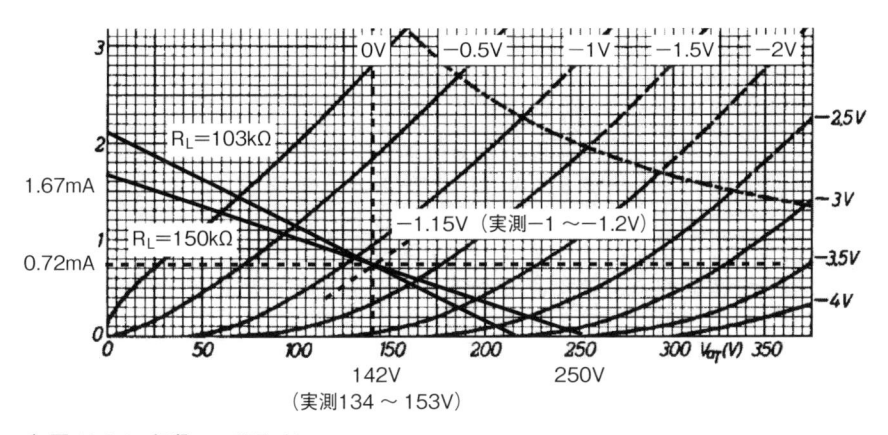

◆ 図 10.3.4　初段ロードライン

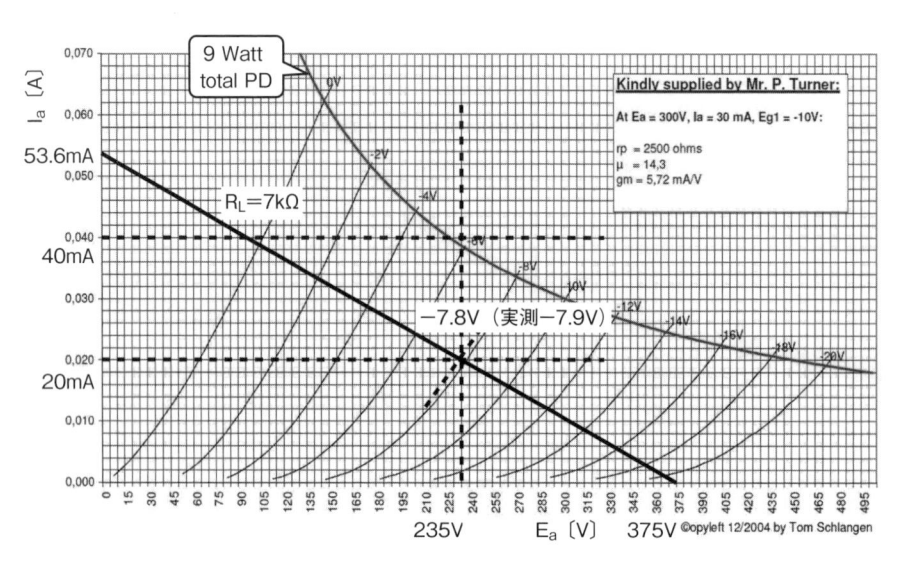

◆ 図10.3.5　出力段ロードライン（出典：http://www.tubes.mynetcologne.de/roehren/daten/）

10-3-3 ｜ 入出力回路

アドバイス
スピーカー端子は4Ωと8Ωの両方に対応してあります。

　本機は2系統の入力切り替えをつけました。入力セレクタは6回路2接点のロータリースイッチを使い、入力端子付近のシャーシ上面にあります。配線の引き回しを短くして簡単にしたかったというのが理由ですが、アンプ自体がコンパクトなので、こんな場所に取り付けてもさほど不便はありませんでした。なお、RCAジャックから音量調整ボリュームを経て初段グリッドまでシールド線を使っていますが特に深い意味はありません。

10-3-4 ｜ ヒーター回路

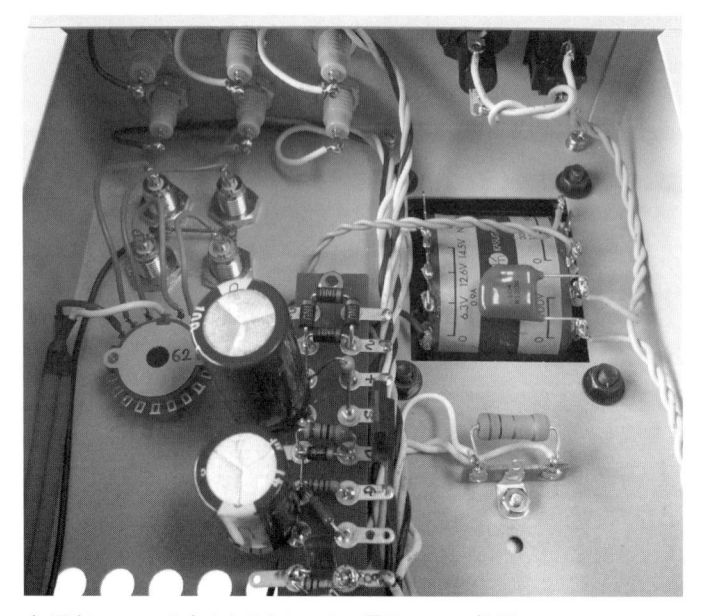

◆ 写真10.3.3　入力まわりとヒーター電圧ドロップ抵抗

　14GW8（PCL86）のヒーター電圧には13.3Vと14.5Vの2説ありますが、いずれの場合もヒーター電流は0.3Aです。トランスレスで使う場合は、ヒーター電流を0.3Aに規定して動作させるわけで、ヒーター電圧がどうなるかはなりゆき次第な球ですから、電圧に関しては大体のところが規定されていれば実用上は問題がなかったともいえます。
　手元にあるPCL86を使って、ヒーター電流が0.3Aとなるようなヒーター電圧を実測すれば、ヒーターは一体何Vで点火すればいいかわかるだろう、ということで実験してみたところ、どの個体もほぼ14.5Vにな

◆ 写真 10.3.4　真空管ソケットまわりの配線

りました。13.3Vではなく14.5Vで動作させた方が良さそうです。

電源トランスのKmB90Fは、14GW8を使うことを意識した設計であるため、14.5Vのヒーター巻き線を持っています。このヒーター巻き線は電圧がやや高めに出る傾向があり、実測で15.3Vが出ました。そこでヒーター回路と直列に1Ω (2W) のドロップ抵抗を追加して最終的には14.7Vとしてあります。ドロップ抵抗は電源トランス付近に立てたラグ板に取り付けました。

10-3-5 | 高域特性問題

本機の無帰還時の周波数特性データは図10.3.6のとおりです。

よく見ると高域特性の落ち込みが顕著です。比較のための本機の特性に出力トランスT-1200単体の特性を描き加えたのが図10.3.7です。

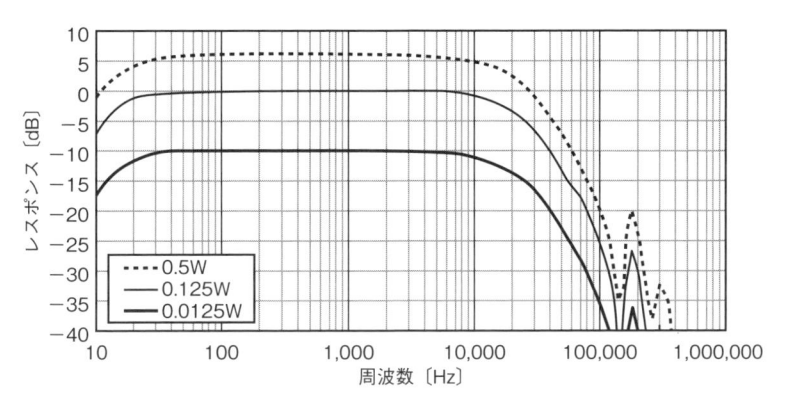

◆ 図 10.3.6　周波数特性（無帰還時）

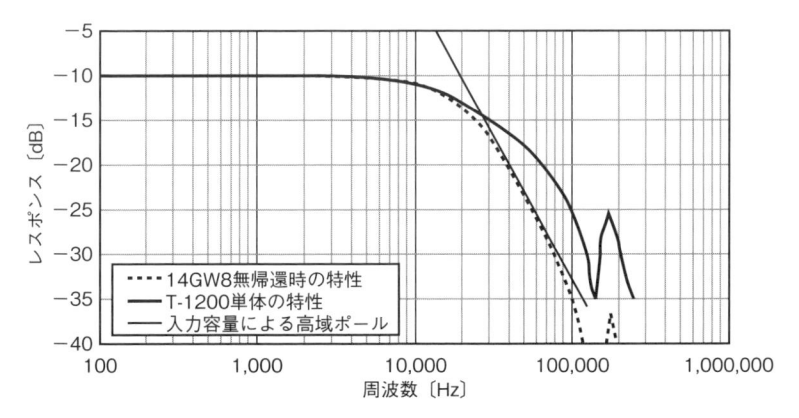

◆ 図 10.3.7　高域ポールによる減衰

5kHzから20kHzにかけての減衰の様子は両者ともそっくりですから、この帯域での減衰はT-1200固有の減衰特性が支配しているものと思われます。

　問題は20kHzから上の帯域で、減衰の角度に変化がみられます。T-1200の特性に対して−3dBの差が生じるのは40kHzくらいですから、このあたりの周波数にもう一つポールが存在することが推定できます。T-1200は決して高域特性が良い出力トランスではありませんが、それ以上に減衰する要素が存在するわけです。

　このような高域側で減衰してゆく角度の変化は、そのオーディオアンプの音の特徴に強い影響を与えます。

　出力段の入力容量値を概算してみましょう。入力容量は、C_{g-p}値をベースにしてミラー効果を加えた値と元々存在するC_{in}を足したものです。14GW8の3極管接続時のC_{g-p}値は発表されていませんが、ざっと5pFと見積もっておきましょう。出力段のグリッド〜プレート間の電圧利得は15倍くらいですので、C_{g-p}およびミラー効果による入力容量は、

$$5pF × (1 + 15) = 80pF$$

となります。14GW8のC_{in}値はRCA発表のデータによると10pFですので、総入力容量は次のとおりとなります。

$$80pF + 10pF = 90pF$$

　14GW8の3極部の内部抵抗は75kΩくらいと見込めますが、カソード側に51Ωの抵抗があるので80kΩとして計算します。初段出力インピーダンスは、14GW8の3極部の内部抵抗（約80kΩ）とプレート負荷抵抗（150kΩ）と出力段グリッド抵抗（330kΩ）の並列合成値ですから、

$$80kΩ // 150kΩ // 330kΩ = 45kΩ$$

です。出力段入力容量と初段出力インピーダンスによって決定される高域側のポールは、

$$159000 / (90pF × 45kΩ) = 39.3kHz$$

です。図10.3.7の第二の減衰ポイントとほぼ一致します。

　このように、14GW8の5極部を3極管接続にすると、高域側のポールは数十kHzくらいまで下がってきます。5687をはじめとするミニワッターで使用した低内部抵抗管の場合の高域側のポールが、いずれも数百kHz程度と高い位置にあるのと対照的です。本機のように100kHz以下に2つもポールがあると強めの位相補正を行わざるを得ず、たとえ多量の負帰還をかけたとしても音響的に好ましい結果を生むかどうかは難しくなってきます。

　2段構成のシングルアンプで十分なオープンループ利得を確保しようとすると、どうしても初段で利得を稼ぐ必要が生じ、そのためには高μ・高内部抵抗管の起用となります。14GW8の3極部が12AX7似の高μ・高内部抵抗管となっているのもそのような理由からです。

高いオープンループ利得があれば十分な負帰還をかけることができるため、低歪み率、高ダンピングファクタの可能性が開けるわけですが、無帰還時の高域特性と利得とがトレードオフの関係にあるわけで、そういったアプローチが必ずしも好結果につながるわけではありません。

10-3-6 | 総合特性（初期版）

図 10.3.8 は負帰還をかけた状態の周波数特性です。オープンループ利得が高いおかげで 10dB という十分な負帰還がかかっており、負帰還による特性数字の改善が著しいです。

```
総合利得         ：8.05 倍（18dB）
負帰還量         ：10.3dB
残留雑音         ：0.12mV 〜 0.22mV（帯域 80kHz）
周波数特性       ：10Hz 〜 40kHz（−3dB、0.5W、8Ω）
ダンピングファクタ：7.4
最大出力         ：1.0W（1kHz、THD = 5%）
```

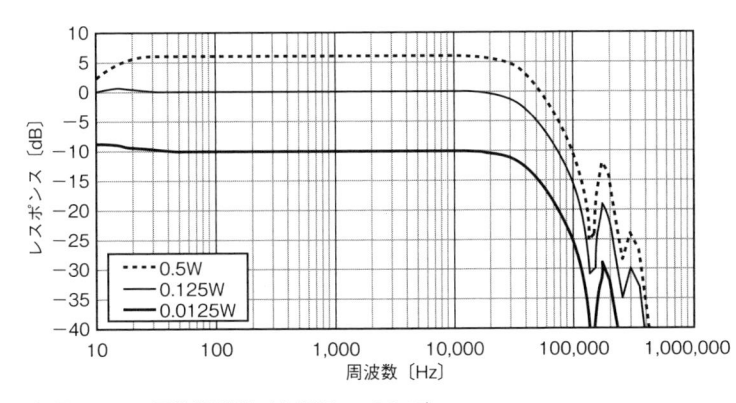

◆ 図 10.3.8　周波数特性（負帰還＝ 10.3dB）

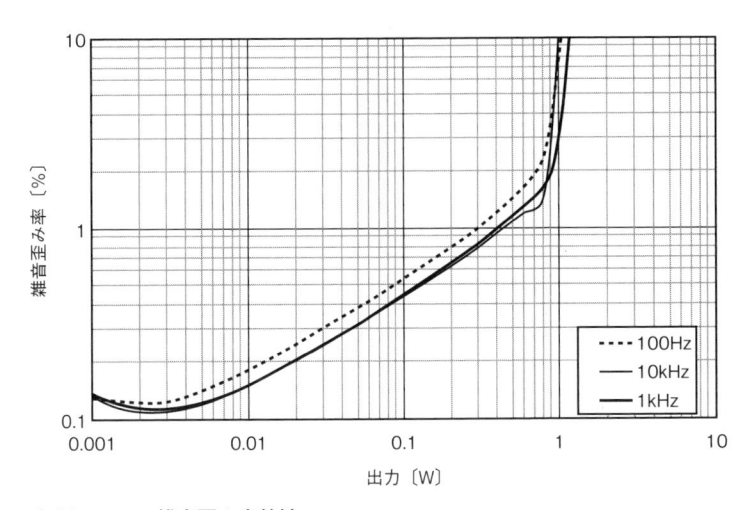

◆ 図 10.3.9　雑音歪み率特性

図 10.3.9 は雑音歪み率特性ですが、低域（100Hz）においても歪み率の悪化がほとんどなく、最大出力の低下もごくわずかで、100Hz においても 1W を得ておりなかなか優秀です。14GW8 の 5 極部を 3 極管接続にした時の直線性の良さがうかがい知れます。

高域側の低い周波数にポールを持つ設計は、負帰還をかけて帯域を広げても音の傾向に影響が残るものですが、本機にもその傾向がみられます。5687 や 6N6P で行ったような高域ポール設計を行ったアンプと比べると、帯域はそれなりに確保されているしきれいな鳴り方はしますが、定位感がやや甘く、凝縮した力感とか中低域の音の芯の強さを欠いたトーンキャラクタになる傾向があります。多分に好みの問題だと思いますが、リスニングアンプとしての心地よさはあるものの、小音量モニターとしてはちょっと弱い感じがします。

10-3-7 | 高域設計の見直し

しばらくの間、本機をデスクトップで鳴らしていたのですが、どうもひっかかるものがあります。このアンプを常用にする気がしないと言ったらいいでしょうか。本機の高域側ポールの一つを決定しているのは初段の出力インピーダンスと出力段の入力容量ですが、初段の出力インピーダンスの方を思い切って下げられないものかとずっと考え続けていました。

方法は二つあります。一つめは、初段プレートからグリッドにかけて局部帰還をかけるという方法で、もう一つは少々強引ですが初段の負荷インピーダンスを思い切り小さい値にしてしまうという方法です。どちらも初段の利得が低下するというデメリットがありますが、すでに余るほどに高い利得が得られているので、少々の利得低下は問題ではありません。

このような場合、一般的には局部帰還が選ばれます。何故なら、初段に局部帰還をかけることで初段の直線性が良くなって歪みが減るからです。しかし、2段構成のシングルアンプの場合、初段の歪みは出力段の歪みと打ち消しあって総合歪みを減らすことに貢献しているので、初段の歪みを減らしてしまうとかえって総合歪みを増やしてしまいます。部分最適は全体最適をもたらさないのです。初段の負荷を重くすると初段で発生する歪みが増えるので、全体としてみると歪みが減少します。

見直したロードラインは図 10.3.10 のとおりです。プレート負荷抵抗は 33kΩ とこの種の球としては異例なくらい低い値で、一見してロードラインが著しく立っており、0.72mA だったプレート電流は 1.7mA まで増やしています。

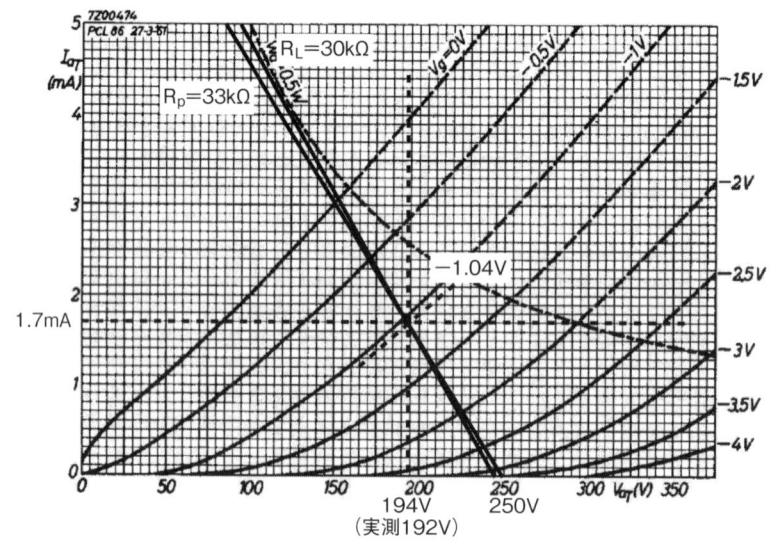

◆ 図 10.3.10 見直した初段ロードライン

動作ポイントを移したことで、思ったほどの利得の減少は生じませんでした。また、初段の歪みも期待したほど増加していません。

プレート特性図から読み取った内部抵抗は約 58kΩ で、初期の設計の 75kΩ と比べてもかなり下がっています。カソード抵抗の存在も加味した内部抵抗（約 65kΩ）とプレート

負荷抵抗（33kΩ）と出力段グリッド抵抗（330kΩ）の並列合成値から初段出力インピーダンスを求めてみます。

$$65\text{k}\Omega // 33\text{k}\Omega // 330\text{k}\Omega = 20.5\text{k}\Omega$$

出力段入力容量と初段出力インピーダンスによって決定される高域側のポールは、

$$159000 / (90\text{pF} \times 20.5\text{k}\Omega) = 86.2\text{kHz}$$

となり、高域ポールは当初の設計の39.3kHzに対して2倍以上高いポジションに移すことができそうです。もっとも、5687や6N6Pといった低内部抵抗管を使った他のミニワッターにはいまだ遠く及びませんが、それでも若干の効果は期待できるかもしれません。

図10.3.11は見直した版のアンプ部の回路図です。電源部は変更していません。

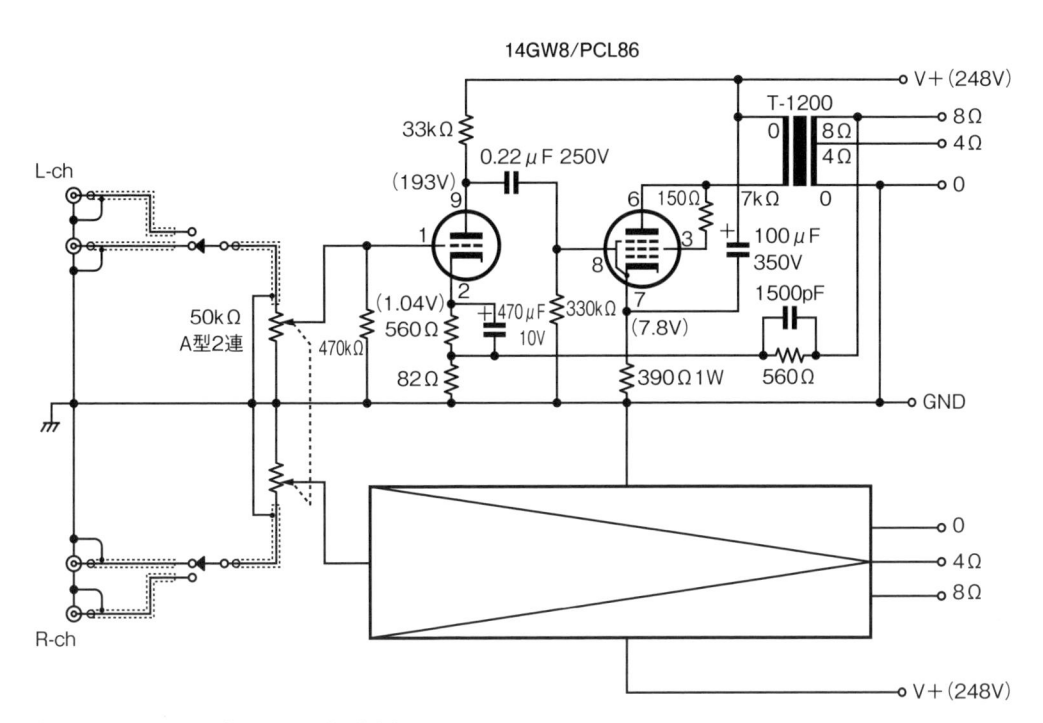

◆ 図 10.3.11　アンプ部回路図（最終版）

10-3-8 | 総合特性（改良版）

改良版の総合特性の概要は以下のとおりです。

```
総合利得        ：5.2倍（14.3dB）
負帰還量        ：10.3dB
残留雑音        ：0.07mV ～ 0.12mV（帯域80kHz）
周波数特性      ：10Hz ～ 50kHz（−3dB、0.5W、8Ω）
ダンピングファクタ：7.2
最大出力        ：1.0W（1kHz、THD = 5%）
```

第10章 製作例

　負帰還量を変えなかったため、初段利得が下がった分だけ総合利得が下がっています。残留雑音が低下したのは単に初段の利得が下がったためで、最低歪み率は低下していますが、歪み率全体の大きさはほとんど変化していません。帯域特性は若干伸びていますが、出力トランスが足を引っ張っているので顕著な変化はありません。しかし、高域特性の内容はかなり改善されたはずです。

　さて、その効果やいかにということですが、他のミニワッターには及ばないものの十分に認識できる程度の改善がみられました。改良前は定位が散漫で音が左右に散らばった感じが気になっていたのですが、ある程度センターが出るようになりました。6GW8のキャラクタはよくも悪くも失われてはいません。

　ぎっしりと詰まった複雑な内部構造の **14GW8** の姿を見ながら、一時代前の Hi-Fi 音を思わせるサウンドを聞いていると、6GW8 でフルレンジを鳴らしていた青春の頃を思い出します。

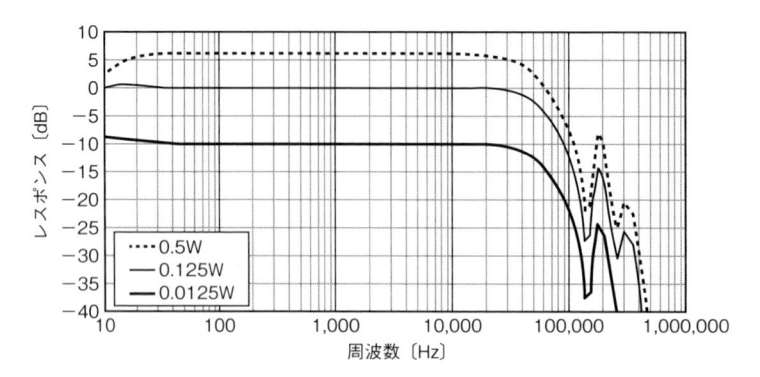

◆ 図 10.3.12　周波数特性

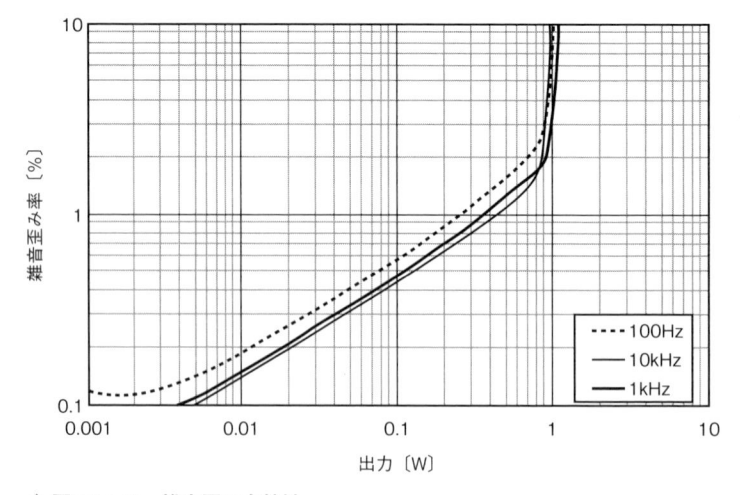

◆ 図 10.3.13　雑音歪み率特性

第11章

トラブルシューティング

この章は遠慮がちに最後にありますが、本来は最初にもって来るべきもの。携帯電話や財布をなくした人、アポイントの日付や時刻を間違えた人、右折するところを直進した人、トイレの電気をつけっぱなしにした人、乗り越しをした人、寝坊をした人、1度でもすいませんと謝ったことがある人・・・そういう人は必ず読んでください。

第11章 トラブルシューティング

11-1 トラブルにおけるベテランと初心者

トラブルは起きるもので、ゼロにすることはできません。どんなベテランでも勘違いやヒューマンエラーはやってしまいます。初心者はそれに加えて十分な知識がないがゆえの経験が浅いがゆえのミスをします。

ベテランは常に自分がミスをするかもしれないと思って製作工程ではミスをしないような工夫をし、トラブルが生じてもどこかでミスをしたのだと根気よく原因を見つけようとします。トラブルが生じた時、はじめのうちはベテランでも何が原因なのかさっぱりわからない、ということの方が多いです。つまり、ベテランといえどもトラブルの原因探しはかなり大変な作業だということです。

多くの初心者は自分はミスをしないと思って製作にかかります。トラブルが生じるとまず部品を疑います。しかし、ひととおり配線をチェックしてみても間違いは見つからないし、怪しいと思った部品を交換しても解決しませんからやがてお手上げになります。「どこも間違っていないのに音が出ません」といった矛盾に満ちたことを言いつつベテランに助けを求めます。

助けを求められたベテランは「それはあなたがハンダ不良か配線のミスをやったからですよ」と言いたいのをこらえて「回路上のいくつかのポイントの電圧を測定してください」というアドバイスをして、一から解決のための状況把握を開始します。

音が出ない時の初心者らしい質問のしかたに「音が出ないのですが、音が出ない原因は何がありますか」というのがあり、こういう聞き方をする人はとても多いです。音が出ない原因はとてもたくさんあり、それらをすべて挙げていたらきりがありません。ベテランに向って「あなたが知るすべての音が出ない原因を挙げよ」という問題を出すようなもので、人を試すようなはなはだ失礼な質問だといえます。おそらくその質問をした初心者は、音が出ない原因は一つか二つ程度で、それを指摘してもらえば一発で解決すると思っているからだと思います。

第8章で製作したミニワッターではハンダづけは全部で136ヶ所ありますが、そのうちの70ヶ所中1つでもハンダ不良で導通がなかったら音は出ません。日本の電子産業を支えている工業製品としての部品が不良であるという確率と、人が行なったハンダづけ70ヶ所中に1つでも漏れや不良があるという確率とどちらが高いか考えてみたらわかると思います。

百戦錬磨のベテランといえども、わずかな情報を頼りに人が犯したミスを見つけるのは至難の業です。

11-2 トラブルをつくらない製作手順

トラブルの原因を見つけるのはとても大変な作業です。しかも、ミスは1ヶ所だけとは限りません。電源回路の配線でミスをしていて、アンプ側では誤った値の抵抗器を取り

付けていたら、その両方のミスが存在することを推定するのはほとんど不可能です。

もし、電源回路単体でテストをしていれば、ミスが1つだけの時に気づくことができます。しかも、ミスが存在する範囲は電源回路に限定されますから発見がしやすくなります。

第8章の製作工程では、AC100Vラインを配線した段階で通電する前にテスターを使って導通を確認し、それから最初の通電試験をやり、アンプ部を含む通電試験を行う前に再びテスターを使って導通チェックをし、それから真空管なしのアンプ部を含む通電試験を行って、最後に真空管を挿した状態でのテストを行っています。

このような手順を踏めば、各段階で異常が発見されてもどこまではOKなのかわかっていますから問題の絞り込みは容易です。

人はミスをするものだということをよく知っている方は、本書に書かれているように段階的にチェックしながら製作されると思いますが、中には一気呵成に作り上げてすべての配線が終ってからはじめて通電してみてトラブルに出遭う人も少なくないでしょう。

11-3　私が犯したミス

本書を執筆するにあたって、私は全部で7台のミニワッターを製作しています。それらを製作するにあたって私がどんなミスをしたかをご紹介しておきましょう。

＜ネジを締めるためのドライバーが入らない＞

その問題はミニワッター汎用シャーシの試作中に発覚しました。トランスカバーはシャーシの内側からビスを入れて固定しますが、そのビスを廻すためのドライバーが入らないのです。幸いにして試作シャーシの段階で気づきましたが、試作した5台のシャーシでの組み立ては困難をきわめました。完成版のシャーシでは、ドライバーを通すための穴を4ヶ所開けてあります。

＜ラグ端子の数え違い＞

撮影用の20P平ラグに部品を実装していた時のことです。どうも様子がおかしいと思ったら、ジャンパー線を取り付けた場所がすべて1つずつずれていました。やり直してきたなくなったラグ板は撮影には使えませんのでこれは他の実験用になりました。

＜アースの配線漏れ＞

試作2号機の製作中に通電試験をしたところ、電源部の電圧は正常なのにアンプ側には電流が流れている気配がありません。

20P平ラグユニット側のアースとアース母線とは全部で3本の線で接続しますが、そのうち1本を配線するのを忘れていました。そのため、電源部とアンプ部とでアースがつながっておらず、アンプ部全体に高圧がかかって非常に危険なことになっていました。感電しなくてよかったです。

第11章 トラブルシューティング

＜アルミ電解コンデンサの極性ミス・その1＞

試作2号機の20P平ラグのアンプ部に取り付ける2個のアルミ電解コンデンサ（100μF/350V）の極性を逆に取り付けていました。幸いにして通電前に気づいたので、コンデンサの破裂を見学せずにすみました。このサイズのアルミ電解コンデンサが破裂したらさぞ迫力があったと思いますし、私も電解液をかぶるなどただでは済まなかったと思います。典型的なうっかりミスです。

＜アルミ電解コンデンサの極性ミス・その2＞

14GW8ミニワッターで、初段カソードのバイパスコンデンサ（470μF/10V）の極性を逆に取り付けていました。このコンデンサにかかる電圧は1V程度なので、間違えたまま使用してもおそらく気づかないと思います。アルミ電解コンデンサは1V以下くらいの低圧であれば逆接続して使っても寿命が若干縮む程度で済んでしまうからです。しかしこれも立派なミスですから、やり直しをすることになりました。

＜ハムが出そうになる＞

第10章でご紹介した6N6Pミニワッターでの穴開け位置のミスです。詳しくは第10章で説明しましたが、追加で開けたRCAジャックを取り付ける6個の丸穴の位置が悪く、V＋電源の整流回路に接近しすぎたために誘導ハムを拾ってもおかしくない事態になりました。新たにラグ板を立てて整流ダイオードの位置を変更して難を逃れました。

＜ハンダ不良＞

試作1号機を使って初段カソードに入れた半固定抵抗を調整しながら測定していた時のことです。左チャネルの出力段のカソード電圧が安定しません。半固定抵抗をいじるとカソード電圧が10Vくらい上がったり下がったりします。実験で半固定抵抗をいじりすぎて接触が不安定になったのだと思っていました。

原因は思わぬところで発見されました。初段管グリッドに入れた3.3kΩに触ったら、しっかりハンダづけされているはずがフニャリと動いたのです。どう見てもちゃんとハンダづけされているようなのに、実はハンダがまわっていませんでした。

このように、ある部分を触ると何かが起るような場合、触った部品が問題だと思いがちですが、全然違う場所に問題があったりします。

＜スピーカー端子の配線間違い＞

第10章でご紹介した6DJ8ミニワッターでのミスです。完成して測定していたところ、残留雑音が予想値の100μVよりも相当に大きい800μVもあることに気づきました。音はちゃんと出ていますし、スピーカーに耳をつけてもハムは聞こえません。残留ハムが800μVあったら耳で十分に聞こえるものです。

原因はスピーカーへの配線にありました。アース側の配線を黒ではなく赤の端子につなぎ、8Ω側の配線を赤ではなく黒の端子につないでいたのです。スピーカーをつないで使用する限り何の問題もありませんが、測定器をつないだときに2台の装置のアースがちゃんとつながらないために測定時だけハムが出たのでした。

7台作って8回ミスをやっていますから、1台あたり1回以上の計算です。さて、みなさんはどんなミスをするでしょうか。私と同じミスをしても自慢にはなりませんからね。

11-4 トラブル TOP10

自作オーディオのトラブルの原因で私がいつも申し上げている10項目は以下のとおりです。

① ハンダ不良
② 単純な配線ミス、配線漏れ
③ 回路ショート
④ アースの配線漏れ
⑤ スイッチやジャックの接続ミス
⑥ トランジスタやFETの向きの間違い
⑦ ダイオードの向きの間違い
⑧ 抵抗器の買い間違い、抵抗器のつけ間違い
⑨ アルミ電解コンデンサの向きの間違い、耐圧不足
⑩ 測定方法の間違い、勘違い

■①、②：圧倒的に多いトラブルの原因（ハンダ付けの不良、配線ミス、配線漏れ）
　自作オーディオのトラブルで圧倒的に多い原因がハンダづけの不良です。ハンダづけさえ確実にできていればトラブルの70％はなくなると思います。次いで多いのが単純な配線ミスや配線漏れです。私のWebサイトの掲示板にトラブルのアンプを持ち込んで来られる方は必ずと言っていいほど「何度もチェックしました」とおっしゃいますが、対応してくださるベテラン諸氏は揃って「きっとどこかで間違えている」と思いつつ、親切にいろいろと質問して誘導してくださっているのです。そして、やがてハンダづけの不良や配線漏れが見つかることになります。ハンダの不良や配線間違いがなくなればトラブルの90％はなくなるでしょう。

■③：思わぬところで回路がショートしていることがある
　流れたハンダやこぼれたハンダ屑、アルミ屑などが見えないところで端子間に挟まっていて、思わぬところで回路がショートしていることがあります。ショートは見えにくいところに限って起きているので発見が難しいです。

■④：アースの配線忘れが結構多い
　アースはすべてのポイント間で電気的に導通していなければなりませんが、案外どこか一か所で配線の漏れや導通不良があってつながっていないことがあります。第8章製作ガイドでアースの導通の確認をチェックポイントにしているのは、アースの配線忘れが結構多いからです。上記の私が犯したミスでもアースの配線漏れをやっています。完成が近

くなって気が急くと犯しやすいミスです。

■⑤：スイッチやジャックの配線の間違い
　スイッチやジャックなど3つ以上の端子を持つ部品における配線の間違いも起こりやすいミスのひとつですので、本書では2連ボリュームとヘッドホンジャックについては実体配線図や実画像を入れました。まぎらわしい端子にはあらかじめマジックで印をつけてから作業をするといいでしょう。

■⑥：トランジスタやMOS-FETの向きに注意する
　トランジスタやMOS-FETの裏表を逆にして取り付けてしまうというミスは、ベテランなら誰でも1回以上やっていると思います。3本足の部品の取り外しは非常に厄介なので、このタイプのミスをやってしまうとベテランでも暫く気分的に凹みます。

■⑦：ダイオードの向きに注意する
　ダイオードの向きの間違いもベテランほど多くやっているタイプのミスです。この種のミスは、単なるヒューマンエラーが原因ですのでいくら部品の知識があっても起きるときは起きます。人間である限りなくならないと思います。

■⑧：抵抗値の間違いを防ぐ方法
　抵抗値の間違いには、購入時に生じるものと、実装時に生じるものとがあります。部品店の抵抗類が入った引き出しに、別の値の抵抗器が混入していてそれを手に取ってしまうのです。私は必ず1本1本カラーコードを確認して購入するようにしています。蛍光灯や白熱電球の下ではカラーコードが正しく発色しないために実装時に間違えやすいです。私は作業デスクでは発色の良い電球を使っています。

■⑨：アルミ電解コンデンサの向きに注意
　アルミ電解コンデンサの向きの間違いもヒューマンエラーのひとつです。私は2度もやっていますから相当に気が緩んでいたのでしょう。これを防ぐには、取り付けるラグ板にあらかじめペンで極性を記入しておく方法が有効です。メーカーの製品がプリント基板上にシルクスクリーン印刷で極性をマーキングしているのも、製造工程でこの種のミスを防ぐための工夫です。

■⑩：測定時の注意
　配線は正しいのに測定方法に勘違いや間違いがあって正しい測定値にならないケースもあります。テスターの電池切れによる誤表示から、測定箇所の勘違い、測定値の読み違い、ダミーロードのつけ忘れなどがあります。

11-5 トラブルシューティングの方法

11-5-1 自力解決のポイント

　自作オーディオではトラブルはつきものであり、トラブルシューティングは自力解決が基本です。しかし、アプローチの方法を誤ると落とし穴にはまってしまい方向を見失います。自力解決のポイントは以下の2つです。

(1)「手を使わず、頭を使え」

　「原因はトランジスタの不良ではないか」と一つの原因に囚われてしまうと、他の可能性が見えなくなってしまい、「トランジスタを新品と交換したのに駄目だった。わけがわからない…」ということになります。「アースが問題だ」と思い込んでしまうと「アースをすべてやり直したのに解決しない」という結果になるのです。

　トラブルにはそうなる論理的な因果関係があり、なるべくしてそうなります。作った本人から見たら異常だと思うわけですが、回路側から見たらそうなるように作ったからそのようなことになっているわけで、異常でもなんでもなくそれが正常なのです。そうなるように作ったからそうなっただけなのです。

　ですから、現象をよく把握したら、いきなり手を動かして配線をいじるのではなく、頭を使って何をどうしたらそういう結果になるのかをじっくりと考えます。変な電圧が出たら、どのようにすればその変な電圧にできるのかを考えるわけです。「手を使って」闇雲に内部配線をかきまわす前に「頭を使って」ください。

(2)「狙い撃ちではなく、消去法」

　トラブルの原因は非常にたくさん考えられるので、下手な鉄砲を数撃っても当たることはありません。それに、トラブルの原因は1か所だけとは限りません。部品の取り付け向きが逆だったが、ジャンパー線も1本忘れていた、なんていうことはごく普通に起きます。ハンダづけが雑な人が作ったアンプでは、線を引っ張っただけで2か所も3か所もポロポロととれてしまうことも珍しくありません。

　トラブルがなかなか解決しない人は大概狙い撃ち型のトラブルシューティングをやっています。狙い撃ちをするターゲットは、その人が持っている知識や関心の範囲と一致します。回路の知識がない人は部品を疑う傾向があり、アースについて勉強したばかりの人はなんでもアースのせいではないかと疑う傾向があります。オシロスコープを手に入れて波形観測ができるようになった人はなんでも発振しているのではないかと考えるようです。

　トラブルシューティングの基本は消去法です。どこに問題があるか特定できない時は、「どこまでは正常か」を押さえつつ、正常な範囲を広げながら問題個所の範囲を追い込むような調べ方をすると効率的です。

11-5-2 インターネットヘルプによる解決のポイント

インターネットの掲示板でよく見かける質問のスタイルとして「ヘッドホンアンプを作っているのですが音が出ません。どんな原因が考えられるでしょうか」というのがあります。これは、作った料理のレシピも言わずにただ「おいしくないんですが、何故でしょうか」とたずねるのと同じです。回答する側も一体何から手をつけていいかわからず困ってしまいます。

インターネットの掲示板を使ってトラブル解決の援助を得ようとする場合は、以下のルールを守ってください。

(1) マルチポストの禁止。

同じ質問をインターネット上の複数の掲示板に書き込む行為をマルチポストと呼びますが、マルチポストはエチケット違反です。複数の掲示板に書き込んでおけばどこかで回答が得られるだろうという自分勝手な姿勢が嫌われるわけです。

自作オーディオの掲示板はそのほとんどが広く知られており、ベテランのアンプビルダー諸氏は著名な掲示板はすべて巡回してチェックをしています。2つ以上の掲示板に同じ内容の質問がマルチポストされるとすぐに発見されますから、その質問には誰も回答してくれません。

エチケット違反な質問にも回答をくれる親切な人もいますが違反は違反です。

(2) 情報の小出しは嫌われる。

情報の小出しも嫌われる行為のひとつです。相当に多くの情報があってもベテランでもなかなか解決できないわけですから、最初から持てるすべての情報を出してください。情報の小出しはクイズ番組のように回答者を試す行為になります。せっかく一生懸命に考えてくださっているわけですから失礼な態度は謹んでください。

(3) どの回路を使ったか出典を明示するか回路図をアップする。

回路図は料理でいえばレシピです。回路図不明の状態での解決はまずないと思ってください。

インターネット上に公開された回路の場合は、そのサイトのURLを明記します。書籍や雑誌記事の掲載された回路の場合は、書名のページ番号や記事の掲載号を明記するようにします。

回路の正体を伏せて問い合わせる人がいますが、回答者の負担を強いるだけなのでやめてください。

(4) 一般解を求めない。

「音が出ない原因には何が挙げられるでしょうか」、「ハムが出る原因は何が考えられるでしょうか」といった一般的な解を要求するような聞き方をする人が最近目立ちます。これは、ベテランを相手に「あなたが知っているハムの原因を全て列挙せよ」と問題を出すのに等しく、はなはだ失礼な態度に見えます。

音が出ない原因もハムが出る原因も、2つや3つではなく、20個でも30個でも列挙で

きます。トラブルの原因となりうるものはそれほどにたくさんあるのです。

(5) わかっている情報を体系的に伝える。

トラブルにはそうなる論理的な因果関係があり、なるべくして音が出なかったり煙が出たりするわけですから、現象を的確に把握することが解決への近道です。

回路上の各部の電圧は測定したか、測定値は正常な範囲だったか、少しでも音は出るのか、全く何も聞こえないのか、電源スイッチのON／OFFのタイミングと関係があるのか、ないのか、左右で現象が同じか、違いがあるのか、別のソース機材をつないでも同じか、時間とともに変化するか、しないか…どんなことでもいいので自分なりに条件を変えてみて現象を掴んでから質問をすれば、的確な指示がもらえて解決は早いです。

(6) 直接メールによる質問はできるだけしない。

直接本人にメールで質問をした場合、メールをもらった人は時間を割いて回答を書かなければなりません。トラブルシューティングの回答を書くにはかなりの時間がかかります。回答しないでいて失礼な人だと思われたくないですから、忙しくても、病気であっても無理をして返信しようとします。回答者にかなりの負担を強いているのだということを理解してください。

トラブルシューティングは初心者だけでなくベテランにとっても学習のための良い教材です。インターネット上の掲示板を使うと、トラブルを抱えた本人にとっては早期に解決が得られるというメリットがあるだけでなく、その様子をオンラインで見ている多くのギャラリーにとっては貴重な学習の場になります。そこで交換されたノウハウが同じ趣味を持つ人達の間で共有されるのです。

しかし、一対一で問い合わせて回答を得る方法では、ノウハウがクローズされたままで共有されません。インターネットを使って解決をはかる場合は、一対一のメールによる問い合わせではなく多くの人が見ることができる掲示板を使ってください。

■本書の製作記事に関するサポート掲示板はこちらです。
　「オーディオ自作ヘルプ掲示板」
　　http://8604.teacup.com/very_first_tube_amp/bbs

■本書に関する情報サイトはこちらです。
　「Mini Watters」
　　http://www.op316.com/tubes/mw/

あとがき

その人が作ることの価値

　大変な難産でした。当初は、初心者でも無理なく製作できる簡単な真空管アンプの製作書にしよう、ということでスタートしたのですが、考えれば考えるほどそれは無理ということがわかってきました。初心者向けの真空管アンプの製作書ならすでにたくさん出版されており、中途半端な解説をするくらいならしない方がまし、というごくあたりまえなことに気づくのにそれほど時間はかかりませんでした。

　作品の製作記録をまとめた本にするか、設計・製作の方法を書いた本にするか、私に課せられた何かがあるとすればおそらく後者だろうと思います。それならすでにインターネット上に「私のアンプ設計マニュアル（http://www.op316.com/tubes/tips/tips0.htm）」があるではないか、あれを整理してまとめればいいではないか、という声もありました。

　しかし、そうではありませんでした。初心者にとってはわからないことだらけであり、ある程度自作経験を積んだ方を意識して書いた「私のアンプ設計マニュアル」ではまだまだ敷居が高いと思います。

　オーディオアンプ作りはちょっと大袈裟な言い方ですが、King of Hobbyだと思います。学習しなければならないことが非常に多く、少ない知識でオーディオアンプを作ることはできません。知っておいて欲しいことはたくさんあり、敷居を下げれば下げるほど書かなければならないことは増えてしまうわけです。

　初心者向けの本だということで、短時間に簡単にオーディオアンプの作り方がわかると思って本書を手にされた方はその学習量の多さに失望されるかもしれません。しかし、King of Hobbyである以上アンプ作りは相当に手ごわい相手であるということをどうかご理解ください。

　はじめて真空管アンプを作ってみようと思って本書を手にされた方は、本書に書かれているとおりに作るだけでもさまざまな壁に当り、失敗を繰り返し、苦労されると思います。

　自作といえども最初はお手本のコピーからはじまるものです。お手本のコピーは学習と成長のプロセスの基本であり、決して恥ずかしいことではありません。ベテランの方の中には人が設計した回路をそのまま製作することをオリジナリティのないデッドコピーと称して低く見る人が現実に存在します。しかし、その考えは全く間違っています。

　自作は自作、それがどんなものであっても「他人が作ったもの」ではなくて「その人が作ったもの」です。その人が手持ちの道具を使っていろいろと苦労してようやく1台作ったということで十分な価値や喜びがあり、それがどれほどのものであるかは、製作されたご本人が最もよくわかっていらっしゃると思います。私はそうした行為に対して敬意を払います。

　情報化社会が生活の隅々にまで浸透して、より多くのことを知っていることがパワーとなりうる時代になりました。しかし、人よりも良く知っていることが尊いのではなく、その人が経験を通じて学習し成長することの方がずっとが尊いのだと思います。

　本書がきっかけとなって真空管アンプを製作された方は、チャンスがあったら是非2台目にチャレンジしてみてください。間違いなく初作よりも良いアンプをお作りになると思います。

謝辞

　この本は、はじめて真空管アンプを自分で設計し製作してみようという人を対象にして書かれていますが、インターネット上の「私のアンプ設計マニュアル」では触れていないちょっと深い内容にも足を踏み入れています。

　たとえば、負帰還のしくみの章では、模式図や計算で説明するだけでなく、負帰還がかかったアンプの内部で実際に何が起きているのかについて実データをもとに検証しています。このような実験は私にとってもはじめてでした。また、これまでベテランの領域とされていた位相補正の問題についても解説を試みています。

　そのため、おびただしい量の実験を行う羽目になり、声をかけてくださった技術評論社の淡野さんには、忍耐の日々を強いてしまったのではないかと思っています。それでもいやな顔ひとつせず、私のわがままに付き合ってくださったことに感謝しております。

　本書の製作例のために特注のシャーシの製作に着手したのは2年も前のことです。何台かの試作のあと、読者のみなさんへの頒布も視野にいれた本製作を行ったわけですが、執筆に時間がかかったためシャーシの頒布と本書の出版の時期が大きくずれてしまったことをお詫びいたします。

　また、こういった試みに多くの自作オーディオファンのみなさんにご参加いただいたこと、そしてみなさんからのさまざまなアドバイスや励ましのおかげでようやく出版までこぎつけることができたことを深く感謝いたします。

　本書には非常に多くのことが書かれています。おそらく1回や2回通読したくらいでは、書かれている内容を捉えるのは難しいと思います。見落としてしまいそうな短い文章の中にも、設計や製作で役立つエッセンスが隠れていたりします。どうか、何度も繰り返し読んでみてください。読むたびに何か新しい発見や気づきがあると思います。

　そして、やがて本書にも書かれていない、そして私も気づいていないさまざまな発見や気づきに出会うことになるでしょう。もし、みなさんがそういうところまで行くことができたなら、入門書としての本書は使命を果たせたことになるでしょう。

2011年8月　木村　哲

索 引

数字

0dBFS 20
10℃ 2 倍則 59
12AU7 .... 49、234、279
12AX7 238
12BH7A .... 236、279
14GW8 .... 279、311
2SK3767 144
2 極管 46
2 次高調波 158
2 次歪みの打ち消し効果 165
3 極管 47
3 次高調波 .... 157、158
3 定数 .... 71、87
5670 .... 230、279
5687 .... 68、178、220、278
6350 .... 224、279
6CG7 .... 24、279
6DJ8 .... 174、228、279、307
6FQ7 .... 24、49、232、279
6N6P .... 172、222、279、300
7119 .... 226、279

欧文

A（アンペア）................................... 24
A1 級 120
A2 級 120
AC 16
AC コネクタ 288
AWG 294
COM 55
CR 結合回路 116
dB 33
DC 16
E182CC 279
ECC82 279
ECC88 279
E_p-I_p 特性図 72
E 系列 51

F（ファラッド）................................. 31
g_m 89
GND 54
H（ヘンリー）................................. 111
HPF 98
Hz（ヘルツ）................................... 17
IC 49
I_p 46
IS 49
ITS-2.5W（イチカワ）................. 211
ITS-2.5WS（イチカワ）............... 211
KA5730（春日無線変圧器）....... 210
KA7520（春日無線変圧器）....... 210
LED 152
LPF .... 99、100
MOS-FET .... 143、281
mT 管 .... 48、69
NC .... 49、130
NFB 157
PCL86 279
PFB 157
PMF-230（ノグチ）...................... 213
PMF-B7S（ノグチ）..................... 212
RCA ジャック 286
R_g 79
R_k 80
R_L 83
RMS 19
R_p 74
r_p 91
S（シーメンス）.............................. 89
S/N 比 35
T-1200（東栄変成器）................. 209
T-600（東栄変成器）......... 208、212
T-850（東栄変成器）......... 209、213
V（ボルト）...................................... 23
W（ワット）..................................... 26
$β$ 回路 169
$μ$ 88
$Ω$（オーム）.................................... 25

ア

アース	54
アースポイント	55
アッテネータ	37
アノード	46
アルミ電解コンデンサ	283
陰極	46
インダクタンス	111
インピーダンス	41
オーディオインターフェース	20
オーディオジェネレータ	272
オーバーシュート	221
オープン・ループ・ゲイン	164
オームの法則	22

カ

開放除去	82
カソード	46、47、49、73
カソード・バイパス・コンデンサ	101
カソード抵抗	80
カソード抵抗値	81
カソードバイアス方式	80、81
可変抵抗器	38、282
カラーコード	52
感応抵抗	31
帰還	156
共振周波数	112
金属皮膜抵抗	53
グリッド	47、49、73
グリッド抵抗	79
クローズド・ループ・ゲイン	166
ゲイン余裕	175
結合コンデンサ	87
ゲッター	50
減衰器	37
高域ポール	176
高調波	158
固定バイアス	79
固定バイアス方式	79
コネクタ	244
ゴム足	292
コンデンサ	31、32

サ

サージ電圧	129
最大グリッド抵抗	71
最大グリッド電流	71
最大プレート逆電圧	70
最大プレート損失	70
最大プレート電圧	70
サグ	221
雑音	159
雑音歪み率	159
酸化金属皮膜抵抗	53
残留リプル	136、139
残留リプル電圧	137
シールド	56
シールド線	56、302
磁気シールド	57
シグナルグラウンド	54
自己（セルフ）バイアス方式	81
自己誘導作用	106
実効値	19
シャーシ	191
シャーシ・アース・ポイント	55
シャーシパンチ	248
自由電子	46
周波数	17
周波数特性	160
出力インピーダンス	40、42、161
出力コンデンサ	87、97
出力段	42
出力トランス	43、62、203、296
常温	
ショートリング	131
初速度電流	78
初段	42
シリコン整流ダイオード	280
真空管ソケット	50、291
スケア	294
スタガ比	176、177
ステアタイト	50
ステップドリル	247
ステレオ・ヘッドホン・ジャック	287
ストレスマイグレーション	59
スパークキラー	129、286

スパナ 257
スピーカー端子 288
スピーカーの制動 161
スペーサ 293
正帰還 .... 157、170
静電シールド 56
整流回路 131
整流ダイオード 132
セメント抵抗 53
ゼロデシベル・フル・スケール 20
センタータップ型全波整流回路 131
センターピン 50
全波整流回路 131
双3極管 68
相加平均 29
相互コンダクタンス .... 71、89
増幅率 .... 71、88
損失 113

タ

帯域特性 160
ダイオード 46
大地アース 54
ダイナミックレンジ 20
卓上ボール盤 249
ダミーロード 272
段間コンデンサ 87
ダンピングファクタ .... 161、275
短絡除去 82
チャネル .... 35、99、303
重畳 205
調和平均 29
直熱管 119
ツマミ 291
低域ポール 180
抵抗 25
抵抗器 .... 51、282
テーパーリーマー 247
デジタルテスター 253
デシベル 33
鉄損 134
テトロード 48
電圧 23

電圧増幅回路 .... 67、73、76、77
電位 55
電源スイッチ .... 128、145
電源トランス .... 43、63、130、295
電磁誘導 57
電動ドリル 248
電流 24
電力 26
電力増幅回路 .... 67、102、108
同軸ケーブル 56
銅損 134
トグルスイッチ .... 243、289
トライオード .... 47、48
ドライバー 258
トランスレス式 127

ナ

内部シールド 49
内部接続 49
内部抵抗 .... 40、71、91
ナット 293
ニッパ 256
入力インピーダンス 41
ネガティブフィードバック 157
熱電子 46
熱の設計 58
ノイズ .... 56、58
ノーマライズ 21
ノギス 246

ハ

ハイ・パス・フィルタ 98
バイアス .... 71、74
バイス 251
配線材 294
ハム .... 17、159
ハンダごて 254
ハンダ吸取線 255
ハンドドリル 247
ハンドニブラー 247
半波整流回路 131
ヒーター .... 47、127、147

ヒーター～カソード間耐圧	70
ヒーターハム	148、200
ビス	293
微分型位相補正	176
ヒューズ	128、289
ヒューズホルダー	244、289
平ラグ	266
ファンクションジェネレータ	272
フィードバック	156
フィルムコンデンサ	284
負荷線	75
負荷抵抗	83
負帰還	157、166、170
複合管	68
ブッシュ	244、288
ブリッジ全波整流回路	131
ブリッジダイオード	280
フルビット	20
プレート	46、47、49、73
プレート損失	27
プレート抵抗	74
プレート電圧	27
プレート電流	27、46
プレート特性図	72
プレート負荷抵抗	74
フレームグラウンド	54
平滑回路	137
ベークライト	50
ヘッドホンジャック	305
ヘッドルーム	22
ペントード	48
傍熱管	119
放熱器	291
ボード線図	176
ポール（極）	176
ホールソー	249
ポジティブフィードバック	157、170
ボリューム	282
ホワイトノイズ	159

マ

ミニアチュア（ミニチュア）管	48
ミラー効果	179
無接続	49
モンキーレンチ	257

ヤ

誘導起電力	106
誘導抵抗	31
陽極	46
容量	31

ラ

ラインレベル	20
ラグ板	194、292
ラジオペンチ	256
リアクタンス	31、97
利得	39、65、94、109、169
リプル	19
リプル・フィルタ・コンデンサ	87
リプルフィルタ	137、142
リンギング	175
ループゲイン	172
ロー・パス・フィルタ	99、100
ロータリースイッチ	290
ロードライン	75、103
ロッカースイッチ	243、245、289
六角レンチ	258
ロフチン-ホワイト回路	116

ワ

ワイヤーストリッパー	257
ワッシャ	293

■著者略歴

木村 哲 Tetsu Kimura

1954年　東京 渋谷に生まれる。
ラジオ少年時代を経て、中学・高校でオーディオに目覚め、半導体を中心にオーディオ製作を行う。
現在は、真空管から半導体、コンシューマオーディオからプロオーディオまで幅広く製作活動を行う。

URL http://www.op316.com/

カバーデザイン　　　：小島トシノブ＋齋藤四歩（NONdesign）
カバーイラスト　　　：大崎吉之
本文デザイン・組版　：SeaGrape

真空管アンプの素
しんくうかん　　　もと

2011年11月 5日　初版　第1刷発行
2025年 8月13日　初版　第5刷発行

著　者　木村 哲
発行者　片岡 巌
発行所　株式会社技術評論社
　　　　東京都新宿区市谷左内町 21-13
　　　　電話　03-3513-6150　販売促進部
　　　　　　　03-3267-2270　書籍編集部
印刷／製本　昭和情報プロセス株式会社

定価はカバーに表示してあります。

本書の一部または全部を著作権の定める範囲を超え、無断で複写、複製、転載、テープ化、ファイルに落とすことを禁じます。

©2011　木村 哲

造本には細心の注意を払っておりますが、万一、乱丁（ページの乱れ）や落丁（ページの抜け）がございましたら、小社販売促進部までお送りください。送料小社負担にてお取り替えいたします。

ISBN978-4-7741-4853-3　C3055

Printed in Japan

■お願い

　本書に関するご質問については、本書に記載されている内容に関するもののみとさせていただきます。本書の内容と関係のないご質問につきましては、一切お答えできませんので、あらかじめご了承ください。また、電話でのご質問は受け付けておりませんので、FAXか書面にて下記までお送りください。
　なお、ご質問の際には、書名と該当ページ、返信先を明記してくださいますよう、お願いいたします。

宛先：〒162-0846
　　　東京都新宿区市谷左内町 21-13
　　　株式会社技術評論社　書籍編集部
　　　「真空管アンプの素」質問係
　　　FAX：03-3267-2271

　ご質問の際に記載いただいた個人情報は質問の返答以外の目的には使用いたしません。また、質問の返答後は速やかに削除させていただきます。

　本書に掲載した回路図、技術を利用して製作した場合に生じたいかなる直接的、間接的損害に対して、弊社、筆者、編集者は一切の責任を負いません。あらかじめご了承ください。